气象大数据技术与应用

方巍 孙玉宝 付章杰 庄伟 杭仁龙 ◎主编

清华大学出版社

北京

内 容 简 介

本书围绕"数据-算法-应用"三层架构,将气象学科的核心知识与人工智能结合起来,系统介绍气象大数据处理的创新方法与实践路径。本书突破传统气象教材的范式,独创"科研理论→工程代码→业务部署"的三维学习体系,构建"数据预处理→模型开发→业务部署"的完整链条,突出"学科交叉与场景驱动"的特色,从而助力读者快速掌握气象大数据的应用实践能力。本书在介绍核心知识的基础上精讲 5 个气象大数据行业应用案例,并提供配套可复现的代码,便于读者进行应用实践。本书提供案例源代码、教学 PPT 和习题参考答案等完善的配套资源,便于读者高效、直观地学习。

本书共 10 章,分为 4 篇。第 1 篇气象大数据基础入门,主要介绍大数据的相关概念、关键技术及其在气象领域的应用,并详细介绍气象信息化的相关知识。第 2 篇气象大数据进阶提升,详细介绍气象大数据关键技术、气象人工智能和气象大数据应用与安全等相关知识。第 3 篇气象大数据应用实践,聚焦气象业务的核心痛点,详细介绍气象大数据在能源、交通、航空、医疗健康和保险等多个领域的典型应用,完整地剖析从数据处理到模型优化再到业务系统集成的全流程。第 4 篇气象大数据未来展望,对气象大数据的发展趋势与应用进行展望,并分析气象大数据发展面临的问题,最后给出解决建议。

本书内容丰富,案例典型,讲解深入浅出,适合作为高等院校气象等相关专业产教融合的教材,也适合作为气象从业者、AI 开发者与交叉学科的研究者快速掌握智能气象数据分析核心知识的参考读物。

图书在版编目(CIP)数据

气象大数据技术与应用 / 方巍等主编.

北京 : 清华大学出版社, 2025. 9. -- ISBN 978-7-302-70222-1

Ⅰ. P409

中国国家版本馆 CIP 数据核字第 2025GU5337 号

责任编辑:王中英
封面设计:欧振旭
责任校对:胡伟民
责任印制:刘海龙

出版发行:清华大学出版社
 网　　址:https://www.tup.com.cn,https://www.wqxuetang.com
 地　　址:北京清华大学学研大厦 A 座　　　邮　编:100084
 社 总 机:010-83470000　　　　　　　　　邮　购:010-62786544
 投稿与读者服务:010-62776969,c-service@tup.tsinghua.edu.cn
 质量反馈:010-62772015,zhiliang@tup.tsinghua.edu.cn
印 装 者:三河市少明印务有限公司
经　　销:全国新华书店
开　　本:185mm×260mm　　　印　张:22　　　字　数:570 千字
版　　次:2025 年 9 月第 1 版　　　　　　　　印　次:2025 年 9 月第 1 次印刷
定　　价:89.80 元

产品编号:106299-01

　　随着信息技术的迅猛发展，大数据技术已成为推动气象科学进步的重要引擎。气象数据作为典型的大数据，具有体量大、类型多、速度快、价值高、真实性强等特点，如何高效地处理、分析和应用这些数据已成为现代气象学研究与实践的核心问题。《气象大数据技术与应用》的出版恰逢其时，为气象领域的研究者、从业者及相关专业的学生提供了一部系统、全面和实用的参考教材。

　　气象学是一门高度依赖数据的科学。从地面观测到卫星遥感，从数值模式研发到气候预测，气象数据的采集、处理和应用贯穿于气象研究的各个环节。大数据技术的引入为气象数据的深度挖掘和高效利用提供了全新的思路和工具。通过机器学习、人工智能、云计算和元宇宙等先进技术，可以帮助人们更准确地预测天气变化，更深入地理解气候系统，更有效地应对极端天气事件。

　　本书作者在气象大数据领域有着深厚的理论功底和丰富的实践经验。本书不仅系统地介绍了气象大数据的基本概念、技术框架和主要方法，还结合具体案例，详细地阐述了大数据技术在气象预报、气候研究、灾害预警等领域的应用。无论是气象数据的采集与存储，还是数据的清洗与融合，抑或是数据分析与可视化，本书都提供了详尽的理论知识和实用的解决方案。尤为难得的是，作者还展望了气象大数据的未来发展趋势，为读者指明了研究方向。

　　近年来，我国在气象大数据技术的研发与应用方面取得了显著进展，但仍面临诸多挑战。例如，如何提高气象数据的质量和精度，如何实现多源数据的深度融合，如何构建高效的气象大数据平台，如何将大数据技术更好地应用于气象业务和服务，这些都是相关科研工作者和研究者需要不断探索与解决的问题。本书的出版无疑会为这些问题的解决提供有力的理论支持和技术指导。

　　气象大数据技术与应用不仅关乎气象科学的发展，而且更关乎国计民生。精准的气象预报和气候预测能够为农业生产、交通运输、能源调度、防灾减灾等提供重要的决策依据，从而最大限度地减少气象灾害带来的损失，让人民的生命与财产安全得到保障。

　　希望本书能够成为气象大数据领域的一部经典教材，为培养更多高素质的气象大数据人才、推动气象科学技术的进步做出积极的贡献。同时，也希望广大读者能够通过本书感受气象大数据技术的魅力并在实际工作中加以应用，从而共同推动气象事业的发展。

中国科学院院士　王会军
2025 年季春于南京

当今，气象科学正在经历一场由大数据与人工智能共同驱动的深刻变革。在全球气候变化加剧、极端天气频发、社会对精准气象服务需求激增的大背景下，气象大数据技术已成为连接基础研究与实际应用的核心纽带。本书基于气象大数据与人工智能的前沿视角，梳理最新的技术发展脉络，为读者勾勒出这一交叉学科的完整知识图谱与技术框架。

气象系统作为典型的复杂巨系统，其观测数据呈现多维、多源、多尺度的特征。现代气象观测网络（卫星、雷达、地面站等）每天产生的数据量超过 100TB，全球气象观测网络呈现指数级扩张，气象数据总量已突破 EB 级规模，传统的统计与数值模拟方法面临算力瓶颈与模型精度不高的双重挑战。与此同时，人工智能技术的突破性发展，尤其是深度学习、图神经网络、多模态学习和强化学习等算法的发展，为海量气象数据的价值挖掘提供了全新范式。2024 年的《政府工作报告》将"人工智能+"上升为国家战略，气象领域作为 AI 技术落地的关键场景，其技术融合已从局部优化走向系统性重构。

本书立足全球气象数字化变革的前沿视角，旨在构建气象大数据与人工智能交叉学科的知识体系，既涵盖气象数据治理的基础原理，又聚焦 AI 驱动的气象预测与服务创新，为读者呈现理论与技术协同发展的完整图景。本书既对现有技术进行系统梳理，又对未来变革进行前瞻思考，可引导读者学习气象智能化的相关知识。期待读者通过阅读本书，做到理论结合实践，从而为气象大数据技术向更精准、更智慧的方向迈进做出自己的贡献。

本书特色

❑ **内容丰富**：不但介绍气象数据处理的基础知识和大数据分析的核心技术，而且围绕"数据-算法-应用"三层架构详解气象大数据的相关技术和原理，并面向实际气象业务领域，着重分析 5 个气象大数据行业应用案例。

❑ **聚焦前沿**：结合当前人工智能发展的热点，介绍气象人工智能领域的相关知识，涵盖张量运算重构气象模型、时空特征融合、大模型和 AIGC 等前沿方法。

❑ **学科交叉**：突出"学科交叉+场景驱动"的特点，力求做到跨学科研究范式重构，将传统气象处理方法与深度学习方法相结合，从而构建机理与数据双引擎模式，并融合多模态处理创新和模型可解释性研究。

❑ **图文并茂**：结合大量示意图讲解气象大数据技术的核心知识点和实验结果，让抽象的知识变得更加直观和易于理解，从而帮助读者高效学习。

❑ **实用性强**：结合大量真实的气象大数据处理应用案例与源代码进行讲解，读者只需要对相关案例源代码稍加改动，即可将其应用于自己的气象大数据处理工作中。

❑ **资源丰富**：特意提供程序源代码、教学 PPT 和习题参考答案等配套学习与教学资源，便于读者高效、直观地学习，也方便高等院校的相关授课老师教学使用。

本书内容

第1篇　气象大数据基础入门

第 1 章气象大数据时代，主要介绍大数据的相关概念、关键技术及其在气象领域的应用。

第 2 章气象信息化，首先介绍气象和气象学的相关概念，然后介绍气象现代化的含义及其发展战略，接着介绍气象大数据的定义、特征与分类，最后介绍气象数据的处理与存储，以及大数据时代气象行业的机遇和挑战。

第2篇　气象大数据进阶提升

第 3 章气象大数据关键技术，主要介绍云计算、分布式计算、存储和大数据处理等相关技术。

第 4 章气象人工智能，首先介绍气象人工智能的发展历程，然后介绍人工智能在天气预报、气候预测、气象数据处理、气象观测与识别中的应用，最后介绍气象大模型、气象人工智能的发展方向与趋势。

第 5 章气象大数据应用与安全，主要介绍气象大数据应用、气象大数据系统、气象大数据安全现状和气象大数据安全体系等相关知识。

第3篇　气象大数据应用实践

第 6 章气象大数据在能源领域的应用，首先介绍气象大数据在传统电力能源领域的应用，然后介绍气象大数据在光伏新能源领域的应用，最后介绍气象大数据在风力新能源领域的应用。

第 7 章气象大数据在交通领域的应用，首先介绍公路交通与气象大数据的关系，然后介绍气象对公路交通的影响，最后给出公路交通气象大数据应用案例。

第 8 章气象大数据在航空领域的应用，首先介绍气象大数据在民用航空领域的基本情况，然后介绍气象大数据在民用航空领域的应用，最后介绍气象大数据在民机试飞中的应用。

第 9 章气象大数据在医疗健康和保险领域的应用，首先介绍气象大数据在医疗健康领域的应用，然后介绍气象大数据在保险领域的应用。

第4篇　气象大数据未来展望

第 10 章气象大数据的未来发展，首先介绍气象大数据的发展趋势，然后介绍气象大数据应用展望，接着介绍气象大数据技术的发展，最后总结气象大数据发展面临的主要问题及其解决建议。

读者对象

❑气象大数据分析与处理入门人员；
❑气象大数据分析与处理从业人员；

❑ 气象人工智能算法研究人员；
❑ 气象大数据技术爱好者；
❑ 气象部门的管理人员和决策者；
❑ 气象政策的制定者和规划者；
❑ 高等院校气象等相关专业的学生和老师。

配套资源获取

本书涉及的程序源代码、教学 PPT 和习题参考答案等配套资源有两种获取方式：一是关注微信公众号"方大卓越"，回复数字"52"获取下载链接；二是在清华大学出版社网站（www.tup.com.cn）上搜索到本书，然后在本书页面上找到"资源下载"栏目，单击"网络资源"或"课件下载"按钮进行下载。

本书作者

本书由方巍、孙玉宝、付章杰、庄伟、杭仁龙主笔编写。其他参与编写的人员有杜娟、王冰轮、付海燕、赵阳、郑行钰等。

致谢

本书得以顺利出版，首先要感谢南京信息工程大学产教融合基金的资助和华为智能基座课程的支持，还要感谢清华大学出版社各位编辑的辛勤劳动和付出，另外对互联网上提供有益资料的其他人员也在此表示感谢。

售后支持

尽管我们对本书所述内容尽力核实并多次校对，但因写作时间有限，加之气象大数据技术在不断发展与迭代中，书中难免仍存在疏漏与不足，恳请广大读者批评指正。读者在阅读本书时若有疑问，请发电子邮件到 bookservice2008@163.com 以获得帮助。

方巍
2025 年 7 月

目录

第1篇　气象大数据基础入门

第 2 篇　气象大数据进阶提升

第3篇　气象大数据应用实践

第4篇　气象大数据未来展望

第1篇
气象大数据基础入门

▸▸ 第1章　气象大数据时代

▸▸ 第2章　气象信息化

第 1 章　气象大数据时代

《"十四五"大数据产业发展规划》指出，数据是新时代的重要生产要素和国家的基础性战略资源。大数据作为数据的集合，是推动经济转型的新动力、提升政府治理能力的新途径，也是增强国家竞争力的新机遇。大数据的应用范围十分广泛，其中在气象领域的应用尤为显著。2024 年，国家数据局等 17 个部门联合发布的《"数据要素×"三年行动计划（2024—2026 年）》中，明确提出了"数据要素×气象服务"，进一步强调了大数据在气象领域中的关键作用。随着大数据与气象领域的深度融合与共同发展，气象的大数据时代已经到来。

1.1　大数据概述

大数据的产生背景源于信息技术的迅猛发展和互联网的广泛普及。随着计算机性能的提升和存储成本的降低，企业、政府和个人能够积累并处理海量数据。此外，社交媒体、电子商务、物联网等新兴技术的广泛应用也大幅增加了数据的产生量。传统的数据处理方法难以应对如此庞大且复杂的数据规模，因而大数据技术应运而生。

1.1.1　大数据的相关定义

学术界和工业界对大数据及其分析的概念、研究和应用目标、内涵和外延的理解不尽相同。大数据是一个宽泛的概念，到目前为止，国内外各组织尚无公认统一的大数据定义。以下几种定义较为典型。

❑ 国际数据公司（International Data Corporation，IDC）：大数据指的是由于数据量极大、生成速度极快以及数据种类繁多而使得传统数据处理系统无法有效处理的数据集。它不仅包括结构化数据，如数据库中的表格数据，还涵盖非结构化数据，如文本、图片和视频。这种数据的规模和复杂性需要新的技术和方法来存储、处理和分析，以获取有用的洞察和信息。

❑ 国际商业机器公司（International Business Machines Corporation，IBM）：将大数据描述为一种无法通过传统数据管理系统处理的庞大、复杂的数据集。IBM 强调数据分析从大数据中获取商业机会，从而推动业务创新并优化运营，为企业创造实际的商业价值。

❑ 麻省理工学院（Massachusetts Institute of Technology，MIT）：大数据是指那些传统的数据处理工具无法有效存储、管理或分析的庞大、复杂的数据集。MIT 强调了数据集的规模和复杂性，并且需要新技术来处理这些数据，以获得有价值的商业信息和科学分析结果。

❑ 维基百科：大数据是指利用常用软件工具捕获、管理和处理数据所耗的时间超过可容忍的时间的数据集. 也就是说大数据是一个体量特别大，数据类别特别多的数据集，并且这样的数据集无法用传统数据库工具对其内容进行抓取、管理和处理。

在国内，中国大数据产业发展报告中将大数据定义为具有海量数据规模、快速处理速度、多样化数据类型、高价值潜力等特点的数据集合。腾讯对大数据的定义是：在传统数据处理技术难以处理的规模、速度和复杂度下的数据集合。该定义关注大数据的处理难度，并强调了新技术在应对这些挑战中的作用。在中国信息通信研究院《大数据白皮书》中，大数据是指数据量大、生成速度快、类型多样、数据处理复杂的综合数据集合。该白皮书特别强调了数据的复杂性和处理难度，提出了大数据处理涉及的多个层面，包括数据收集、存储、处理、分析和应用等方面。

1.1.2 大数据的发展历程

大数据最初被提出主要关注数据的规模和存储问题，但随着技术的进步，研究和应用逐渐扩展到数据的处理、分析和应用层面。如今，大数据不仅涵盖海量的数据集，还涉及数据的多样性、实时处理能力和数据质量。

1. 大数据的起源与背景

大数据的起源可以追溯到信息技术的逐步发展及其对数据处理需求的变化上。20 世纪 90 年代初，随着互联网和数字化技术的飞速发展，企业和组织开始积累大量的数据。这些数据不仅来源于传统的交易记录，还包括来自网页日志、电子邮件、社交媒体、传感器等新型数据源。随着数据来源的多样化，数据的体量也开始快速增长，传统的数据管理方法逐渐显露出不足之处。

在这一时期，关系型数据库管理（Relational Database Management System，RDBMS）系统是数据存储和处理的主流选择。它们专为结构化数据设计，以表格形式高效地组织和存储这类数据。但随着时间的推移，数据环境发生了显著变化，数据量的激增和数据类型的多样化对 RDBMS 提出了新的挑战。面对大规模和非结构化数据，RDBMS 开始显现出性能瓶颈，导致数据处理速度下降，存储成本增加并且在扩展性方面受到限制。这些挑战限制了企业从数据中提取有价值决策的能力，从而影响了数据的有效利用。

大数据的出现不仅是技术上的突破，更是社会和经济发展对数据需求的反映。随着数据量的激增、处理速度的加快以及数据类型的多样化，大数据技术的发展是科技界对现实世界的数据处理挑战的响应。这些技术不仅解决了大规模和复杂数据集的处理问题，而且促进了社会进步和商业创新，使大数据成为推动变革的关键力量。

2. 大数据技术的发展阶段

大数据技术的发展大致可以分为以下几个阶段：

第一阶段：数据仓库与商业智能时代（20 世纪 80 年代至 2000 年）。在这一阶段，企业主要依赖数据仓库来存储和分析结构化数据。数据仓库技术的核心是将来自不同数据源的结构化数据进行整合、存储和管理，从而为企业和商业智能工具提供支持。虽然数据仓库技术解决了部分数据整合和分析问题，但是随着数据体量和多样性的增加，传统数据仓库的处理能力逐渐受到挑战。

第二阶段：分布式计算与 Hadoop 时代（2000 年至 2010 年）。2000 年之后，随着互联网的普及和社交媒体的快速崛起，非结构化数据量迎来了爆炸性的增长，这对传统数据仓库技术构成了巨大挑战。为了有效应对这一挑战，Google 在 2003 年和 2004 年相继发表了关于 Google File System（GFS）和 MapReduce 的两篇开创性论文，为分布式存储和计算提供了新的解决方案。2006 年，Apache 基金会推出了 Hadoop，这是一个开源的分布式计算框架，它吸收了 Google 在 GFS 和 MapReduce 方面的研究成果。Hadoop 的诞生不仅开启了大数据处理的新纪元，而且使得企业能够利用成本较低的普通硬件来高效处理大规模数据集。随着 Hadoop 的广泛应用，其生态系统也日益丰富和完善，涌现出了 HDFS（Hadoop Distributed File System，分布式文件系统）、Hive（数据仓库工具）、Pig（数据流处理工具）等一系列子项目，它们共同构成了一个功能强大的大数据处理平台，极大地推动了大数据技术在各行各业的应用和创新。

第三阶段：实时处理与 Spark 时代（2010 年至 2015 年）。随着数据的增长速度越来越快，批处理已经无法满足实时数据分析的需求。为了能够实时处理和分析数据，新的数据处理框架应运而生。2010 年，伯克利大学 AMP 实验室推出了 Spark，一个基于内存的分布式计算框架。与 Hadoop 相比，Spark 提供了更高效的内存计算，支持更加复杂的计算任务，如迭代计算和图计算。此外，实时流处理技术也在这一阶段得到快速发展，如 Apache Kafka 等流处理框架为企业提供了实时处理海量数据的能力，解决了数据的时效性问题。与此同时，NoSQL 数据库也得到了广泛应用，满足了大规模、非结构化数据的存储需求。

第四阶段：人工智能与大数据融合时代（2015 年至今）。从 2015 年开始，人工智能（AI）技术的快速发展使得大数据的应用范围进一步扩展。深度学习、机器学习等 AI 技术的突破，使得大数据不再仅仅局限于数据存储和分析，更多地与智能化应用相结合。云计算技术的成熟也为大数据和 AI 的融合提供了强大的基础设施支持。各大云服务商（如 Amazon AWS、Google Cloud 等）提供了全面的大数据处理和 AI 工具，企业可以更加便捷地在云端进行数据存储、处理和分析。此外，边缘计算和物联网的发展也进一步扩大了大数据的应用场景。在物联网环境下，大量设备产生的数据通过边缘计算进行初步处理，然后传输到云端进行大数据分析，实现了从边缘到云端的数据处理闭环。

3．典型应用案例的演变

随着大数据技术在各个领域的广泛应用，它正在不断推动各行各业的变革和创新。下面将从几个方面来探讨大数据是如何随着技术发展而演变的，以及它们对行业的深远影响。

❑ 互联网和电子商务领域：在互联网和电子商务领域，大数据技术被广泛应用于用户行为分析和推荐系统。通过跟踪用户的点击、浏览和购买记录，企业能够深入了解用户的兴趣和行为模式，从而优化网站体验并提升转化率。推荐系统还可以利用这些数据向用户推荐相关商品或内容，增加销售额并提高用户满意度。此外，个性化广告通过分析用户的浏览历史和社交媒体活动，实现精准投放，从而提升广告的点击率和引流效果。

❑ 金融领域：金融领域通过大数据技术实现更精准的信用风险评估和欺诈检测。银行和金融机构通过分析客户的交易历史、信用记录和社交媒体数据来评估信用风险并优化贷款审批流程。在欺诈检测方面，大数据技术能够实时监控交易模式，识别异常行为，及时预警和防范欺诈活动。同时，大数据还助力市场预测，通过分析经济指标和市场趋势，提供更科学的投资建议和风险管理策略。

❑ 医疗健康领域：在医疗健康领域，大数据技术用于电子健康记录的分析和疾病预测。通过整合和分析患者的健康记录，帮助医生制订个性化的治疗方案，再进行基因组数据和生活方式信息分析，预测疾病的发生风险，从而实施早期干预，提升治疗效果和患者的生活质量。

❑ 政府与公共服务领域：大数据在政府与公共服务领域的应用主要体现在城市规划和公共安全监控上。在城市规划方面，政府通过分析城市交通流量、人口密度和环境数据，优化城市规划和公共服务，提高城市管理效率。在公共安全方面，大数据技术帮助政府实时监控社会安全事件，如犯罪活动和自然灾害，提供预警信息并制定应急响应策略。此外，通过社会经济数据和民意调查，政府能够更好地理解公众需求，制定更有针对性的政策。

❑ 气象与航空领域：气象部门利用大数据整合来自卫星、气象站和雷达的数据，提供更精准的天气预报，减少因自然灾害造成的损失。在航空领域，大数据应用于飞行测试和性能优化，通过分析飞行数据记录仪和监控系统的数据，提升飞机性能和飞行安全性。此外，大数据还用于自然灾害预警，通过分析天气模式和地质数据，提前预警台风、地震和洪水等灾害，帮助进行紧急响应和灾后恢复工作。

1.1.3　大数据的来源

大数据的来源极为广泛，几乎渗透到日常生活的每一个角落，如图 1-1 所示。无论是在线浏览的每一次点击、购物时的每一次支付，还是社交网络上的每一次互动，甚至是智能设备追踪的健康信息，都在不断地产生和累积海量的数据。这些数据涵盖社交媒体、电子商务、金融交易、传感器数据、地理位置服务等多个领域，构建起一个庞大而复杂的数据生态系统。总体而言，数据的来源可以归纳为以下几类。

图 1-1　大数据的来源

1．互联网数据

互联网数据是大数据领域的核心组成部分，它涵盖广泛的用户互动信息。具体来说，网站的访问日志为用户提供了丰富的操作数据，记录了用户在网站上的各种活动，包括页面浏览、点击行为、搜索查询及停留时间等细节数据。此外，在社交媒体平台，如 Facebook 和 Twitter，也是社交互动数据的重要来源。这些平台上的用户行为包括发表帖子、评论、转发和点赞等，构成了庞大的数据集。

2．传感器数据

传感器数据来源于广泛部署在各种环境中的设备，这些传感器能够精确捕捉和记录如温度、湿度、压力、光线、运动和声音等物理现象，它们被应用于工业自动化、环境监测、健康医疗、交通管理等多个领域。

3．交易数据

交易数据是商业活动产生的宝贵信息，主要由零售点销售、在线购物平台、金融机构和各种支付系统在处理买卖活动时生成。这些数据详细记录了交易的具体金额、日期、时间、参与方和支付手段，反映了经济活动的微观层面，涵盖从个人消费到企业的大宗交易。

4．地理位置数据

地理标记数据嵌在社交媒体的帖子、图片和评论中，展示用户和设备的地理位置，具有显著的实用意义。例如，通过全球定位系统获取的精确位置信息被广泛应用于导航、物流追踪、运输管理及位置服务等领域。

5．公共数据集

公共数据集由政府机构和组织发布，目的是推动数据的开放性和共享性。这些数据集涵盖广泛领域，包括统计数据、社会经济指标、环境监测结果以及公共服务信息，例如人口普查结果、交通流量统计和空气质量数据。

6．企业内部数据

企业内部数据源自其日常运营和管理流程，涵盖公司的核心业务操作。例如：客户关系管理系统详细记录了与客户的沟通历史、销售交易、反馈意见和服务请求等数据；企业资源计划系统集成了财务、生产、供应链和人力资源等关键数据。

1.1.4　大数据的类型

根据大数据的结构和建索引的难易程度，大数据通常被分为结构化数据、非结构化数据和半结构化数据，如图 1-2 所示。

- □ 结构化数据：这类数据因其易于整理和搜索而广受欢迎，常见于财务报表、机器日志和人口统计数据等领域。结构化数据的组织形式类似于 Excel 电子表格中的行列布局，便于分类和索引，数据库专家和管理员可以利用简单的算法轻松实现其搜索和分析。虽然结构化数据的体量可能非常庞大，但是通常不被视为"大数据"，因为它们相对容易管理，不符合大数据的典型特征。

❑ 非结构化数据：这类数据包括社交媒体帖子、音频文件、图片和自由格式的客户反馈等。它们因具有庞大且复杂的特点所以符合大数据的定义，但这也使得它们难以被传统的行列式关系数据库所捕捉。一直以来，如何利用这类大数据是企业在不断探索的问题，大多数情况下企业若想搜索、管理或分析大量非结构化数据，只能依靠烦琐的手动流程。虽然对这些数据的分析能够为企业带来很大的价值，但是往往伴随着高昂的成本和时间延迟，导致分析结果可能在交付前就已经失去时效。由于非结构化数据无法直接存储在电子表格或关系型数据库中，因此其通常存储在数据湖、数据仓库和 NoSQL 数据库中。

❑ 半结构化数据：这类数据是结构化数据和非结构化数据的结合体。电子邮件就是一个很好的例子，其中的正文属于非结构化数据，而发件人、收件人、主题和日期等则属于结构化数据。此外，带有地理标记、时间戳或语义标签的设备数据也属于半结构化数据。例如，一张用智能手机拍摄的照片，即使没有明确的标签，也能通过其元数据提供拍摄者、时间和地点等信息。

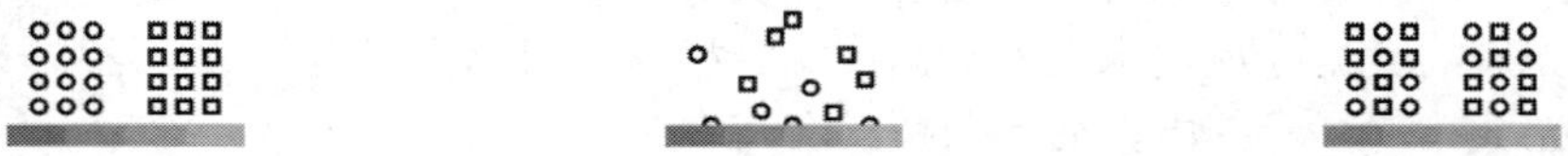

（a）结构化数据　　　　（b）非结构化数据　　　　（c）半结构化数据

图 1-2　大数据的类型

1.1.5　大数据的特点

大数据的特点通常称为"5V"，具体包括体量、速度、多样性、真实性和价值，如图 1-3 所示。这些特征展示了大数据的规模、流动速度、数据形式的丰富性、数据的可靠性以及数据所能带来的潜在价值。

❑ 体量（Volume）：大数据的规模巨大，起始计量单位至少是 PB 级、EB 级或 ZB 级，而且，大数据的数据量正以前所未有的速度持续增长。

❑ 速度（Velocity）：大数据的生成速度非常快，数据源不断涌现、更新，需要实时或准确地进行处理和分析，以及时反馈。

❑ 多样性（Variety）：大数据不仅包括结构化数据，还包括非结构化和半结构化数据，如文本、图像、视频、音频等，这些数据在编码方式、数据格式、应用特点等方面存在很多差异。

❑ 真实性（Veracity）：大数据的真实性和质量是一个重要的问题。由于数据来源复杂多变，可能包含错误、噪声或不完整的信息，因此确保数据的准确性和可靠性是数据处理中的一个关键挑战。

❑ 价值（Value）：大数据中可能包含大量无价值或重复的数据，但其中也蕴藏着宝贵的信息和见解，通过适当的处理和分析，可以从大数据中挖掘出有价值的知识、规律和发展趋势。

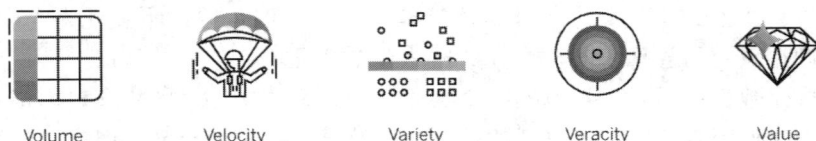

| Volume | Velocity | Variety | Veracity | Value |

图 1-3　大数据的特点

除了大数据的"5V"模型之外，还有一些重要的特性，这些特性进一步定义了大数据的范畴和挑战。

❑ 可扩展性（Scalability）：大数据系统必须能够灵活地扩展资源以应对数据量的增长。这包括在硬件层面上增加更多的服务器、存储设备和网络带宽，以及在软件层面上采用能够自动扩展的架构，如云计算服务。

❑ 实时性（Real-time processing）：许多大数据应用需要实时或近实时的数据处理能力，以便快速响应市场变化或用户行为。这要求系统能够快速处理和分析数据流，提供即时的洞察和支持。

❑ 复杂性（Complexity）：大数据的复杂性不仅体现在其庞大的数据规模和多样的数据类型上，更深入地影响着数据处理和分析的各个环节。为了应对这种复杂性，必须采用先进的数据处理技术，如数据挖掘、机器学习和人工智能等，这些技术能够深入挖掘数据，揭示其内在的复杂模式和潜在关联。

❑ 持久性（Persistence）：大数据需要长期存储，以便进行历史分析和趋势预测。这要求数据存储解决方案具有高可靠性和持久性，以确保数据不会丢失或损坏。

❑ 可持续性（Sustainability）：大数据的可持续性是指数据集能够持续满足应用需求，保持高质量和时效的能力，包括数据更新、数据质量和数据安全等。这涉及使用能源效率高的硬件、优化数据处理流程以减少能源消耗，以及确保数据存储和处理活动对环境的影响最小。

1.1.6　大数据分析的方法

大数据分析的方法主要有 5 种：

❑ 全面性分析：强调从多角度、多维度对数据进行全面覆盖的分析。相比于传统分析依赖样本数据的模式，大数据分析的理念是处理全部数据，即"全量数据"而非抽样数据。这种全面的视角能够揭示更加复杂的关联关系，帮助决策者全面了解问题的背景和本质，避免因数据遗漏或偏差导致的错误结论。

❑ 数据驱动决策：强调用数据分析结果替代经验或直觉进行决策。随着数据量及其复杂性的增加，依靠人类经验进行判断的局限性日益明显，数据驱动的分析方法通过对大量数据进行系统性分析为决策提供科学依据。这种理念不仅适用于商业领域的营销、客户关系管理等，还广泛应用于金融、医疗、政府管理等各类行业。

❑ 实时性分析：通过对数据的快速处理和分析，提供即时洞察和反馈。这种分析理念特别适用于需要快速响应的应用场景，如金融交易、物联网监控、网络安全以及智能交通管理等。在这些领域，数据的时效性至关重要，实时性分析通过高速的数据处理技术如流处理、内存计算等，帮助组织及时捕捉异常或风险并做出迅速反应，从而提高效率和安全性。

❑ 预测性分析：通过分析历史数据中的模式和趋势，进行未来行为或事件的预测。这种理念在营销、金融、医疗、供应链管理等领域具有广泛应用。例如，通过对客户历史购买行为的分析，可以预测未来的购买倾向，从而优化营销策略，或通过对设备的历史故障数据进行分析，提前预知可能的故障，实施预防性维护。

❑ 探索性分析：在不确定假设的前提下，通过分析，发现隐藏在数据中的新模式、新趋势或潜在的相关性。这种理念常用于初始数据探索阶段，帮助分析师在数据中寻找潜在的问题或机会，而不是验证已有的假设。探索性分析往往不预设明确的目标，而是通过数据挖掘技术、可视化工具等方式，从大数据中发掘有价值的洞见。

以上几个方面为大数据分析提供了多层次的思考框架和方法论，使数据能够更加有效地服务于各种领域的决策、优化和创新。

1.2　大数据关键技术

大数据关键技术通过低成本、高效率的方式，利用快速采集和分析处理等技术，从海量数据中提取有价值的信息。随着大数据关键技术的不断进步，处理大规模数据变得更加便捷、经济，大数据关键技术已经成为数据利用的重要工具，甚至在很多行业中引发了商业模式的变革。

1.2.1　大数据技术框架

大数据技术框架是一套集成了多种技术和工具的系统，如图 1-4 所示，专门用于高效地管理和分析大规模数据集。这个框架是大数据环境的基础设施核心，可以确保数据处理和分析的高效率和有效性。一个全面而成熟的大数据技术框架通常包括以下几个关键技术。

图 1-4　大数据技术框架

❑ 大数据采集与预处理：负责从不同来源收集原始数据，并进行清洗和转换等操作以满足后续处理的需求。

❑ 大数据存储与管理：提供数据存储解决方案，确保数据的持久、可存储和可访问性。

❑ 大数据处理与分析：运用算法和模型对数据进行深入分析，以提取有价值的信息和知识。

❑ 大数据安全与隐私保护：实施安全措施和隐私保护策略，以防止数据泄露和未经授权的访问。

❑ 大数据可视化：将分析结果转化为直观的图形和报表，便于用户直观的理解。

1.2.2　大数据采集与预处理技术

随着移动互联网和物联网技术的迅猛发展，接入网络的设备变得更加经济实惠，网络覆盖面也日益扩大。这使得大数据的采集和感知手段变得更加多样化，几乎所有活动都能被记录、分析。然而，由于数据来源广泛且复杂，加上数据量的爆炸性增长，数据往往价值较低、分散、噪声多、结构不一致且存在冗余。面对这些挑战，需要高效的大数据采集和预处理技术来应对这些海量信息。

1. 大数据采集与预处理的目标与特点

大数据采集是大数据分析流程中的基础且关键环节，它涉及从多种数据源实时或及时地获取各类数据。这些数据源包括不断产生大量数据的社交媒体、在线交易系统和物联网设备等，为数据分析提供了丰富的原材料。由于数据的产生方式和来源各不相同，因此采集手段也必须具有相应的多样性和灵活性。例如，社交媒体数据通常通过应用程序接口（Application Program Interface，API）抓取，而传感器数据可能需要与设备通信进行收集。此外，数据的格式多种多样，包括文本、图像、视频和音频等，这要求采集系统能够处理和转换这些不同格式的数据，以实现数据的统一存储和分析。

高质量的决策依赖于高质量的数据，但现实世界中的大数据往往不完整、结构不一致，并且包含噪声。这些原始数据通常无法直接用于数据分析或挖掘，此时就需要进行数据预处理。数据预处理是确保数据质量的关键步骤，它涉及对原始数据进行一系列的处理操作，以提高数据的可用性和准确性，主要方法包括数据清洗、数据转换和数据规范化。

❑ 数据清洗：作为数据预处理的核心环节，数据清洗对于保障分析的精确度和效果至关重要。在这一过程中，首要任务是识别并剔除重复的数据条目，以避免对分析结果产生误导。紧接着，对由输入失误、数据传输错误或数据处理不当引起的数据不一致性进行修正。此外，对缺失值的妥善处理同样重要，因为缺失值可能会削弱模型的训练效果和预测准确性。常用的处理方法包括使用均值、中位数、众数来填补，或者采用基于模型的预测来填充缺失值。

❑ 数据转换：是数据预处理过程中的一个关键环节，涉及将原始数据转换成更适合分析和模型构建的格式。这一步骤包括：归一化处理，以消除不同量纲和量级带来的影响，使数据在分析时更加公平和一致；离散化处理，将连续变量转换为类别变量，以简化模型的复杂度；特征提取，从原始数据中提取出有助于分析的关键信息。

❑ 数据规范化：是预处理的一部分，用于确保数据遵循统一的格式和标准，从而提高数据的一致性和可比性。数据规范化包括统一日期和时间的格式，确保文本数据的编码一致，以及对数据进行标准化处理，使不同来源和类型的数据可以在相同的尺度上进行比较和分析。规范化还涉及数据类型的转换，如将扁平化的数据结构转换为更易于处理的层次结构。

数据预处理还需要重视数据安全与隐私保护。例如在处理敏感信息时，必须采取数据脱敏或匿名化等措施，以确保遵守法律法规和道德标准。此外，数据预处理是一个迭代过程，需要根据数据的更新和分析需求不断进行调整和优化。

2. 典型的大数据采集系统

典型的大数据采集系统主要有数据处理和日志管理系统 Logstash、日志数据采集系统 Flume 和分布式发布订阅消息系统 Kafka。

Logstash 是一个开源的服务器端数据处理和日志管理系统，能够同时从多个来源收集数据，如日志文件、系统指标、网络请求等，然后对这些数据进行丰富的处理，包括过滤、转换和丰富，以满足特定的分析需求。处理后的数据可以被输出到多种目的地，如 Elasticsearch、文件系统或其他数据库。Logstash 的设计支持插件架构，使用户可以轻松扩展其功能，以适应不同的数据类型和处理需求。它还与 Elasticsearch 和 Kibana 紧密集成，形成了一个强大的数据处理和可视化平台，广泛用于日志分析、监控、安全分析和业务分析等领域。

Flume 是一个高可用性和高可靠性的分布式系统，专门设计用于日志数据的采集。它能够从多种数据源收集、聚合并传输大量的日志数据到一个中心化的数据存储系统中，为后续的处理和分析工作提供便利。Flume 的架构设计灵活，允许用户自定义数据源和数据目的地，同时其支持处理多种数据格式，如文本、JSON 和 Avro 等。此外，Flume 的配置过程简洁直观，便于用户根据需求进行扩展，并具备故障转移机制和高吞吐量的数据传输能力，这些特性使得 Flume 成为大规模日志数据处理的优选工具。

Kafka 是一个高性能的分布式发布订阅消息系统，它能够处理高吞吐量的数据流，具有低延迟和高可靠性的特点。其核心组件构成包括：主题，用于分类和存储消息；生产者，负责发布消息到指定主题；消费者，订阅主题并消费消息；代理，作为消息的中间处理节点，支持数据的分布式存储和处理。此外，Kafka 提供了持久化存储和日志处理功能，确保数据的持久性和可恢复性，使其在实时数据分析、日志聚合、流数据处理和事件驱动架构等场景中得到广泛应用。

1.2.3　大数据存储与管理技术

截至 2022 年底，我国的数据产量已经达到 8.1ZB，年增长率为 22.7%，占全球数据总产量的 10.5%，稳居世界第二。同期，中国的数据存储能力总规模超过了 1000EB，存储量为 724.5EB，年增长率达到 21.1%，占全球数据总存储量的 14.4%。虽然传统的数据存储系统注重数据一致性，但是它们通常缺乏必要的扩展性和可用性，难以有效处理非结构化和半结构化数据。此外，存储能力的提升速度也未能跟上数据量的快速增长。因此，对于大数据处理系统来说，设计一个高效且合理的分布式存储架构显得尤为关键。

1. 大数据存储与管理的目标与特点

大数据存储与管理的目标是确保海量数据高效存储、可靠管理和便捷访问。随着数据量的迅猛增长，传统的存储系统已难以满足对容量、性能和灵活性的需求。因此，大数据存储系统需要具备高度的扩展性，以支持数据的水平扩展和处理能力的提升。大数据存储系统的目标包括：处理多样化的数据类型，提供高性能的数据读写能力，确保数据的高可用性和持久性，并支持数据的灵活查询和分析。此外，数据管理系统还需具备强大的数据一致性和完整性保障，以应对并发访问和数据更新带来的挑战。

大数据存储与管理的核心特点涵盖高扩展性、高性能、高可靠性及灵活性。高扩展性允许系统随着数据量的增长进行横向扩展，有效规避了单一节点可能会遇到的性能限制。例如，分布式存储系统 Amazon S3，通过将数据分片并分布存储于多个节点，不仅支持数据的动态扩展，还实现了高并发的数据访问。在高性能方面，通过优化数据的读写操作和采用高效的索引策略如列式存储格式，可以显著提升数据查询的效率。高可靠性通过实施数据备份、冗余存储和故障恢复措施来确保即便部分节点发生故障，整个系统也能够稳定运行。灵活性表现在系统对不同数据类型和结构的广泛支持，无论是日志数据、社交媒体生成的内容，还是来自传感器的数据，都能得到有效处理。此外，现代大数据存储系统通常还集成了数据治理工具，包括数据清洗、元数据管理和数据安全等，这些工具支持数据的全生命周期管理，确保数据的质量符合法规要求。

2. 典型的大数据存储与管理系统

典型的大数据存储系统包括 HDFS、Apache Cassandra、Amazon S3 和 Google BigQuery。

HDFS 是 Apache Hadoop 生态系统中的基石，专门设计用于实现大规模数据的分布式存储管理。它的架构允许其在成本效益高的硬件上运行，同时保持高度的容错性和可扩展性。HDFS 特别适合处理大规模数据集，如日志文件和数据库备份，但在随机读写操作方面表现不佳，因此不太适合需要进行实时数据处理的应用场景。

Apache Cassandra 是一个为大规模数据存储和管理而设计的分布式 NoSQL 数据库系统，最初由 Facebook 开发。Cassandra 的去中心化架构和对等节点模型允许数据在所有节点间自动分布，消除了对主节点的依赖，从而为 NoSQL 数据库提供高可用性和无单点故障的弹性。这种设计使得 Cassandra 能够高效地处理海量数据，并支持线性水平扩展，特别适合金融、社交媒体等对高并发和低延迟有严格要求的场景。

Amazon S3 是 Amazon Web Services（AWS）提供的一项云存储服务，它以高度的耐久性和可扩展性为特点，适用于大数据存储和管理。Amazon S3 允许用户通过简单的 API 操作存储和检索大量数据，其数据分布在多个区域，可以确保 99.999999999%的耐久性。此外，Amazon S3 特别适合存储非结构化数据，如媒体文件、备份数据和日志文件，并且能够与其他 AWS 服务无缝集成，支持更广泛的数据处理和分析需求。

Google BigQuery 是 Google Cloud 提供的全托管数据仓库解决方案，专门针对大数据分析进行优化。它通过 SQL 查询接口和强大的数据分析引擎，能够处理从 TB 到 PB 级别的数据。BigQuery 的存储和计算分离架构提供了灵活性，允许用户根据需要扩展和管理数据资源，同时支持大规模并发查询，通过列式存储和数据压缩技术优化查询性能。此外，BigQuery 还集成了机器学习工具和实时数据流处理功能，使用户能够轻松执行复杂的数据分析任务。

1.2.4　大数据处理与分析技术

大数据处理与分析是大数据价值实现的关键步骤。为了适应多样化的应用需求，各种大数据平台提供了基础设施支持，使得用户可以专注于其专业领域的业务需求，而不必过分担心大数据管理的复杂性，包括其可扩展性、可用性等基础性问题。

1. 大数据处理与分析技术的特点

大数据处理与分析技术具有几个显著的特点，包括高吞吐量、低延迟、分布式计算和可扩展性。高吞吐量意味着系统能够处理大量的数据流，并在短时间内完成数据的读写操作，这对于实时数据处理至关重要。低延迟确保系统能够快速响应和处理数据请求，减少数据处理和分析的时间，提升用户体验和业务决策的及时性。分布式计算是大数据处理与分析技术的核心，它通过将数据处理任务分配到多个计算节点上，显著提高了数据处理的效率，并通过冗余和容错机制避免了单点故障带来的系统停机问题。可扩展性是大数据处理技术的一项关键特点，允许系统在数据量增加时通过横向扩展来增加处理能力，以保持系统性能的稳定。这些技术通常采用并行计算处理、批量数据处理和流式数据处理等方法来支持复杂的数据分析和处理，满足不同应用场景的需求。

- ❑ 并行计算处理：是一种通过将计算任务分解为多个子任务并同时在多个处理器或计算节点上执行的技术。其核心理念是将复杂的计算问题划分为可以并行执行的较小部分，从而加速整体计算过程。通过并行计算，多个处理单元可以同时处理不同的数据块或任务，显著提高处理速度和系统效率。这种方法特别适用于需要处理大量数据或执行计算密集型任务的应用场景，如科学计算、大规模数据分析和图像处理。
- ❑ 批量数据处理：是一种将大量数据按批次收集后进行集中处理的技术。这种技术不是实时处理数据，而是在设定的时间周期内，对累积的数据执行一次性的批量操作。它的优势在于能够在系统负载较低的时段高效利用资源，同时处理大规模数据集，适合那些不需要实时处理的周期性任务，如银行的日终结算、日志文件的分析及数据仓库的信息更新等。
- ❑ 流式数据处理：流式数据处理是一种针对实时数据流的处理技术，能够在数据生成的同时对其进行连续分析和处理。与批处理不同，流处理无须等待数据积累，而是对不断到达的数据进行即时处理和响应。这种方法适用于需要快速反应的场景，如实时监控、金融交易分析、物联网数据处理和网络安全检测等。

2．典型的大数据处理系统

典型的大数据处理系统包括 Spark、Flink 和 Redshift。

Spark 是一个高性能的大数据处理框架，特别擅长进行实时数据处理和内存计算。与 Hadoop 的 MapReduce 相比，Spark 利用内存中的数据结构进行计算，显著提升了数据处理速度。Spark 的核心组件包括：Spark SQL，用于执行结构化数据查询和分析；Spark Streaming，用于实时数据流处理；MLlib，提供机器学习算法库；GraphX，用于图计算和图处理。Spark 的内存计算能力使其能够处理复杂的分析任务，如机器学习模型训练、实时数据分析和大规模数据计算。由于其高效的数据处理能力和丰富的功能模块，Spark 在金融服务、电商和社交网络等领域得到了广泛应用。

Flink 是一个以流处理为核心的大数据处理框架，它以低延迟和高吞吐量的性能特点闻名。该框架提供强大的实时流处理功能，能够高效地处理连续不断涌入的数据流。Flink 支持复杂的事件处理模式，包括动态窗口处理、事件时间戳管理以及水印技术，使得它能够应对实时数据流中的各种复杂逻辑。此外，Flink 的 Flink SQL 组件进一步简化了流数据处理任务的开发过程，并且允许开发者使用熟悉的 SQL 语言来处理流数据。这些特性使得 Flink 能够满足现代大数据处理的需求，特别是在需要快速响应和处理大规模实时数据流的场合。

Redshift 是一个完全托管、列式的数据库服务，常用于大规模的数据分析。作为 AWS 云服务的一部分，Redshift 能够处理 PB 级别的数据，并提供快速的查询和分析能力。它采用的列式存储格式和大规模并行处理技术能够支持 SQL 查询和复杂的数据分析任务，还能与其他 AWS 服务（如 S3、Glue、QuickSight）紧密集成，适用于数据仓库、ETL 作业和数据分析等场景。

3．典型的大数据分析模型库

典型的大数据分析模型库包括 Mahout、PyTorch、MLlib 和 RapidMiner。

Mahout 是一个专注于大规模机器学习的开源项目，最初为 Hadoop 平台开发，旨在实现机器学习算法的可扩展性。随着时间的发展，Mahout 已经扩展其兼容性，能够支持其他数据处理框架，还能通过支持 Spark 作为计算引擎以增强算法的执行效率。Mahout 提供了一系列算法，包括协同过滤和 K-means，用于生成个性化推荐、发现数据模式和数据分类。Mahout 分布式计算能力特别适合处理大规模数据集，适用于在线推荐系统和用户行为分析等大数据分析应用。

PyTorch 是由 Facebook AI Research 开发的开源深度学习框架，以其动态图计算图为特色，使用户能够在运行时动态构建和调整神经网络模型，具有高度的灵活性和易用性，特别适合进行科学研究和原型设计。PyTorch 提供强大的 GPU 加速和分布式训练功能，支持在多个 GPU 或计算节点上进行大规模模型训练。这些特性使得 PyTorch 能够用于构建各种深度学习模型，如计算机视觉和自然语言处理，因而在学术界和工业界都广受欢迎且应用广泛。

MLlib 是 Apache Spark 中的机器学习库，提供了一套分布式的机器学习算法和实用工具。它支持分类、回归、聚类、协同过滤、降维等任务，并包含底层的优化算法，如梯度下降法。此外，MLlib 还支持数据预处理功能，如特征提取和转换。通过利用 Spark 的分布式计算能力，MLlib 可以处理大规模数据集，提供快速且可扩展的机器学习解决方案，适用于海量数据的分析和建模。

RapidMiner 是一个全面的数据科学平台，提供从数据预处理到模型训练和部署的数据处理、分析和建模工具。RapidMiner 的核心优势在于直观的图形化用户界面，允许用户通过拖放操作构建数据流程和分析模型，无须编写复杂的代码，使数据分析过程更加可视化和易于操作。它还支持多种数据分析技术，包括机器学习、数据挖掘、文本分析和预测分析，并提供丰富的算法库和扩展插件，支持与多种数据源的集成。

1.2.5　大数据安全与隐私保护技术

大数据安全与隐私保护技术是大数据在存储、处理和传输过程中确保其安全性和用户隐私的关键技术。

1．主要的大数据安全与隐私保护技术

大数据安全与隐私保护技术主要包括数据加密、访问控制和隐私保护技术。

❑ 数据加密：数据加密技术是保护数据隐私的关键方法，它通过将原始数据转换成不可直接解读的密文来防止未授权的访问。加密方法主要分为对称加密和非对称加密两种，其中对称加密使用同一密钥进行数据的加密和解密，而非对称加密则涉及一对密钥：公钥用于加密数据，私钥用于解密。这些技术既适用于数据存储也适用于数据传输，可以确保数据在各种状态下的安全性。

❑ 访问控制技术：通过限制对数据的访问，确保只有授权用户或系统能够访问到敏感

信息。常见的访问控制策略包括基于角色的访问控制、基于属性的访问控制和基于强身份认证的方法，如多因素认证。这些控制策略的实施有助于减少数据泄露的风险，并保障数据的使用与组织的安全政策和法规要求相一致。

□ 隐私保护技术：旨在进行数据处理和分析过程中保护个人信息不被泄露。其中，差分隐私是一种通过向数据添加统计噪声来保护个人隐私的技术，它确保数据分析的总体趋势不会暴露个别数据点的具体信息，而数据脱敏则通过修改或隐藏数据中的敏感部分来保护隐私，同时确保数据集的实用性。这些技术的应用有助于在大数据分析和研究中保护用户的个人信息不被泄露或不当使用。

2. 典型的大数据安全与隐私保护系统

典型的大数据安全与隐私保护系统包括 Apache Ranger、Microsoft Azure Active Directory（Azure AD）和 Google Differential Privacy。

Apache Ranger 是一个为大数据环境量身定做的开源访问控制框架，特别适合 Hadoop 生态系统。它提供集中化的安全策略管理功能，使管理员能够在一个统一的界面中定义、管理和监控访问控制策略。Ranger 还集成了数据加密功能，保障数据在存储和传输时的安全，防止数据泄露或未经授权的访问。此外，Ranger 支持细粒度的权限控制，允许根据用户的角色和属性动态调整访问权限，以增强数据的安全性。

Microsoft Azure Active Directory（Azure AD）是微软 Azure 云平台的核心身份和访问管理服务。它提供包括多因素认证、条件访问策略、单点登录在内的强大身份验证和访问控制功能。Azure AD 能够帮助企业保护其云应用和数据，确保只有经过认证的用户才能访问敏感资源，并支持基于角色的访问控制，使企业能够灵活管理用户权限，提升数据的安全性和合规性。

Google Differential Privacy 是谷歌开发的一款差分隐私库，主要用于大规模数据分析，以保护用户隐私。该库通过在数据分析过程中引入随机噪声，降低对单个数据点的识别度，从而有效防止个人信息泄露。在谷歌内部，Google Differential Privacy 被广泛应用于数据处理和公开数据集的发布，既可确保数据分析的实用性，又可兼顾用户隐私的保护。

1.2.6 大数据可视化技术

大数据可视化技术可以将复杂的数据集转化为易于理解的图表、地图和交互式仪表盘，使用户能够快速识别数据中的概念模式、发展趋势和逻辑关系。通过直观的可视化表现，大数据可视化技术能够帮助用户深入洞察数据背后的信息，从而实现更加智能和高效的分析。

1. 大数据可视化的特点和类型

大数据可视化技术具有多个显著特点。首先，它能够处理和展示海量数据，通过实时更新和动态交互功能，使用户能够跟踪数据的变化趋势。其次，大数据可视化技术支持多维度的数据展示，通过不同类型的图表和地图，将数据的各个维度和层次清晰地呈现出来。这种多样化的展示方式使得复杂的数据集能以简洁和易懂的方式呈现，帮助用户快速理解数据的结构和关系。此外，大数据可视化技术还具有交互性，用户可以通过点击、拖曳等操作与可视化数据进行互动，进一步深入分析和探索数据。图 1-5 所示为互联网星际图，将 196 个国家的 35 万个网站数据整合起来，并根据 200 多万个网站链接将这些星球通过关系链联系起来，每一个星球的大小根据其网站流量来决定，而星球之间的距离远近则根据链接出现的频率、强度和用户跳转时创建的链接来决定。

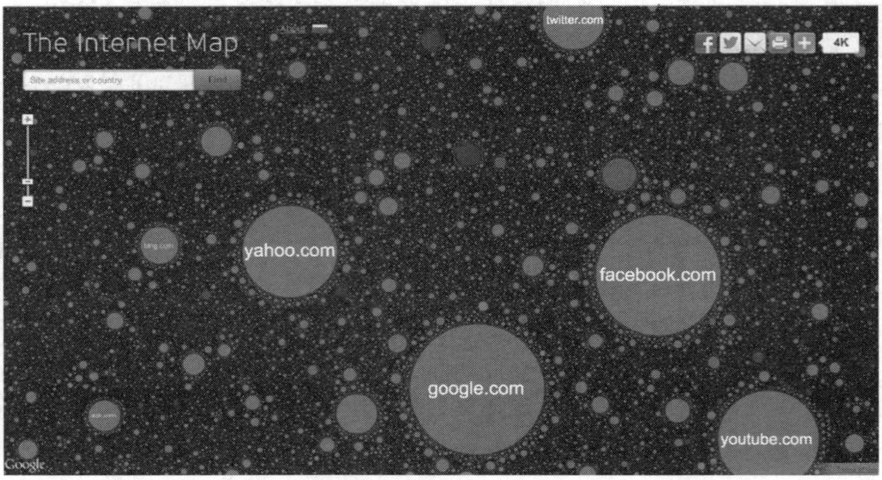

图 1-5　互联网星际图

随着大数据的兴起和发展，互联网、社交网络、地理信息系统、企业商业智能和社会公共服务等主流应用领域陆续涌现出了几类特点鲜明的信息类型，主要包括文本、网络、时空和多维数据等。

1）文本可视化

文本可视化是将文本数据转化为图形或视觉形式的过程，以帮助用户更直观地理解和分析大量的文本信息。这种技术通过将文本中的关键词、主题、情感等抽象信息以可视化的方式呈现，从而揭示文本数据的潜在结构和模式。文本可视化不仅提升了文本数据的可读性和交互性，还能揭示文本内容中的潜在趋势、模式和关系。

标签云是典型的文本可视化技术，如图 1-6 所示。在标签云中，标签的大小通常与其在文本中的重要性或出现频率成正比，常见的标签云形式是将标签按照字体大小、颜色等特征排列在一起，以突出显示出现频率较高或重要性较大的标签。

图 1-6　标签云示例

文本的生成和变化与时间属性密切相关，因此，可以通过引入时间轴将动态变化的文本中与时间相关的模式和规律进行可视化展示。如图 1-7 所示，可以用河流作为隐喻，河流从左至右流淌代表时间的序列，将文本中的主题用不同颜色的色带表示，主题的频度则通过色带的宽度来呈现。

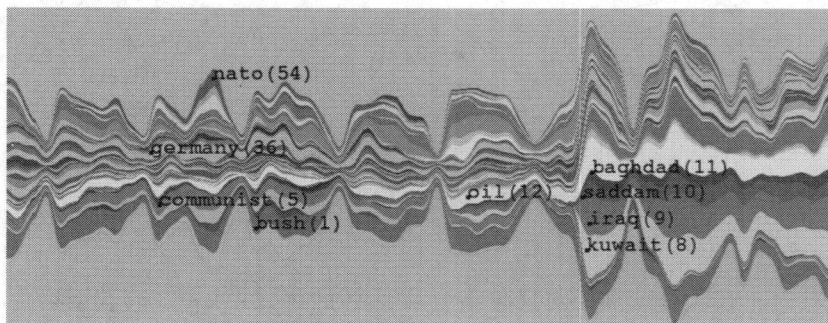

图 1-7　基于时间轴的文本可视化

2）网络可视化

网络可视化是一种数据可视化技术，用于展示和分析网络结构及其动态变化。通过将网络中的节点和边以图形化的形式呈现，网络可视化能够直观地表现出网络的拓扑结构、节点之间的连接关系以及信息流动的路径。图 1-8 展示了法国作家维克多·雨果的小说《悲惨世界》中人物的关系图。节点深浅颜色表示通过子群划分算法计算出的人物分类类别，而边的粗细表示两个节点代表的人物之间共同出现的频率。

图 1-8　网络可视化

3）时空数据可视化

时空数据可视化是一种专门用于展示和分析同时具有时间和空间维度数据的技术。它将数据的地理位置（空间维度）和发生时间（时间维度）结合起来，以图形化的形式直观地展示数据随时间和地理位置的变化情况。流式地图就是一种典型的方法，它通过箭头或线条来展示物体或信息在空间中流动的地图，常用于显示人口迁移、交通流量或物流路线等。图 1-9 展示了从 1995 年到 2000 年期间，从加利福尼亚州迁移到各州的人口流动情况。

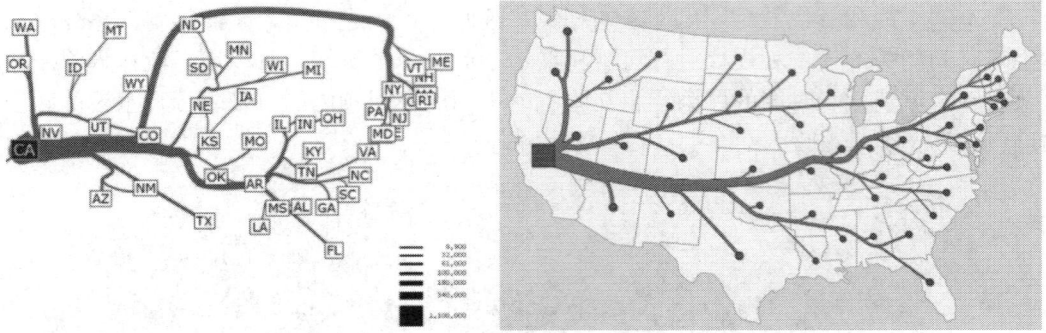

图 1-9　基于流式地图的美国人口迁移可视化[①]

4）多维数据可视化

多维数据是指在分析或描述对象时，涉及多个不同方面或属性的数据集合。这些不同的方面称为"维度"，每个维度可以包含一系列可能的取值或属性，为数据提供了不同的视角和层次，使得数据分析不再局限于单一方面，从而获得更全面、更深入的见解。多维数据可视化的基本方法包括基于散点图、基于投影、基于平行坐标图以及混合方法。

散点图是一种二维图形，用于显示数据点在两个变量上的分布情况。通过散点图，可以观察到变量之间的相关性和趋势。基于散点图的可视化如图 1-10 所示。

投影是将高维数据映射到较低维度空间，以便更容易进行可视化和分析。常用的投影方法包括主成分分析和 t 分布-随机邻近嵌入，这些方法通过减少数据的维度来保留主要的结构信息，使数据可以在二维或三维空间中可视化，从而识别数据中的模式和分组。基于投影的可视化方法如图 1-11 所示。

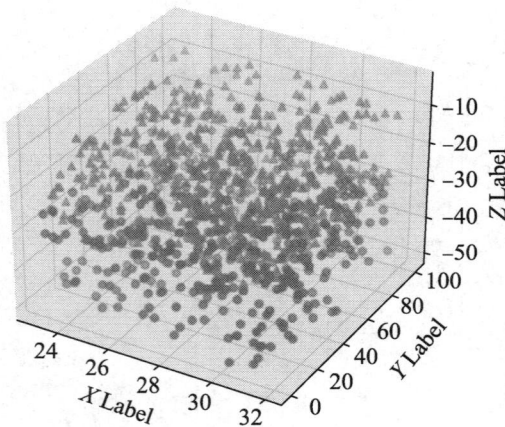

图 1-10　基于散点图的可视化

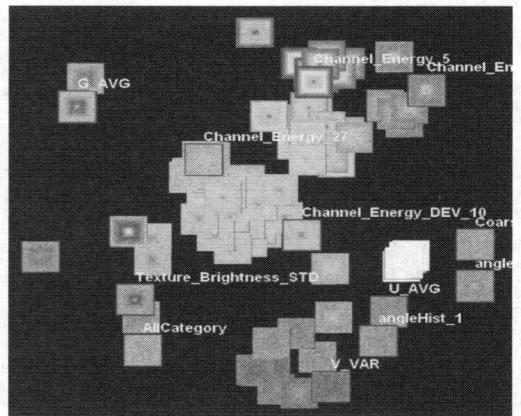

图 1-11　基于投影的可视化[②]

平行坐标图是用于表示高维数据的工具，其将每个维度作为一个垂直的轴，数据点在

---

① Zhou H，Xu P，Yuan X，et al. Edge bundling in information visualization[J]. Tsinghua Science and Technology，2013，18（2）：145-156.

② Yang J，Hubball D，Ward M O，et al. Value and relation display：Interactive visual exploration of large data sets with hundreds of dimensions[J]. IEEE Transactions on Visualization and Computer Graphics，2007，13（3）：494-507.

这些轴上形成线段。平行坐标图能够展示各个维度之间的关系和数据点的轨迹，帮助用户发现变量之间的复杂交互和数据的整体分布。基于平行坐标的可视化如图 1-12 所示。

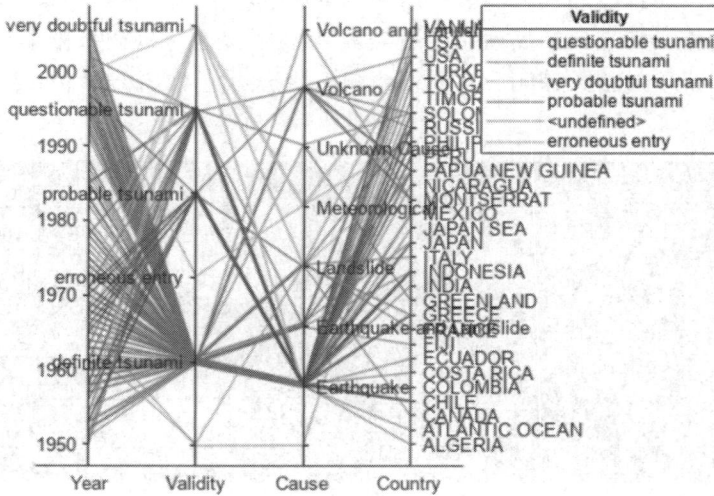

图 1-12　基于平行坐标的可视化

2. 典型的大数据可视化模型框架

代表性的大数据可视化模型框架主要有数据驱动的文档 D3（Data-Driven Documents）、百度 Echarts 和 Power BI 等。

D3 是由斯坦福可视化小组开发的一个基于 JavaScript 的数据可视化库，它的核心优势在于其数据驱动文档呈现的理念，这一理念与 HTML、SVG 和 CSS 等 Web 标准技术紧密结合。D3 允许开发者将数据直接绑定到文档对象模型，并利用数据驱动的方法生成复杂的图表和图形。该库支持广泛的可视化类型，如散点图、折线图、树图和力导向图等，为开发者提供了创建高度定制化和交互式可视化效果的可能性。用户可以通过 D3 设计出既美观又富有动态交互性的可视化作品，图 1-13 展示使用 D3 工具生成的各类可视化效果示例。

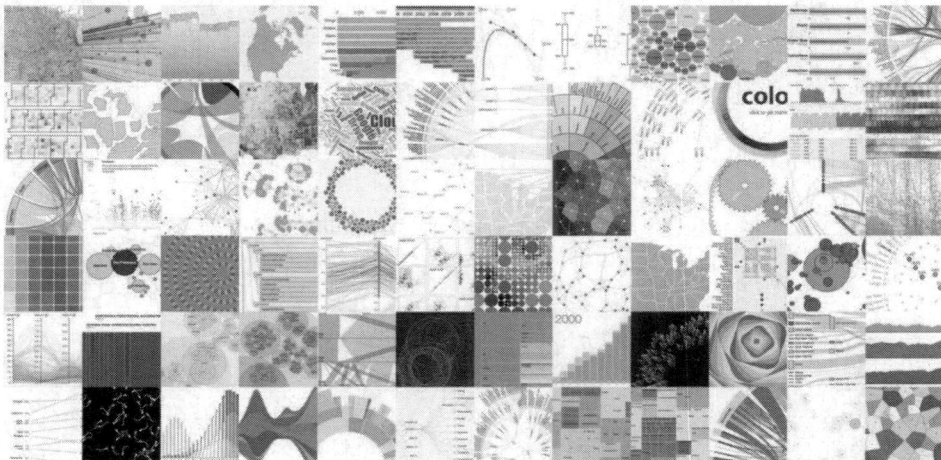

图 1-13　使用 D3 工具生成的各类可视化效果示例

ECharts 也是一个基于 JavaScript 的开源数据可视化库，由百度开发和维护，致力于提供高效且交互性强的数据可视化解决方案。ECharts 支持多种图表类型，包括折线图、柱状图、饼图、散点图、地图和热力图等，用户可以通过灵活的配置选项来定制图表的外观和功能。ECharts 的核心特点包括高性能的渲染引擎，能够处理大规模数据集且保持流畅体验，丰富的交互功能，以及强大的响应式设计。图 1-14 展示了使用 ECharts 3 工具生成的各类可视化效果示例。

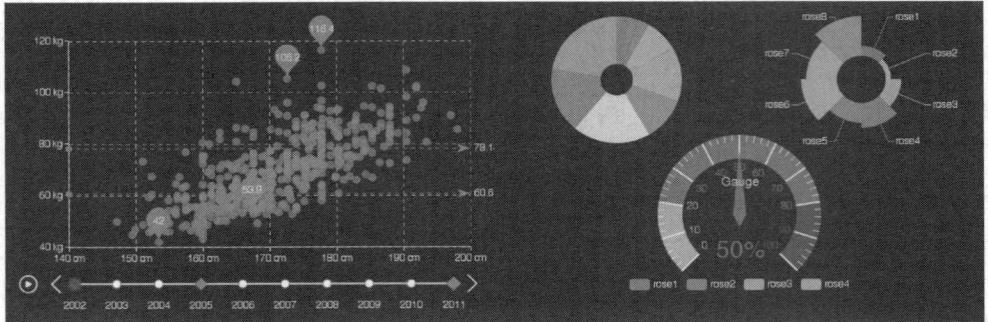

图 1-14　使用 ECharts3 工具的各类可视化效果示例

Power BI 是微软开发的一款强大的数据分析和商业智能服务，它允许用户通过直观的拖放界面创建丰富的数据报告和仪表板，并支持连接多种数据源，实现数据集成、清洗、建模及可视化分析。图 1-15 展示了使用 Power BI 工具生成的各类可视化效果示例。

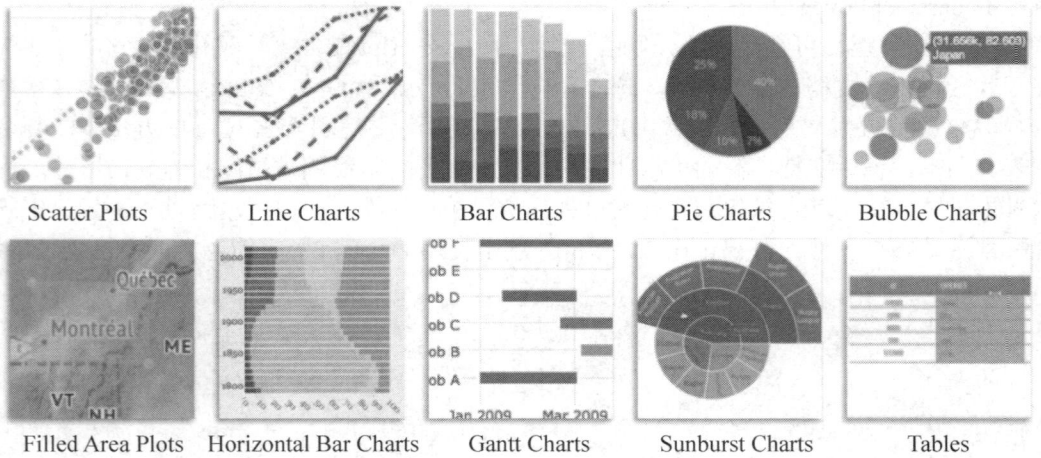

图 1-15　使用 Power BI 工具生成的各类可视化效果示例

1.3　大数据技术在气象领域的应用

随着大数据时代的到来，气象领域正经历革命性的技术突破。采集技术、存储与管理技术、数据处理与分析技术、安全与隐私保护技术以及可视化技术的快速发展，极大地释放了大数据在气象领域的应用潜力。通过这些大数据技术，业界在气象数据的多维采集、高效管理、精准预测等方面取得了明显进展，并在实际应用中成果显著。

1.3.1　大数据采集技术的气象应用

大数据采集技术的飞速发展正在深刻改变气象应用的方式和效果。传统的气象数据收集主要依赖于地面气象站、气象雷达和气象卫星等设备，这些方法在覆盖范围和数据精度上存在局限，尤其是在地形复杂或偏远地区，数据采集可能存在空白或时效性问题。然而，物联网、云计算和大数据技术的融合为气象数据采集带来了多元化和智能化的变革。现在，通过部署传感器网络和遥感设备，可以实时采集并传输气象数据到数据处理中心，这些数据不仅包括传统的气象参数如温度、湿度、气压，还扩展到了环境指标如 PM2.5、紫外线强度、气溶胶含量等，从而丰富了气象预报的内容。

以美国国家海洋和大气管理局（National Oceanic and Atmospheric Administration，NOAA）为例，该机构利用综合观测系统，从卫星、浮标、气象站、无人机等多种来源采集数据，并将这些数据集成到大数据平台上，用于生成天气预报和气候分析。这些大数据的应用使 NOAA 能够更早、更准确地预测极端天气事件如飓风，从而减少灾害带来的损失。例如 2017 年的飓风"哈维"，NOAA 利用先进的大数据技术提前发布了飓风"哈维"的精确路径和强度预测，帮助政府及时部署救援措施。在我国，国家气象局与华为公司合作，通过云平台实现了气象数据的实时采集和智能分析。华为的气象大数据平台利用其强大的云计算能力，处理全国范围的海量气象数据，并实时生成分析报告，显著提高了天气预报的准确性，并在气象灾害预警、农业气象服务和城市管理等方面发挥了重要作用。例如，在 2019 年台风"利奇马"期间，基于大数据平台的气象预测为政府提供了准确的风速、降水量和路径预报，有效指导了防灾减灾工作。

1.3.2　大数据存储与管理技术的气象应用

大数据存储与管理技术对于气象应用至关重要，因为气象数据具有海量、高频和多样化的特点，这些特点超出了传统数据存储和管理方法的处理能力。随着云计算和分布式存储技术的进步，气象部门现在能够利用这些技术有效地存储和处理数据，以提高数据的可用性和安全性。例如，欧洲中期天气预报中心利用高性能计算和分布式存储系统，每年处理超过 200PB 的数据量，并通过分布式存储和高速网络实现了多源数据的同步管理和快速访问，确保全球气象数据的安全存储和检索。

此外，大数据技术显著提升了气象数据处理的效率和时效性。传统数据库在处理大规模气象数据时常常遇到存储空间不足和访问速度慢的问题，而基于大数据技术的系统，通过分布式计算框架可以优化数据的存储和计算效率。在我国国家气象局的案例中，云存储与管理系统在 2018 年超强台风"山竹"袭来期间，通过整合和分析雷达数据、卫星图像和历史气象数据，为政府和公众提供了准确的台风路径预测和灾害预警，帮助政府采取有效的防灾措施。

大数据存储与管理技术还为气象数据的长期保存和共享提供了支持。气象数据的历史价值对于气候研究和长期天气模式监测极为重要，但传统的存储设备难以满足长期存储需求，如今气象部门能够通过大数据存储技术将数据安全地存储在云端，以实现长期保存和备份。例如，Google 与美国国家气象局合作，使用 Google Cloud 的分布式存储技术建立了一个包含数十年全球气象数据的公开数据库，并通过 API 向研究人员和企业开放，促进了气象数据在科研、商业和公共服务领域的广泛应用。

1.3.3　大数据处理与分析技术的气象应用

数据处理与分析技术在气象应用中为全球天气预报、气候变化研究和灾害预警提供了全新的解决方案。通过大数据处理技术，气象部门能够在短时间内处理并分析大量的气象数据，提升天气预报的精度和响应速度。例如，日本气象厅（Japan Meteorological Agency，JMA）依托富士通的超级计算机 Fugaku，每日处理超过数百 TB（Terabyte，太字节）来源于地面气象站、气象雷达、卫星遥感等多种观测设备的气象数据。通过使用先进的分布式计算架构，JMA 能够实时处理并分析这些数据，并将结果应用于数值天气预报模型中，从而生成高精度的天气预报。英国气象局则通过引入 AI 和机器学习技术来提高天气预报的准确性。该机构使用 NVIDIA 的深度学习平台，结合全球气象数据训练 AI 模型进行天气预测。这些 AI 模型通过分析历史天气数据，识别潜在的天气变化模式并预测未来天气事件，如极端高温或寒潮的发生时间和影响范围。

此外，数据处理与分析技术也为气候变化研究提供了新的工具和方法。法国气象局与道达尔能源合作，利用大数据分析技术处理和分析长期气候数据，研究气候变化趋势及其对能源行业的影响。通过分析几十年的气象数据和道达尔能源的生产与消费数据来预测气候变化对能源需求的影响，为能源政策的制定提供数据支持。

1.3.4　大数据安全与隐私保护技术的气象应用

随着气象行业逐步进入大数据时代，海量数据成为气象分析和应用的基础。然而，这些数据的安全性和隐私保护问题也愈发凸显。气象数据不仅涵盖观测、预报、历史气象记录等，还涉及敏感的个人信息，如个人的地理位置、行为模式以及通过移动设备或应用反馈的实时天气报告。这些数据的公开、泄露或误用，可能会导致用户隐私受损甚至影响国家安全。因此，在气象数据的传输、存储和处理过程中，保障数据的安全性和隐私成为关键问题。

一个典型的应用实例是智慧气象服务平台，它通过物联网设备实时获取气象数据，为用户提供个性化的天气服务。在这个过程中，传感器和智能设备所收集的地理位置信息、天气反馈等可能会泄露用户隐私。为了解决这个问题，平台采用了多层次的安全防护策略。首先，使用加密技术确保数据在传输过程中不被窃取或篡改；其次，通过数据脱敏技术处理用户数据，去除个人身份信息以保护隐私；最后，平台还通过严格的访问控制机制，确保只有授权人员才能访问特定的敏感信息。这些技术组合既可以确保用户隐私又不影响数据分析的精准性。

1.3.5　大数据可视化技术的气象应用

大数据可视化技术通过将庞大的气象数据转化为直观、易于理解的图形和图表，使得气象数据的复杂性得以简化，人们能够更直观地了解气象的变化趋势和空间分布。在气象研究领域，利用可视化技术可以对气象数据进行探索性分析，发现数据之间的关联性和趋势，从而深入挖掘气象数据背后的规律和信息。

鉴于大数据的复杂性和高维度特征，大数据可视化可以采用多种途径来实现。这些途径包括以多角度展示数据、突出大数据中的动态变化，以及筛选信息。例如，全球大气/海洋环流可视化平台、全美实时风速可视化系统、全美风力地图可视化、英国气温史可视化平台和全球风速和气流可视化网站等以极具感染力的视觉效果科学诠释气象现象和发展趋势。

1. 全球大气/海洋环流可视化平台

全球大气/海洋环流可视化平台又称地球风图，由美国卡梅伦皮·瑞欧开发，旨在提供全球范围内的大气和海洋环流数据的动态可视化。用户可以通过交互式界面观察全球范围内的风速、气压、温度、湿度等气象变量，以及海洋中的洋流、温度分布和盐度变化等信息。这些平台不仅支持多维数据的动态展示，还允许用户自定义视图、时间范围和数据层次，以便深入分析特定区域或现象的详细信息。图 1-16 为全球大气/海洋环流可视化平台。

图 1-16　全球大气/海洋环流可视化平台

2. 全美实时风速可视化系统

全美实时风速可视化系统是一种综合性的气象监测工具，专门用于实时展示美国境内的风速数据。该系统通过整合来自各种气象观测站、雷达和卫星的数据，实时跟踪并展示全国范围内的风速变化情况。用户可以通过交互式地图和图表，查看不同地区的风速分布、风向变化以及风速的历史记录和趋势。图 1-17 为全美实时风速可视化系统界面。

3. 全美风力地图可视化

全美风力地图可视化是一种专注于展示美国境内风力资源分布的工具。该可视化平台能够展示全国范围内的风力强度和风速分布的实时和历史数据。用户可以通过交互式地图查看不同地区的风力情况，包括风速等级、风向模式以及风力的时间变化趋势。如图 1-18

所示，图中的线条代表风向，半径代表风速，颜色代表温度，并且可以动态显示 72 小时风力演变动画。

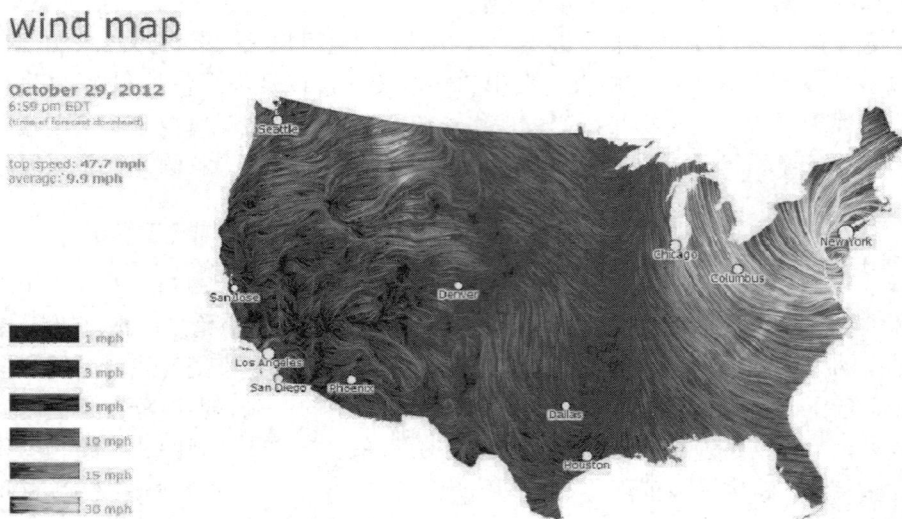

图 1-17　全美实时风速可视化系统界面

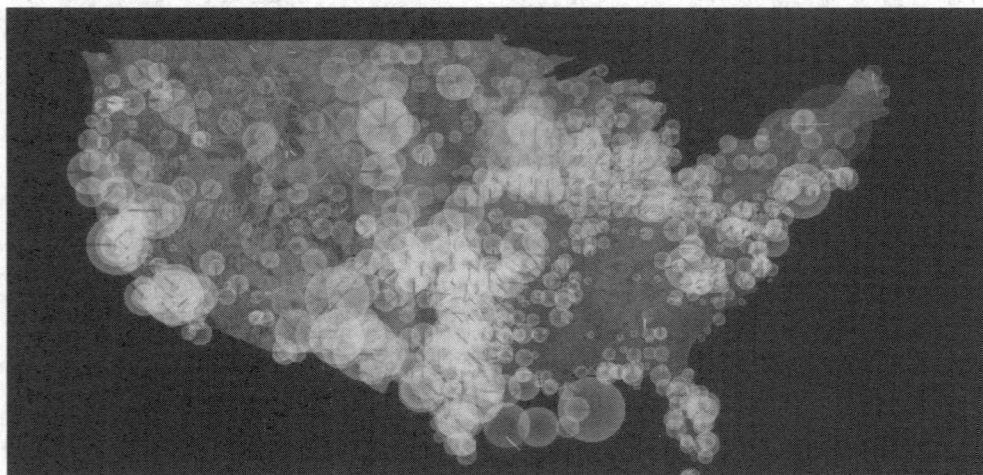

图 1-18　全美风力地图可视化

4．英国气温史可视化平台

英国气温史可视化平台是一种用于展示英国历史气温数据的工具，通过直观的图表和地图帮助用户了解过去的气温变化趋势。该平台汇集了长期积累的气温记录，包括日均气温、月度气温及年度气温等信息，用户可以通过时间轴查看不同时间段内的气温波动情况。如图 1-19 所示，红色和蓝色标记的年份代表英国气象历史上的重要事件，气温曲线可按年份、最高气温、最低气温和平均气温 4 种方式进行排序。

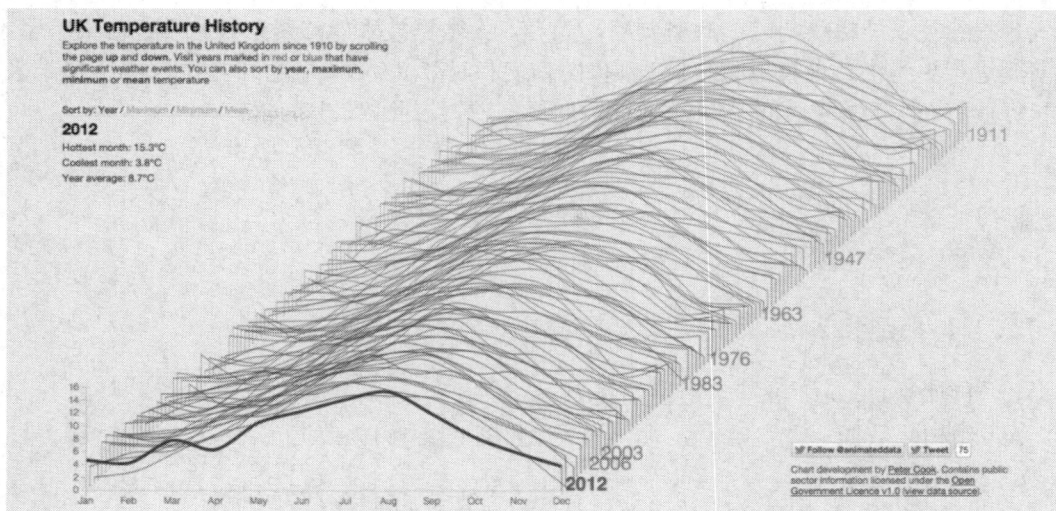

图 1-19　英国气温史可视化平台

5. 全球风速和气流可视化网站

全球风速和气流可视化网站 Windy 是一个专注于风速和气流的天气可视化网站。其交互式地图展示了全球范围内的风速、风向、温度、降水量和气压等信息。该网站能够实时或历史地展示全球范围内的温度，用户可以通过该地图查看不同地区的温度变化情况。图 1-20 为全球温度可视化平台。

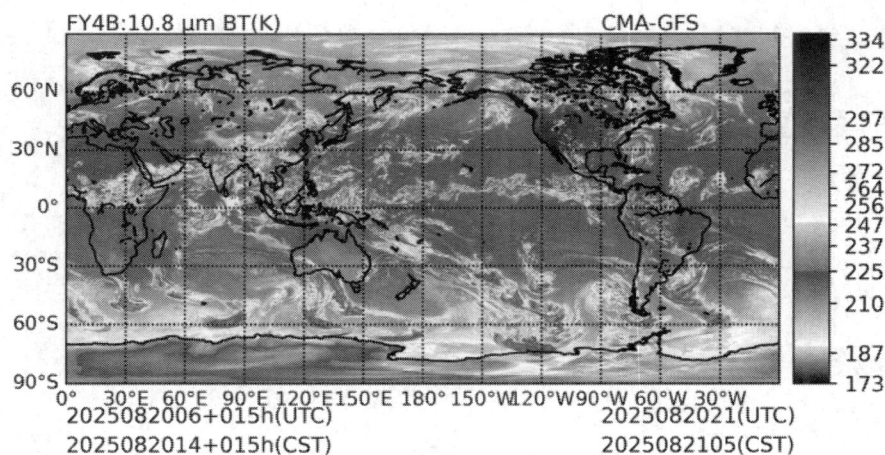

图 1-20　全球温度可视化平台

1.4　小　　结

将大数据引入气象行业，给这一传统的学科带来了前所未有的飞跃式发展。通过海量数据的积累和分析，气象模型的建立更加精确，同时也推动了数值天气预报的发展。过去，天气预报往往只能提供粗略的趋势判断，如今，大数据技术能够帮助气象学家对气象现象的演变进行更为细致地模拟与分析，预报的精度和时效性得到了极大的提高。相信在未来，气象行业将在大数据技术的帮助下继续迈向更高的发展阶段。

1.5　习　　题

一、选择题

1. 下列（　　）不属于大数据的类型。

A．结构化数据　　　　　　　　　　　B．半结构化数据

C．非结构化数据　　　　　　　　　　D．全结构化数据

2. 下列（　　）不属于主要的大数据处理与分析技术。

A．并行计算处理　　　　　　　　　　B．批量计算处理

C．串行计算处理　　　　　　　　　　D．流式计算处理

二、简答题

1. 大数据的来源主要有哪些？

2. 大数据的特点有哪些？

3. 简述大数据的分析理念。

4. 大数据技术框架主要包括哪些？

第 2 章　气象信息化

　　当今时代是一个信息化的时代，信息的获取、处理、传播和交流是促进各行各业内部发展以及行业之间相互交流互补的基础。气象行业作为拥有大量数据的行业，如何处理、应用、存储和传播这些信息是实现气象高质量发展需要重点解决的问题，因此，气象信息化技术至关重要。气象信息化技术涵盖数据采集、传输、存储、处理、预报、服务等多个方面，对提升气象预报的准确性、及时性和服务能力具有重要意义。

　　2021 年 12 月，中国气象局印发了《"十四五"气象信息网络业务发展规划》，该规划提出了气象信息化的行动纲领，旨在推进"十四五"时期气象信息化的高质量发展，建立以数据为中心的"云+端"气象信息网络业务技术体系，实现气象数据资源的开放共享和跨领域融合应用。

　　本章将从气象和大数据两个角度介绍气象信息化技术的内涵以及它是如何将气象和大数据结合到一起的。

2.1　什么是气象和气象学

　　气象是指发生在大气中的风、雨、雪、霜、露、云、打雷、闪电等物理现象。而气象学则是把大气当作研究的客体，从定性和定量两方面来说明大气特征的学科，集中研究大气的天气情况、变化规律和对天气的预报。大气成分主要包括大气中的气体（如氧气、氮气、二氧化碳等）、水汽、悬浮颗粒物（气溶胶）和其他成分，气象要素包括温度、湿度、气压、风、降水、云、能见度等。大气的主要成分含量决定气象要素，进而影响天气状况和变化规律。对天气的预报就是从大气的成分和气象要素出发，对其进行定量分析计算，进而推测未来的天气状况。

2.1.1　天气和气候的定义与分类

　　天气和气候是气象学中既相互关联又存在本质区别的两个概念。天气是指某地短期内（以分钟、小时、天为单位）发生的大气现象，如风、雨、雪、闪电等，天气通常是多变的，在一定时间段内特定地区可能会出现不同的天气。气候是指某地多年保持的一般的大气状态，特定地区的气候特征在较长时间段内是保持稳定特征的，但也包含某些极端的情况，如厄尔尼诺事件会导致气候异常。

　　气候通常与纬度、海洋、山脉有关，总体而言纬度越高，太阳入射角越小，则气候越冷。气候既包括大气的平均状况，也包括一些极端值，其主要反映地区的冷暖、干湿等特征。如果两地之间的大气平均状况类似，但一个地方的天气状况稳定，另一个地方的天气多变，则两地属于不同的气候特征。总而言之，天气是气候的基础，气候则是对长时间天气状况的总结。

气候类型可分为以下几类：

❑ **热带气候**：包括热带雨林气候、热带草原气候、热带沙漠气候和热带季风气候。热带雨林气候的特点是全年高温多雨，主要分布在赤道附近；热带草原气候的特点是全年高温，一年分为干湿两季；热带沙漠气候的特点是全年炎热干燥；热带季风气候的特点是全年高温，一年分为旱雨两季。热带气候的主要分布地域是亚洲、非洲、大洋洲及中美洲、南美洲，具体为热带雨林一带，如亚马逊平原、马来群岛、马来半岛南部、菲律宾群岛南部、刚果盆地、几内亚湾北岸、中美东岸、西印度群岛部分地区、马达加斯加岛东部、巴西高原东南部、澳大利亚东北部（大分水岭以东）、太平洋、印度洋、大西洋热带洋面的部分岛屿。

❑ **亚热带气候**：包括亚热带季风气候、亚热带地中海气候、亚热带草原和沙漠气候。亚热带季风气候的特点是夏季高温多雨，冬季温和少雨，主要分布在中国东部秦岭淮河以南、热带季风气候型以北的地带，以及日本南部、朝鲜半岛南部、美国东南部、巴西东南部，以及阿根廷、澳大利亚等的沿海地区；亚热带地中海气候是亚热带、温带的一种气候类型。地中海气候是由西风带与副热带高气压带交替控制形成的，在地中海地区，夏季受副热带高气压带控制，地中海水温相比陆地低从而形成高压，加大了副热带高气压带的影响势力，冬季地中海的水温相对较高，形成低压，吸引西风，又使西风的势力大大加强。该气候类型分布于南、北纬 30°～40°的大陆西岸，且分布广泛，是唯一的除南极洲以外，世界各大洲都有的气候类型，其气候特点是夏季炎热干燥、冬季温和多雨；亚热带草原和沙漠气候主要分布在南、北纬 25°～35°的大陆西部和内陆地区，其基本特点与热带沙漠气候相似，也是全年干旱少雨，夏季高温炎热，但因纬度稍高，冬季气温比热带沙漠气候低。受副高和干燥信风作用形成，其气候特点是少雨、少云、日照强、气温高、蒸发旺盛。

❑ **温带气候**：包括温带海洋性气候、温带季风气候、温带大陆性气候等。温带海洋性气候的特点是全年温和多雨；温带季风气候的特点是夏季温暖湿润，冬季寒冷干燥；温带大陆性气候的特点是全年降水较少，气候干燥。

❑ **高原山地气候**：如青藏高原等地区，高大山地，气温随高度增高而降低，气候垂直变化显著，在一定高度内，湿度大、多雾、降水多；愈向山地上部，风力愈强。其气候特点是全年低温，降水较少，冬季寒冷，夏季凉爽。

❑ **极地气候**：主要分布在地球的两极地区，如北极和南极，其包括极地苔原气候和极地冰原气候，全年温度非常低，冬季温度可以降到极低，而夏季温度也很少超过冰点。由于低温导致空气中的水蒸气含量低，极地气候区域的降水量相对较少，通常以雪的形式出现。极地苔原气候分布在北美洲和亚欧大陆的北部边缘格陵兰沿海的一部分和北冰洋的若干岛屿中，在南半球则分布在马尔维纳斯群岛（福克兰群岛）、南设得兰群岛和南奥克尼群岛等地；极地冰原气候出现在格陵兰、南极大陆和北冰洋的若干岛屿上。

❑ **地中海气候**：又称副热带夏干气候，由西风带与副热带高气压带交替控制形成，是亚热带、温带的一种气候类型。地中海气候主要分布在地中海沿岸地区，以及类似地理位置的地区。地中海气候区域的冬季通常温和，温度很少降至冰点以下。夏季通常炎热干燥，降水量很少，蒸发量高。降水主要集中在冬季，夏季几乎无雨。地中海气候的全年降水量在 300～1000 毫米范围内，冬季半年的降水量占 60%～70%，夏季半年的降水量则只占 30%～40%，可以看到，地中海气候的冬季降水量多于夏季。如果将地中海地区全年降水量制成条形统计图，可以看到其降水曲线呈现出明显的山谷形状。

各种气候类型的分布如图 2-1 所示。值得注意的是，图 2-1 展示的只是气候类型分布的大体情况，局地的气候类型会受到地形因素的影响，并且有些地区的气候类型分界线并不明显，处于模糊地带。

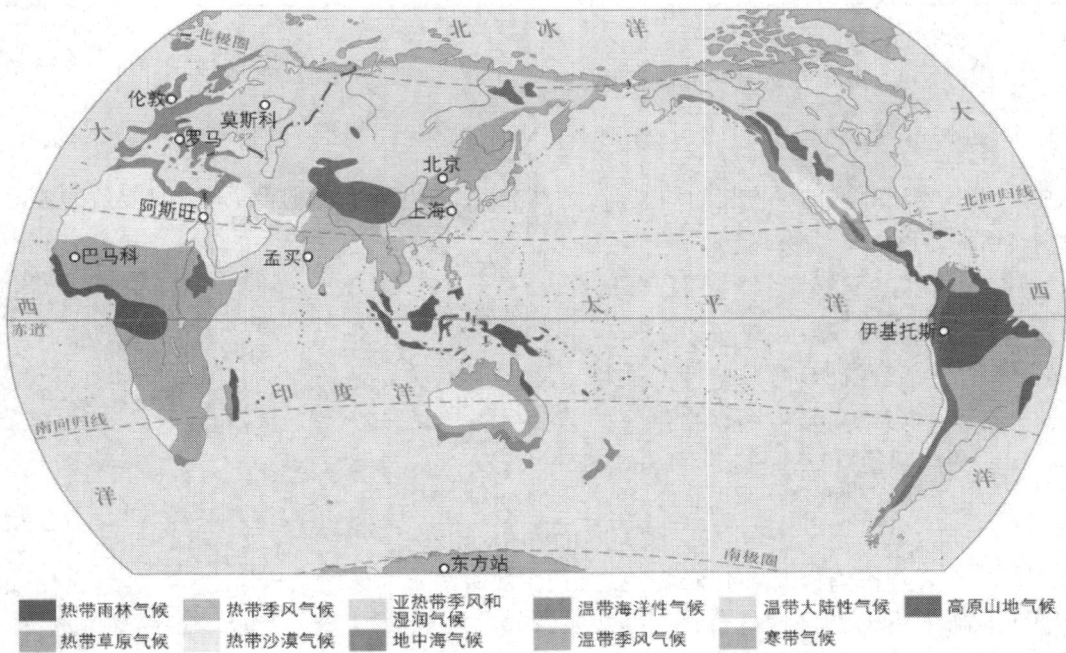

图 2-1　各种气候类型的分布

2.1.2　天气预报和气候预测的定义与分类

天气预报是指对未来的天气发展状况的预估，按预报时效可分为临近天气预报、短时天气预报、短期天气预报、中期天气预报和延伸期天气预报。气候预测是指根据历史气候变化规律对未来的气候状况进行预测，包括气温、降水及其在时间和空间上的分布。目前的天气预报技术尚不具备提前一个月以上进行高精度逐日进行天气预报的能力，因而目前的气候预测方法主要是统计月及以上时间尺度的平均气象要素值。表 2-1 列出了天气预报和气候预测的相关数据。

表 2-1　天气预报和气候预测的相关数据

	预 报 时 间	预 报 变 量	评 价 指 标
临近天气预报	0～2小时	雷暴、大风、冰雹、暴雨、飑线	POD、CSI、FAR
短时天气预报	0～12小时	雷暴、大风、冰雹、暴雨、飑线	POD、CSI、FAR
短期天气预报	1～3天	能见度、降水量、风速、温度	POD、CSI、MSE
中期天气预报	3～10天	平均温度、降水	MSE
延伸期天气预报	10～30天	平均温度、降水	MSE
短期气候预测	月、季尺度	平均温度、降水	MSE
长期气候预测	年以上尺度	平均温度、降水	MSE

其中，评价指标的计算公式如下：

❑ 均方误差 MSE（Mean-Square Error）：

$$\text{MSE} = \frac{1}{m}\sum_{i}^{m}(y_i - \hat{y}_i)^2 \qquad (2\text{-}1)$$

其中，MSE 是所有值的平方差的均值，y_i 是真实值，$\hat{y}_i$ 表示预测值，m 表示真实值的数量。计算 MSE 的 Python 代码如下：

```python
import torch.nn as nn
import torch
def mse(self, pre, true):
    #用 Torch 自带的 MSELOSS
    mse = nn.functional.mse_loss(pre[0, :, :], true[0, :, :])
    return 1, mse.item()
```

❑ 临界成功指数 CSI（Critical Success Index）：

$$\text{CSI} = \frac{\text{TP}}{\text{TP} + \text{FN} + \text{FP}} \qquad (2\text{-}2)$$

其中，CSI 表示正确预测降水区域占实际或预测有降水的区域总数的比例。计算 CSI 的 Python 代码如下：

```python
import torch.nn as nn
import torch
def csi_20(self, pre, true):
    pre = pre[0, :, :]
        true = true[0, :, :]
        all = (20 < true) | (20 < pre)
    if all.sum() > 0:
        pre1 = (20 < pre)
        true1 = (20 < true)
        mask = (pre1 & true1)
        csi = mask.sum() / all.sum()
        return 1, csi.item()
    else:
        return 0, 0
```

❑ 命中率 POD（Probability of Detection）：

$$\text{POD} = \frac{\text{TP}}{\text{TP} + \text{FN}} \qquad (2\text{-}3)$$

其中，POD 是预测的真正有降水区域占实际降水区域的比重。计算 POD 的 Python 代码如下：

```
import torch.nn as nn
import torch
def pod_30(self, pre, true):
    pre = pre[0, :, :]
    true = true[0, :, :]
    pre = pre>30
    true = true>30
    TP = (true & pre).sum()
    FN = (true & ~pre).sum()
    FP = (~true & pre).sum()
    TN = (~true & ~pre).sum()
    d = TP+FP
    u = TP
    if d > 0:
        pod = u/d
        return 1, pod.item()
    else:
        return 0, 0
```

❑ 空报率 FAR（False Alarm Rate）：

$$FAR = \frac{FP}{TP + FP} \tag{2-4}$$

其中，FAR 表示空报率，是预测有降水但实际没有降水的区域占预报有降水区域的比重。计算 FAR 的 Python 代码如下：

```
import torch.nn as nn
import torch
def far_30(self, pre, true):
    pre = pre[0, :, :]
    true = true[0, :, :]
    pre = pre>30
    true = true>30
    TP = (true & pre).sum()
    FN = (true & ~pre).sum()
    FP = (~true & pre).sum()
    TN = (~true & ~pre).sum()
    d = TP+FN
    u = FP
    if d > 0:
        far = u/d
        return 1, far.item()
    else:
        return 0, 0
```

2.1.3　什么是气象观测

气象观测是研究地球大气物理、化学特性和大气现象测量、观测的方法和手段的统称，是指通过建立在全球的仪器和设备对全球大气要素进行长期的实时观探测，以得到全球气象相关数据的过程。气象观测是进行气象研究的起始环节，是气象数据的来源。

气象观测根据观测数据分类包括地面气象观测、高空气象观测、大气遥感探测和气象卫星探测等；根据观测目的分为天气观测、气候观测和专业气象观测。气象观测是气象工作和大气科学发展的基础。由于大气现象及其物理过程的变化较快，影响因子复杂，除了大气本身各种尺度运动之间的相互作用外，太阳、海洋和地表状况等都影响着大气的运动。虽然在一定简化条件下，对大气运动做了不少模拟研究、大气运动模型实验，但是组织局地或全球的气象观测网，获取完整准确的观测资料，仍是大气科学理论研究的主要途径。

2.1.4　气象数据的定义和分类

气象数据是开展天气预报、气候预测及各项气象科研项目的基础，是通过各种气象观测手段获取的关于大气状态和大气现象的信息。这些数据通常包括温度、湿度、风速、风向、气压、降水量、云层状况、辐射强度等参数。气象数据的收集对于天气预报、气候研究、环境监测、农业规划、灾害预警等至关重要。

气象数据可以通过多种方式获取，包括地面气象站、自动气象站、卫星遥感、探空气球、浮标站等。这些数据通常是实时收集的，但也可以根据需要提供历史数据。气象数据的分析和解释需要专业的气象知识和技术，以确保数据的准确性和可靠性。

气象数据的定义可以从以下几个方面进一步细化。

1．离散观测数据

离散观测数据指直接通过气象仪器和设备观测得到的数据，这些数据通常是离散的，如分布在各地的气象仪记录的数据，包括温度计读数、雨量计记录的降水量等。离散观测数据为天气预报提供了基础信息，这些数据可以经过再分析得到分布于网格上的标准再分析数据，它是欧洲气象研究组织提供的一套集合全球高分辨率的气象、气候和环境信息数据。这套数据集合包括对全球的大气、陆地和海洋进行的高精度模拟和再分析，提供了庞大的连续性数据集。图 2-2 所示为气象仪，它能够实时监测并记录大气中的温度、湿度、气压、风速、风向、降水量、能见度、辐射量等多种气象要素。

2．遥感数据

遥感数据指通过卫星或飞机等遥感平台获取的大气参数，如云层覆盖、地表温度等，不同于离散观测数据，遥感数据的格式通常是按格点分布的，而不是离散的。图 2-3 所示为气象卫星云图。

图 2-2　气象仪

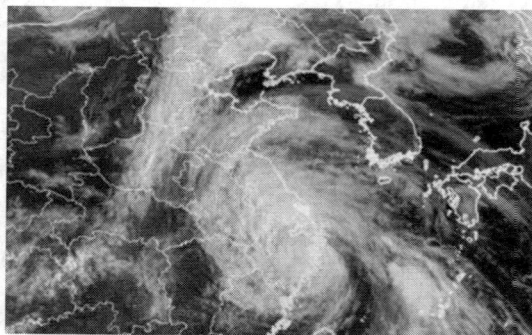

图 2-3　气象卫星云图

3．模型数据

模型数据指通过数值天气预报模型计算得到的大气状态信息，这些数据通常是对未来某一时刻的预测。目前的预报模型包括数值预报模型、机器学习模型和深度学习模型，其中数值预报模型是目前实际应用的模型，而深度学习模型近年来也逐渐显示出其优势，其预报准确性也逐渐追上甚至赶超数值预报模型。图 2-4 所示为深度学习气象模型盘古（Pangu）对全球气温的预报。

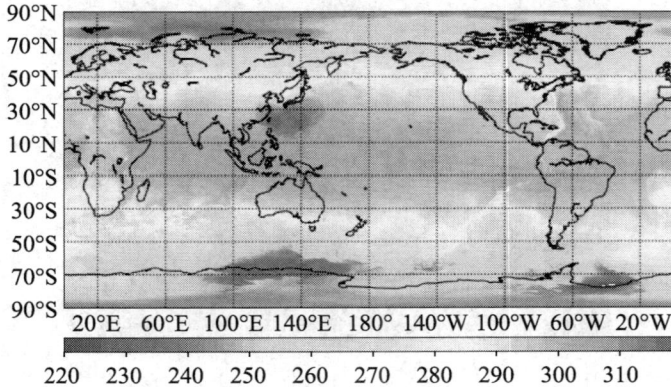

图 2-4　深度学习气象模型盘古预报的全球气温

4．历史数据

历史数据为长期记录的气象观测数据，用于气候研究和长期趋势分析，这些数据既有在空间上离散的数据，也有网格数据。图 2-5 所示为 NASA 计算的 1880 到 2020 年全球年平均气温的变化。

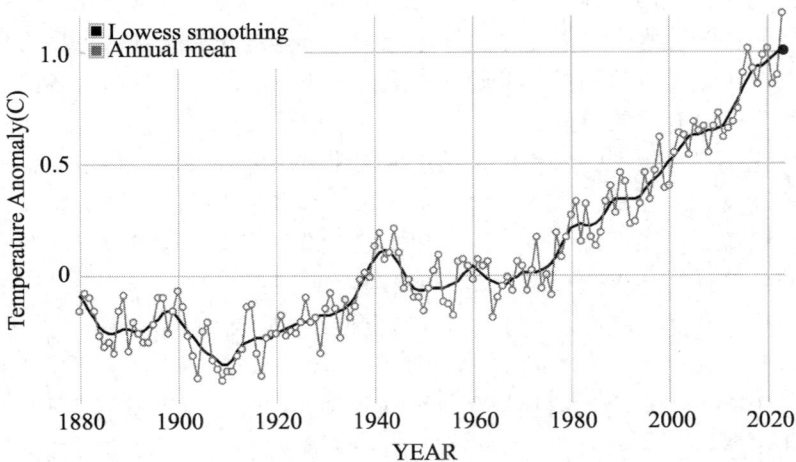

图 2-5　NASA 计算的 1880 到 2020 年全球年平均气温的变化

5．实时数据

实时数据指当前时刻或近期内的气象观测数据，对于短期天气预报和实时决策非常重要。图 2-6 所示为 2024 年 9 月 4 日 14 时全球风向风速。

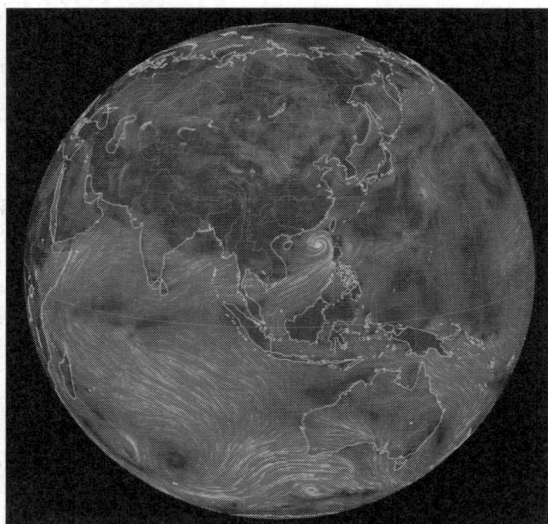

图 2-6　2024 年 9 月 4 日 14 时全球风向风速示意图

气象数据的管理和分发通常由国家气象局、世界气象组织等机构负责，它们提供标准化的数据格式和接口，以便科学家、研究人员和公众能够访问和利用这些宝贵的信息资源。

2.2　气象现代化的含义

气象现代化是指运用现代科学技术和管理手段，全面提升气象事业的科技水平、服务能力、业务效率和管理水平，以更好地满足社会经济发展和人民群众生活的需求。气象现代化的实现，对于提高气象预报的准确性、提升气象服务的及时性和有效性、增强气象防灾减灾能力等方面具有重要意义。

气象现代化不仅包括观测现代化、预报现代化、服务现代化、科技创新等技术层面的更新换代，还涉及管理体制、服务理念、法律法规等多个方面的全面革新，包括管理体制改革、智能化服务、信息系统集成、法规和标准建设、公众参与和教育、气候变化适应、灾害防御和应急管理、跨界融合应用等。具体内容如下：

❑ 观测现代化：建立和完善先进的气象观测网络，包括地面观测站、雷达站和卫星等，以实时监测大气状态和气候变化。我国在 1949 年仅有 96 个地面气象观测站，至 2020 年已经约有 11 000 个国家级地面气象观测站和超过 6 万个省级地面气象观测站，基本形成了覆盖全国的地面气象观测站网。随着 2022 年气象现代化发展战略的提出，我国地面观测站的数量还在进一步增长。图 2-7 所示为我国部分地面观测站的分布，可以看到总体上呈现出东多西少的趋势，这可能与人口密度有关。

20 世纪 50 年代初，中国气象雷达领域几乎是空白。到了 20 世纪 60 年代，开始引进英国和日本雷达用于沿海台风探测和科学研究。20 世纪 80 年代末期，中国开始研制多普勒天气雷达。中国气象局与成都 784 厂合作成功研制了第一部 S 波段 714SD 和第一部 C 波段 714CD 型多普勒天气雷达样机。1994 年，中国气象局与美国洛克希德马丁公司开展合资谈判，1996 年组建了中美合资的雷达企业，通过引进美国先进的全相干多普勒雷达技术，促进了中国新一代天气雷达的发展。20 世纪 90 年代后期到 21 世纪初，中国新一代天气雷达布网进入快速发展阶段。2008 年，中国建成了世界上规模最大、技术先进的新一代天气雷达监测网，拥有 216 部雷达。中国不仅在多普勒天气雷达技术上取得了突破，还在风廓线雷达、双偏振天气雷达、相控阵天气雷达等新型雷达技术上进行了研究和应用。截至 2024 年，中国已经建成了世界上最大的天气雷达观测网。根据中国气象局的消息，天气雷达的数量已经达到 546 部，全国天气雷达距地 1 公里高度的覆盖率达到 43.6%。图 2-8 所示为我国部分气象雷达的分布，与地面观测站的分布基本一致。

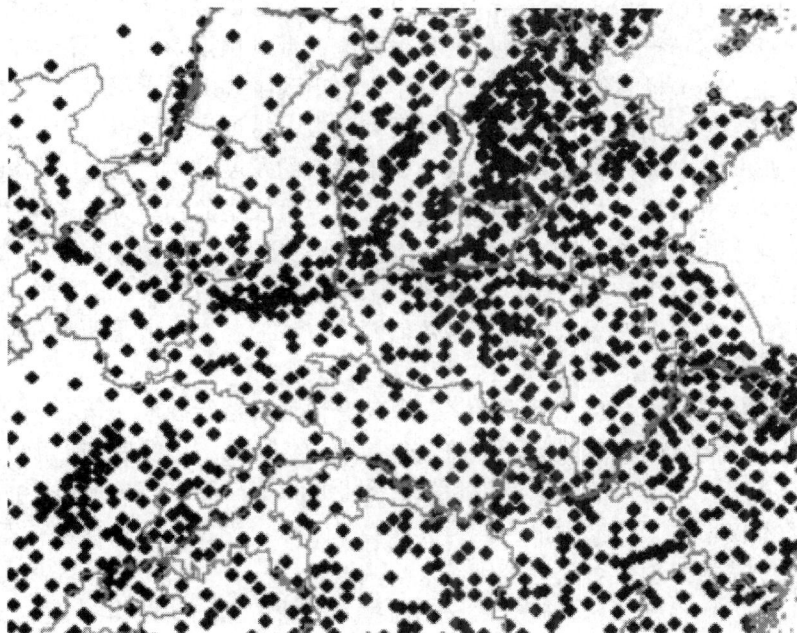

图 2-7　我国部分地面观测站的分布

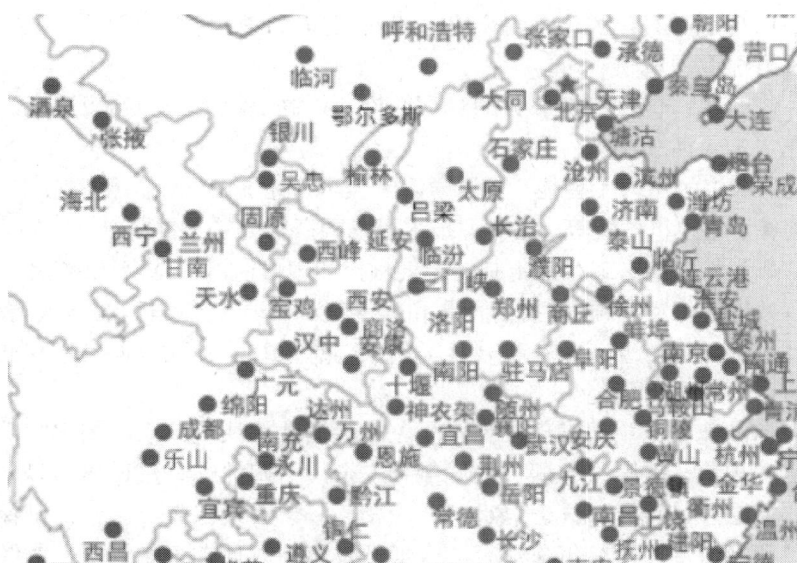

图 2-8　我国部分气象雷达的分布

截至目前，我国已成功发射了 21 颗气象卫星，其中，9 颗在轨运行。这些卫星包括风云三号和风云二号，它们分别实现了极轨卫星和静止卫星的业务化运行。此外，我国还计划进一步完善和发展气象卫星系统。从 2025 年到 2035 年，计划发射 14 颗卫星，发展星地协同智慧化观测一体化技术，建立支撑精细预报的"智慧观测"业务系统。

❑ 预报现代化：发展高精度的数值天气预报模型，利用超级计算机和大数据技术，提高天气预报的准确性和时效性。我国的数值预报模型经过多年的发展，已经形成了较为完整的体系。目前，我国已经建立了以全球/区域同化预报系统（Global/Regional Assimilation Prediction System，GRAPES）为核心的数值天气预报体系。GRAPES 系统包括全球预报系统、区域尺度预报系统、台风预报系统、海浪预报系统、集合预报系统及环境模式等多个部分。近年来也出现了许多基于深度学习大模型的天气预报模型，涵盖临近天气预报、短时天气预报、短期天气预报、中期天气预报和延伸期天气预报。大模型能够为气象领域带来新的发展动力，这是因为气象领域存在着大量的天气数据，与大模型极为契合。基于大模型的预报方法多采用多气象要素进行预测，相较于单要素的预测，该方法能够更加准确地模拟天气系统，从而更加准确地学习天气系统的内在运行规律。未来，究竟是数值预报方法作为深度学习方法的补充，还是深度学习方法作为数值预报方法的补充，或是两者相互融合，殊途同归，还需要时间的见证。

❑ 服务现代化：通过信息化手段，将气象信息快速传递给政府决策者、行业用户和公众，提供定制化的气象服务。目前，包括中国气象局、弘象科技、航天宏图信息技术股份有限公司在内的气象部门和气象企业提供了一系列气象服务产品，这些软件和服务不仅增强了气象预报的准确性和实时性，也为各行各业提供了专业的气象服务，帮助其更好地应对天气变化带来的挑战。

❑ 科技创新：加强气象科学研究，推动新技术、新方法和新结构的气象研究发展。随着盘古气象大模型入选 2023 年度"中国科学十大进展"，气象科技开始走进公众的视野，也激励了气象科研工作者进行科技创新的热情。目前，我国已经有了盘古、伏羲、风乌 3 个气象大模型，未来，科研工作者们还将继续创新，在短临、短时天气预报方面取得成果。

❑ 管理体制改革：优化气象服务的管理结构，提高决策效率和响应速度，确保气象服务工作更加灵活和高效。

❑ 智能化服务：利用人工智能、机器学习等技术，提供个性化、智能化的气象服务，如智能问答、气象机器人等。大模型技术可以根据用户的具体需求，提供个性化的气象服务，如为特定地区或行业定制的天气预报和气候监测。结合 AI 技术，气象服务能够更有效地进行灾害预警，提前预测和准备应对极端气象事件，减少灾害带来的损失。

❑ 信息系统集成：主要表现在整合各类气象信息系统，实现数据共享和业务协同，提高气象服务的整体效能。

❑ 法规和标准建设：主要表现在完善气象相关的法律法规体系，制定和实施气象服务的标准和规范，保障气象服务的质量和安全。中国的气象法律体系以《中华人民共和国气象法》（后面简称《气象法》）为核心，旨在规范气象工作，确保气象预报的准确性和及时性，防御气象灾害，合理开发利用和保护气候资源，为经济建设、国防建设、社会发展和人民生活提供气象服务。

《气象法》涵盖气象设施的建设与管理、气象探测、气象预报与灾害性天气警报、气象灾害防御、气候资源开发利用和保护、法律责任等多个方面。《气象法》强调气象事业的基础性公益事业地位，并规定了气象设施的保护、气象探测的规范、气象预报与警报的发布、气象灾害的防御措施以及气候资源的合理利用。此外，法律还鼓励气象科学技术研究、气象科学知识普及、人才培养和国际合作。中国气象局还发布了《风云气象卫星数据管理办法（试行）》，以加强和规范风云气象卫星数据的管理，推动数据的开放共享和应用推广，支撑国家科技创新和经济社会的发展。

- ❑ 公众参与和教育：提高公众的气象科学素养，鼓励公众参与气象观测和数据收集，同时加强气象灾害防范知识的普及。
- ❑ 气候变化适应：加强气候变化的研究和评估，提供气候趋势预测和应对气候变化的决策支持，帮助社会和经济适应气候变化。中国在经济发展与减污降碳协同效应、能源生产和消费革命、产业低碳化、生态系统碳汇能力提升、绿色低碳生活方式等方面取得了显著成效。未来，中国将提高国家自主贡献力度，二氧化碳排放力争于 2030 年前达到峰值，努力争取 2060 年前实现碳中和。
- ❑ 灾害防御和应急管理：建立和完善气象灾害预警和应急响应机制，提高对极端天气事件的防范和应对能力。为了提高灾害防御和应急管理能力，我国采取了一系列措施，如提升城乡工程的设防能力，具体包括推进大江、大河、大湖堤防达标建设，加快防洪控制性水库和蓄滞洪区建设，加强中小河流治理、病险水库除险加固和山洪灾害防治等；建立区域应急救援中心，健全国家应急指挥、装备储备调运平台体系，强化救援救灾装备研制开发；发展精细化的气象灾害预警预报体系，以增强风险早期识别能力，具体包括建立突发事件预警信息发布标准体系，优化发布方式，拓展发布渠道和发布语种，提升发布覆盖率、精准度和时效性。手机实时暴雨预报如图 2-9 所示。
- ❑ 跨界融合应用：将气象服务与其他领域如环境保护、公共安全、智慧城市等相结合，发挥气象服务在社会发展中的综合作用。

气象现代化是一个持续进行的过程，随着科技的发展和社会需求的变化，气象服务也需要不断地进行创新和改进。气象现代化可以更好地保护人民生命财产安全，促进经济社会的可持续发展，并为全球气象科学的进步做出贡献。

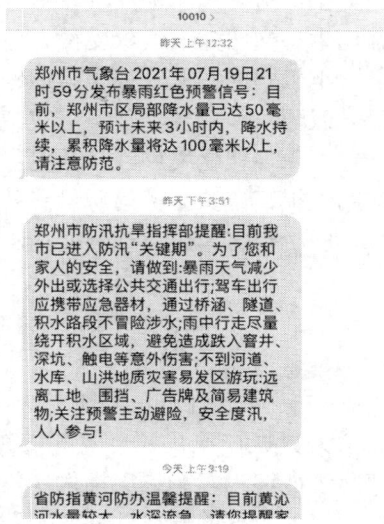

图 2-9　手机实时暴雨预报

2.3　气象现代化的发展战略

在全球气候变暖背景下，极端天气气候事件频发，统筹发展和安全对防范气象灾害风险的要求越来越高。目前，我国已建成世界先进的地、空、天综合立体气象观测系统，近

7 万个地面自动观测站、236 部天气雷达、7 颗风云气象卫星严密监测我国天气气候情况；建成了覆盖领域广泛的气象服务体系，有效服务几十个部门、上百个行业和亿万群众。现实的需求要求我们更高质量地发展气象行业，保障国家安全和人民生活水平，为此，国务院发布了《气象高质量发展纲要（2022—2035 年）》，该纲要明确了加快推进气象现代化建设的目标和任务，主要内容包括：

指导思想：以习近平新时代中国特色社会主义思想为指导，完整、准确、全面贯彻新发展理念，加快构建新发展格局，面向国家重大战略、面向人民生产生活、面向世界科技前沿，以提供高质量气象服务为导向，坚持创新驱动发展、需求牵引发展、多方协同发展，加快推进气象现代化建设，努力构建科技领先、监测精密、预报精准、服务精细、人民满意的现代气象体系，充分发挥气象防灾减灾第一道防线作用，全方位保障生命安全、生产发展、生活富裕、生态良好，更好满足人民日益增长的美好生活需要，为加快生态文明建设、全面建成社会主义现代化强国、实现中华民族伟大复兴的中国梦提供坚强支撑。

发展目标：到 2025 年，气象关键核心技术实现自主可控，现代气象科技创新、服务、业务和管理体系更加健全，监测精密、预报精准、服务精细能力不断提升，气象服务供给能力和均等化水平显著提高，气象现代化迈上新台阶。到 2035 年，气象关键科技领域实现重大突破，气象监测、预报和服务水平全球领先，国际竞争力和影响力显著提升以智慧气象为主要特征的气象现代化基本实现。

主要任务：包括增强气象科技自主创新能力、加强气象基础能力建设、筑牢气象防灾减灾第一道防线、提高气象服务经济高质量发展水平、优化人民美好生活气象服务供给、强化生态文明建设气象支撑、建设高水平气象人才队伍等。

组织实施：要求加强组织领导、统筹规划布局、加强法治建设、推进开放合作、加强投入保障，确保各项任务落实，凝聚气象高质量发展合力。

气象现代化发展战略的提出，表明气象行业越来越受到重视。气象现代化的推进，将有助于提高气象服务的质量和效率，更好地服务于农业、交通、海洋、公共安全等多个领域，同时也将为应对气候变化、保护生态环境、促进经济社会可持续发展提供重要支撑。

2.4　气象大数据的定义、特征和分类

大数据在现代社会发挥着越来越重要的作用，它不仅能够提升气象服务的质量和效率，还能够为多个领域提供决策支持，创造更多的社会和经济价值。中国气象局也在积极推动气象数据的开放共享与开发利用，通过制定相关政策和管理办法来规范气象数据管理，加强资源整合，促进数据的开发利用并保障数据安全。

气象大数据的应用非常广泛，它已经广泛应用于交通运输、新能源、农业、移动互联软件开发和服务、公共管理等领域，效益显著。例如，通过气象大数据平台，可以提供智慧气象服务，发展"互联网+气象服务"的基础设施平台，推动气象服务产业创新。此外，气象大数据还涉及气象数据的属性特性和大数据价值，以及气象业务的数据全生命周期的模式方法。

2.4.1　气象大数据的定义

气象大数据是指在气象领域中，围绕智能预报和智慧服务，从气象数据采集、加工处理、预报预测、共享服务、存储归档等气象业务和科研工作各个环节中所产生的各类数据总和，以及相关技术和应用的总称。其主要来源包括气象观测数据、气象产品数据和互联网气象数据。

随着互联网、物联网的发展，传感器、智能终端、高速网络、移动互联网、云平台、大数据处理技术、地理信息技术等多种技术共生的新生态环境已经成为气象大数据生长的肥沃土壤。

2.4.2　气象大数据的特征

气象大数据具有多维度描述、时空性、来源广泛性、保密性与公开性兼顾、高度依赖性、多学科理论交叉兼容、类型多样、体量大、更新快、高质量和高价值、技术支撑需求、云平台与业务系统的融合等特征。图 2-10 展示了这些特征的具体含义。

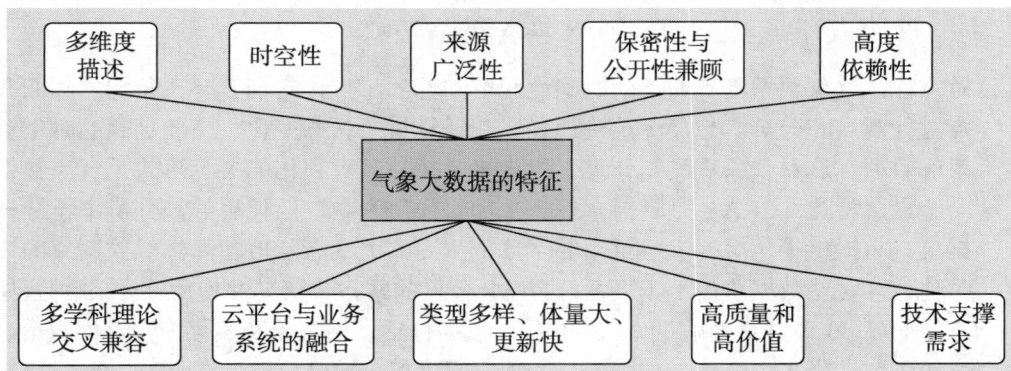

图 2-10　气象大数据的特征

❑ 多维度描述：气象数据的多维度描述涉及对大气状态及其变化的全面记录，通常由 5 个维度描述，即经度、纬度、高度、时间和物理量。这些维度的精确取值对于获取精准的气象物理量至关重要。如图 2-11 所示，气象数据拥有空间、水平和垂直三个维度，以及时间维度、气象要素和地理信息等物理量，这些维度统一在一起才能全面、准确地描述气象状态和变化。中国气象局发布的三大 AI 气象大模型系统风清、风雷、风顺是多维气象模型的典型代表。这些系统分别针对全球中短期预报、临近预报和次季节-季节预测，采用人工智能技术，显著提升了气象预报的精准度。例如，"风清"模型的全球可用预报天数达到 10.5 天，超过欧美主流气象预报大模型，尤其在较长预报时效上具有明显优势。这些模型的发布，标志着中国气象局在人工智能技术应用方面迈出了重要步伐，将进一步提升气象预报的精准度和时效性，为公众提供更加优质的气象服务。目前，深度学习气象大模型由于算力的限制，多采用单时间步预测单时间步的自回归方法，这种方法会忽略一些时间相关信息，使不确定性增大，从而在逐步的预测中不断积累误差。

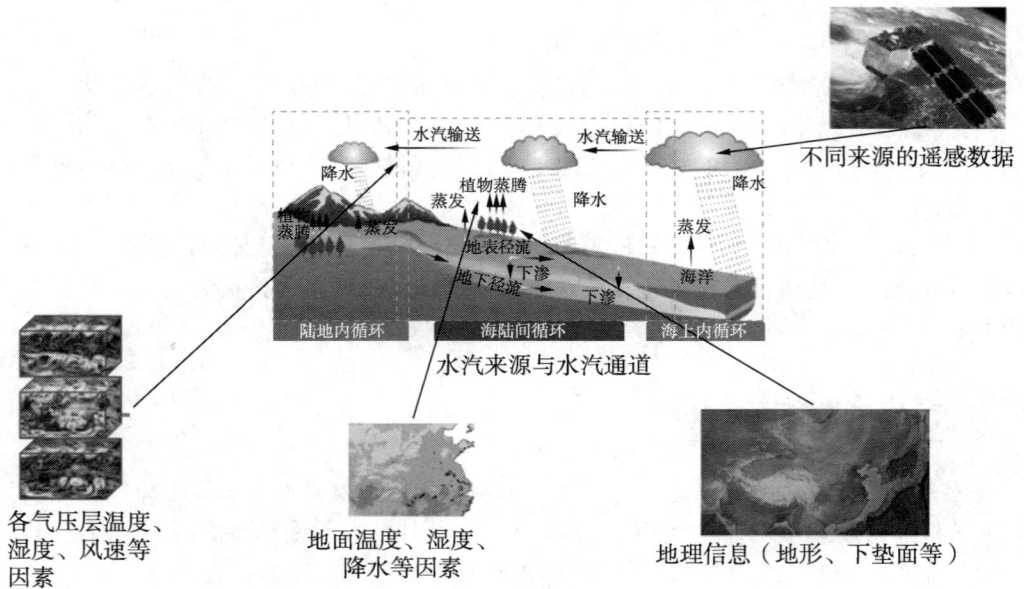

各气压层温度、
湿度、风速等
因素

地面温度、湿度、
降水等因素

地理信息（地形、下垫面等）

图 2-11　气象数据包含的维度

☐ 时空性：气象数据具有明显的时间性和空间性的特点，它们需要在特定的时间和地点进行观测和分析。想要更准确地描述和计算气象状态变化，需要更高的时空分辨率的数据，这对气象观测和计算手段带来了挑战。可视化的展示形式是气象数据的一个显著特点。ERA5 是目前全球气象和气候研究中广泛使用的高分辨率再分析数据集。它提供了从 1940 年至今的全球范围内的大气、陆地和海洋气候变量的逐小时估计。这些数据覆盖地球表面，以 31 公里的网格分辨率并使用 137 个垂直层次从地面到 80 公里高度解析大气。ERA5 数据包括多种气象和气候变量，如温度、湿度、风速、降水、云量、地表辐射和地表温度等。ERA5 提供逐小时、0.1° 至 0.25° 的网格分辨率、在垂直方向上解析为 137 个层次，覆盖从地面到 80 公里高度范围的数据。然而，这样的时空分辨率依然存在局限性，无法对小尺度的天气现象进行全面精确的描述，因而使得天气预报的准确性受到影响。中国气象局和其他气象机构正在不断推进气象观测的现代化，通过建设更密集的观测网络、提高观测频率和精度，以及发展更先进的数据处理和预测模型，来更好地捕捉和分析气象数据的时空特性。

☐ 来源广泛性：气象数据的来源非常广泛，包括各种传感器、卫星等，甚至社会资料和网络信息（如微博数据）也会被纳入分析。这些来源广泛的数据具有不同的格式，为气象数据的分析计算带来了挑战。一般来说，天气预报需要采用同化数据，也就是将不同来源和格式的数据进行加工处理，得到更为准确、格式统一、方便计算的数据格式。而随着多模态大模型的发展，科研工作者开始考虑将不同源、不同格式的数据直接输入深度学习大模型中，省略数据同化的过程。图 2-12 展示了最新的多源数据深度学习天气预报模型 MetNet-3 的输入数据。该模型采用了新颖的致密化技术，使得模型可以直接输入分散的气象站的原始数据，而非使用基于数值方法得到的同化数据。模型总体采用的是 UNet 结构，在网络前端输入的是高分辨率小范围数据，提取特征并降采样后嵌入低分辨率大范围数据中；在模型中端采用 MaxVit 进行特征的交互；在模型后端通过裁剪获得小范围数据，并生成小范围的预测。整个模型通过大范围数据来预测小范围数据，减小了边界未知信息的影响。

Input	Context size	Resolution	#Channels	#Time Slices
Radar MRMS	2496 km	4 km	2	11
Weather stations OMO	2496 km	4 km	14	9
Elevation	2496 km	4 km	1	1
Geographical coordinates	2496 km	4 km	2	1
Topographical embeddings	2496 km	4 km	20	1
HRRR assimilation	2496 km	4 km	617+1	1
Low-resolution Radar MRMS	4992 km	8 km	1	1
GOES Satellites	4992 km	8 km	16	1

图 2-12　MetNet-3 输入数据[1]

☐ 保密性与公开性兼顾：气象数据的公开有助于增强人类命运共同体建设，但同时，出于国家安全的考虑，部分数据需要进行必要的管控。某些气象数据尤其是那些涉及国家安全或敏感技术的数据需要保密。例如，军事区域的详细气象观测数据可能不会公开，以防止潜在的安全风险。另一方面，大量的气象数据是公开的，以支持科学研究、天气预报、气候监测和各种公共服务。公开的气象数据可以帮助农民预测作物生长条件，帮助城市规划者设计基础设施，支持能源公司管理电力供应等。中国气象局的气象数据服务兼顾保密性与公开性，其提供了面向全社会的基本的气象数据和气象预报产品，如果想要更详细、全面的数据进行科研，则可以向其进行申请。

☐ 高度依赖性：对于真实情况的分析，必须依赖于获取的相关数据。由于数据权限的限制，通常无法自行创建数据，这反映了保密性与公开性兼顾的原则，相关的科研工作所需的数据需要申请。

☐ 多学科理论交叉兼容：气象数据的研究和应用涉及多个学科的理论和技术，如地理信息系统（Geographic Information System，GIS）、遥感技术、统计学等。以 MetNet-3 为例，地球大气系统作为一个整体，其各种观测数据之间存在着紧密联系，MetNet-3 以雷达数据、地面离散气象站点数据、海拔高度、地理坐标、高分辨率同化数据、时间信息为输入训练模型，运用了多学科的技术。

☐ 云平台与业务系统的融合：气象大数据云平台如"天擎"整合了观测、预报、服务、政务等业务系统，通过云计算、大数据、人工智能等技术，实现了数据、技术、业务的融合，促进了气象事业的高质量发展。

☐ 类型多样、体量大、更新快：气象大数据包括气象观测数据、气象产品数据和互联网气象数据等，其特点是数据类型多样、数据体量巨大、更新速度快。这个特点为气象数据的存储和传输带来了挑战。

☐ 高质量和高价值：气象数据的质量和价值很高，它们在交通运输、新能源、农业、

---

[1] Andrychowicz M，Espeholt L，Li D，et al. Deep Learning for Day Forecasts from Sparse Observations[J]. ArXiv: 2306.06079，2023.

移动互联软件开发和服务、公共管理等领域有着广泛的应用。

　　❑ 技术支撑需求：随着监测技术的精密化和多源数据的广泛汇集，气象数据的增长速度非常快，需要大数据技术支持其快速汇聚、加工和应用。

　　以上特点共同构成了气象大数据的核心属性，使其在气象预报、气候研究、灾害预警和多行业应用中发挥着重要作用。

2.4.3　气象大数据的分类

1. 气象大数据的分类方法

　　气象数据总体上可分为观测数据和预报数据。其中，观测数据来源于各种气象观测手段，包括地面到高空的气象站点、气象雷达、气象卫星等。预报数据多是数值预报模式数据，其以网格数据的格式存储。按照《气象资料分类及编码》（QX/T 102—2009），气象数据包括地面气象数据、高空气象数据、海洋气象数据、气象辐射数据、农业和生态气象数据、数值预报数据、大气成分数据、雷达气象数据、卫星气象数据、历史气候代用数据、数值预报数据、气象服务数据和其他数据，如表 2-2 所示。

表 2-2　气象数据分类

种　类	名　　称	定　　义	数　据　类　型
观测数据	地面气象数据	通过各种观测手段获得的地面气象观测资料及其衍生数据	数字、符号、文字、图像
	高空气象数据	通过各种观测手段获得的高空气象观测资料及其衍生数据	数字、符号、文字、图像
	海洋气象数据	通过各种观测手段获得的海洋气象观测资料及其衍生数据	数字、符号、文字、图像
	辐射气象数据	通过各种观测手段获得的辐射气象观测资料及其衍生数据	数字、符号、文字、图像
	农业和生态气象数据	通过各种观测手段获得的农作物、牧草、物候、农业气象灾害、制备物理化学特性、土壤物理化学特性资料	数字、符号、文字、图像
	大气成分数据	各种大气成分观测站获取的大气物理、大气化学、大气光学资料	数字、符号、文字、图像
	雷达气象数据	通过雷达探测获得的气象资料	数字、符号、文字、图像、视频
	卫星气象数据	通过卫星探测获得的气象资料	数字、符号、文字、图像、视频
预报数据	历史气候代用数据	反映历史气候条件的非器测资料	数字、符号、文字、图像
	数值预报数据	通过各种数值预报方法获得的各种分析和预报产品	数字、符号、文字、图像
	气象服务数据	面向企业、公众等的各类气象产品	数字、符号、文字、图像、语音、视频
其他数据		不属于上述数据的气象数据	数字、符号、文字、图像、语音、视频

气象数据还可以按照不同的标准和需求进行分类,主要分类方法通常以来源、内容、用途、开放程度、处理级别为依据,其具体分类标准如下。

1)按数据来源分类

☐ 地面观测数据:来自地面气象站的观测数据,如温度、湿度、风速和风向等。地面观测数据通常具有时间上的连续性,可以提供长期的历史记录,对于气候研究和长期气候变化分析至关重要。许多地面观测站点能够实时或近实时地收集和传输数据,这对于天气预报和灾害预警具有重要意义。

☐ 卫星遥感数据:通过气象卫星获取的数据,如云图、地表温度、植被指数等。卫星能够提供全球范围内的数据,不受地理位置限制,可以监测到偏远或难以到达的地区。其中,静止卫星能够对同一地区进行长期观测,多个静止卫星即可对全球气象进行长期观测。中国的风云四号 B 星静止轨道辐射成像仪的全圆盘观测时间仅为 15 分钟,而快速成像仪能够实现 1 分钟间隔的区域观测,其空间分辨率最高可达 250 米。这使得卫星能够捕捉到快速变化的天气现象,如暴风雨和台风。风云四号系列卫星提供多种数据产品,包括可见光、红外、水汽等不同波段的图像以及大气垂直探测数据,这些产品对于天气预报、气候监测和环境评估等应用至关重要。与国际同类卫星相比,风云四号 B 星在空间分辨率和观测能力上具有竞争力,其快速成像仪的空间分辨率达到了世界领先水平。图 2-13 所示为我国气象卫星的布局。

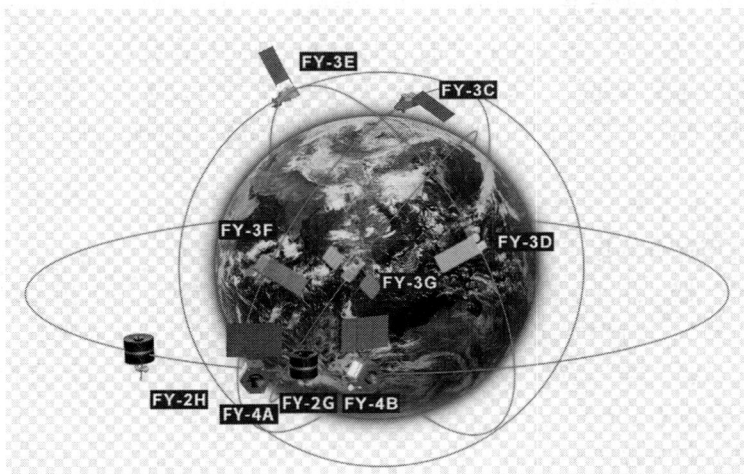

图 2-13　我国气象卫星的布局

☐ 雷达数据:由气象雷达提供的降水、风场、风暴等信息。气象雷达能够实时观测数据,这对于短时临近预报尤其关键,可以快速捕捉天气变化,如强对流、台风等灾害性天气的监测预警。新一代天气雷达如福建闽侯 S 波段双偏振相控阵天气雷达,具有 90 秒、62.5 米的超高时空分辨率,能够提供更为精细的降水和其他气象现象的观测。雷达数据在天气预报、气候监测、灾害预警、资源管理等领域有广泛应用。

☐ 探空数据:通过探空气球收集的大气垂直结构数据,如温度、湿度、气压等。探空数据提供了从地面到高空的立体观测,有助于天气预报和气候分析。类似于地面站点数据,探空数据也是离散的,需要进行数据同化才能得到格点分布数据。虽然探空站点的数量相较于地面气象站要少,但是全球范围内的探空网络仍然能够提供广泛的高空气象数据。虽然探空气球能够提供宝贵的高空气象数据，但是其释放和数据收集可能会受到恶劣天气条件的影响。

❑ 模型数据：数值天气预报模型或人工智能模型生成的数据，如预报的温度、降水、风场等。数值预报模型数据基于物理定律和数学方程，通过数值方法求解大气运动方程组得到，随着人工智能技术的发展，深度学习算法被用于改进气象模型的数据同化、物理过程参数化以及预报后处理等，提高了预报的准确性和效率。气象模型通常结合了地面观测、卫星遥感、雷达等多种数据源，通过数据同化技术整合到模型中。

2）按数据内容分类

气象数据按数据内容分为以下几类：

❑ 气象观测数据：实时或历史的气象观测数据包括基本气象要素和衍生气象产品。气象观测数据是气象学研究和应用的基础，它们是通过各种观测设备和技术手段收集的关于地球大气层状态和过程的信息，观测的气象要素包括气温、气压、湿度、风速和风向、降水、云量和云状、能见度等。

❑ 气象预报数据：短期、中期、长期天气预报数据。这些预报数据表示未来某一时刻的温度、湿度、风场、气压场等气象要素。

❑ 气候数据：长期气候统计数据，如月、季、年平均值，气候趋势分析等。不同于天气数据，气候数据表示一段时间内平均或累计的气象要素数值。

❑ 气象灾害数据：与气象灾害相关的数据，如台风路径、强度，洪水、干旱等事件信息。气象灾害数据是用于识别、监测、评估和管理气象灾害的重要信息资源。这些数据通常包括灾害发生的时间、地点、类型、强度、影响范围和可能会带来的经济损失等。

3）按数据用途分类

气象数据按用途分为以下几类：

❑ 基础气象数据：用于气象研究和预报的基础数据，如观测站数据、卫星图像等。

❑ 应用气象数据：针对特定应用场景的数据，如农业气象、交通气象、城市气象等。

❑ 环境气象数据：与环境监测和评估相关的数据，如空气质量、污染物扩散等。

4）按数据开放程度分类

气象数据按开放程序分为以下几类：

❑ 公开数据：对所有用户开放，不需要特殊许可即可获取的数据。

❑ 有条件共享数据：需要用户符合特定条件或申请才能获取的数据。

❑ 内部数据：仅限特定机构或部门内部使用的数据。

5）按数据处理级别分类

气象数据按数据处理级别分为以下几类：

❑ 原始数据：未经处理的观测数据。

❑ 加工数据：经过质量控制、格式转换等处理的数据。

❑ 分析数据：经过进一步分析和解释的数据，如气象灾害风险评估数据。

以上分类方式有助于更好地管理和利用气象数据，满足不同用户和应用的需求。随着技术发展，气象数据的分类和处理方法也在不断进步和完善。

2．气象大数据的数据平台

世界各国的气象数据平台提供了丰富的多种气象数据资源，对于气候研究、环境监测、灾害预警等多个领域都非常重要。不同平台的数据有不同的侧重点，需要根据自己的需求自行选择。以下是对部分气象数据集和数据平台的列举。

1）Climate Data Store 简介

Climate Data Store（CDS）是哥白尼气候变化服务（Copernicus Climate Change Service，C3S）数据平台，具有大量全球、欧洲地区气象、水文等不同数据集。如图 2-14 所示，从 CDS 下载数据，首先，进入网站 https://cds.climate.copernicus.eu/cdsapp#!/home，注册账户后登录，然后复制黑框中的代码，获取密码后，可以安装 cdsapi 的 Python 包进行下载。

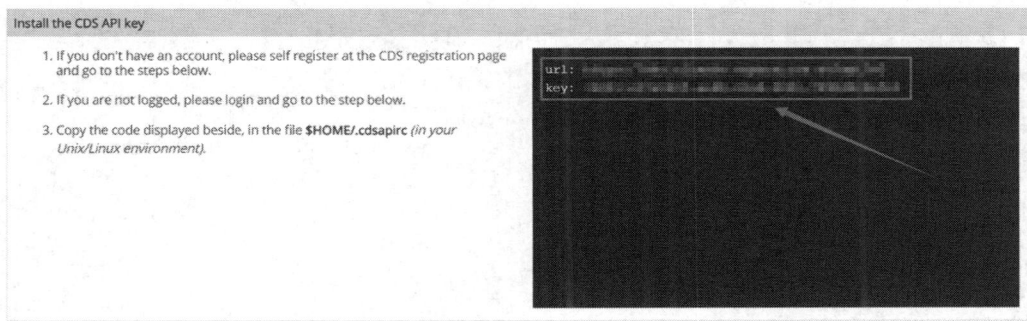

图 2-14　获取 CDS 数据下载密码

2）ERA5 简介

ERA5 是欧洲中期天气预报中心（European Centre for Medium-Range Weather Forecasts，ECMWF）全球气候大气再分析的第五代工具，提供了从 1950 年至今的多种大气再次分析数据，其空间分辨率为 0.25°，使用了 137 个从地表到 80 千米高度的数据来解析大气，包括在降低空间和时间分辨率时所有变量的不确定性。ERA5 数据集可以从 CDS 数据平台直接下载。图 2-15 至图 2-18 展示了如何从官网下载 ERA5。

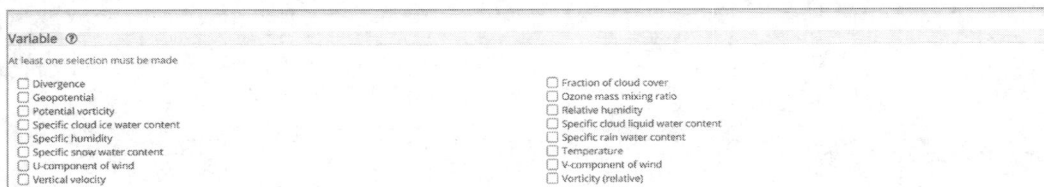

图 2-15　选择气象要素种类

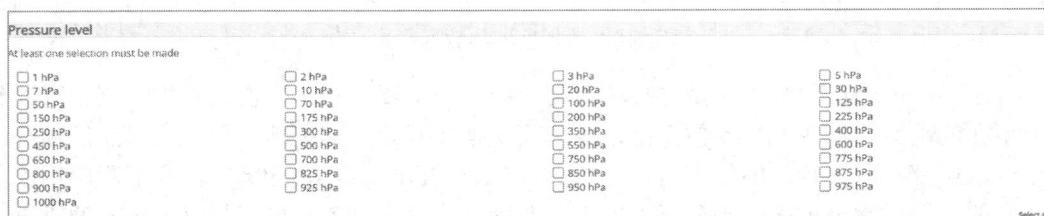

图 2-16　选择气压层

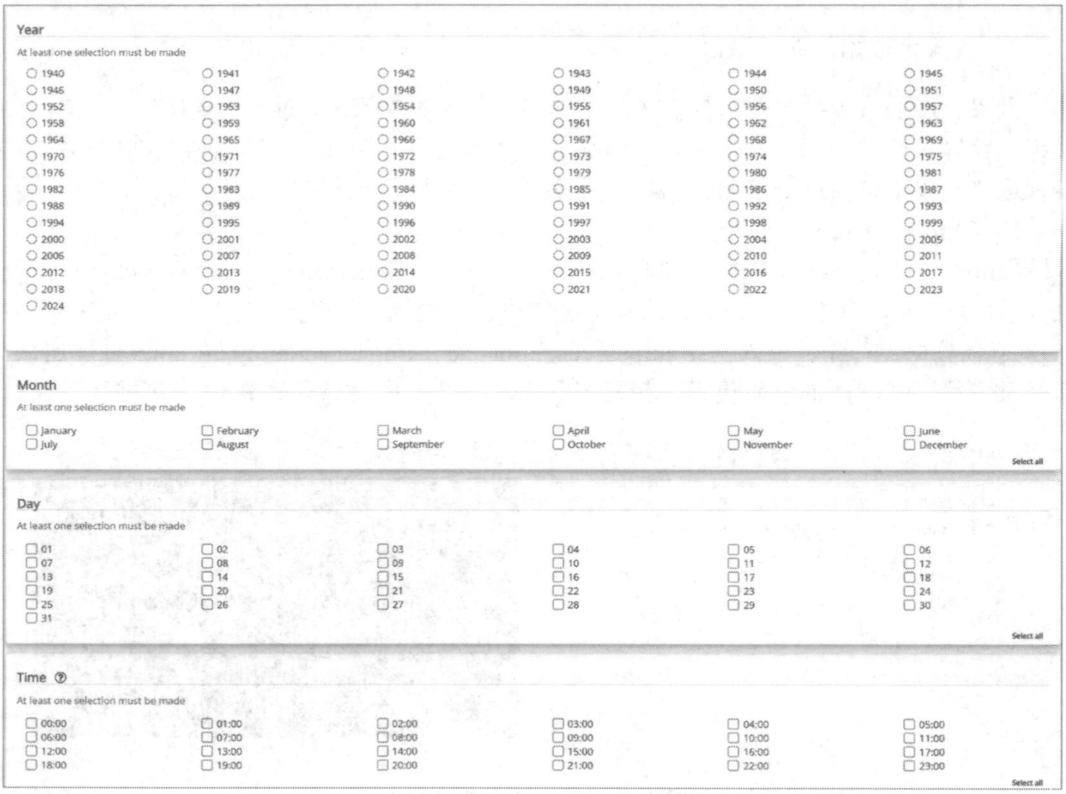

图 2-17　选择日期时间

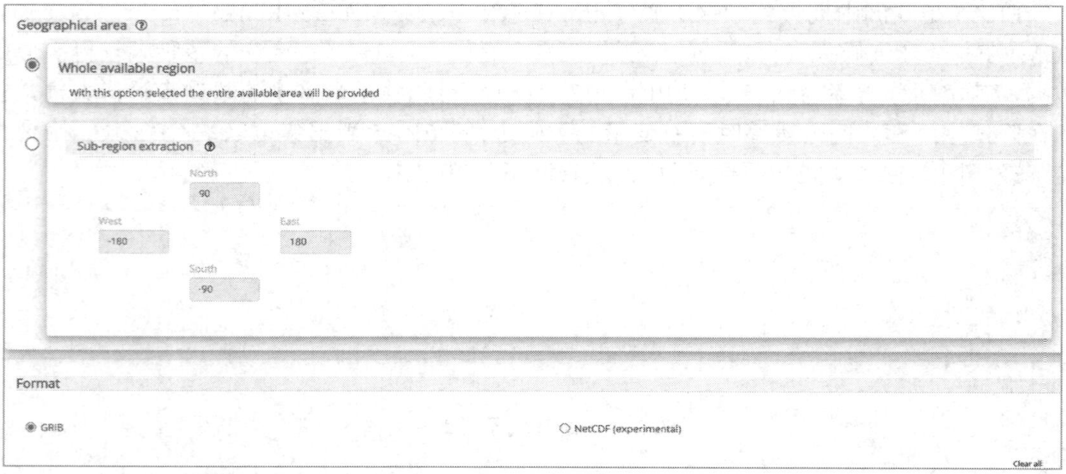

图 2-18　选择区域和数据格式

　　气压层（Pressure levels）是 ERA5 数据中的一个重要概念，它们通常指大气中不同气压值所在的高度层。在 ERA5 数据中，气压层从地面开始向上延伸，覆盖到平流层顶部。每个气压层都对应着特定的气压值，如 1000 hPa、850 hPa、700 hPa 等。在实际应用中，ERA5 的气压层数据可以用来分析大气中的温度、湿度、风速和风向等气象要素的垂直分布。这些数据对于理解天气系统的三维结构和演变过程至关重要。ERA5 数据的气压层对应的高度可以通过国际标准大气模型（ISA）来估算。由于地球的自转、地形地貌等因素的影响，实际高度可能会有所偏差，因此在实际应用中可能需要对 ISA 模型的计算结果进行修正。在处理 ERA5 气压层数据时需要考虑地形的影响。例如，某些地区的地面气压可能会低于 1000 hPa，这意味着最低的气压层可能位于地面之下。在这种情况下，需要对数据进行筛选，以确保分析的气压层位于地面之上。

3）CMIP6 简介

CMIP6（Coupled Model Intercomparison Project Phase 6）即第六次国际耦合模式比较计划，以标准化格式公开提供多模型输出，供研究人员和各用户使用，其中包括 MPI-ESM、TaiESM、AWI-ESM、HAMMOZ、CMCC 等子数据集。目前共有 118 种模型参与了 CMIP6 的实验，实验类型有 258 种，变量种类共 1452 个。然而，该数据集较为复杂，处理不同数据源的数据较困难。

4）NOAA 简介

NOAA（National Oceanic and Atmospheric Administration）即美国国家海洋和大气管理局，它的下属数据平台 Physical Sciences Laboratory 提供了非常丰富的全球或地区气候、水文、天气等数据。

5）NCDC 简介

美国国家气候数据中心（National Climatic Data Center，NCDC）隶属于 NOAA，其公开的 FTP 服务器提供了 1942 年至今的全球气象站数据，包括气温、气压、露点、风向风速、云量、降水量等气象要素。

6）中国国家气象信息中心

为了响应中国气象现代化发展战略，提高全民对气象信息的共享水平，鼓励大众运用气象数据进行科技创新，中国国家气象信息中心公开了一系列气象数据，包括地面气象资料、高空气象资料、天气雷达资料、卫星资料、数值预报产品、同化产品等。

以 ERA5 数据为例，下面展示了使用应用程序接口下载 ERA5 数据的 Python 代码。该 API 可对日期、气象要素、气压层、地区以及数据格式进行筛选。

```python
import calendar
import os
import cdsapi
api_key = '252347:3b8d9740-bef3-4782-9d2f-3504c0bc4b86'
URL = "https://cds.climate.copernicus.eu/api/v2"
client = cdsapi.Client(key=api_key, url=URL)
savepath = './era5'
dic = {
    'product_type': 'reanalysis',          # 选择数据集
    'format': 'netcdf',                    # 选择数据格式
    "pressure_level": [
        "200",
        "300",
        "400",
        "500",
        "650",
        "800",
        "1000",
    ],
    "variable": [
        "geopotential",
        "specific_humidity",
```

```
        "temperature",
        "u_component_of_wind",
        "v_component_of_wind",
    ],
    'year': '',
    'month': '',
    'day': [],
    'time': [
        '00:00', '01:00', '02:00', '03:00', '04:00', '05:00',
        '06:00', '07:00', '08:00', '09:00', '10:00', '11:00',
        '12:00', '13:00', '14:00', '15:00', '16:00', '17:00',
        '18:00', '19:00', '20:00', '21:00', '22:00', '23:00'
    ],
    'area': []
}
for i in range(2014, 2024):
    for j in range(1, 13):
        day_num = calendar.monthrange(i, j)[1]  # 根据年和月获取当月的天数
        dic['year'] = str(i)
        dic['month'] = str(j).zfill(2)
        dic['day'] = [str(d).zfill(2) for d in range(1, day_num + 1)]
        # 文件存储路径
        filename = os.path.join(savepath, str(i) + str(j).zfill(2) + '.nc')
        # 下载数据
        client.retrieve('reanalysis-era5-single-levels', dic, filename)
```

2.5　气象数据的处理与存储

气象数据的处理与存储对于气象学和相关领域具有重要的意义，能够提高数据质量、支持天气预报和气候研究、方便资源管理、促进数据合作与共享等。本节将重点介绍气象数据处理与存储的工具和方法。

2.5.1　气象数据的来源、格式和常用工具

气象数据的来源非常广泛，针对不同空间分布、种类的数据，需要采用不同的观测手段和观测工具来观测气象数据，这些原始观测数据经过加工处理得到的高质量数据也属于气象数据。气象数据的来源包括：

❑ 地面观测站：全球范围内分布着大量的地面气象观测站，它们负责收集气温、湿度、风速、风向、气压、降水量等基本气象要素的相关数据。

❑ 卫星遥感：气象卫星能够提供大范围的气象数据，包括云图、地表温度、海洋表面温度等。这些数据对于理解全球气候模式和进行天气预报非常重要。

❑ 雷达系统：气象雷达可以监测降水、风暴和其他大气现象，为短期天气预报提供关键信息。

❑ 气象气球：通过释放携带仪器的气象气球，可以收集高空的温度、湿度、气压等数据。

❑ 海洋浮标和船舶观测：海洋浮标和船舶可以提供海洋气象数据，如海面温度、海流、波浪高度等。

❑再分析数据：再分析是指利用历史观测数据和数值天气预报模型重新分析过去的气象状况，以获得更加一致和精确的气象数据集。

❑数值模型：通过数值天气预报模型，可以模拟和预测未来的气象状况，这些模型通常结合了观测数据和物理方程。

气象数据的格式同样多样，如表 2-3 所示，根据存储气象要素的类型不同而不同，主要包括二进制格式、HDF（Hierarchical Data Format）、文本数据、NetCDF、其他格式。

表 2-3　气象数据格式分类

类　　型	描　　述
二进制数据（GRIB等）	以二进制格式存储的气象数据，如GRIB是一种压缩的二进制格式，由世界气象组织（WMO）设计，用于存储和传输网格数据，特别适用于数值天气分析和预报产品资料
文本数据（CSV等）	以文本形式存储的气象数据，如CSV是一种简单的文本格式，将数据字段用逗号分割，每行代表一个数据记录，易于导入和导出，适用于大多数的数据分析工具
NetCDF	NetCDF是一种自描述多维的数据格式，常用于气象和卫星数据存储。它包含维数、变量、属性和数据4个子域，支持多种数据类型和维度，并具有元数据的能力
HDF	HDF及其变种如HDF-EOS、HDF5和HDF-EOS5，是一种具有自描述性、可扩展性的数据存储格式，常用于卫星资料的存储和发布
其他	除了上述格式，还有其他专用或较少使用的格式，如用于特定类型数据的格式等

1．二进制格式

二进制格式数据是指数据以二进制数形式表示和存储的信息。在计算机系统中，二进制格式是最基本和最高效的数据存储方式，因为它直接对应计算机硬件所使用的语言。二进制数据占用的空间通常比文本格式小，这使得存储和传输更加高效。在气象学中，二进制格式数据也常用于存储和交换大量的观测数据和模型输出。例如，气象卫星数据和数值天气预报模型的输出通常以二进制格式存储，以便进行高效的处理和分析。这些数据可以通过专门的软件工具进行解码和可视化，以便于气象学家和研究人员使用。下面展示了用Python处理二进制雷达回波数据的代码。

```python
import struct
def bintotxt(binPath, txtPath):
    file = open(txtPath, 'w')
    binfile = open(binPath, 'rb')          # 打开二进制文件
    binfile.seek(1024, 1)
    for i in range(1000):
        for j in range(1000):
            data = binfile.read(1)
            num = struct.unpack('B', data)
            if num[0] >= 66:
                file.write(str((num[0] - 66) / 2.0))
            else:
                file.write(str(0))
            file.write(' ')
        file.write("\n")
```

2．HDF

HDF（Hierarchical Data Format）文件是一种用于存储和组织大量复杂数据集的文件格式，特别适用于科学计算和工程领域。HDF5 是该格式的第五版，它提供了高度的灵活性和扩展性，支持层次化的数据组织、多种数据类型和高效的数据存储方式。HDF5 文件通过组（Groups）和数据集（Datasets）来组织数据，类似于文件系统中的文件夹和文件。这允许用户将数据组织成树状结构，便于管理和访问。HDF5 支持存储各种数据类型，包括标量、数组（多维数组）、图像、表格、字符串以及复杂数据类型（如复数、对象等）。数据集可以附带属性（Attributes），这些属性作为元数据描述数据的性质，如单位或描述信息。HDF5 支持数据压缩和分块存储（Chunking），这有助于减少存储空间的使用，并允许快速访问数据集的部分数据。此外，它还支持并行 I/O 操作，适合高性能计算环境。HDF5 可以用于存储和处理卫星图像数据、雷达数据等，支持地理空间数据的高效管理和分析。下面展示了用 Python 处理 HDF 数据的代码。

```python
import numpy as np

import matplotlib.pyplot as plt
from matplotlib import cm, colors

import seaborn as sns
import cartopy.crs as ccrs
from cartopy.mpl.ticker import LongitudeFormatter, LatitudeFormatter

from pyhdf.SD import SD, SDC

sns.set_context('talk', font_scale=1.3)

data = SD('LISOTD_LRMTS_V2.3.2014.hdf', SDC.READ)
lon = data.select('Longitude')
lat = data.select('Latitude')
flash = data.select('LRMTS_COM_FR')
```

3．文本数据

文本气象数据通常指以文本格式存储的气象信息，这些数据可以包括气温、降水量、风速、风向等气象要素的观测记录。文本气象数据可以以多种格式存在，如 CSV、TXT 或 JSON 等，它们便于阅读和处理，但可能不如二进制格式数据那样紧凑和高效。

4．NetCDF

NetCDF（Network Common Data Form）是一种常用于气象和科学数据存储的文件格式，它支持创建、访问和共享数组型科学数据。NetCDF 文件以.nc 为后缀。NetCDF 文件包含数据的元信息，如维度、变量和属性的定义，使文件内容易于理解而且不需要额外的文档说明。NetCDF 设计允许在不破坏现有数据的情况下扩展数据集，并且支持并行 I/O 操作，可在高性能计算环境中高效地访问和处理数据。

在处理不同格式的气象数据时，可以使用多种工具来完成数据的读取、处理、分析和可视化。以下是一些常用的气象数据处理工具及其功能和用途。

❑Python：作为一种广泛使用的编程语言，Python 提供了丰富的库来处理气象数据，如 NumPy、pandas 等，可以进行数据的读取、处理和分析。Python 是一种解释型语言，这意味着开发者可以在不编译的情况下直接运行代码。由于其简洁和易于学习的特点，Python 成为初学者和专业开发者的热门选择。

☐ MATLAB：是一个强大的数学计算软件，它在气象数据分析和可视化方面也有广泛的应用。MATLAB 拥有自己的编程语言，语法简单，接近自然语言，适合进行快速开发和原型设计。MATLAB 强大的图形和图像处理功能使其可以方便地绘制二维和三维图形，进行数据可视化。

☐ CDO（Climate Data Operators）：是一个命令行工具集合，专门用于处理气候数据，支持 NetCDF 和 GRIB 数据格式的转换和处理。CDO 能够处理各种气象数据格式，包括 NetCDF、GRIB、HDF5 等，它提供了一系列统计操作，如计算平均值、极值、标准差、趋势等，同时也可以将数据从一个格式转换为另一个格式，或者从一个坐标系转换到另一个坐标系。CDO 是开源软件，可以在其官方网站上免费下载。它通常与 NCO（NetCDF Operators）一起使用。

☐ NCL（NCAR Command Language）：是一种用于地球科学数据分析的编程语言，常用于气象数据的可视化和分析。

☐ GRIB：是一种数据格式，同时也有相应的 API 和工具，如 pygrib，用于解码和处理 GRIB 格式的气象数据。

☐ MetPy：是一个 Python 库，为气象学研究者和实践者提供数据处理、可视化和计算工具集，支持 GRIB、NetCDF 等格式。

☐ NMC_MET_IO：是一个开源的 Python 库，专为处理、分析和可视化气象数据而设计，支持多种气象数据格式。

☐ h5py：是一个用于读取和写入 HDF5 文件的 Python 库，常用于处理气象卫星数据。它支持复杂的数据模型，包括多维数组、复数数据类型以及数据集的层次结构。h5py 库提供了一个高级的接口，使得用户可以在 Python 程序中轻松地读写 HDF5 文件。

☐ wgrib2：是一个命令行工具，可以高效地处理 GRIB 格式的气象数据。

☐ ECCodes：由 ECMWF 开发的程序包，提供用于解码和编码 GRIB 格式的 API 和工具。

☐ GMA（Geographic and Meteorological Analysis）：是一个基于 Python 的库，用于快速处理和分析地理、气象数据和地理制图。

☐ MDE（Met Data Explorer）：是一个用户友好的软件，用于气象数据的可视化和初步分析。

☐ METPAD：是一个通用气象数据格式转换工具，采用 Python 开发，支持多种主要气象数据的处理。

以上工具各有特点，适用于不同的应用场景。例如：对于需要进行复杂数据处理和分析的研究人员，Python 和 MATLAB 可能是更好的选择；而对于需要快速读取和显示数据的用户，可能会选择 Met Data Explorer 或 NCL。在选择工具时，需要考虑数据的格式、所需的处理复杂度及用户的技术背景。下面给出使用 cfgrib 和 xarray 读取 GRIB 文件中 500hPa 气压层的纬向风速数据并可视化的示例。

```
import numpy
import matplotlib.pyplot as plt
import numpy as np
import xarray as xr
```

```
from mpl_toolkits.basemap import Basemap
ds = xr.open_dataset ('20230724000000-102h-oper-fc.grib2', engine='cfgrib',
                backend_kwargs={'filter_by_keys': {'typeOfLevel':
'isobaricInhPa', 'level': 500}})
mx = numpy.arange (-180, 180.1, 0.25)
my = numpy.arange (-90, 90.1, 0.25)
v = ds['v'].interp (latitude=my, longitude=mx, method="linear").values
mx, my = numpy.meshgrid (mx, my, indexing='xy')
lat = np.arange (-90, 90.1, 0.25)
lon = np.arange (0, 360.1, 0.25)
print (ds)
lat0 = 0
lon0 = 180
m = Basemap (lat_0=lat0, lon_0=lon0)
m.drawparallels(np.arange(-90., 91., 20.), labels=[1, 0, 0, 0], fontsize=10)
m.drawmeridians (np.arange (-180., 181., 40.), labels=[0, 0, 0, 1],
fontsize=10)
m.drawcoastlines ()
lon, lat = np.meshgrid (lon, lat)
xi, yi = m (lon, lat)
cs = m.contourf (xi, yi, v, range (-50, 50), cmap='jet')
cbar = m.colorbar (cs, location='bottom', pad="10%", )
plt.show ()
```

cfgrib 是由欧洲中期天气预报中心开发的一个用于读取 GRIB 格式数据的 Python 接口，cfgrib 作为 xarray 的后端，使用户可以利用 xarray 的高级接口来处理 GRIB 数据。xarray 是一个 Python 库，用于处理具有标签维度的多维数组，它在 NumPy 的基础上构建，与 pandas 紧密集成，提供了两种基本的数据结构，即 DataArray 和 Dataset。DataArray 用于表示单个多维数组，而 Dataset 用于表示多个具有相同维度的 DataArray 的集合，其可视化结果如图 2-19 所示。

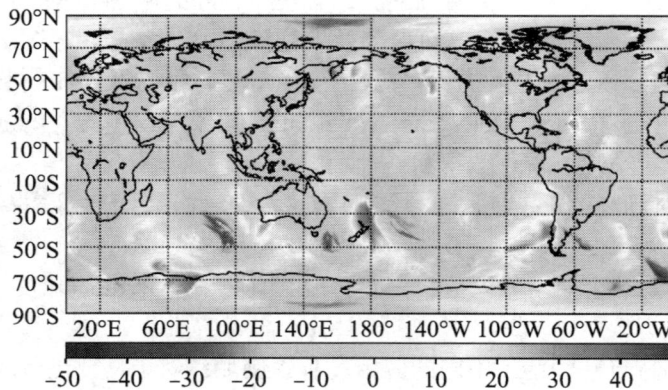

图 2-19　全球纬向风速可视化效果

2.5.2　气象数据的质量控制过程

气象数据的质量控制是确保数据准确性和可靠性的重要环节，它涉及从原始观测数据的采集到最终数据产品生成的整个流程。质量控制技术包括界限值检查、时间一致性检查、内部一致性检查、空间一致性检查和人机交互监控等，质量控制流程包括数据收集与实时监控、质量检查、错误数据的检测与修正、质量控制码的使用、质量评估与反馈，具体内容如下：

- ❑ 数据收集与实时监控：自动气象站的实时监控功能对传感器和采集器的运行状态进行实时监控，以确保数据的实时性和完整性。
- ❑ 质量检查：数据在进入预报和分析系统之前，需要经过一系列的质量检查，包括对数据的格式、合理性以及与历史数据的一致性等方面的检查。
- ❑ 错误数据的检测与修正：通过设置合理的阈值和检查规则，可以自动识别出异常数据。对于这些异常数据，需要进行进一步的分析和确认，必要时进行修正或替换。
- ❑ 质量控制码的使用：为了表达数据的质量状况，会使用质量控制码（Quality Control Code，QC 码）。例如，当数据正确、可疑、错误或无观测数据时，会分别赋予不同的 QC 码。
- ❑ 质量评估与反馈：通过质量评估平台对数据质量进行评估，并通过反馈机制对错误数据进行修正，形成质量控制的闭环管理。

我国建立了地面自动站实时资料的三级质量控制与反馈业务系统，如图 2-20 所示，包括台站级、省级和国家级的分工合作，以提高数据的整体质量。该系统的核心组成部分包括：实时质量控制软件模块，用于标注数据的质量控制码，区分数据的正确性；人机交互质量监控平台，允许技术人员对疑似错误的数据进行详细的人工分析、判断与修正；质量评估平台，定期提供自动站实时数据质量评估报告，帮助改进数据质量。此外，该系统还包括一个疑似错误的信息自动反馈流程，确保从国家级到省级再到台、站级的疑似错误的数据能够得到及时反馈。通过这些措施，中国气象局能够显著提高自动站观测数据的质量，例如，主汛期全国自动站实时观测的降水数据和逐小时气温的可用率从 2009 年的 83%和 88%提升到了 2012 年和 2013 年的 98%左右。

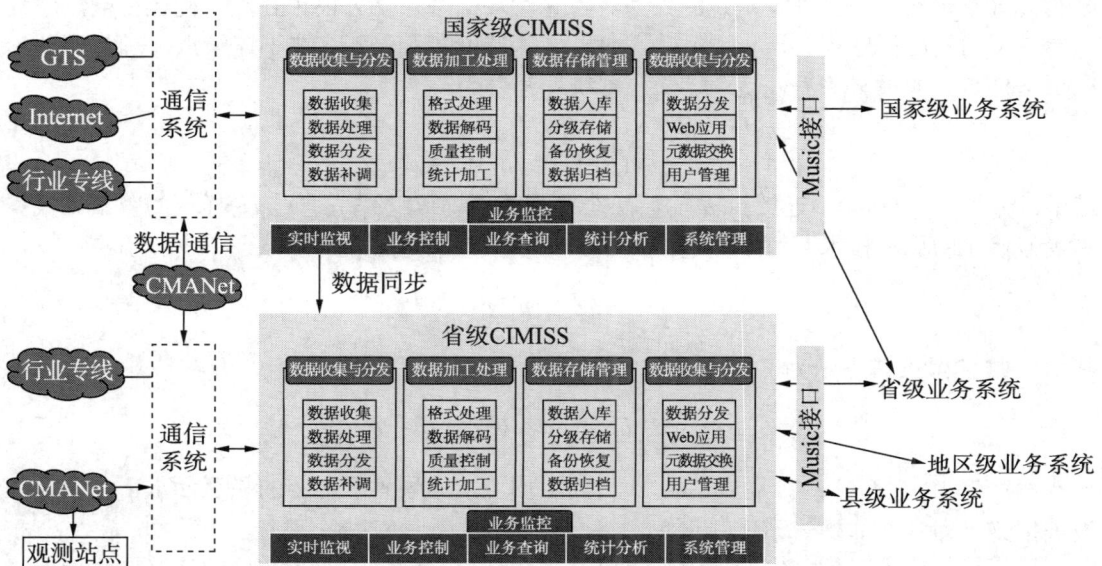

图 2-20　三级质量控制与反馈业务系统

2.5.3　气象数据的均一性处理

气象数据的均一性处理是确保气象记录质量的关键步骤，它涉及识别和纠正由于观测环境变化、仪器更换、数据处理方法改变等人为因素引起的非均一性问题。均一性处理首先需要进行均一性检验，即通过统计方法检测时间序列中的不连续点，也就是潜在的非均一性。常用的方法包括 Pettitt 检验、SNHT（Standard Normal Homogeneity Test）、MASH（Multiple Analysis of Series for Homogenization）等。找到非均一性数据之后，需要进行非均一性原因分析，以针对不同的原因采取相应的处理方法，如台站迁移、观测方法改变、仪器更换等。不同的非均一性原因对应不同的订正方法，常用的方法包括差值法、比值法、回归方法等。之后还需要结合台站的历史沿革资料，对均一性检验结果进行验证和修正。最后对订正后的数据进行验证，确保其在统计特征上与参考序列或邻近站点数据一致。

下面以中国降水量序列的均一性方法为例，介绍气象数据的均一性处理过程。

长期连续的降水观测能够为气候和水资源研究提供数据基础，然而，在实际的数据应用过程中，观测站地址变化、仪器变化、环境变化等诸多相关因素的变化都会造成气象数据的均一性受到破坏。本次处理过程采用的是《中国国家级地面气象站基本气象要素日值数据集（V3.0）》中国家级基准、基本、一般气象台站年、月降水量资料。

1．均一性检验方法

采用 SNHT 方法进行均一性检验，检验的数据为待检测序列与参考序列之间的比值，通过站台的历史信息结合主管分析，可以确认断点并采用比值方法订正，得到订正后的均一性数据。

服从正态分布的气象要素可以直接采用 SNHT 方法进行检验，而月降水等不服从正态分布的气象要素则需要进行一定的处理。首先对数据进行立方根预处理。构建待检测序列与参考序列的比值序列 Z_i，$i=1,2,\cdots,n$。如果 Z_i 为连续序列，不存在不连续点，则 Z_i 服从标准正态分布。如果 Z_i 存在不连续点 a，则统计假设为：

$$Z_i \in N(\mu_1,1), i \in \{1,\cdots,a\}$$
$$Z_i \in N(\mu_2,1), i \in \{a+1,\cdots,n\} \tag{2-5}$$

其中，μ_1 和 μ_2 分别为不连续点 a 前后两个序列的平均值（$\mu_1 \ne \mu_2$），n 为样本的容量。根据最大似然比的标准技术，可以构造统计量 T^s 作为显著性判断的依据。

$$T^s = a\bar{Z}_1 + (n-a)\bar{Z}_2 \tag{2-6}$$

其中，T^s 的最大值表示为

$$T^s_{\max} = \max_{1 \le a \le n-1} T^s = \max_{1 \le a \le n-1} \left\{ a\bar{Z}_1 + (n-a)\bar{Z}_2 \right\} \tag{2-7}$$

在式（2-7）中，$\bar{Z}_1$、$\bar{Z}_2$ 分别表示 a 前后的平均值，如果大于选定的显著性水平，则原假设被拒绝，即存在非均一不连续点。

采用比值序列对检测出的不连续点序列进行订正，比值的两个均值的计算方法如下：

$$\bar{q}_1 = \sigma\bar{Z}_1 + \bar{Z} \tag{2-8}$$
$$\bar{q}_2 = \sigma\bar{Z}_2 + \bar{Z} \tag{2-9}$$

式（2-8）和式（2-9）中的 $\bar{Z}_1$ 和 $\bar{Z}_2$ 分别代表标准化后的比值序列。由于不连续点前后的均值不同，订正的目的是调整不连续点前后的 q，使得 $\bar{q}_1\sqrt{\bar{q}_2}$ 近似等于 1。

2．临近站点选取

参考序列的选取至关重要，是均一性检验最重要的技术手段，目的是消除气候变化信号，找到人为因素引起的断点，避免断点误判。一般情况下，选取待检测站点周围 300 公里范围年降水量相关系数>0.7 的序列。然而，由于我国各台站观测起始时间不一致，迁移、仪器故障等会引起数据缺失，仅考虑年降水量相关性选取的临近站点必然造成参考序列的非均一性问题。另一方面，我国气象台站密度相对较低，周围台站的选取局限性较强。因此，我们采用以下方案：

❑ 计算待检测站与 300 公里范围临近站年降水量相关系数并排序；
❑ 挑选长度达到待检测序列 85%以上，缺测年份不大于序列本身 10%且相关系数最高的 5 个临近站构建参考序列。这种方法同时考虑了临近站的相关性、同步观测时间长度和数据完整性因素，避免了临近站缺测较多引起的参考序列非均一性问题。

3．参考序列构建方法

采用相关系数权重平均和一阶差分计算参考序列，对于序列长度不一致的站网，采用一阶差分构建参考序列，对于临近站序列中间年份缺测的情况，则采用相关系数平均构建参考序列。

4．采用比值法对断点前月降水量进行订正

比值法对降水量较多的月份会给予较多的权重，订正结果较为合理。表 2-4 所示为马鬃山站 1958—2012 年期间的平均月降水量与订正比值。

表 2-4　马鬃山站月降水量与订正量（1958—2012 年）[①]

月份	1	2	3	4	5	6	7	8	9	10	11	12
订正比值	0.994	0.997	0.988	0.997	0.971	0.996	0.913	0.969	0.972	1.001	0.999	0.996
月降水量/mm	0.8	1.0	2.2	3.6	5.6	13.5	20.9	14.4	5.7	1.5	1.5	1.5

2.5.4　气象数据的存储与服务

气象数据的存储与服务是气象信息化建设中的重要环节，它涉及数据的收集、存储、管理和使用等多个方面，气象数据来源于地面观测站、卫星遥感、雷达拼图等多种渠道。这些数据需要通过统一的平台进行收集和整合，以便于后续的处理和分析。随着气象数据量的不断增长，传统的存储方式面临挑战。分布式 NoSQL 数据库如 TableStore 被用于解决海量气象数据的存储和实时查询问题，提供了可扩展性、可维护性和高性能。为了实现高效的数据管理，气象数据需要进行标准化处理。例如，采用 PostgreSQL 数据库和 PostGIS

---

① 杨溯，李庆祥. 中国降水量序列均一性分析方法及数据集更新完善[J]. 气候变化研究进展，2014，10（4）：276-281.

扩展模块进行气象数据存储和空间数据处理。

　　气象数据服务旨在为不同行业提供定制化的数据产品和服务。例如，结合天气数据为新能源、交通、农业等行业提供专业数据和运营指导服务。中国气象局发布了《基本气象数据开放共享目录》，推动气象数据在各行业的广泛应用。同时，气象数据产品也在数据交易所中进行交易，如上海市气象局的辐射分析数据产品。气象数据的应用场景日益丰富，如自动驾驶车辆的道路交通气象信息感知网、脐橙采摘期预测模型、"气象+保险"服务等。

　　随着技术的发展，气象数据存储与服务也在不断进步。例如，WDB 系统提供了气象数据存储、观测、预报和分析的技术支持。图 2-21 展示了国家气象科学数据中心网页，其提供了全面的气象数据。

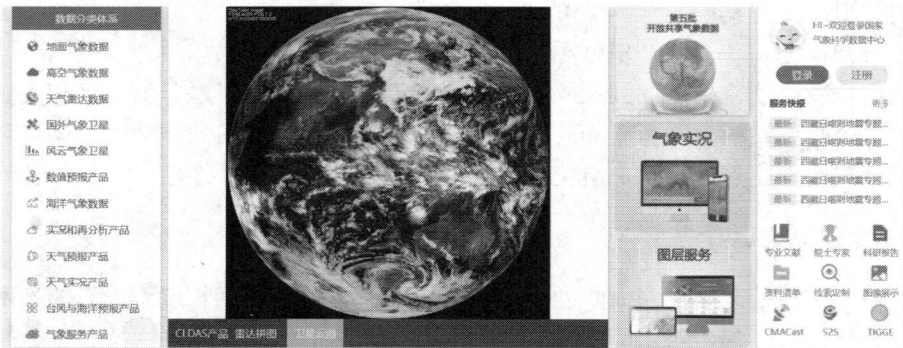

图 2-21　国家气象科学数据中心页面

2.6　大数据时代气象行业的机遇和挑战

　　大数据时代的到来，使得各行各业的发展又有了新的突破，同样也给气象行业带来了新的机遇与挑战。一方面，大数据为气象行业提供了大量可供参考研究的数据资料，充分挖掘数据中隐藏的气象规律，为气象领域的研究和应用提供了坚实的基础；另一方面，如何利用这些巨量的数据也成为一个艰巨的挑战。

1. 大数据时代气象行业的机遇

　　大数据时代气象行业的机遇主要表现在以下几个方面。

1）数据丰富性大大提高

　　大数据时代气象行业的数据丰富性大大提高，随着观测技术的进步，气象数据的采集变得更加频繁和全面，提供了前所未有的数据量，这为气象预报和服务提供了更丰富的信息资源。比如，我国部署了更多的地面气象站、高空探测站、海洋浮标、飞机和卫星传感器，这些站点和传感器提供了更密集和全面的观测数据；除了传统的气象观测数据，现代气象数据还包括遥感数据、社交媒体信息、物联网设备数据等，这些数据来源提供了更全面的视角；随着遥感技术和观测设备的改进，气象数据的空间分辨率得到增强，可以提供更精细的局部气象信息；通过数据融合技术，可以将来自不同来源和类型的数据集成在一起，提供更全面的分析和应用。

2）天气预报的精度和可靠性提高

大数据技术的应用使得气象模型可以处理更复杂的数据集，提高了天气预报的精度和可靠性，从而更好地服务于社会和经济活动。例如：随着数据处理能力的提高，数值模型得以不断优化，包括物理过程的参数化方案、数据同化技术和计算方法的改进，提高了模型的模拟能力和预报的准确性；AI 算法能够有效处理和分析海量的气象数据，包括历史数据和实时观测数据，从而提高预报的准确性，并且 AI 系统能够快速处理数据并生成预报，其全球天气预报速度可以达到传统数值预报的万倍，这对于需要即时响应的临近预报和预警系统非常有价值；运用大数据技术对台风、暴雨、雷电、冰雹等极端天气事件的预警更加及时和准确，有助于减少灾害损失。

3）与其他行业的结合

大数据时代气象行业不会也不能单单拘泥于气象数据的利用，而应该将气象数据与其他行业结合，如农业、交通业、保险业等，推动跨行业的业务协作，提高整体的社会运行效率。例如，灾害预警与减灾方面的气象行业可以与交通等领域结合，方便人们出行，保障人们的安全。大数据使气象服务更加个性化，满足不同用户群体的特定需求。

2．大数据时代气象行业的挑战

大数据时代气象行业的挑战主要表现在以下几个方面。

1）数据处理能力不足

大数据时代气象行业的数据处理能力受到了挑战，如图 2-22 所示。海量的气象数据需要强大的计算能力和高效的数据处理技术，这对气象部门的硬件设施和软件系统提出了更高的要求。人工智能（Artificial Intelligence，AI）技术，特别是深度学习方法已经在气象预报领域取得了显著进展，几乎覆盖所有受关注的天气气候事件。例如，华为云计算技术有限公司基于人工智能技术提出的三维神经网络构建了盘古气象大模型，成功实现了全球中期天气 0.25°分辨率的精准预报，并且在常用的检验指标上优于全球最先进的欧洲中长期天气预报中心（ECMWF）的确定性业务预报。盘古模型仅需 10 秒即可完成全球 7 天气象预报，功耗较传统数值方法降低 1 万倍以上。虽然 AI 技术在气象预报中展现出巨大潜力，但是也存在一些挑战。例如，AI 气象大模型的训练大多依赖于再分析资料，这些资料的产生依赖于多源观测和复杂动力过程，往往不能实时产生，限制了 AI 气象大模型的预报时效性。此外，现有的 AI 气象大模型均是 Transformer 网络风格的延伸架构，预报结果的可解释性及决策过程较低，导致可信度不足。

目前我国气象数据处理能力不足的另一个表现方面在于我国卫星资料应用效率的不足，其应用效率远低于国际水平（欧美 20%，我国 8%），我国迫切需要将新一代多普勒雷达观测数据纳入气象业务同化系统。

2）数据安全与隐私性不足

数据安全与隐私也是重要的方面，气象数据中可能包含敏感信息，如何确保数据安全和用户隐私不被泄露是一个重要问题。《气象数据共享服务与安全管理办法（试行）》中明确指出，气象数据安全是网络安全的重要组成部分，关乎国家安全和社会公共利益。因此，需要建立重要气象数据保护机制、气象数据安全应急处置机制和气象数据安全审查制度，切实保障气象数据的安全。中国气象局还出台了《气象数据开放共享实施细则（试行）》，进一步规范气象数据开放共享工作，推进气象数据安全、合规、有序地开放共享，提升气象数据资源价值和应用效益。

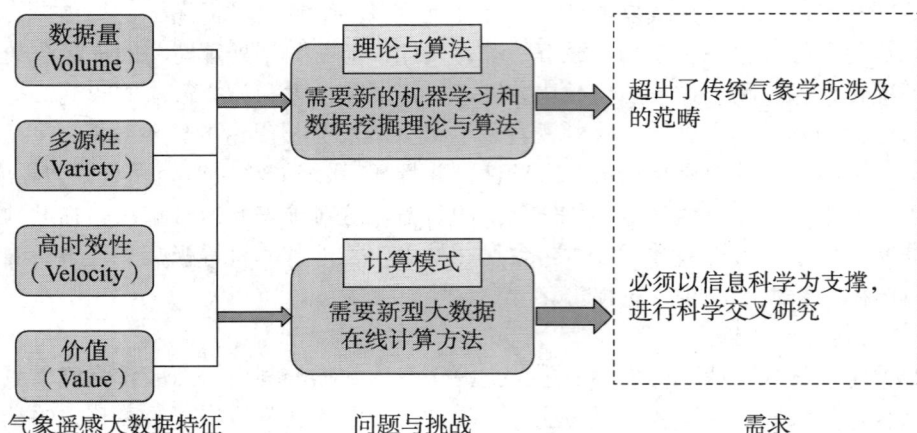

图 2-22　大数据时代数据处理不足的挑战

3）数据共享机制不完善

气象数据由于来源和特征不同，其存储格式也不同，不同来源和格式的气象数据需要统一标准和有效的共享机制，以便于整合和分析，这需要气象行业达成共识，建立统一的数据存储机制。为了应对这项挑战，中国气象局采取了一系列措施：发文要求试点单位推进气象数字资源唯一标识符业务试运行工作，强化气象数据监管，保障数据产权，激励数据汇交，推动气象数据有序流动和依法、依规使用；印发《气象数据开放共享实施细则（试行）》，进一步规范气象数据开放共享工作，推进气象数据安全、合规、有序地开放共享，提升气象数据资源价值和应用效益；构建标准统一、布局合理、管理协同、安全可靠的全国一体化气象大数据体系，将事前评估和持续监督相结合、风险自评估与安全评估相结合，防范数据安全风险，保障数据依法有序自由流动。

4）气象人才储备不足

大数据分析需要专业的技术人才，而目前气象行业在这方面的人才储备可能不足，同时建设和维护大数据处理平台需要较高的成本，对于资源有限的气象部门来说，这是一个不小的挑战。为此，中国气象局出台了《气象人才发展规划（2022—2035 年）》，该规划提出了 2025 年、2030 年、2035 年的目标任务，明确建设五支"重点人才队伍"，实施八大"重大人才计划"，完善五项"人才政策机制"，以全方位培养、引进、用好人才，为气象高质量发展提供人才支撑。

综上所述，大数据时代为气象行业带来了巨大的发展机遇，同时也带来了一系列挑战。气象部门需要不断创新，提升数据处理能力，培养专业人才，加强数据安全和隐私保护，推动数据共享和标准化，充分利用大数据带来的优势，同时有效应对挑战。

2.7　小　　结

本章介绍了气象信息化技术，包括气象学定义、气象现代化及气象现代化发展战略、气象大数据的基本概念（定义、特征、分类、气象数据平台）、气象数据处理与存储、大数据时代气象行业的机遇与挑战。气象学与数据之间有着紧密的联系，掌握气象信息化技术，是进行气象研究的必备技能。

2.8 习　　题

一、选择题

1. 下面（　　）时间属于短期天气预报的时间。
A. 10 h　　　　　　B. 2 天　　　　　　C. 5 天　　　　　　D. 100 天
2. 盘古气象大模型训练采用的数据源于（　　）数据平台。
A. Climate Data Store　　　　　　B. NOAA
C. CMIP6　　　　　　　　　　　　D. NCDC

二、简答题

1. 列举部分常用的气象数据处理工具并简述其优点。
2. 简述气象数据均一性处理的过程。
3. 指出图 2-23 中各区域的气候类型。

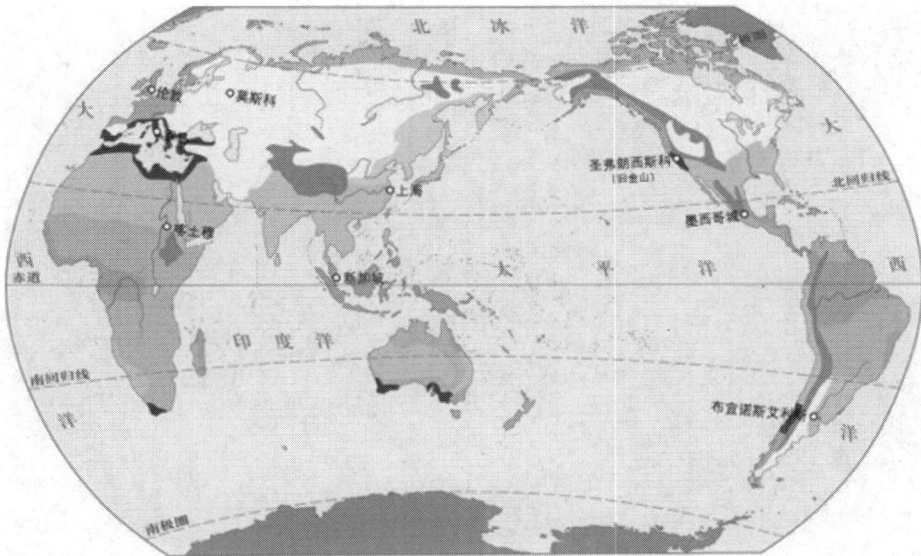

图 2-23　全球气候分布

第2篇
气象大数据进阶提升

第 3 章　气象大数据关键技术

　　数据，作为信息的载体，以多样化的形式记录和存储，为统计分析、科学研究及技术革新奠定了坚实的基础。在气象这一探索自然奥秘的广阔领域中，数据更是扮演着举足轻重的角色。它包含用于描述和记录地球大气系统状态和变化的各类观测数据和模拟数据。这些气象数据涵盖大气物理、气象要素、气象变量及其与地球表面、海洋和太阳等相关因素的信息。随着科技的日新月异，气象数据以前所未有的速度膨胀。我国国家气象信息中心的实时数据显示，我国气象数据量已达 4～5PB 级别。这一庞大的数据体系主要由地面精密观测、卫星遥感监测以及高精度数值预报等核心数据源共同组成。

　　然而，互联网技术的迅猛发展如同一把双刃剑，一方面推动了数据量的爆炸式增长，另一方面也对传统的气象信息处理方式提出了严峻挑战。面对这一数据洪流，传统的处理方法显得力不从心，难以在动态变化中捕捉细微的关联，无法支持动态的数据分析和跨行业、跨领域的数据融合。

　　正是在这样的背景下，大数据技术应运而生。通过深度融合现代计算机与互联网技术，大数据技术以其强大的数据处理能力，为气象数据的系统性分析开辟了新径。它不仅实现了数据的高效采集与处理，更促进了不同领域间数据的无缝融合，极大地拓宽了气象数据分析的视野与深度。在气象领域，大数据技术的应用不仅提升了气象预报的精准度与全面性，更为气象服务的未来发展铺设了坚实的基石。

　　通过深入挖掘气象大数据的潜在价值，人们能够更加精准地预测天气变化，为农业生产、交通运输、环境保护等各行各业提供更加可靠的气象保障。在 2024 年 4 月入汛以来，我国南方多地出现持续性降雨，国家气象信息中心（以下简称"信息中心"）充分利用天擎·实况、天擎·极值一张表、天擎·基础信息一张图等，开展降水、土壤湿度、云区大气可降水量等实况分析，并及时在中国气象数据网等平台上向公众发布。信息中心深入贯彻落实习近平总书记关于气象工作的重要指示精神，在需求牵引和科技创新驱动下，坚持供给"好用数据"、支撑"用好数据"，保障信息安全，充分发挥信息技术基础支撑和驱动引领作用，为气象科技能力现代化和社会服务现代化提供坚实保障。

　　本章分别从云计算、分布式计算平台、存储技术和大数据处理技术的发展来阐述大数据从采集、处理、存储到形成结果的整个过程，展示大数据技术如何在气象领域中发挥其强大的潜力，为各行各业提供更加精准的气象预测和更可靠的服务保障。

3.1　云计算技术

　　云计算是一种数据处理技术，它不仅能够为海量的气象数据提供稳定而强大的存储空间，而且能够通过其独特的分布式计算能力，对这些数据进行高效的分析和计算。这种处理方式显著提升了数据处理的速度和效率，使得云计算平台成为支持复杂气象预报和气候模型计算的重要基石。

2024 年，中国气象局党组发布了《新型气象业务技术体制改革方案（2022—2025 年）》，该方案旨在构建一个功能强大、集约开放的"云+端"技术体系。在这个体系下，气象部门将致力于完善"数算一体"的气象大数据云平台，开发高质量、高价值的气象数据资源，并推进气象业务应用系统的集约化建设。此外，方案还强调了提升全业务全流程全要素的监控运维能力，以及构建稳定可靠的气象业务安全体系。本节将对云计算在大数据处理中的关键技术进行深入讨论，并展示其在实际气象行业应用中的实践案例。本节将详细探讨云计算如何处理和分析庞大的气象数据集，以及它在提高气象预报准确性和效率方面所发挥的作用。

3.1.1　云计算简介

自 2006 年 Google 首次提出云计算概念以来，它已经在全球信息技术领域掀起了变革浪潮。"云计算"（Cloud Computing）是分布式处理（Distributed Computing）、并行处理（Parallel Computing）和网格计算（Grid Computing）等先进计算技术的发展和应用，旨在通过互联网提供动态可扩展的资源与服务。狭义上的云计算指 IT（Information Technology）基础设施的交付和使用模式，指通过网络以按需、可扩展的方式获得所需资源；广义上的云计算指服务的交付和使用模式，可通过网络以按需、可扩展的方式获得所需服务。这些服务可以是 IT 资源、软件或者涉及互联网的各种服务，甚至可以延伸到其他任何形式的服务。

"云"其实是网络、互联网的一种比喻说法。"云"是一些可以自我维护和管理的虚拟计算资源，通常为一些大型服务器集群，包括计算服务器、存储服务器和宽带资源等。云计算将所有的计算资源集中起来，并由软件实现自动管理，不需要人为参与。这使得应用提供者无须为烦琐的细节而烦恼，能够更加专注于自己的业务，有利于创新和降低成本。云计算本质上是通过网络，将庞大的计算任务拆成众多小型的子任务，再交给由众多服务器所构建的庞大系统处理后，将结果迅速反馈给用户。这一技术让服务提供商能够在数秒之内处理数以千万级甚至亿级的信息，提供与"超级计算机"相媲美的服务效能。随着科技的发展，云计算已不仅仅局限于单一的技术或服务，而是一套完整的解决方案，支持企业和个人快速访问和管理数据及应用程序。

云计算的技术架构为用户带来了前所未有的便利性和灵活性。以一个简单的网页服务为例，用户能够在短时间内处理和分析巨量信息，并且具有与传统超级计算机相当的计算能力。云计算的快速和高效能力不仅仅体现在信息检索上，未来的云计算将更广泛地渗透到日常生活的各个角落，如通过手机或 GPS（Global Positioning System）设备等移动终端进行各种智能服务的创新与应用。在云计算的新时代，传统的物理存储介质将逐步淡出人们的视野。例如，通过云端文档服务如 Google Docs，用户可以随时在线编辑和分享文档，无须担心设备损坏或数据丢失的问题。这种云服务的实用性在于所有的操作都可以远程完成，文件的共享和协作变得无比便捷。如今，无论是企业还是个人，都可以借助云计算来优化其工作流程，提高工作效率。

云计算的核心在于将计算资源和应用程序集中起来并通过网络提供服务。随着资源的增多，资源的存放位置和方式成为关键问题，这关乎云计算资源的部署类型。根据资源部署的位置和方式，其主要可分为 4 种类型：公有云、私有云、混合云和社区云。

- 公有云：通常由大型第三方服务提供商建立和维护，它们通过互联网以按需付费、灵活扩展的方式向公众或政府提供包括硬件和软件在内的资源。用户可以通过 Web 网页进行在线注册、自助服务，并根据实际使用情况进行计费，且支持随时取消。知名的公有云服务提供商包括 Amazon Web Services、Microsoft Azure、Google Cloud、阿里云、腾讯云和百度云等。公有云关注盈利模式，具有较好的可扩展性和规模经济性，但其所有用户共享相同的基础设施，可能存在安全和可用性方面的问题。

- 私有云：是一种为企业量身定制的云服务，它在企业的数据中心内构建，以满足其特定需求。这种云服务模式提供了对数据安全和服务质量的严格控制，主要服务于企业内部成员、员工及合作伙伴。私有云可以由企业内部部署或由外部专业服务商托管，其核心优势在于信息安全，允许客户拥有并控制自己的基础设施。私有云以其良好的用户体验和安全性著称，然而，它的初始投资较大，并且在需求突增时扩展能力相对有限。尽管如此，私有云仍然是对数据安全有严格要求的企业的理想选择。在私有云服务领域，一些知名的提供商有 VMware、深信服、华为云和青云等。

- 混合云：混合云技术作为近些年云计算领域的重要发展趋势，成功融合了公有云和私有云的优势。许多企业出于数据安全考虑，更倾向于将敏感信息保存在私有云中，以确保控制和保护数据。然而，他们也希望利用公有云提供的弹性计算资源来应对业务需求的波动。混合云模型恰好满足了这一需求，它不仅提供了灵活性和成本效益，还确保了数据的安全性。通过混合云，用户可以在公有云环境中创建隔离的私有区域，并通过 VPN 或专线与企业的内部私有云安全连接。这种架构允许企业在保持敏感数据私密性的同时能够利用公有云的可扩展性和成本效益。因此，混合云不仅是一种技术解决方案，更是企业在追求性价比与安全之间实现平衡的理想选择。

- 社区云：是指由具有相似需求的组织共同构建和使用的共享云基础设施。与公有云相比，社区云的用户数量较少，但超过单一租户。社区云允许成员共享资源，同时保持一定程度的隔离和控制。

云计算的核心概念在于通过网络"云"使计算资源如服务器、存储和应用程序按需可用，象征着计算能力可以像电力一样被输送和消费，最大的不同之处在于，它是通过互联网进行传输的。云计算提倡的是一种不需要用户直接管理的计算资源获取方式，突出了其服务的即时性、可伸缩性以及灵活性。云计算具有以下特点：

- 大规模：云计算基础设施通常包括数量庞大的服务器集群。Google 的云服务已经拥有 100 多万台服务器，而亚马逊、微软等公司的服务平台也有几十万台服务器，这为用户提供了强大的计算力，使得用户即使是运行复杂的大数据分析任务，也能够像使用普通应用程序一样简单。

- 虚拟化技术：云计算的虚拟化技术允许用户在任何地理位置，使用任何终端设备都可以通过互联网访问到存储在远程服务器上的数据和应用。它摒弃了对物理硬件的依赖，转而在云端运行应用，隐藏了运行细节，为用户提供了无缝的计算体验。

- 高可靠性：云计算通常比本地计算机还要可靠，在软硬件层面采用了如数据多副本容错、心跳检测和计算节点同构可互换等措施来保障服务的高可靠性，还在设施层面上的能源、制冷和网络连接等方面采用了冗余设计来进一步确保服务的可靠性。

❑ 通用性：云计算平台的通用性使其不局限于特定的应用，可以支撑广泛多样的服务和应用的运行。

❑ 动态扩展性：云服务可以根据需求快速扩展资源。在电子商务旺季，如"双十一"，亚马逊、淘宝等购物平台能够临时增加服务器以处理巨量的在线交易，保障网站的稳定运行。

❑ 按需分配服务：云计算按实际使用量提供服务，类似于水、电、煤气等公共事业的计费方式。

❑ 低成本：由于云计算拥有特殊的容错措施，云计算可以采用极其低廉的节点来构成"云"。在追求相同性能的前提下，组装一台超级计算机所耗费的资金往往是巨大的，而云计算采用大量商业机组成集群的方式，所需要的费用与之相比要少很多。这使得大量企业无须负担日益高昂的数据中心管理成本，即可享受超额的云计算资源与服务，企业只需要支付几百美元并投入几天的时间，就能完成那些原本需要数万美元和数月时间的复杂任务。

3.1.2　云计算的核心技术

云计算技术作为当前信息技术发展的一个重要方向，集结了众多尖端技术力量，为不同行业提供了高效的数据处理能力。以下是云计算的一些核心技术。

1. 虚拟化技术

虚拟化技术是云计算的核心技术之一，它为云服务提供了基础的支持架构，被认为是现代信息与通信技术快速向云计算模型转型的主要推动力。如果没有虚拟化技术，云计算的许多服务模型将无法实现。气象预报中的复杂模拟和大规模数据分析通常需要大量的计算资源，而虚拟化技术可以动态分配这些资源，以满足不同任务的需求，如模拟降水过程或风暴发展。通过虚拟化，可以将一个强大的服务器划分为多个虚拟机，每个虚拟机都可以运行不同的气象模型，使多个模型可以同时运行，提升计算效率。

技术方面，虚拟化通过软件来仿真计算机硬件，为用户提供虚拟的计算资源。这样做的目的是更高效地使用计算机资源，让系统能够以更经济、更灵活的方式提供服务。虚拟化使得物理硬件的界限变得模糊，允许多个虚拟机在同一台物理服务器上并行工作，每个虚拟机都可能运行不同的操作系统和应用程序，从而实现资源的集中式管理和动态分配。虚拟化的最大好处是增强系统的弹性和灵活性，降低成本，改进服务，提高资源利用效率。

在虚拟化的具体应用模式中有两种主要形式。第一种是通过一台高性能服务器虚拟出多个独立服务器，各自为不同用户群服务；第二种则是将众多的服务器虚拟化为一个单一、更为强大的集合体来执行特定的高负载任务。这两种模式都依托于统一的资源管理和动态调配机制，极大提升了整体资源的利用效率。在现实世界中，可以看到这些模式被广泛运用于数据中心的云基础设施中，如虚拟化技术使得一家小型企业能够通过云服务提供商托管其 IT 资源，无须自行维护成本高昂的数据中心；大型企业通过虚拟化和集群化其数据处理能力，以应对动态变化的业务需求与负载峰值。

2．分布式数据存储技术

分布式数据存储技术在云计算体系中占据核心地位，它解决了传统集中式存储面临的众多挑战，特别是满足了在处理大规模数据时的可靠性、可扩展性和高性能需求。通过将数据块分散存储在多个物理节点上，分布式数据存储技术不仅提高了数据的访问速度，还大大增强了数据的容错能力和系统的稳定性。

分布式存储与传统的网络存储并不完全一样，传统的网络存储系统采用集中的存储服务器来存放所有数据，存储容量成为其系统性能瓶颈，因此不能满足大规模存储应用的需要。而分布式网络存储系统采用可扩展的系统结构，利用多台存储服务器来分担存储负荷及位置服务器定位存储信息，这样不但提高了系统的可靠性、可用性和存取效率，还易于扩展。

在当前的云计算领域，Google 的文件系统 GFS（Google File System，GFS）和 Apache Hadoop 的 Hadoop 分布式文件系统（Hadoop Distributed File System，HDFS）是比较流行的两种云计算分布式存储系统。非开源的 GFS 云计算平台通过切分大文件为多个小块，并将这些小块存储在不同的服务器上，满足了大量用户的需求，并且能并行地为大量用户提供服务，实现了高效的数据读写和高度的可靠性。而 HDFS 则采用类似的块存储机制，支持对海量数据集的高吞吐量访问，特别适用于大数据处理。分布式存储未来的发展将集中在超大规模的数据存储、数据加密和安全性保证以及继续提高 I/O 速率等方面。

3．并行编程技术

云计算环境中普遍采用分布式并行编程模式，它允许任务被拆解为多个子任务，分散到不同的计算节点上并行处理。分布式并行编程模式提出的初衷是为了更高效地利用软、硬件资源，让用户更快速、更简单地使用应用或服务。在分布式并行编程模式中，后台复杂的任务处理和资源调度对于用户来说是透明的，这样用户体验能够大大提升。MapReduce 是一个广泛使用的编程模型，专为大数据处理而设计，允许开发者通过编写简单的程序就能在数以千计的机器上并行处理大数据。MapReduce 模式将大规模数据处理工作分为 Map（映射）和 Reduce（归约）两个阶段，实现任务在大规模计算节点中的高度与分配。MapReduce 编程模式及其衍生的高级 API（Application Programming Interface）如 Apache Spark，能够高效处理和分析大数据集。在气象学领域，这些技术的应用允许人们快速执行数据挖掘算法，识别天气模式，预测极端气候事件。

4．大规模数据管理

在云计算环境下，大规模数据管理技术贯穿数据的整个生命周期，包括采集、存储、处理、分析和可视化。这些技术支持结构化、半结构化和非结构化数据，能够处理多种数据格式和大数据流。随着数据量的不断增长，云计算中的大规模数据管理技术必须保证能够提供高效、灵活和可扩展的解决方案，以满足不断增长的数据处理需求。这些技术不仅要能够存储和处理大量数据，还要支持复杂的数据分析和实时处理，以驱动业务洞察和决策制定。在这一领域，非关系型数据库（Not Only SQL，NoSQL）如 MongoDB 和 Redis 提供了灵活的数据模型和高扩展性，非常适合处理大规模数据集。同时，数据湖架构，如 Amazon S3，以及可以与数据湖集成的存储服务，如 Azure 数据湖存储（Azure Data Lake

Storage，ADLS），允许企业存储大量原始数据，并根据需要对其进行分析和处理。

5．分布式资源管理技术

云计算采用了分布式存储技术存储数据，那么自然要引入分布式资源管理技术。在云计算领域，分布式资源管理是实现资源优化配置和确保服务稳定性的关键。这种管理技术使得在多个计算节点间的资源能被高效同步，确保即便单一节点遭遇故障，整个系统的运行也不会受到影响。此外，考虑到云计算环境可能包括成千上万台机器，跨越多个数据中心，分布式资源管理技术便成了调度这个庞大资源池的核心。Apache Mesos 和 Kubernetes 是当前领先的分布式资源管理系统，它们能够在整个数据中心的资源上运行和管理容器化应用。这些系统提供了高效的资源调度和隔离机制，支持自动扩缩容，使得应用可以高效且稳定地运行在动态变化的环境中。

6．信息安全

随着数据泄露事件的频发，信息安全已成为制约云计算进一步发展的主要障碍之一。云计算服务不仅提供计算服务，还必然涉及数据存储。随着云计算的普及，数据不再局限于本地存储，而是分散在云端的多个服务器上，这带来了新的安全挑战。企业将敏感数据，如用户个人信息和财务报告存储在云服务商平台上时，可能面临数据泄露的风险。这些风险可能源于不当的数据管理、服务提供商的内部威胁或网络攻击等外部威胁。

此外，服务中断也是云计算的一个重要风险点。虽然云计算基础设施旨在提供高可用性和故障恢复能力，但是技术和自然灾害导致的大规模中断仍有可能发生。这对于高度依赖云计算运营的业务来说，可能意味着重大的业务中断风险。例如，2019 年 Google Cloud 平台的故障导致多个服务暂时不可用。因此，在云计算环境中，信息安全成为一个至关重要的领域，它关系到云服务的可信赖性和客户信任度。安全问题不仅限于数据的保密性，还包括数据的完整性和可用性。从业务持续性和数据保护角度来看，确保云计算环境的安全至关重要。

事实上，云计算安全也不是新问题，传统互联网存在同样的问题。只是云计算出现以后，安全问题变得更加突出。在云环境中，信息安全问题更为复杂，涵盖网络、服务器、软件及系统等多个层面。安全技术的创新和发展正将传统安全措施推向新的高度。加密技术、访问控制、身份验证和安全审计都是确保数据安全的关键技术。此外，安全运营中心和基于人工智能的安全分析工具在实时监测和应对安全威胁方面发挥着关键作用。例如，使用机器学习模型可以帮助识别和阻止未知威胁，而区块链技术则被用于确保数据的完整性和不可篡改性。目前，无论是软件还是硬件安全供应商，都在积极探索适合云计算环境的安全解决方案，未来，云安全的难题将得到有效解决。

7．云计算平台管理技术

在如今这个信息爆炸的时代，云计算平台管理已成为确保企业信息技术基础设施高效运行的关键技术。云计算平台管理不仅涉及对大量分布式资源的监控和调度，还包括对这些资源的配置、优化、自动修复和安全保护等综合管理活动。这项技术的核心在于提供一个透明、灵活且高效的环境，以支持各种规模的业务需求并确保服务质量和运行效率。

一个高效的云计算平台管理系统应能够自动识别资源需求的变化并据此动态调配资

源，优化资源利用率，同时保证关键业务系统的高可用性和性能。例如，当某个应用突然经历流量高峰时，管理平台应迅速提供额外资源以应对需求，并在流量回落后减少资源分配，节约成本。

此外，云计算平台管理还包含与合规性和安全性相关的各项功能，包括监控和日志记录、访问控制、加密和漏洞管理等。这些功能不仅帮助企业保护关键数据免遭泄露或未经授权的访问，还能确保企业遵守行业规范和法律法规。包括 Google、IBM（International Business Machines Corporation）、微软、Oracle/Sun 等在内的许多厂商都推出了云计算平台管理方案。这些方案能够帮助企业实现基础架构整合，以及企业硬件资源和软件资源的统一管理、统一分配、统一部署、统一监控和统一备份，打破应用对资源的独占，让企业云计算平台价值得以充分发挥。

8. 绿色节能技术

在全球范围内，能源效率和环境保护已成为企业社会责任的重要组成部分，而绿色节能技术正是云计算领域响应这一趋势的体现。通过采用绿色节能技术，云计算不仅可以减少对能源的消耗，还能显著降低碳足迹，对抗气候变化。

绿色节能技术的应用包括但不限于数据中心的高效冷却系统、能源消耗的实时监控与优化以及使用可再生能源。通过这些技术，数据中心可以有效降低能耗，提高能源利用率。例如，使用先进的冷却技术和热管理策略可以显著减少数据中心的冷却需求，从而降低能源消耗。此外，采用虚拟化和多租户技术可以提高服务器和存储设备的利用率，进一步减少能耗。

未来，随着绿色技术的不断发展和成本的进一步降低，会有更多的云服务提供商和企业客户采纳这些技术。他们的最终目标是实现数据中心的零碳排放，为全球的环境保护做出贡献。通过这些努力，云计算将不仅是技术创新的代名词，而且将成为可持续发展的典范。

3.1.3　云计算的服务模式与技术架构

云计算是一种依托于互联网的计算模式，它通过集中管理和使用计算资源，为用户提供了一种既灵活又高效的服务方式。下面将深入探讨云计算的实现机制，包括其服务模式及技术体系架构。

1. 云计算的服务模式

云计算服务模式是指云服务提供商提供的不同类型的云计算服务，具体包括基础设施即服务（Infrastructure-as-a-Service，IaaS）、平台即服务（Platform-as-a-Service，PaaS）和软件即服务（Software-as-a-Service，SaaS）三种服务模式，以满足云服务消费者的不同需求，如图 3-1 所示，这些服务可以帮助企业在云端进行资源共享、数据存储、应用开发、部署和管理，从而降低企业 IT 管理成本和技术门槛，提高企业管理效率和灵活性。

IaaS 提供虚拟化的计算资源作为服务，包括服务器、存储设施、网络和数据中心的物理硬件等。用户可以通过互联网租用这些资源，并根据自己的需求进行动态配置和管理。IaaS 允许用户在完全虚拟的环境中运行任何操作系统或应用程序，无须维护任何物理硬件。

它提供了极高的灵活性和可扩展性，这对于需要快速扩展或缩减资源的企业至关重要。此外，IaaS 减少了企业的硬件投资成本，因为用户只需要为实际使用的资源付费即可；IaaS 也便于灾难恢复和物理安全管理，因为所有资源都在云提供商的管理之下。目前市场上有很多基于 IaaS 模式的服务，如 Amazon Web Services、Microsoft Azure、Google Cloud Platform 等。

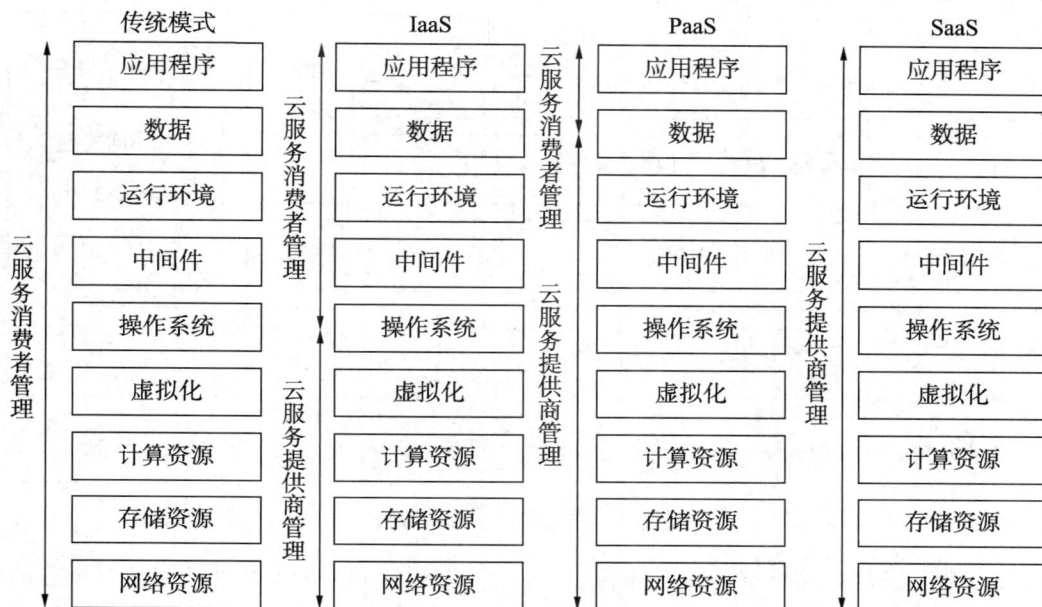

图 3-1　云计算的 3 种服务模式

PaaS 提供了除了基础设施之外的其他层次，包括操作系统、中间件和运行时环境。用户可以在这个平台上开发、运行和管理应用程序，无须关心底层基础设施的维护和更新。PaaS 提供了一个预配置的平台，开发者可以直接利用其进行开发和部署应用。这种模式简化了开发过程，使开发者能够专注于编码和创新，而无须配置底层服务器或网络设置。PaaS 支持多用户协作，提高了开发效率，并且 PaaS 通常包括自动化的业务策略，如负载平衡和自动扩展，以提高应用程序的可用性和性能。

SaaS 是一种应用程序分发模型，用户可以直接通过互联网访问和使用软件，无须安装或维护任何软件。SaaS 提供商负责所有后端服务的维护，包括数据存储、备份、安全性和性能。这种模型使得企业能够快速启动和使用应用程序，降低了软件管理的复杂性和成本。用户可以根据需要访问最新的软件版本和功能，无须进行手动更新。此外，SaaS 支持跨多种设备和平台的访问，提供了极大的便利性和可访问性。

通过以上服务模式，云计算为企业提供了一个高度灵活和成本效益高的解决方案，帮助它们在快速变化的技术环境中保持竞争力。

2. 云计算的技术体系结构

图 3-2 所示的云计算技术体系结构，全面地整合了当前的主流云计算方案。

一般将云计算技术体系结构分为四层：物理资源层、资源池层、管理中间件层和面向服务（Service-Oriented Architecture，SOA）架构层。下面详细介绍这 4 个层次，剖析它们如何共同工作从而实现云计算的整体功能。

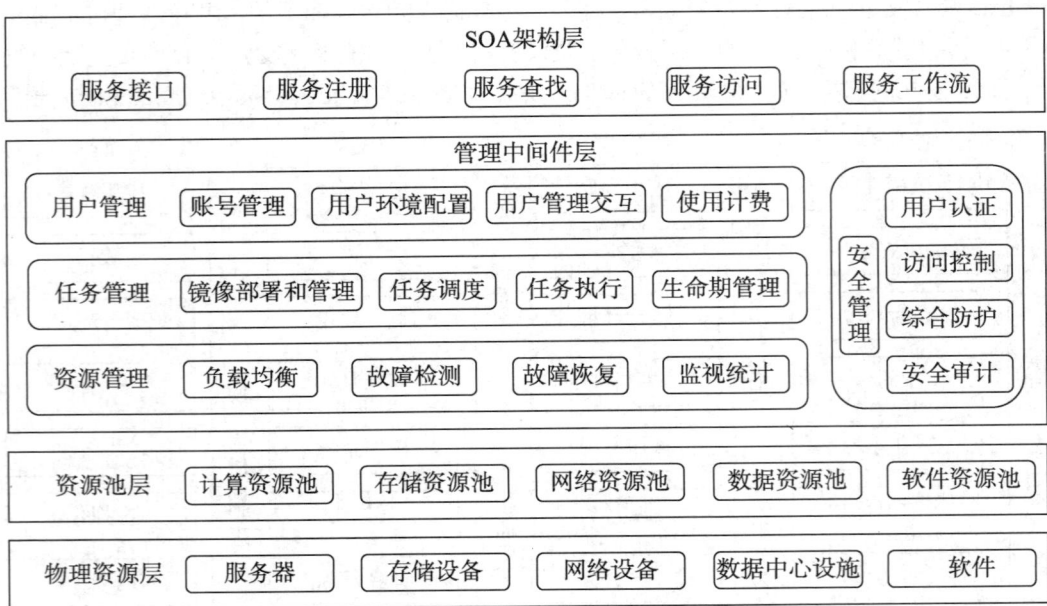

图 3-2　云计算技术体系结构

❑ 物理资源层：这一层包括服务器、存储设备、网络设备和数据中心设施等所有的硬件资源。物理资源层是云计算架构的基础，提供计算能力、数据存储和网络连接等基本资源。在这一层中，优化硬件资源的配置和使用至关重要，以确保高效能和节能，比如通过虚拟化技术将物理服务器分割成多个虚拟服务器，提高资源利用率。

❑ 资源池层：通过将物理资源虚拟化，资源池层将这些资源转化为一个灵活、动态的资源集合。在这一层中，计算、存储空间和网络等资源被抽象化并整合成资源池，使得资源可以根据需求被动态地分配和重新分配。例如，计算资源池能够根据应用程序的需求动态地提供或回收计算能力，从而实现资源的按需使用。

❑ 管理中间件层：这一层是云计算架构中的关键，承担着连接下层的物理和资源池与上层应用的桥梁角色。管理中间件层包括各种管理软件和工具，负责资源的调度、监控、安全和服务质量保证，实现资源的自动管理和优化，处理用户的请求，并确保资源按照既定的策略和规则被高效利用。此外，管理中间件层还提供了安全管理功能，包括用户认证、数据加密和访问控制，保护云环境的安全性。

❑ 面向服务架构层：最顶层的 SOA 架构层为用户提供了一个灵活、模块化的服务接口，使用户能够轻松地访问和组合云服务。通过这一层，云计算能力被封装成独立的服务单元，用户可以根据需要选择和组合这些服务来构建应用。SOA 架构支持广泛的服务和应用，使得云平台能够服务于各种不同的业务需求，并支持快速的应用开发和部署。

通过以上四层的紧密合作，云计算技术体系结构实现了从基础设施到应用的全面支持，为用户提供了一个强大、灵活和安全的计算环境。无论是处理大数据、托管企业应用，还是支持移动和社交应用，这种分层的架构都能提供必要的技术支持，确保云计算资源被有效利用并能快速响应市场变化。

在现代的云计算技术架构中，IaaS 提供了一种有效的方法，以虚拟化的形式将传统的物理硬件资源抽象化。如图 3-3 所示，用户无须直接管理或维护硬件设备，而是通过网络以服务的形式按需获取资源。这种模式显著降低了企业的资本开支和运营成本，同时提供了前所未有的灵活性和扩展性。云服务提供商负责管理机房基础设施、计算机网络、磁盘柜、服务器和虚拟机，租户自己安装和管理操作系统、数据库、中间件、应用软件和数据信息，所以 IaaS 云服务的消费者一般是掌握一定技术的系统管理员。全球 IaaS 供应商主要有亚马逊云、微软云、阿里云、谷歌云、IBM 云、腾讯云、华为云等。下面基于图 3-3 深入探讨 IaaS 云计算的实现机制。

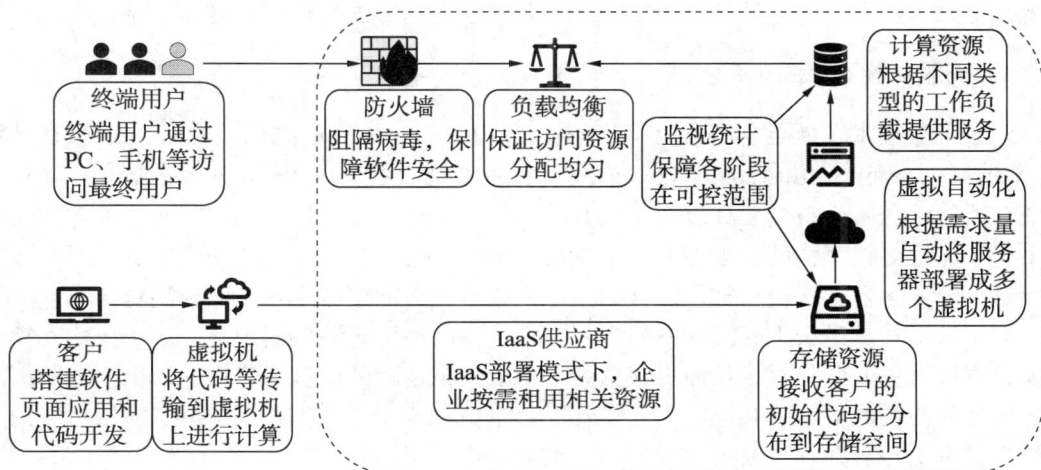

图 3-3　IaaS 云计算实现机制

在使用 IaaS 云服务之前，用户首先需要明确对计算资源的具体需求，包括计算能力、存储空间、网络带宽以及可能需要的其他服务，如数据库、监控或安全服务。确定需求后，用户可以通过 Web 服务接口（即 API），访问 IaaS 提供商的用户界面。

用户界面允许用户查看服务目录，并从中选择所需的资源和服务，如虚拟机的类型和大小以及操作系统。此外，用户还可以设置网络配置和安全设置，包括防火墙规则和 SSH（Secure Shell）密钥。配置好所有选项后，用户提交请求给云提供商。

IaaS 平台的系统管理模块在接收到用户请求后开始分配必要的资源。在此过程中，平台使用复杂的调度算法来确定最佳的资源分配方式，旨在满足用户需求的同时优化资源利用。配置工具随后在数据中心的物理资源上根据用户请求配置服务。如果用户请求的是虚拟机，配置工具将在物理服务器上创建相应的计算实例并配置存储和网络资源。

资源配置完成后，系统管理模块会通知用户，告知其虚拟机或其他资源实例已准备就绪并且可以使用了。同时，云平台的监控模块会实时跟踪资源的使用情况，确保其性能符合预期，并在资源需要扩展时提供自动化的扩展服务。云平台还会根据用户的资源使用情况进行计费，所有资源消耗和服务使用都会被监控和记录，以确保计费的准确性和审计的便利性。

3.1.4　云计算的发展趋势

云计算作为新型基础设施的核心环节，对互联网、大数据、人工智能等新兴技术起着至关重要的作用，它已经成为促进国内传统行业数字化转型和支持数字经济增长的关键驱动力。截至 2020 年，中国的云计算市场规模已经达到 2091 亿元，年增长率高达 56.6%。随着云计算技术产品、解决方案的日益成熟，以及云计算理念的迅速推广普及，云计算在各行业的应用仍有巨大的发展空间。

云计算技术已经渗透到人们日常生活的各个角落，人们使用的网络服务，如搜索引擎和电子邮件，都是云计算技术应用的典型例子。使用者可以轻松地通过简单的操作访问和处理海量数据。展望未来，云计算将继续快速发展，并且其发展势头将更加迅猛。云计算为个人和企业用户提供了灵活而高效的数据管理方案，其在日常生活和商业运作中的应用将变得更加广泛和深入。接下来对云计算的未来发展趋势进行详细探讨和总结。

1. 无服务器计算的飞跃发展

无服务器技术发展至今已有 10 年历史。2012 年，Iron.io 的副总裁 Ken Fromm 在文章 Why The Future of Software and Apps is Serverless 中首次提出了 Serverless 的概念。随后，以亚马逊网络服务为首的云计算提供商开始将 Serverless 理念转化为实际应用，并陆续推出了基于无服务器架构的函数即服务（Function as a Service，FaaS）解决方案。历经数年的演进，无服务器架构现已被广泛视为推动未来十年云原生技术发展的新趋势。

无服务器技术是云上资源配置的一种新方式，即使用无服务器服务。这种模式不需要开发者直接管理云服务器，从而将注意力集中于业务逻辑的梳理与应用开发上，显著提高了开发效率与资源的灵活利用。在此模式下，IT 资源消费方式得到了提升，应用性能的一致性也更有保障，并且企业可根据实际需求灵活调整资源。

如今，无服务器计算覆盖亚马逊云科技的多个服务范畴，包括 Amazon Athena 的交互式查询服务、Amazon EMR 的大数据处理服务、Amazon Kinesis 和 Amazon MSK 的实时数据分析服务、Amazon Redshift 的数据仓库服务、Amazon Glue 的数据集成服务、Amazon Quick Sight 的 BI（Business Intelligence）服务，以及 Amazon Open Search Service 的服务器支持分析服务。在这样的发展趋势下，企业可以在亚马逊云科技平台上构建全面的无服务器应用架构体系。

2. 云原生成为数字化转型加速器

如今，越来越多的企业和技术领导者认识到云原生将成为企业技术创新的关键要素，也是完成企业数字化转型的重要路径。在新兴零售、公共管理、金融服务和医疗保健等多个行业中，企业都在向云原生架构过渡，以促进业务流程现代化，提高市场响应速度。

云原生计算基金会定义，云原生技术是专为公共云、私有云以及混合云等现代、动态的云环境设计的一系列技术。这些技术旨在构建高弹性、易于管理和可观察的系统，并通过松散耦合的方式进行运作。结合自动化工具，云原生技术使开发人员能够以最小的劳动强度，频繁且可靠地实施系统变更。简而言之，云原生技术是一套在云环境中实现可扩展性、高弹性、低耦合度和易于迁移的技术集合，包括微服务架构、容器技术、DevOps 实践、无服务器架构、服务网格等关键技术。

Forrester 的研究表明，全球约 40% 的企业计划采取云原生优先策略，这一趋势将进一步推动混合云架构的发展，并使应用的云原生架构转型成为未来几年的关键发展方向。随着云原生数据库和大数据服务平台的完善，相关技术能力得到了增强。企业需要从技术和管理两个角度考虑，实现数据价值的最大化，云原生数据服务也将成为新的发展趋势。

亚马逊云科技大中华区产品部总经理陈晓建强调了构建端到端数据战略的三大要素：构建未来导向的云原生数据基础架构、实现高效的组织间数据整合，以及借助教育资源和工具实现数据的广泛利用。在大数据领域，亚马逊云科技通过提供 Amazon Data Zone 等新服务和功能，以及 Amazon SageMaker 和 Amazon QuickSight 等工具，帮助客户便捷、安全地获得数据洞察。同时，Amazon Security Lake 的推出也为客户在安全数据方面的快速响应提供了支持。

3．云安全、应用安全成为持续关注点

自防火墙技术问世以来，网络安全领域已经经历了近四十年的发展。在过去二十年里，随着各种网络安全产品的涌现，如防火墙、入侵检测系统、入侵防御系统和防病毒软件等，市场需求的激增推动了安全技术供应商数量的快速增长。虽然市场上的安全产品种类繁多，但是许多企业在实施信息安全措施时仍存在明显的短板，往往只依赖于单一的安全设备如防火墙来应对潜在的安全威胁。

与此同时，企业正加速将其 IT 基础设施以及相关业务迁移至云端，这一趋势预示着对云安全的关注将持续上升。与传统 IT 架构相比，云计算平台虽然在成本效益和运营效率上具有优势，但是使企业的网络环境变得更加开放、复杂和分散，带来了新的安全挑战。这种转变也使云安全在战略层面的重要性日益凸显。根据 Million Insights 的报告预测，到 2027 年，全球云安全市场规模预计将达到 209 亿美元，2020 至 2027 年的复合年增长率为 14.6%。网络攻击的持续增加和对云基础设施的投资将进一步推动云安全市场的扩张。

技术的不断进步和 IT 基础设施的转型使得应用安全成为一个持续的焦点。从物理服务器到虚拟机，再到容器化，以及云化和云原生技术的应用，IT 基础设施正在经历一场深刻的变革。这场变革不仅涉及技术层面的升级，还关乎如何在应用程序的整个生命周期内确保其持续安全。Forrester 预计，到 2025 年，全球应用安全市场规模将达到 129 亿美元。企业在构建健壮的应用程序和追求快速迭代、优化客户体验的同时，必须确保安全防护措施能够与时代同步。应用安全将成为企业安全策略的核心组成部分。越来越多的开发团队采用敏捷开发、DevOps 和持续集成/持续部署（Continuous Integration and Continuous Deployment，CI/CD）等现代技术实践，以确保应用程序在设计、开发、部署和运维的每个阶段都保持安全性，这对于维护客户信任和企业声誉至关重要。

4．人工智能将进一步提升云计算的潜力

随着人工智能和机器学习技术的发展，这两项技术已经成为提升云计算服务性能的关键驱动力。这些技术在处理海量数据和运行复杂算法时，需要强大的计算力和庞大的存储容量，而构建这样的基础设施超出了大多数企业的能力范围。因此，云平台的可扩展性成为一个宝贵的资源。

人工智能的兴起赋予了云计算强大的计算能力和算法创新，它极大地提高了数据挖掘和分析数据的效率。此外，人工智能与各种应用场景深度整合，实现了数据分析过程中的智能化，如智能预测、决策和识别等。云服务供应商越来越依赖人工智能来完成多项任务，包括管理为客户提供存储资源所需的巨大分布式网络，管理数据中心的电源和冷却系统，以及为保证数据安全的网络安全解决方案供电。

近几年，亚马逊云科技、谷歌、微软等云服务提供商继续推动先进的人工智能技术的应用，旨在为客户提供更加高效、性价比更高的云计算服务。这一趋势将促进整个行业不断更新迭代，带来新的创新技术和解决方案，从而释放云计算在多个层面的巨大潜力。

3.1.5　云计算在气象领域的应用

随着技术的不断进步，云计算已经成为气象领域不可或缺的一部分，它不仅改变了数据处理的方式，还为气象服务的提供和消费方式带来了新的可能性。接下来，本节将详细分析云计算在气象行业中的应用现状及其带来的好处和面临的挑战。

1. 云计算对气象领域的影响

云计算是指通过网络将计算资源、存储资源和软件应用服务提供给用户的一种计算模式。随着云计算技术的不断发展和普及，其在气象预报领域的应用也日益成熟。利用云计算进行高精度气象预报，可以提高预报的准确性，为社会公众提供更可靠的天气信息，对于减灾防灾、农业生产、交通出行等具有重要意义。下面从以下四个方面进行分析。

❑ 计算方式：在气象预报的传统模式中，模拟复杂的气候模型和天气系统通常依赖于高性能的超级计算机，如我国的"曙光""天河""神威太湖之光"等。然而，这些计算机的使用成本高昂，并且对专业性要求较高，通常只在国家级气象预报中使用。地方气象机构往往只能在小型机上进行模拟，这导致运行时间长且计算效率低下。云计算技术的引入为这一问题提供了解决方案，它为气象预报工作提供了一个灵活而经济的计算平台。云计算平台的弹性资源分配和分布式计算能力使得气象数据处理和预测模型训练可以更加高效和快速，从而提高了数据的利用率和预报的准确性。

❑ 数据存储：气象观测数据的数据量极其庞大，气象部门每天都会源源不断从卫星、地面自动观测站、气象雷达等设备上接收大量的气象数据。为了安全地存储这些数据，气象部门需要不断地购买昂贵的存储设备。此外，这些硬件设备的维护也成为一大问题。而云计算技术提供了大规模、高弹性的计算和存储能力，气象部门可以将观测数据、模式数据等存储在低成本的云端，气象人员只需要使用客户端连接到云端就可以获取到想要的数据，减少了对高成本存储硬件的依赖，并极大地降低了维护的复杂性和成本。

❑ 数据服务平台：随着气象业务的不断扩展，全国各地的气象单位都积累了海量的气象数据。然而，受限于技术壁垒和其他原因，这些宝贵的信息资源常常被限制在单一的机构内部，造成了潜在的资源浪费。在云计算技术的推动下，这一局面正在发生变化，云计算技术为分散的气象数据提供了一个集中的协作与共享平台。借助基于 Web 服务器、存储、数据库以及其他云架构服务的力量，可以构建一个全国范围内的统一气象数据服务平台。这个云平台不仅打破了数据孤岛，还促进了跨机构的资源整合和协作，为全国的气象工作人员和研究者提供了一个共享、获取和协同工作的环境。

❑ 气象可视化与分析平台：云计算技术提供的高性能图形处理能力和丰富的可视化工具，可以高效地展示和分析气象数据。利用云平台，气象部门能够将复杂的气象数据转化为更为直观的图表、动画和可交互的视图，极大地提高了信息的可访问性和用户体验。用户不再需要专业的背景知识就能理解复杂的气象信息，这对于公众教育和应急响应尤其重要。此外，云计算平台的实时数据处理和分析能力还允许用户可以根据个人的需求和兴趣查询气象信息。

2．云计算在气象领域应用中的挑战

当前，云计算为气象行业提供了强大的数据处理能力和灵活的资源配置，气象部门在很多方面都利用了云计算技术，但在应用过程中也面临着一些挑战，主要包括数据安全和隐私保护问题、数据集成和互操作性问题以及技术更新和维护问题。

❑ 数据安全和隐私保护：在气象行业，随着气象业务系统和关键信息资源迁移到云端，数据安全性成为首要问题。由于云服务通常由第三方提供，数据在不同服务器和地理位置间传输，增加了数据泄露或被篡改的风险。气象部门对云上数据安全的担忧日益增加，但是有效的安全解决策略尚未完全成熟。中国气象局印发的《气象数据管理办法（试行）》表示需要进一步规范气象数据管理，加强资源整合，促进开发利用，保障气象数据安全。因此，找到先进的加密技术和隐私保护措施，保障气象数据和资源的安全，是目前云计算技术需要重点解决的问题。

❑ 数据集成和互操作性：在云计算环境中，气象数据的集成和互操作性是实现高效气象服务的关键。这些数据的来源多样化，包括地面观测站、卫星监测、雷达探测等，而获取广泛地区的气象数据则依赖于众多设备的支持。因此，如何在云计算平台上实现这些数据的高效共享，成为一个亟待解决的挑战。为了解决这个挑战，必须建立统一的数据标准和接口，以确保不同来源和类型数据的互操作性。这不仅涉及技术层面的标准化，还包括数据所有权和使用权的明确界定。此外，数据格式的统一化和数据共享机制的构建也是实现数据集成的重要环节。在推进数据共享的过程中，还需要密切关注与数据共享相关的法律和政策问题，比如需要遵守数据隐私保护法律等。

❑ 技术更新和维护：随着云计算技术的引入，气象部门的工作模式和职能定位正在转变。中国气象局党组印发的《新型气象业务技术体制改革方案（2022—2025 年）》提出了建立功能强大、集约开放的"云+端"技术体制的目标，气象部门正从依赖本地服务器进行数据处理的传统模式，转向基于云服务的工作流程。这种转变不仅涉及技术层面的更新，还包括人员技能的重新培训和组织结构的调整。气象部门的相关人员需要掌握新的云计算相关技术和知识，学习如何利用云平台进行数据分析和模型运算，以适应新的工作方式。此外，为了确保云计算环境下气象业务安全、稳定和高效地运行，管理层需要制定新的操作策略和维护体系，如构建稳定可靠的气象业务安全体系，提升全业务全流程全要素的监控运维能力。

3.1.6　云计算与大数据的区别和联系

云计算与大数据发展迅速，且两者的融合技术正逐渐深入人们的日常生活。人们有时会将两者混为一谈，实际上它们之间存在着紧密而独特的关系。从技术层面来看，云计算和大数据互为补充，就像一枚硬币的正反两面，不可分割。大数据的庞大体量和复杂性需要依赖于分布式架构进行数据处理，而云计算的可扩展性和灵活性使其成为处理和分析大数据的理想平台。即使如今云计算不断发展，也离不开大数据的支撑，二者相辅相成、相互作用。

1．云计算与大数据的区别

□ 目标差异：云计算的主要目的是提供灵活、可扩展的计算资源访问方式，允许用户根据需求获取基础设施、平台或软件服务，无须关心底层硬件的细节。而大数据则侧重于从庞大的数据集中提取有价值的信息，涉及数据的收集、处理、分析和解释，目的是发现数据中的模式、趋势和关联，以辅助决策过程。

□ 关注点差异：云计算关注的是如何高效地管理和交付计算资源，如服务器、存储空间和网络带宽，使用户能够灵活地扩展或缩减资源使用。大数据则专注于数据集本身，包括各种类型的数据，如结构化数据、半结构化数据和非结构化数据，以及如何从这些数据中提取关键信息。

□ 发展背景差异：云计算的发展是响应企业对于成本效益、资源的可扩展性和管理简便性的需求，它使企业能够根据业务需求快速调整资源。大数据的兴起则源于数字化时代数据量的爆炸性增长，企业需要新的技术和方法来处理和分析这些数据，以实现数据驱动的决策和创新。

□ 价值体现差异：云计算的价值体现在其能够降低企业的 IT 成本，提高运营效率和业务的敏捷性，通过即用即付的模式，减少前期投资和运维负担。大数据的价值则体现在数据分析上，它能够帮助企业深入理解市场和客户，优化业务流程，提高决策的准确性和效率。

2．云计算与大数据的联系

云计算和大数据共同构成了现代企业数字化转型的基石。云计算以其高效的资源管理和强大的处理能力，为大数据的采集、处理和分析提供了坚实的基础。在此基础上，大数据技术通过对海量数据的分析，使企业能够洞察市场趋势和消费者行为，为企业决策提供了数据驱动的有利支持。

从实践角度看，云计算使得企业不需要前期重资金投入即可获得必要的计算资源，极大地降低了技术门槛和经济成本。与此同时，大数据技术能够在这些云平台上运行复杂的数据分析任务，通过智能算法优化业务流程，提升服务质量。例如，云平台上的大数据服务可以实时监控消费者行为，通过预测分析帮助企业调整市场策略，优化产品设计。进一步来看，云计算与大数据的结合不仅是技术上的融合，而且是商业模式的革新。企业在云平台上整合大数据分析，能够加速创新步伐，灵活调整业务并深入理解客户需求。这种整合为企业提供了一个连贯的环境，数据在这里不仅得到了有效存储和管理，还被转化为具有战略价值的信息，从而推动企业的持续成长。

因此，云计算和大数据之间存在着密不可分的联系。云计算提供技术支持，而大数据则通过这些技术实现价值最大化。展望未来，这种互补关系将继续推动企业朝着更智能、更自动化的方向发展，帮助它们在竞争激烈的市场中保持优势。

3.1.7　气象大数据云平台的架构设计

随着技术进步和数据增长，我国气象行业的数据处理需求日益增加。目前，我国已建设完善的气象行业专用云，这为气象大数据的高效处理提供了坚实的基础，在此基础上可以建设大数据服务平台。

"天擎"是中国气象局在 2021 年正式业务化运行的气象大数据云平台，它标志着气象部门向业务与研发高度集约的"云+端"新业态迈出了关键性的一步。如图 3-4 所示，该平台提供数算一体服务，将原本分散的气象数据资源和算法资源汇聚在一起，减少了中间环节，实现了高效协同。这使得各个业务系统不再需要各自存储所需的数据，避免了重复存储、重复传输等资源浪费现象。"天擎"平台的应用融入后，高效协同效益初步显现，如国家气候中心气候监测预测分析系统融入后，国家和省市间的气象数据产品不需要进行重复传输，数据分析平均时延降至 1.87 秒。此外，湖北气象预报服务业务一体化平台融入后，其算法性能提升了一倍以上。

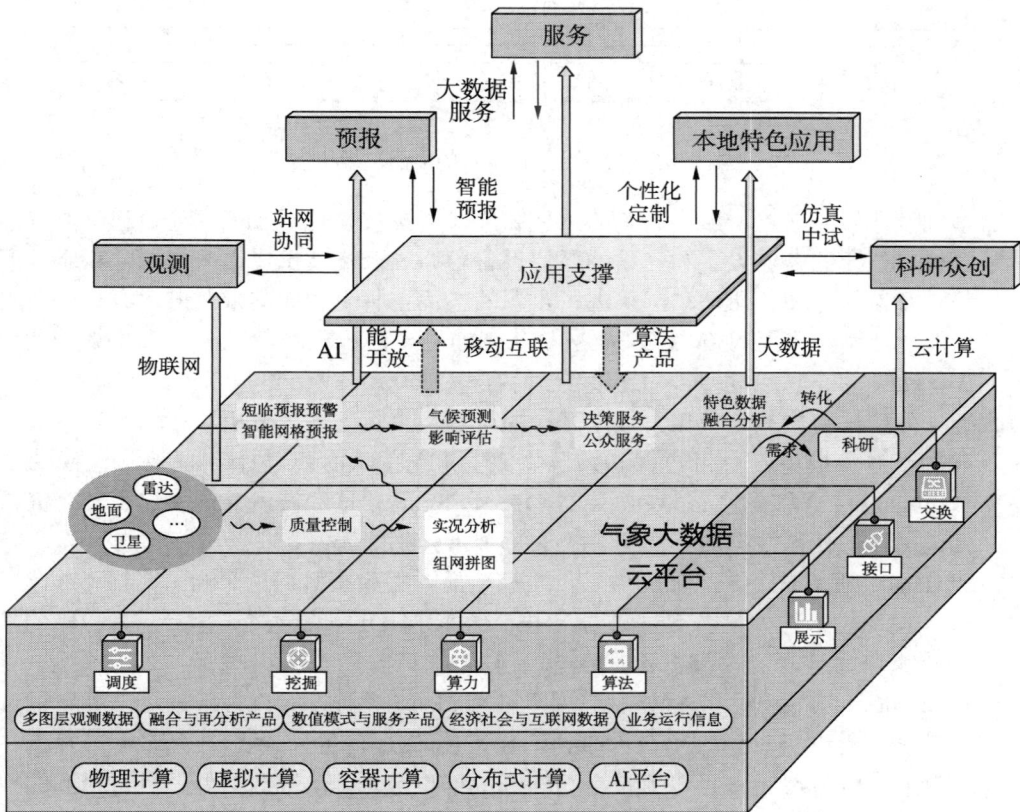

图 3-4　气象大数据平台"天擎"的业务架构

目前，气象大数据云平台"天擎"已全面整合全国综合气象信息共享平台原有数据、历史归档数据、各类数据集及交汇数据，大幅提升了数据的完整性和质量。平台的数据资料达到了 611 种，记录数达 2214.9 亿条，每日新增 2.96 亿条。"天擎"平台的建设和应用，有助于优化流程，润滑气象业务链条，促进监测、预报、服务业务及管理协同发展，推动信息系统走向统筹集约。随着各类气象业务系统与"天擎"平台的深度融合，气象业务的整合和协同将进一步增强，推动气象服务能力的提升。2024 年 6 月 3 日，青海省气象信息中心成功搭建气象大数据云平台中试仿真开发环境——"仿真天擎"。"仿真天擎"的启用，深化了"云原生"技术应用,不断优化和完善气象大数据云平台的功能,为气象业务数字化转型提供有力支持。具体的气象大数据平台的多层次架构如图 3-5 所示。

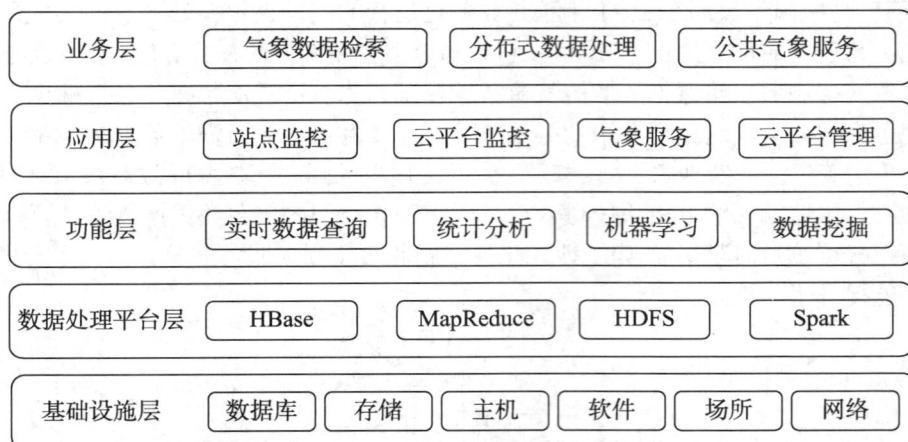

业务层	气象数据检索	分布式数据处理	公共气象服务	
应用层	站点监控	云平台监控	气象服务	云平台管理
功能层	实时数据查询	统计分析	机器学习	数据挖掘
数据处理平台层	HBase	MapReduce	HDFS	Spark
基础设施层	数据库　存储　主机　软件　场所　网络			

图 3-5　气象大数据平台的多层次架构

❑ 基础设施层:在这一层,所有的物理和虚拟资源被整合形成资源池,包括高性能计算机、广泛的存储设备和先进的通信设备。通过云化技术,这些资源被动态分配给各种气象业务和科研活动,实现了资源的最优化利用和成本效益的最大化。随着技术的更新,如采用 NVMe(Non-Volatile Memory Express)存储技术和更快的网络协议,数据的读写速度和传输速度得到了显著提升。

❑ 数据处理平台层:是气象大数据平台的核心,负责处理、分析和存储来自各类气象观测设备和模型的海量数据。该层集成了最新的大数据技术和框架,包括 HBase(Hadoop Database)、MapReduce、HDFS 和 Spark,这些技术共同构建了一个高效的处理框架,使得数据从采集到分析的每个步骤都能无缝执行。

➢ HBase 则在 HDFS 之上提供了一个高效的非关系型数据库平台,支持快速读写操作,并能处理大量的实时数据。HBase 利用 HDFS 的分布式存储,为存储的数据提供快速访问的索引和管理功能。

➢ MapReduce 是一种编程模型,用于在 Hadoop 上进行大规模数据集的并行处理。它将计算任务分解为小块(Map 任务和 Reduce 任务),并分布到多个节点上并行执行。MapReduce 可以直接在 HDFS 上操作数据,使得数据处理具有极高的效率和可扩展性。

➢ HDFS 分布式文件系统为大规模数据集提供可靠的存储服务。它以块的形式分布存储在整个计算集群中,提供高吞吐量的数据访问,为气象数据的持续接收和存储提供支持。

➢ Spark 以其高速缓存和优化的执行引擎,为 Hadoop 生态圈中的数据处理任务提供更快的处理速度。Spark 的强大之处在于它支持多种数据处理模式,包括批处理、实时流处理和机器学习,这使得它可以针对气象数据执行复杂的分析和预测模型。Spark 不仅是一个计算平台,也是一个数据分析工具,它提供了丰富的库和 API 来支持复杂的数据分析。这些工具和库可以直接在 Spark 上运行,处理存储在 HDFS 或管理在 HBase 的数据,从而实现从数据预处理到模型建立的一体化工作流。

- 功能层:在功能层,可以利用数据处理平台层强大的数据处理能力,提供实时数据查询、统计分析、机器学习和数据挖掘等高级功能。此外,通过引入先进的数据可视化工具,如 Tableau 和 Power BI,可以帮助气象内部业务人员和科研人员直观地理解数据模式和气象趋势,促进决策过程的科学化和准确性。

- 应用层:是气象大数据平台中直接与用户交互的部分,它利用底层提供的数据和分析工具开发具体的应用程序,主要包括站点监控、云平台监控与管理、气象服务等。站点监控负责对气象监测站点及其设备进行实时监控管理。例如,通过集成的仪器数据管理系统,可以实时监测和记录气象数据,如温度、湿度和风速等,同时提供设备状态的实时更新,确保数据采集的连续性和准确性。云平台监控与管理主要针对气象数据中心的服务器和网络设施进行动态监控,包括硬件健康状态、网络流量和能源消耗等。这不仅可以帮助技术团队及时发现并解决问题,也可以优化资源配置和能源使用。气象服务根据不同用户的需求,提供定制的气象服务,包括数据查询、数据审核、数据入库及预报产品的制作。例如,为公众提供精确的天气预报和灾害预警,为科研人员提供数值预报和气候模拟。

- 业务层:使用数据处理平台层和应用层提供的技术和服务来满足特定的商业和科研需求,如气象数据检索服务、分布式数据处理和公共气象服务等。实时数据检索服务为气象部门提供基于分布式数据库的实时数据查询服务,使得快速访问和响应成为可能。这对于紧急气象情况的快速反应至关重要。分布式数据处理使用 MapReduce 等模型进行气象数据的分布式处理,进一步为气象科研服务和公共气象服务提供支持,包括数值预报的制作和预报产品的开发,这些产品通过互联网和内部网络提供给不同的用户群体。业务层通过严格的权限控制系统保障数据安全与隐私,确保不同的用户仅能访问其权限层级对应的数据及服务。例如,气象行业内部人员可以通过内部网络访问完整的数据集,而公众用户则可以访问基本的天气信息和预报。

3.2　分布式计算技术

分布式计算平台是一种集成了分布式系统概念和技术的计算环境,它允许多个计算机节点通过网络相互连接、传递消息、通信并协调它们的行为,以实现共同的计算目标。这些平台将复杂的计算任务分解成小块,分配给多台计算机并行处理,然后将结果汇总得出最终结论。本节将重点介绍 Hadoop、MapReduce 和 Spark,这些技术不仅定义了现代分布式计算的面貌,而且在全球范围内推动了数据处理和分析的创新。通过这些技术,可以更深入地理解分布式计算平台如何将复杂的计算任务转化为可扩展、高效的解决方案。

3.2.1　Hadoop 大数据技术框架

气象部门在气象资料存储方面付出了很多努力。中国气象局的气象信息中心已经开发了一个国家级的气象资料存储和检索系统,而新一代的通信技术同样配备了相应的后台数据库支持。然而，随着气象数据量的激增和数据类型的多样化，传统的关系型数据库如 Oracle 和 MySQL，在处理能力上遇到了瓶颈。虽然这些数据库在事务型数据处理方面具有优势，但是在应对大数据环境下的高并发访问、实时数据处理和对可扩展性的高要求时，它们的性能表现并不理想。具体而言，这些系统在气象数据应用中遇到的挑战包括：

❑ 高并发和大数据量处理不足：在气象领域，数据量巨大且需实时处理，而传统数据库处理大规模数据时读写效率低下。

❑ 扩展性和灵活性不足：关系型数据库在扩展硬件资源和系统升级方面存在局限，不支持在线升级或动态添加硬件节点，限制了其在数据增长迅速的环境下的应用。

❑ 复杂查询效率低：气象数据涉及的查询往往需要跨多个表进行关联，这在关系型数据库中会大幅降低查询效率。

为了解决以上问题，Hadoop 应运而生。Hadoop 是一个开源的分布式存储和处理框架，由 Java 语言编写，它允许用户在廉价的硬件上存储和处理大规模数据集，尤其适合气象部门这种拥有海量气象数据集的业务应用。Hadoop 原本来自谷歌一款名为 MapReduce 的编程模型包，其框架可以把一个应用程序分解为许多并行计算指令，跨大量的计算节点以运行非常巨大的数据集。使用该框架的一个典型例子就是在网络数据上运行的搜索算法。Hadoop 最初只与网页索引有关，后来迅速发展成为分析大数据的领先平台。Hadoop 的核心技术包括 HDFS 和 MapReduce。HDFS 是一种高度可扩展的分布式文件系统，可以在成千上万的节点上存储大量数据。MapReduce 是一个有效的分布式计算框架，可以在数据所在的节点上进行计算，极大地提高了处理速度和效率。HDFS 在 MapReduce 任务处理过程中提供文件操作和存储等支持，MapReduce 在 HDFS 的基础上实现任务的分发、跟踪、执行等工作并收集结果，二者相互作用，完成分布式集群的主要任务。

1）Hadoop 的基础架构

随着数据量的激增和处理需求的多样化，Hadoop 已从单一的数据处理平台演变为一个庞大的生态系统。这个生态系统不仅包括数据存储和处理，还拓展到数据分析和业务智能方面。除了最核心的 HDFS 和 MapReduce 外，还包括紧密关联的数仓系统 Hive（Hadoop Hive）、分布式数据库 HBase（Hadoop Database）、资源调度和管理框架 YARN（Yet Another Resource Negotiator）以及分布式协作服务 ZooKeeper 等。Hadoop 系统架构如图 3-6 所示。

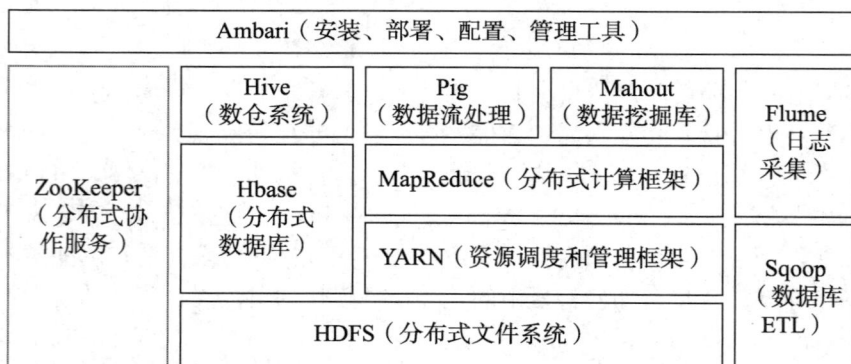

Ambari（安装、部署、配置、管理工具）				
ZooKeeper（分布式协作服务）	Hive（数仓系统）	Pig（数据流处理）	Mahout（数据挖掘库）	Flume（日志采集）
	Hbase（分布式数据库）	MapReduce（分布式计算框架）		
		YARN（资源调度和管理框架）		Sqoop（数据库ETL）
	HDFS（分布式文件系统）			

图 3-6　Hadoop 系统架构

❑ HDFS 作为 Hadoop 的基础存储系统，提供了高度可靠的数据存储解决方案。它在多

个物理节点上复制数据块,确保数据的持久性和容错能力。这种存储方法允许系统在
节点失败时继续运行,最大限度降低数据丢失的风险,支持大规模的数据存储需求。

❑ MapReduce 是 Hadoop 的计算框架,采用"分而治之"的方法对大数据进行处理。
在这种架构下,一个主节点(Master)分发任务到各个工作节点(Workers),各节
点处理数据并返回结果。MapReduce 能够将计算过程有效地分布在数以千计的服务
器上,极大地提高了数据处理任务的速度和效率。

❑ Hive 建立在 HDFS 基础之上,作为 Hadoop 生态系统中的一个数据仓库解决方案,
专门用于管理和查询结构化数据。它能够将存储在 HDFS 中的结构化数据映射为表
格格式,虽然 HDFS 本身支持存储结构化和非结构化数据,但是 Hive 专注于处理
那些结构化的数据集。Hive 通过提供一种类似于 SQL 的语言——Hive SQL,使用
户能够执行 MapReduce 作业而无须编写复杂的 MapReduce 代码。这种语言抽象了
底层的 MapReduce 实现,使数据分析和统计工作变得更加简便。在企业环境中,
Hive 被广泛用作数据仓库的基础工具,因为它能够处理大规模的数据集并提供高效
的数据查询能力。然而,Hive 也有其局限性,如它不支持单条记录的更新操作,这是
由于其设计初衷是为了优化大规模数据集的批量处理,而非单个数据项的实时更新。

❑ YARN 是负责集群资源调度管理的组件。YARN 的目标就是实现"一个集群多个框
架",即在一个集群上部署一个统一的资源调度管理框架 YARN,在 YARN 之上可
以部署其他各种计算框架,如 MapReduce、Storm、Spark 等,由 YARN 为这些计算
框架提供统一的资源调度管理服务(包括 CPU、内存等资源),并且能够根据各种
计算框架的负载需求,调整各自占用的资源,实现集群资源共享和资源弹性收缩。

❑ ZooKeeper 为 Hadoop 生态系统提供协调服务的高性能集中式服务。ZooKeeper 可以
保证集群配置的一致性,管理分布式应用的状态信息并执行诸如命名、同步和群组
服务等功能。它为 HBase 等 Hadoop 生态系统中的服务提供稳定的运行环境和故障
恢复机制。

随着大数据技术的发展,Hadoop 框架也不断演进,以适应更广泛的应用需求。例如,
对 MapReduce 计算模型进行优化以支持更复杂的数据处理任务,或是增强 HBase 的性能以
应对更高的实时处理需求。此外,作为 Hadoop 存储的基础,HDFS 也在不断提升其性能和
安全性,确保可以高效地处理不同规模和类型的数据集。通过这些技术的整合和优化,
Hadoop 并不局限于单一的搜索引擎或者数据处理任务,而是支持包括金融分析、社交网络
服务、气象信息处理等多种大数据应用。这种从存储到处理的全方位能力,使 Hadoop 成
为当前及未来大数据技术的核心平台。

2)Hadoop 的架构特点

Hadoop 作为一个开源分布式处理框架,主要任务是提供高可靠性、高效性、可扩展性
的大数据处理能力。它的设计原则包括容错性、处理速度和成本效率,特别适合需要处
理 PB 级数据的应用场景。此外,它还是一个能够让用户轻松架构和使用的分布式计算平
台,用户可以轻松地在 Hadoop 上开发和运行处理海量数据的应用程序。它主要有以下几
个特点:

❑ 高可靠性:Hadoop 通过在集群中不同节点上复制数据块,确保在任何节点故障的情
况下数据的安全和完整。这种按位存储和处理数据的能力使得 Hadoop 在数据管理
上极为可靠。

❑ 高扩展性：Hadoop 允许横向扩展，用户可以通过简单地增加更多节点来增强系统的存储和计算能力。这种在计算机集群间动态分配数据并完成任务的能力，使得它可以便捷地扩展到数千节点。

❑ 高效性：Hadoop 通过 MapReduce 框架在节点之间动态移动数据并进行并行处理，确保数据处理的高效性。这种并行处理方式大幅度提升了处理速度，特别是在大规模数据处理中表现突出。

❑ 高容错性：Hadoop 能够自动保存数据的多个副本，并且它可以自动在其他节点重新分配和处理失败的任务，不需要人工干预。

❑ 低成本：作为一个开源项目，Hadoop 减少了对昂贵硬件的依赖，显著降低了存储和处理大数据的成本。与商业数据仓库和专用硬件相比，Hadoop 提供了一种经济有效的解决方案。

3.2.2　MapReduce 和 Spark 大数据技术框架

MapReduce 和 Spark Streaming 都是大数据处理框架，它们在处理方式和组件上有一定的相似性。本节将介绍 MapReduce 和 Spark 如何通过其独特的分布式计算模型，为处理大规模数据集提供强大的工具和方法。

1．MapReduce简介

MapReduce 最初是由谷歌开发，是一个面向大规模数据集的并行计算框架和编程模型。该框架的设计初衷是简化数据密集型任务的处理，允许开发者利用大量低成本硬件进行高效的分布式计算。随着应用的深入，MapReduce 被广泛应用于多种数据处理任务，其强大的可扩展性和容错性使其成为大数据处理的基础架构。MapReduce 作为 Hadoop 的核心组件之一，为大规模数据处理提供了高效可靠的解决方案。

1）MapReduce 技术概览

MapReduce 作为一种大数据处理的典范，它的架构包含 3 个核心维度，旨在为庞大的数据集提供一种高效率和适应性强的处理方式。

❑ MapReduce 构建了一个基于集群的并行计算环境，它能够利用标准的商用硬件，搭建起从几十到数千台服务器的集群。这样的集群化处理能力，使得数据处理任务可以在多个节点上并行执行，显著提高了处理速度和整体效率。MapReduce 的集群架构支持水平扩展，这意味着可以通过简单地增加更多的节点来提升计算能力，这对于处理大规模数据集尤为重要。

❑ MapReduce 提供了一个软件框架，用于在集群中执行并行计算任务。它自动管理任务的分配和结果的收集，同时处理数据的切分和任务的调度。MapReduce 还负责数据在节点间的传输、存储以及容错机制，这些都极大地简化了开发者在分布式环境中编程的复杂性。这个框架是 MapReduce 能够高效运行大规模并行任务的关键。

❑ MapReduce 引入了一种新颖的编程范式，它从函数式编程中汲取灵感，提供了 Map（映射）和 Reduce（归约）这两个核心操作。开发者可以通过这两个函数来表达并行计算的逻辑，无须深入理解底层的并行执行细节。这种模型不仅简化了并行编程，还使得代码更加简洁、易于理解和维护。

❑综合这三个维度，MapReduce 不仅优化了大数据的存储和处理，还降低了并行计算的入门难度，使得更多的开发者能够轻松处理大规模数据集。MapReduce 的这种全面解决方案，使其成为大数据处理领域的一个关键技术，被广泛应用于商业智能、科学研究等多个领域。

2）MapReduce 的关键技术特性

MapReduce 的设计体现了以下几个关键技术特性：

❑水平扩展性：MapReduce 采用的是"向外扩展"（水平扩展）的方式而非"向上扩展"（垂直扩展）。这意味着它能够通过添加更多低成本的商用硬件到已有的集群中来增加计算能力。这种设计允许 MapReduce 有效地处理日益增长的数据量，因为它可以通过简单地增加服务器数量来线性扩展其处理能力。

❑高容错性：MapReduce 集群中使用大量的低端服务器，因此，节点硬件失效和软件出错等问题是很常见的。MapReduce 系统通过自动重试失败的任务、备份正在处理的数据等方式，可以确保计算过程的高可靠性。若计算节点失败，系统会自动将该节点的任务重新分配给其他节点，保证计算任务连续执行。

❑数据局部性优化：MapReduce 框架尽量将数据处理任务分配给存有数据的节点，这种"移动计算而非数据"的策略显著减少了大量的网络传输，从而优化了处理速度。这是通过一种智能的任务调度机制实现的，该机制考虑了节点的数据位置，优先在包含数据的节点上调度任务。

❑简化并且高效的数据处理模型：通过简化的编程范式，使得并行计算变得易于实现。在 MapReduce 模型中，开发者只需要定义两个核心函数：Map（映射）和 Reduce（归约）。Map 函数负责处理输入数据并将其转换为键值对的形式，而 Reduce 函数则对这些键值对进行归约，以得出最终结果。这种设计隐藏了并行计算的复杂性，允许开发者专注于逻辑编写，而不必直接处理任务分配、数据分片和并行执行等底层操作。MapReduce 框架特别适合处理大规模数据集，这些数据集通常存储在外部磁盘上。框架通过优化数据的顺序读写操作，避免了随机访问数据所带来的性能瓶颈。这种优化策略使得 MapReduce 在批量处理大量数据时，能够实现高效的数据读写，从而在大数据分析和处理领域发挥关键作用。

❑隐藏系统复杂性：MapReduce 抽象了大规模分布式系统的管理细节，如数据分割、任务调度、节点协调等。它允许开发者通过简单的 API 调用实现复杂的分布式计算，降低了开发并行程序的难度和复杂性。

❑可扩展的系统架构：MapReduce 的算法和系统设计支持随数据规模和集群规模的扩展而平滑扩展计算的性能，能够适应不断增长的计算需求。

3）MapReduce 编程模型

MapReduce 作为一种编程模型，专门处理大规模数据的并行运算，该模型借鉴了函数式程序设计的思想。使用 MapReduce 处理计算任务时，每个任务都会分成两个阶段，即 Map 阶段（切分成一个个小的任务）和 Reduce 阶段（汇总小任务的结果）。MapReduce 编程模型的执行流程如图 3-7 所示。

❑Map 操作：对一部分原始数据进行指定操作。每个 Map 操作都针对不同的原始数据，因此 Map Map 之间是互相独立的，这使得它们可以充分并行化。

❑Reduce 操作：对每个 Map 所产生的一部分中间结果进行合并操作，每个 Reduce 所处理的 Map 中间结果是互不交叉的，所有 Reduce 产生的最终结果经过简单连接就形成了完整的结果集。

2．Spark简介

在 Spark 出现之前，像 Hadoop MapReduce 这种计算系统已经被广泛用于分布式计算，这些计算系统提供了高层次的 API，把计算运行在集群中并且提供了容错能力。尽管这些框架提供了大量的对访问利用计算资源的抽象，但是它们并未充分利用

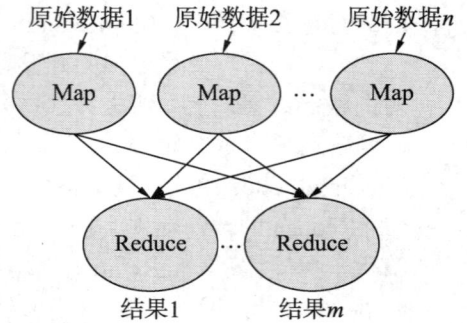

图 3-7　MapReduce 编程模型的执行流程

分布式内存，这些框架的多个计算之间的数据复用就是将中间数据写到一个稳定的文件系统中（如 HDFS），然后依次进行数据的复制备份、磁盘的 I/O 以及数据的序列化。因此，这些框架在遇到迭代式计算、交互式数据挖掘和图计算等操作时处理速度会很慢。Apache Spark 是在 Hadoop 的基础上发展起来的大数据处理框架，旨在解决 Hadoop MapReduce 模型在某些数据处理场景中存在不足的问题。Spark 通过引入内存计算大大提高了数据处理任务的速度，尤其是机器学习和实时数据处理的效率。

1）Spark 的定义

Spark 是一个全面的大数据计算框架，被设计为"一个技术堆栈统治所有数据处理需求"。官方将其定义为一个通用且高速的大数据处理引擎，涵盖从离线批处理、交互式查询、实时流计算到机器学习和图计算等各种关键任务。Spark 的一个显著特点是它基于内存的计算方式显著提高了处理速度，使其远超传统的 MapReduce 和 Hive 等技术。此外，Spark 不仅支持多种计算需求，还与 Hadoop 生态系统紧密集成，其中，Spark 主要承担计算任务，而 Hadoop 则专注于数据存储（如 HDFS、Hive、HBase）和资源调度（YARN），使得 Spark 加上 Hadoop 的组合成为大数据领域最具前景的技术组合。众多知名企业，如 eBay、Yahoo、京东和华为，已经在其生产环境中广泛使用 Spark 技术。

2）Spark 的技术优势

Spark 已经成为大数据处理领域的关键技术之一，它的一系列技术特点使其在处理大规模数据集时表现出色。以下是 Spark 的几个显著技术优势。

❑ 高速内存计算：Spark 在内存中进行数据处理，这极大地提高了其处理速度。通过避免每次操作都访问磁盘，Spark 可以比传统基于磁盘的处理方式快十倍甚至百倍，特别是在需要多次迭代数据的机器学习和图处理等应用中效果更加明显。

❑ 容错的弹性分布式数据集（Resilient Distributed Dataset，RDD）：Spark 的核心是弹性分布式数据集，这是一种可并行操作的分布式内存抽象。RDD 允许用户显式地将数据存储在内存中，同时还能控制分区以优化数据的布局，从而进一步提升性能。RDD 还具有容错机制，能够自动恢复丢失的数据分区。

❑ 多种数据处理模式：Spark 不仅支持批量数据处理，还原生支持流处理、机器学习、图处理和交互式查询。这些功能可以通过 Spark SQL、Spark Streaming、Mllib（Machine Learning library）和 GraphX（Graph Processing Library for Apache Spark）等几个模块实现。

❑ 灵活的运行模式：Spark 可以独立运行，也可以在 YARN 或 Mesos 上运行。此外，

它还增加了对 Kubernetes 的支持，使其能够适应最新的容器化趋势，实现更灵活的资源管理。

❑广泛的语言支持：Spark 提供了 Scala、Java、Python 和 R 语言的 API，使得它可以被广泛的用户群体所使用。

❑强大的生态系统：Spark 被设计为可与其他数据源（如 HDFS、HBase、Cassandra 等）和其他 Apache 软件（如 Kafka 和 Hive）无缝集成。这种高度的兼容性使 Spark 可以轻松地集成到现有的大数据架构中，而无须进行大规模的系统重构。

3）Spark 的生态系统

Spark 是一个强大的分布式数据处理引擎，它的生态系统包括多个互补的库和组件，使得 Spark 不仅能处理批量数据，还能处理实时流数据、机器学习任务和图计算。Spark 生态系统的结构如图 3-8 所示，Apache Spark 的生态系统围绕其核心组件 Spark Core 构建，能够从多种数据源如 HDFS、Amazon S3 和 HBase 中读取数据，通过资源管理器如 Mesos、YARN 以及 Spark 自带的 Standalone 模式来调度和管理作业的执行，从而完成各种应用程序的计算任务。这些应用程序源自 Spark 的不同组件，如使用 Spark Shell 或 Spark Submit 进行的批处理作业、利用 Spark Streaming 实现的实时数据处理应用、通过 Spark SQL 执行的数据查询、调用 MLlib 进行的机器学习任务以及使用 GraphX 处理的图数据相关操作等。

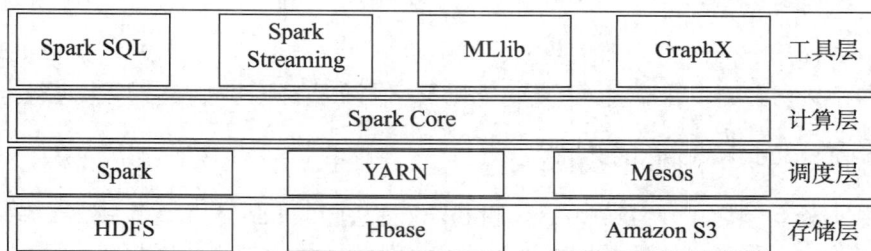

Spark SQL	Spark Streaming	MLlib	GraphX	工具层
Spark Core				计算层
Spark	YARN	Mesos		调度层
HDFS	Hbase	Amazon S3		存储层

图 3-8　Spark 生态系统

下面对 Spark 生态系统中的各个组成部分进行详细介绍。

❑Spark Core：是整个 Spark 生态系统的基础，提供了分布式任务派发、调度、I/O 操作以及基本的数据处理功能。核心概念是弹性分布式数据集，RDD 是一个容错、并行的数据结构，允许用户显式地将数据存储在内存中，从而提高机器间的操作效率。Spark Core 也处理所有底层的 API 细节，为上层提供统一的处理模型。

❑Spark SQL：是 Spark 用于处理结构化和半结构化数据的模块。它提供了一个 Data Frame 接口，该接口支持多种数据格式和存储系统。用户可以通过标准的 SQL 语句以及 Data Frame API 来查询数据，同时还可以将 SQL 和程序代码无缝结合。此外，它还是进行数据挖掘和数据处理不可或缺的工具，因为它大大简化了复杂数据的查询和分析。

❑Spark Streaming：是 Spark 提供的实时数据处理组件。它能够处理实时的数据流，并提供了一系列可用于数据流的转换和操作的 API。Spark Streaming 还支持多种数据源，如 Kafka、Flume 和 Kinesis，允许开发者创建复杂的流数据管道。这使得 Spark 不仅适用于批量数据处理，也适用于需要低延迟处理的实时应用场景。

❑MLlib：是机器学习库，提供了一系列广泛的机器学习算法，包括分类、回归、聚类和协同过滤等。它还包括模型评估和数据导入工具，支持构建复杂的数据管道和实施模型调优。MLlib 使得在大规模数据集上运行机器学习算法变得简单和高效。

❑ GraphX：是 Spark 生态系统中的一个关键组件，专门用于图形数据处理和图计算。它为 Spark 提供了存储和处理图形数据的能力，使其可以在大规模数据集上进行图分析。GraphX 包含一套丰富的图算法库，如 PageRank 和连通分量等，这些算法能够支持用户执行复杂的图分析任务，如社交网络分析、推荐系统构建或网络流量监控。GraphX 的设计允许它高效地处理图数据，这是因为它优化了图形数据的表示和操作。它还提供了图转换操作，如顶点和边的添加、删除和属性更新以及子图提取等。此外，GraphX 的 API 支持多种编程语言，包括 Scala 和 Java，开发者可以使用他们熟悉的语言来构建图处理应用。通过这些功能，GraphX 不仅增强了 Spark 的图计算能力，而且为用户提供了一种灵活、可扩展的方式来分析和理解大规模图数据。

Spark 的这一整套生态系统不仅提高了其自身的数据处理能力，也为气象部门业务人员、分析师和工程师提供了一个强大、灵活且易于使用的工具集，以解决各种数据处理和分析问题。

3.2.3　MapReduce 和 Spark 的比较

MapReduce 和 Spark 是当前大数据领域中两个关键技术，它们被广泛用于处理大规模数据集。本节从它们的设计原理、主要功能以及它们在实际应用中的表现来进行全面比较。

1. MapReduce和Spark的共同点

在大数据处理领域中，MapReduce 和 Spark 都基于 Hadoop 生态系统，它们共享一些关键的设计理念和优势，这些共同之处为它们在处理大规模数据集时提供了强大的支持。

首先，MapReduce 和 Spark 都建立在共同的基础架构之上。Hadoop 提供了一个坚实的数据处理基础和底层架构，这使得 MapReduce 和 Spark 都能够高效地执行数据处理任务。Hadoop 的分布式存储系统（HDFS）和其调度系统（YARN）为这些计算框架提供了必要的资源管理和数据访问能力。

其次，MapReduce 和 Spark 旨在实现分布式计算。无论是 MapReduce 还是 Spark，它们的核心目标都是高效地处理大规模数据集。通过在分布式集群中分配计算任务，这些框架显著提升了数据处理的速度和效率，实现了大数据的并行处理。这种分布式计算方法使得它们能够处理比传统单体系统更大规模的数据集。

最后，MapReduce 和 Spark 都是大数据生态系统的重要组成部分。它们不仅是 Hadoop 生态系统的关键成员，而且能够与生态中的其他工具如 Hive、Pig 和 Sqoop 等无缝集成。这种集成能力使得 MapReduce 和 Spark 可以共同构建一个功能强大的大数据处理平台，为用户提供从数据存储、处理到分析的一站式解决方案。

2. MapReduce和Spark的区别

了解了 MapReduce 和 Spark 在 Hadoop 生态系统中的共同点之后，接下来介绍它们的关键区别，这些区别会影响它们在不同场景下的应用选择。

❑ 计算模型的差异：MapReduce 采用的是以磁盘存储为主的计算模型，其中，每个

Map 和 Reduce 阶段的中间结果通常需要写入磁盘。这种模型适合批量数据处理，但在处理速度上受到磁盘 I/O 速度的限制。相比之下，Spark 采用了内存计算模型，能够将中间结果直接存储在内存中，显著提升了迭代算法和实时数据处理的性能，尤其在机器学习和数据挖掘等需要多次迭代的应用中表现出色。

☐ 灵活性和易用性：MapReduce 的编程模型相对简单，主要提供 Map 和 Reduce 两种操作，适合处理简单的数据转换和汇总任务。然而，当面对复杂或多阶段的任务时，MapReduce 显得不够灵活。而 Spark 提供了丰富的数据处理操作，包括 SQL 查询、流处理、机器学习和图计算等，这使得开发者能够使用同一套系统来处理不同类型的数据任务，从而提高了灵活性和易用性。

☐ 性能对比：MapReduce 的性能受到其对磁盘 I/O 依赖的限制，这使得它不太适合实时计算和数据密集型的迭代任务。相反，Spark 通过其 RDD 和内存计算优化，特别适合快速迭代处理的应用，如实时分析和机器学习，其性能通常比 MapReduce 快得多。

☐ 适用场景：MapReduce 更适合于一次写入、多次读取的批处理任务，以及那些不需要实时处理的大数据任务。而 Spark 凭借其内存计算的优势，更适用于实时分析、数据挖掘、机器学习以及任何需要快速迭代的数据处理场景。

虽然 MapReduce 和 Spark 都能处理大规模数据，但是 Spark 在内存计算、处理速度以及多样化的数据处理能力上具有更明显的优势。MapReduce 的稳定性和成熟度也使其在某些传统的大数据处理场景中仍然具有一席之地。

3.3 存储技术

在当代的数据管理和分析实践中，数据存储技术扮演着至关重要的角色。随着大数据浪潮的兴起，传统存储解决方案正面临着前所未有的挑战，不仅仅是数据量的膨胀，更在于数据种类的繁多和对处理速度的更高要求。为了应对这些挑战，数据存储技术必须适应新的变化，以便迅速、高效地从庞大的数据流中进行数据的捕获、存储和分析。

在大数据环境下，数据存储的需求特别强调实时性或近实时性的处理能力，以及处理和存储快速增长的非结构化数据的能力。这种需求促使存储技术的持续革新，从传统的关系型数据库到更灵活的 NoSQL 数据库，再到当前能够提供即时数据访问和分析能力的云存储和分布式系统。这些技术的发展旨在应对数据量的爆炸性增长，同时满足多样化的数据处理需求。随着人工智能和物联网技术的快速发展，大量设备和传感器产生的数据亟需实时处理和分析，这要求现代存储技术必须具备高性能、高吞吐量和大规模存储的能力，以满足这种高速数据流的需求。此外，在大数据技术的整体框架中，存储系统的设计也在不断演进，以更好地集成 ETL（extract-transform-load）、NoSQL 和云存储等技术，实现对大规模、多源异构数据的高效管理。本节从大数据生命周期过程的角度，深入探讨 ETL 技术、NoSQL 数据库、云存储和分布式文件系统的概念和应用。

3.3.1 ETL 技术

ETL 是一种广泛应用于数据仓库的数据处理技术，主要是从各种异构数据源中提取原始数据，经过必要的清洗和转换过程，最终将整合后的数据加载到一个中心仓库中，从而支持复杂的数据分析和业务智能应用。这一过程不仅包括数据的物理迁移，也涉及数据质量和格式的标准化，确保数据在业务决策中的可用性和准确性。

ETL 实施过程的主要环节包括数据抽取（Extract）、数据转换（Transform）、数据装载（Load）。ETL 系统的抽取阶段负责从多种数据源系统如关系数据库、文件系统、在线交易记录等中抽取数据。这些数据源往往格式多样，包括结构化和非结构化数据，ETL 技术通过高效的连接器和 API 与这些系统交互，确保数据能够被准确提取。ETL 中的转换阶段包括数据清洗、去重、验证和转换操作。这一步骤解决了数据中的不一致性问题，如日期格式不同、货币单位差异等，并且可以进行数据质量的校验，如修正错误信息、填补缺失值等。此外，转换过程可能还包括复杂的业务规则实现，如计算聚合值、生成新的数据维度等，以适应分析模型的需求。ETL 的加载阶段是将经过处理的数据存入数据仓库或数据湖中，支持后续的查询和分析作业。这一阶段可以是全量加载，也可以是增量加载，后者特别适用于需要频繁更新的动态数据集，可以显著降低系统的负载并提高响应速度。

随着信息化技术不断发展，企业和气象部门对数据资源整合的需求日益迫切。面对分散在多个异构数据库中的数据，传统的手工整合方式不仅效率低下，而且容易出现错误。ETL 技术通过自动化手段处理这些任务，提升了数据处理的效率，并通过支持增量数据更新来确保数据的时效性和准确性。此外，不同数据库中的数据可能存在格式不一致的问题，且原始数据可能包含错误、重复或缺失值。ETL 技术在转换过程中通过数据清洗和验证步骤，确保数据的质量和格式一致性，从而提高了企业决策的准确性。随着数据量的不断增长，ETL 技术能够支持大规模数据的高效处理，使企业迅速从数据分析中获取有价值的知识。这不仅优化了数据处理流程，还为企业提供了更快速、更可靠的数据支持，帮助企业做出更明智的决策。

1．ETL体系结构

ETL 体系结构体现了主流 ETL 产品的主要组成部分，其简化体系结构如图 3-9 所示。下面对 ETL 实施过程中的三个主要环节进行详细介绍。

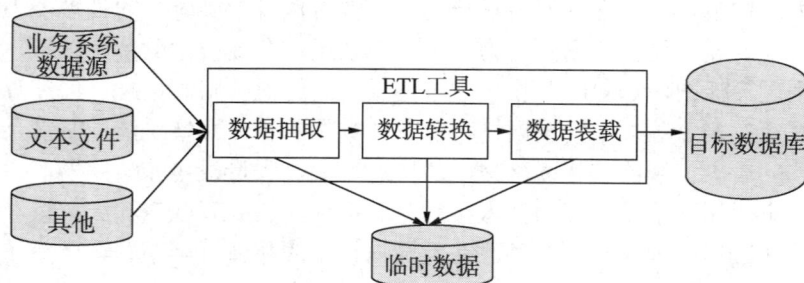

图 3-9　ETL 体系结构

1）数据抽取

数据抽取是 ETL 过程中的第一步，涉及从多个数据源收集数据。这些数据源可能是关系型数据库、非关系型数据库、其他类型的数据存储系统或者实时数据流。随后需要定义相应的数据接口，对每个源文件及接口的每个字段进行详细说明。抽取过程的关键是如何高效地从这些数据源中获取数据,并确保数据的完整性和准确性。

在实际操作中,基于特定的业务需求和技术条件,数据抽取策略通常涉及三个关键方面:抽取频率、抽取时机和抽取方式,这些策略的制定需要综合考虑对源系统性能的影响以及数据抽取操作的成本效益。

❑ 抽取频率:数据抽取的间隔时间,可以是每小时、每天、每周或每月。选择何种频率主要基于业务对数据实时性的迫切程度。一般来说,频率越高,数据的实时性越好,但相应的成本也会增加。对于实时性有较高要求的业务场景,可以考虑每 30分钟进行一次数据抽取,并将数据直接输送到操作数据存储(Operational Data Store,ODS)层,以支持业务的高效运行。

❑ 抽取时机:数据抽取的最佳时机应与抽取频率相匹配,并且需要考虑到业务活动的高峰期。例如,如果选择每天进行数据抽取,通常会安排在业务活动相对较少的凌晨时段进行。为避免数据延迟问题,应避免在午夜刚过立即开始抽取过程,这样可以确保数据的完整性和准确性。

❑ 抽取方式:在数据仓库的构建和维护过程中,选择合适的数据抽取方式对于确保数据的完整性和时效性至关重要。以下是 3 种常见的数据抽取策略。

➤ 全量抽取:全量抽取涉及从数据源中提取所有数据,无论这些数据是否之前已被抽取。这种方法适用于数据量较小、能够在短时间内完成抽取的场景。如果源系统缺乏有效标识数据变更的手段,全量抽取能确保数据仓库的数据是最新的。在数据仓库项目初期,全量抽取是初始化数据仓库的有效手段。它的优点在于操作简单且能彻底更新数据,但当数据量庞大时,可能会对系统资源造成较大压力,导致网络流量激增和数据暂时不可用。

➤ 增量抽取:专注于捕获自上次抽取以来在源系统中新增或修改的数据。这种方法适合数据频繁变动的环境,常见的实现机制包括时间戳、日志文件和触发器。时间戳机制通过记录数据最后修改的时间来识别变更;日志文件机制利用数据库事务日志来追踪数据变更;触发器机制则在数据变更时自动记录这些变更。增量抽取的优势在于它只处理变化的数据,从而提高了效率和速度,减少了网络传输和存储需求,同时减轻了源系统的负担。然而,这种方法需要精确地识别和捕获数据变更,可能涉及复杂的逻辑和额外的系统配置。

➤ 新增抽取:主要针对业务流水数据,这类数据在源系统中只增加不更新,即使存在删除操作,通常也不予以考虑。对于需要识别删除数据的场景,最佳做法是源系统支持逻辑删除,或者通过解析数据库日志进行处理。

选择抽取方式时,需要考虑数据量、数据变更频率、系统性能要求以及实施的复杂性。在某些情况下,可以综合运用这三种方法,例如定期进行全量抽取以确保数据一致性,而在两次全量抽取之间使用增量抽取以优化性能和响应速度。恰当的数据抽取策略对于提升数据仓库的性能和数据的实时性至关重要,其是构建高效数据处理流程的关键。

2)数据转换

在 ETL 流程中,数据转换扮演着至关重要的角色。由于从不同数据源抽取的数据可能存在格式不一致,输入错误、重复或不完整等问题,这些数据无法直接用于分析,必须经过清洗、标准化和格式转换后才能满足用户需求。这一步涉及多种技术和方法,可以在 ETL工具中执行,也可以利用数据库的处理能力来完成。

在 ETL 工具中进行数据转换和加工：现代 ETL 工具通过提供各种预制的转换组件（如字段映射、数据过滤、数据清洗、数据替换、数据合并和数据拆分等）简化了数据转换过程。这些组件通常是模块化的，可以根据特定的业务需求进行组装和配置，并通过数据流管道连接，实现信息的交换。虽然大多数 ETL 工具不直接使用 SQL 语句进行数据加工，但是它们通常提供脚本语言支持（如 Python、JavaScript 或专用的数据转换语言），允许开发者编写自定义脚本来处理复杂的数据转换需求。

在数据库中进行数据加工：结构化查询语言（Structured Query Language，SQL）在数据转换任务中有着巨大的作用。SQL 作为一种成熟的技术，它在数据库中进行数据转换和加工的能力不容小觑。SQL 在关系数据库中提供了强大的函数，能够执行数据筛选、转换和聚合等操作。这些操作在数据库内部执行，可以充分利用数据库的优化查询处理器，从而提高效率。数据库的查询优化器能够智能地选择最有效的执行计划，减少数据传输和计算时间。在实际应用中，组织通常采用混合策略，结合 ETL（Extract，Transform，Load）工具和数据库的功能来处理数据转换。ETL 工具在数据清洗和格式标准化方面表现出色，而数据库中的 SQL 则擅长处理复杂的聚合和交叉表操作。这种策略的结合体称为 ELT 架构，如图 3-10 所示。在 ELT 架构中，L（加载）的步骤被提前到 T（转换）之前，即先抽取数据，然后加载到目标数据库中，在目标数据库中完成转换操作。ELT 架构的优势在于，它允许数据的转换和加工过程在目标数据库中进行，这样可以利用数据库的强大处理能力。ELT 工具通常提供一个图形化的界面来设计业务规则，而数据的加工过程则由源数据库和目标数据库之间的协调来完成。这种灵活性使得数据加工过程可以根据系统的架构设计和数据属性在源数据库端或目标数据仓库端执行。当需要提高 ETL 过程的效率时，可以通过数据库调优或改变数据处理服务器来实现。这种混合策略不仅使得数据处理更加灵活，而且提高了效率，能够适应不同复杂程度的数据处理需求。

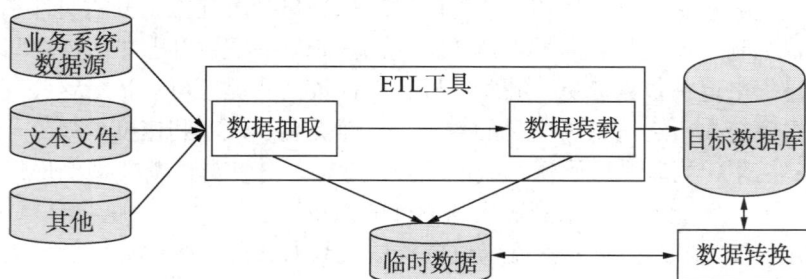

图 3-10　ELT 体系结构

数据转换过程涵盖一系列关键步骤，通过这些步骤，数据转换不仅提升了数据的质量，还增强了数据的可用性，为后续的数据分析和业务决策提供了坚实的基础。以下是数据转换步骤。

❑ 数据清洗：目的是识别并纠正数据中的异常、缺失或错误信息，以确保数据的准确性和一致性。这通常包括删除重复记录、补充缺失数据、修正数据格式不一致等问题。

❑ 数据整合：当数据来源于多个系统时，进行数据整合变得尤为重要。这一步骤涉及合并不同来源的数据，消除任何冗余，从而提供一个统一且全面的数据分析视角。

- 数据转换和计算：在这一环节，数据会经历数学和逻辑运算，如日期处理、数值计算等，以生成新的数据字段或指标。这可能包括计算总销售额、增长率等关键业务指标。
- 数据格式化：为了适配目标数据存储系统的要求，数据需要被转换成特定的格式。这可能涉及调整数据结构、修改数据类型等，以确保数据能够顺利加载和使用。
- 数据规范化：规范化是确保数据一致性和可比性的重要步骤。这包括统一数据值的表示方法，如将非标准化的地区名称转换为标准化的地区代码，从而提高数据分析的准确性和有效性。

随着云计算和大数据技术的发展，数据转换和加工的方法也在不断优化。许多企业正在迁移到云基础设施，充分利用云服务提供商（如阿里云、腾讯云和 Google Cloud Platform）提供的数据处理服务。这些云服务通常结合了 ETL 的功能与扩展性，提供了更强大的数据处理能力，支持更复杂的数据转换逻辑，并能够处理更大规模的数据集。数据转换和加工是确保数据质量和可用性的关键步骤。无论是使用传统的 ETL 工具还是现代的云基础设施，有效的数据处理策略都是支持数据驱动决策的基础。通过选择合适的工具和技术，企业可以有效地整合不同来源的数据，提供准确、可靠的数据支持。

3）数据装载

数据装载是 ETL 技术实施过程中的最终步骤，它负责将经过提取和转换的数据安全地存储到目标数据库中。根据提取数据的类型（全量或增量），装载策略会相应调整，以满足不同的数据处理需求和业务规则。选择合适的装载方法依赖于操作特性和数据规模，尤其是当目标数据库为关系型数据库时，主要有两种装载技术可供选择：

- SQL 装载：利用标准的 SQL 语句来执行数据的插入、更新、删除和查询操作。由于其简单性及数据库提供的内置支持（如事务控制、日志记录），SQL 装载被广泛采用。它特别适用于对数据准确性和可恢复性要求极高的场景，如金融服务行业。此外，SQL 装载还允许开发者利用数据库的高级功能，如触发器和存储过程，进行更复杂的数据处理。
- 批量装载方法：批量装载通常利用数据库提供的专用工具或 API，如 Oracle 的 SQL*Loader、MySQL 的 LOAD DATA INFILE 命令和 SQL Server 的 BULK INSERT。与逐条执行 SQL 语句相比，批量装载在处理大规模数据集时效率更高，因为它们通常绕过常规的事务日志机制，减少了 I/O 操作和网络延迟。这种方法特别适合在数据仓库建设初期进行历史数据的大量装载或在系统低峰时段进行批量更新。

加载策略需要考虑对目标端已有数据的影响和数据的完整性，重复执行时要保证幂等性。在选择数据装载策略时需要综合考虑以下因素：

- 数据量：装载大量数据时可以使用批量装载方法，以提升效率，降低成本。
- 数据更新频率：对于高频更新的系统，采用 SQL 装载更加合适，因为它提供了更好的灵活性和控制力。
- 业务要求：如果需要确保数据完整性和一致性，SQL 装载提供的事务支持是必不可少的。
- 系统性能：系统性能和可用性也是决定装载方法的重要因素。虽然批量装载快速，但是会在执行期间占用大量的系统资源。

在选择数据装载策略时，需要综合考虑数据量、更新频率、业务要求和系统性能等因素。装载策略通常分为以下几类：

- 直接追加：适用于只涉及新增数据的抽取场景。
- 直接覆盖：适用于全量抽取且无须保留历史数据的情况，但需注意 ODS 层的处理方式和任务的不可重复性。
- 更新追加：适用于不关注历史变化，只记录最新状态的数据场景。
- 历史表加载：适用于需要考虑历史变化的数据，采用拉链表方式存储。

数据装载是实现数据价值的关键环节，必须根据具体的业务需求和技术环境精心设计，以确保数据仓库高效、稳定地运作。有效的数据装载策略不仅能够提高数据处理的效率，还能够确保数据的准确性和可用性，从而支持数据驱动的决策和业务增长。随着云计算和大数据技术的进步，现代数据装载工具开始支持更多的自动化和优化功能，如自动数据分区、并行处理和内存计算等，这些技术显著提升了数据装载的效率和灵活性。云服务平台如 AWS、Azure 和 Google Cloud 提供的服务（如 AWS Glue、Azure Data Factory）已经集成了数据抽取、转换和装载的全流程管理，使得数据装载过程更加灵活和可扩展。

2. ETL工具

ETL 工具是数据集成过程中不可或缺的软件，用于从不同数据源中提取数据、转换数据格式以满足目标系统的需求，并将数据加载到目标数据库或数据仓库中。常见的 ETL 工具有 Kettle、Apache NiFi、Microsoft SQL Server Integration Services（SSIS）、Pentaho Data Integration（PDI）、Talend、Informatica PowerCenter 等。每个 ETL 工具都有其特点和优势，需要根据具体情况进行选择。

- Kettle 是一款免费的国外开源 ETL 工具，使用广泛，其是目前市面上功能最强大的开源 ETL 工具，可用于数据抽取、转换和加载，实现数据快速入仓和分析。
- Apache NiFi 是一个易于使用、强大且可靠的系统，用于处理和分发数据。它提供了一个用户友好的 Web UI，用于设计数据流、连接数据源和目的地。
- SSIS 是 Microsoft SQL Server 的一个组件，提供了一个图形工具，用于设计、执行数据集成方案。它支持数据的提取、转换、加载以及数据仓库的维护任务。
- Pentaho PDI 是一个开源的 ETL 工具，提供了数据集成、清洗、转换和数据挖掘功能，具有高度的可扩展性和灵活性。
- Talend 提供了一个全面的开源和商业数据集成软件套件，支持 ETL、数据质量管理、数据准备和应用程序集成。
- Informatica PowerCenter 是一个领先的企业级 ETL 工具，广泛用于大型组织的数据仓库和业务智能项目。它支持高性能的数据集成任务。

3.3.2　NoSQL 数据库

随着大数据技术的发展和用户行为数据的爆炸性增长，传统的关系数据库在处理高并发、大数据量的场景下面临着严峻挑战。特别是对于大型社交网络服务（如微博、小红书等）等需要实时生成动态页面和提供个性化内容的应用，数据库的读写负载极高，常常需要应对每秒上万次的读写请求。虽然关系数据库可以较好地处理大量的 SQL 查询请求，但是在面对频繁的写操作时，传统的硬盘 I/O 速度成为瓶颈，导致性能急剧下降。

在互联网架构中，数据库的横向扩展尤为复杂。随着应用系统的用户数量和访问量的持续增长，数据库不像 Web 服务器和应用服务器那样可以简单地通过增加硬件和服务节点来提升性能和处理能力。对于需要全天候不间断提供服务的网站而言，升级和扩展数据库系统通常非常困难，往往需要停机进行维护和数据迁移的操作。这些挑战使得数据库成为系统扩展中的一个主要瓶颈。

为了解决以上问题，业界推出了多种新型的 NoSQL 数据库技术，这些技术在设计上强调高并发读写能力和海量数据的存储处理，去除了传统关系型数据库中的一些功能，如事务和关联查询，从而在扩展性和性能上获得显著的提升。NoSQL 数据库通常提供更加灵活的数据模型及更简单的扩展机制，使其更适合互联网规模的应用。现在主流的 NoSQL 数据库有 BigTable、Dynamo、Cassandra、MongoDB 和 Redis 等。总体来说，NoSQL 数据库包括表 3-1 所示的 4 种类型。

表 3-1　NoSQL 数据库的 4 种类型

分　类	相关产品	应用场景	数据模型	优　点	缺　点
键值数据库	Redis、Memcached	内容缓存，如会话、配置文件、参数等；频繁读写、拥有简单数据模型的应用	<key,value>键值对，通过散列表来实现	扩展性好，灵活性好，大量操作时性能高	数据无结构化，通常只被当作字符串或者二进制数据，只能通过键来查询值
文档型数据库	MongoDB、CouchDB	Web应用，存储面向文档或类似半结构化的数据	<key,value>,value是JSON结构的文档	数据结构灵活，可以根据value构建索引	缺乏统一查询语法
列族数据库	Bigtable、HBase、Cassandra	分布式数据存储与管理	以列族式存储，将同一列数据存在一起	可扩展性强，查找速度快，复杂性低	功能局限，不支持事务的强一致性
图关系数据库	Neo4j、InfoGrid	社交网络、推荐系统，专注构建关系图谱	图结构	支持复杂的图形算法	复杂性高，只能支持一定的数据规模

NoSQL 技术具有以下 4 个特点。

☐ 易扩展性：NoSQL 数据库设计之初就考虑到了水平扩展的需求。它们通常采用分布式架构，数据之间无固定关系，这使得在多台机器间分布数据变得简单，从而支持快速扩展。

☐ 高性能：NoSQL 数据库能够在大数据量下保持高效的读写性能，这主要得益于它的简化数据模型和操作。许多 NoSQL 数据库使用键值存储和文档存储，这些模型允许非常快速的数据访问。此外，细粒度的缓存机制使得 NoSQL 数据库在处理 Web 2.0 等交互密集型应用时表现优异。

☐ 灵活的数据模型：与关系数据库相比，NoSQL 允许更加动态和灵活的数据模型。在 NoSQL 数据库中，可以不事先定义数据结构，随时可以存储自定义的数据格式，这对于快速发展和频繁需求变更的现代应用来说是非常有利的。

☐ 高可用性：许多 NoSQL 系统采用了内置的复制和数据分布功能，即使在部分系统组件失败的情况下也能保证服务的持续可用性和数据的持久性。例如，Cassandra 和 HBase 等数据库通过复制数据到多个节点来提高数据的可靠性和系统的容错能力。

NoSQL 主流数据库有 MongoDB 和 Redis 等。

MongoDB 是一种高性能的 NoSQL 数据库，由 C++编写，设计目标是为 Web 应用提供一个可扩展的解决方案。它是基于分布式文件存储的开源数据库系统，允许在高负载的情况下通过简单地添加更多节点来保持和提升服务器性能，这一特性使得 MongoDB 特别适合需要处理大量数据和高并发请求的现代互联网应用。下面从数据模型和存储结构、扩展性和性能以及适用场景三个方面来介绍 MongoDB。

- ❑ 数据模型和存储结构：MongoDB 的数据模型采用了文档存储方式，数据结构由键值对组成，文档类似于 JSON 对象。这种结构提供了比传统表格型关系数据库更丰富的表现力，支持嵌套的文档和数组，使数据组织更加灵活和直观。这也意味着 MongoDB 可以非常高效地存储复杂的数据类型，如嵌套的列表和深层次的对象结构。
- ❑ 扩展性和性能：MongoDB 支持自动分片，即自动分布数据到多个服务器，以实现数据库的横向扩展。这不仅提高了数据的读写能力，也保障了数据的高可用性和故障恢复能力。此外，MongoDB 的索引功能和查询优化器可针对大数据环境进行优化，以提供快速的数据访问性能。
- ❑ 适用场景：MongoDB 非常适合需要快速迭代和频繁变更数据模式的应用，如社交网络、内容管理系统和电子商务平台。MongoDB 灵活的数据模型和强大的横向扩展能力也使得其成为大数据应用和实时分析的理想选择。

Redis 是一个开源的高性能键值对数据库，它以其卓越的性能和灵活性在业界得到了广泛的应用。Redis 不仅支持基本的数据结构，如字符串、哈希、列表、集合和有序集合，还提供了更为复杂的数据类型，包括地理空间索引和流。这些丰富的数据结构使得 Redis 能够适应多种应用场景，既可以作为缓存解决方案和消息队列系统，又能直接支持复杂的功能，如排行榜、社交网络或实时分析。

Redis 的跨平台特性让它可以在多种操作系统中轻松安装和部署。启动 Redis 服务的过程也非常简单，通常可以通过执行启动脚本或直接调用 redis-server 命令来完成。这些特点使得 Redis 成为一个易于使用且功能强大的工具。其特点如下：

- ❑ 内存存储与持久性：Redis 的所有数据都存储在内存中，从而提供了极高的数据读写速度，达到每秒上百万次的读写能力。尽管以内存为基础，Redis 也提供了多种持久化选项（如 Redis Database 和 Append Only File），确保数据安全不丢失。
- ❑ 支持多种数据结构：Redis 不仅是一个简单的键值存储，它还支持包括字符串、列表、集合、有序集合、哈希表等复杂数据结构。这种多数据结构的支持为开发者在实现各种特定的需求时提供了极大的便利，比如实时排行榜、社交网络中的朋友关系等。
- ❑ 事务处理：Redis 支持事务，通过 MULTI、EXEC 和 WATCH 等命令提供。虽然 Redis 的事务不像传统数据库那样支持回滚，但是它能够确保通过一个队列以原子性方式顺序执行一系列命令。
- ❑ 高可用性和可扩展性：Redis 支持主从复制，哨兵（Sentinel）系统和集群模式，提高了数据的高可用性和分布式处理能力。Redis 集群通过分片来持有数据，可以提供更好的性能和容错能力。图 3-11 所示为哨兵的架构设计，其核心职能涵盖监控主节点健康状态、评估主从复制的运行状况、自动执行故障转移以及管理主从角色的切换。

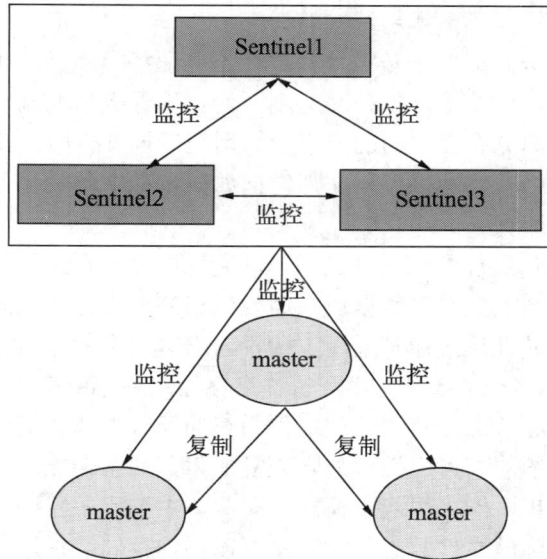

图 3-11　哨兵系统架构设计

对于哨兵而言，最基本的部署要求至少包含一个主节点和一个从节点。哨兵系统能够负责监管多个 Redis 服务器实例，确保它们稳定地运行。Sentinel 系统承担以下关键任务：

- □ 监控：持续监测主节点与从节点的运行状态，确保它们处于正常工作状态。
- □ 通知：一旦监控到 Redis 服务器出现异常，Sentinel 将通过 API 或脚本机制向系统管理员或其他应用程序发送警报。
- □ 自动故障转移：在主节点发生故障时，Sentinel 会自动触发故障转移流程。它会选择一个与原主节点处于主从关系的从节点，将其提升为新的主节点，并更新其他从节点以指向新的主节点，从而减少人工干预的需求。
- □ 配置供应：在 Redis Sentinel 模式下，客户端在启动时会连接到 Sentinel 节点集群，通过 Sentinel 获取当前主节点的配置信息，以便进行后续的数据操作。
- □ 发布/订阅消息系统：Redis 的发布订阅模型允许客户端接收那些他们订阅的频道的消息，这使得 Redis 可以用作消息队列系统来处理和传递消息数据。
- □ Lua 脚本支持：Redis 支持使用 Lua 脚本来执行复杂的操作，这意味着可以在服务器端直接运行脚本而不是多个单独的命令，从而减少网络开销并保证操作的原子性。
- □ 简单性和可靠性：Redis 极简的设计和实现减少了出错的可能性，它的源码和架构的清晰性使得 Redis 非常稳定。
- □ 客户端语言支持：Redis 应用广泛，几乎所有流行的编程语言如 Python、Java、PHP、C#等都有成熟的 Redis 客户端库。

3.3.3　分布式文件系统

分布式文件系统（Distributed File System，DFS）通过在多个计算机节点上分散存储文件，突破了传统文件系统的物理限制。这种系统不仅提升了数据存储的容错能力，还加快了数据访问速度，从而提高了整体系统性能。

　　DFS 通过将大文件分割成多个数据块，并在不同服务器或节点上分布式存储这些块，实现数据处理的并行化，显著提高了处理速度。为了确保数据的高可用性和持久性，每个数据块通常会有多个副本分布在不同的节点上。用户访问文件时，DFS 提供统一的视图，隐藏了文件的物理存储细节，使得远程文件访问如同本地文件一样便捷。这种透明性大大简化了文件管理和访问流程。

　　DFS 的设计注重可扩展性和可靠性。它可以通过增加节点来轻松扩展存储容量和计算能力，同时通过在多个节点上复制数据块来增强数据的可靠性和系统的容错能力。

　　目前流行的分布式文件系统通常采用主/从体系结构，包括主控服务器（也称为元数据服务器或名字服务器）、多个数据服务器（也称为存储服务器或存储节点）以及客户端。主控服务器作为系统的中心节点，负责管理文件系统的元数据，如文件位置、访问权限和目录结构等。为了提高系统的高可用性和故障恢复能力，通常会配置一个或多个备用主控服务器。在一些设计中，也可能采用双主模式，即两个主控服务器同时运行，互为备份。数据服务器则负责存储实际的文件数据，其数量可以根据存储需求进行扩展。它们通常位于不同的物理位置，通过网络连接，支持数据的冗余存储和负载均衡。客户端可以是应用服务器或终端用户设备，通过网络与 DFS 交互。DFS 还提供用户接口，使用户能够透明地访问和管理远程服务器上的文件，就像操作本地文件系统一样。

1. DFS的技术架构

　　在分布式文件系统的发展历程中，三种主要的网络存储架构扮演关键角色，包括直连式存储（Direct Attached Storage，DAS）、网络连接式存储（Network Attached Storage，NAS）和存储网络（Storage Area Network，SAN），每种架构都针对不同的需求和应用环境进行了优化。

　　❑ DAS 作为一种基础的存储方法，将存储介质如磁盘驱动器或固态磁盘直接连接到单个计算机或服务器上。这种设置通常通过 SCSI（Small Computer System Interface）、IDE（Integrated Drive Electronics）或 SATA（Serial Advanced Technology Attachment）等接口实现。DAS 因其简单性而在成本上具有优势，适合小型服务器环境。它具有数据传输速度快和低延迟的特点，但缺乏扩展性和数据共享能力。DAS 的局限性在于它不便于在多服务器环境中扩展，同时也限制了数据的远程访问。

　　❑ NAS 作为一台独立的文件存储服务器，通过以太网连接到网络，使用 NFS（Network File System）或 SMB/CIFS（Server Message Block/Common Internet File System）等网络协议提供文件级存储服务。NAS 设备易于管理，通常配备直观的用户界面，允许跨平台和操作系统共享文件。NAS 的扩展性较好，可以通过增加设备或扩展现有设备来提升存储容量。然而，NAS 的性能可能会受到网络带宽的限制，且成本相对较高。

　　❑ SAN 通过高速专用网络连接服务器和存储设备，常用于数据密集型环境。SAN 使用光纤通道等技术实现块级存储访问，提供高性能的数据传输。SAN 的灵活性和可扩展性使其成为大型企业存储解决方案的理想选择。它通过多路径和冗余设计确保存储系统的高可用性和业务连续性。但 SAN 的部署和维护成本较高，并且需要专业知识。

面对非结构化数据的指数级增长，以上三种传统的存储解决方案在性能和可扩展性方面逐渐显现出局限性。为此，现代数据中心和大数据应用推动了新一代存储技术的发展，包括集群存储、集群并行存储、P2P（Peer-to-Peer）存储和面向对象存储等。这些创新技术不仅提高了数据存储的效率和灵活性，还在成本和性能之间取得了平衡，以满足当前复杂的数据处理需求。

- 集群存储：通过将多个存储节点整合成一个统一的资源池，并利用高速网络进行连接，实现了存储的高扩展性和故障容错。这种系统通过负载均衡优化了资源使用，适用于对吞吐量和访问延迟有严格要求的应用，如视频处理、科学研究和大数据分析。
- 集群并行存储：融合了分布式和并行文件系统的优势，允许多个客户端直接并行访问存储节点，从而显著提高了 I/O 性能。它通过在多个存储设备上复制数据，增强了数据的可用性并降低了成本，特别适合于大规模数据中心和高性能计算环境。
- P2P 存储：采用去中心化的点对点网络模型，每个节点既提供数据也消费数据，通过协作完成存储和备份任务。这种模型提高了系统的可扩展性和健壮性，非常适合大规模分布式存储系统，如内容分发网络和在线文件共享服务。
- 面向对象存储：结合 SAN 和 NAS 的特点，将数据、元数据和唯一标识符封装为对象。这种存储方式特别适合处理非结构化数据，如视频、图片和文档。对象存储的关键优势在于其灵活的数据管理能力，包括自动数据复制、迁移和元数据索引，非常适合云存储和企业数据湖。

2. 常见的分布式文件系统

分布式文件系统在处理和存储海量数据的领域扮演着至关重要的角色。常见的分布式文件系统有：GFS（Google File System）、HDFS、Lustre、淘宝文件系统、腾讯文件系统、FastDFS（Fast Distributed File System）、GlusterFS（Gluster File System）、GPFS（General Parallel File System）和 Ceph 等，以下是对这些技术的介绍。

- GFS：是 Google 用 C++开发的分布式文件系统，发布于 2003 年。GFS 是为处理大量数据而设计的，特别强调可扩展性、可靠性和成本效率。它利用廉价的标准硬件构建而成，系统设计使用了大量的非专业级硬件而且不影响整体性能和可靠性。GFS 由一个单一的主服务器和多个分布式的从服务器组成。主服务器管理元数据和系统状态，从服务器存储实际的数据块。GFS 使用的块默认为 64MB，比传统文件系统使用的块大很多，这减少了元数据的大小并优化了大规模数据处理的性能。每个数据块默认存储三份副本，分布在不同的服务器上，以防止数据丢失并提供容错能力。GFS 的发布和成功应用证明了分布式文件系统在处理大规模数据集时的潜力，它的设计原则和架构为之后的许多分布式存储解决方案提供了灵感和模板，推动了整个存储技术的发展。
- HDFS：是 Apache Hadoop 项目的核心组件，自 2003 年基于 Google File System（GFS）的设计理念开发以来，已经成为处理大规模数据集的标准解决方案之一。它的设计目标是在普通硬件上运行，以实现高吞吐量的数据访问，同时提供高容错性和可靠性。HDFS 采用名为 Name Node 的中央主节点来管理文件系统的命名空间和客户端对文件的访问。HDFS 采用主从结构模型，其体系结构如图 3-12 所示，一个 HDFS 集群包括一个名称节点和若干个数据节点。HDFS 将文件分割成固定大小的块（默

认为 128MB），每个块存储在多个 DataNode 上以提高其可靠性。每个数据块默认有
3 个副本，分布在不同的节点上，增强了数据的耐用性和系统的容错能力。集群中
的数据节点一般是一个节点运行一个数据节点进程，负责处理文件系统客户端的读
/写请求，在名称节点的统一调度下进行数据块的创建、删除和复制等操作。每个数
据节点的数据实际上是保存在本地 Linux 文件系统中。HDFS 是许多大数据平台和
应用的底层存储系统，如 Apache Hadoop 和 Apache Spark 等。多家企业和云服务提
供商使用 HDFS 来存储和处理大规模数据集，如 Facebook 和 Yahoo 等。

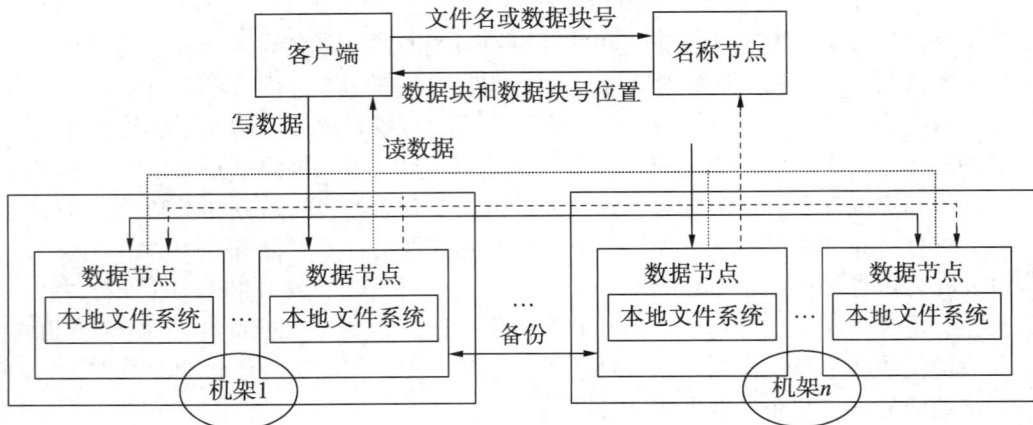

图 3-12　HDFS 体系结构

❑ Lustre：是一种高性能并行分布式文件系统，专门设计用于大规模计算集群，包括
高性能计算和大数据中心。它的设计能够在成千上万的节点上并行处理数据，使之
成为科学研究和工程应用中处理复杂模型和数据密集任务的理想选择。Lustre 被广
泛应用于气候模拟、天体物理学和生物信息学等领域，这些领域需要处理大量的数
据和复杂的计算。

❑ 淘宝文件系统：是阿里巴巴集团为了解决海量小文件存储问题而自主研发的分布式
文件系统。淘宝文件系统专为互联网应用设计，目的在于满足高并发访问和大规模
数据存储的需求，提供一个高性能、高可用性和高扩展性的存储解决方案。淘宝文
件系统的核心优势在于其对小文件存储的优化。它能够高效地管理海量文件，并支
持高速访问，这对于电商平台上的图片、商品描述等小文件的存储尤为重要。淘宝
文件系统采用了一种完全扁平化的数据组织结构，摒弃了传统的目录层次，从而简
化了文件访问流程。淘宝文件系统通过将大量小文件打包成一个大的数据块，显著
减少了元数据的数量，提升了访问效率。淘宝文件系统在处理高并发读写请求方面
表现出色，特别适合电子商务和社交媒体等场景，这些场景需要快速加载大量图片
和媒体文件。淘宝文件系统的无缝扩容功能允许系统轻松添加存储节点，以适应数
据量的增长。通过简化文件系统结构和优化 I/O 路径，淘宝文件系统能够提供卓越
的性能。淘宝文件系统能够在普通的商业硬件上运行，提供与专业存储系统相媲美
的性能和可靠性，同时大幅降低成本。淘宝文件系统在淘宝和天猫等电商平台中得
到了广泛应用，主要用于存储商品图片和描述信息，能够有效地支持庞大的用户访
问量和数据读取需求。

❑腾讯文件系统：是腾讯公司为了应对大规模数据存储和高并发访问挑战而开发的分布式文件系统。自 2006 年投入运营以来，腾讯文件系统已经成为腾讯多个关键服务坚实的数据平台，包括 QZone 相册、微信朋友圈图片、QQ 邮件、微云以及腾讯云对象存储服务（Cloud Object Storage，COS）等。腾讯文件系统不仅提供基础的文件存取服务，还针对不同应用场景提供了高效的数据管理和优化的访问策略。腾讯文件系统通过智能分析数据访问模式，将数据智能分类为"热"数据和"冷"数据，并采用不同的存储策略，以此优化存储成本，提高访问速度。对于需要高性能的场景，腾讯文件系统开发了一种基于存储单元结对的 Append-Only 存储引擎，特别适合处理频繁变更的数据。同时，为了降低存储成本并增强数据的持久性和可靠性，腾讯文件系统采用了一体化的纠删码技术，特别适合冷数据的长期存储。腾讯文件系统广泛应用于社交网络、在线存储和企业服务等多个领域，有效地支持腾讯多样化的业务需求和海量用户的数据存储需求。随着技术的不断迭代和优化，腾讯文件系统已经发展成为一个稳定且可靠的企业级分布式文件系统，它提供灵活的数据管理策略和高效的资源利用率，满足腾讯在数据存储和管理方面的高标准要求。

3.3.4　云存储技术

云存储是解决传统存储系统难以应对的大数据问题的关键技术。随着数据量的激增，企业面临存储设备购置成本高、运维复杂和扩展性有限等挑战。云存储通过利用集群应用、网格技术或分布式文件系统等手段，集成多种不同的存储设备，以提供可扩展、高效且成本效益高的数据存储解决方案。

1．云存储的定义

由于业界缺乏对云存储技术的统一标准，各厂商根据自身的需求和技术背景提出了多样的解决方案，使得云存储具有多种解释。从广义上讲，云存储是指利用集群技术、网格技术或分布式文件系统将分散在网络中的各种存储资源集成起来，形成一个统一的系统，以提供数据存储和业务访问服务。这种模式不仅提升了存储资源的利用效率，还增强了数据的可访问性和可靠性。

2．云存储架构

云存储架构是一个综合性的技术框架，旨在提供跨地理位置的数据存储和访问服务。此架构通过集成现代的存储技术、网络协议和应用软件，实现数据的高效管理和可靠访问，特别适用于处理大规模数据分布和高并发访问需求。云存储的架构如图 3-13 所示。
❑数据存储层：云存储系统的基础，包括各种形式的存储设备，这些设备分布在多个数据中心，通过高速网络（如光纤或广域网）连接。此层通常采用虚拟化技术，如软件定义存储，实现存储资源的集中管理和自动化维护。
❑数据管理层：核心技术包括集群系统、分布式文件系统和网格计算，这些技术共同工作，以支持大规模的数据集成和协同处理。这一层还负责实现数据加密、备份和容灾恢复，确保数据的安全性和业务的连续性。
❑数据服务层：提供一组丰富的 API，允许开发者和企业根据其业务需求定制数据存储解决方案。这些 API 支持各种数据操作，如数据上传、下载、同步和备份以及更复杂的数据管理任务。

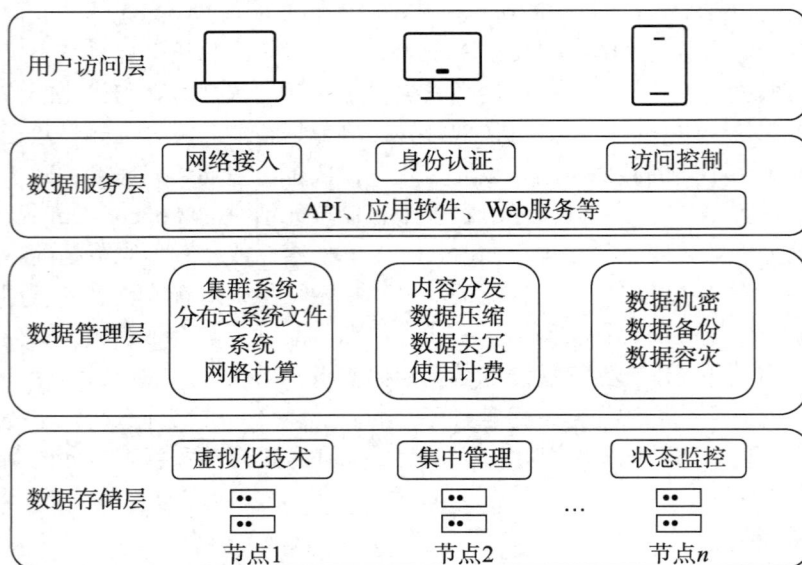

图 3-13　云存储的架构

❑ 用户访问层：为用户提供了一种透明和安全的方式来存取存储在云中的数据。这一层支持各种客户端设备，包括但不限于个人计算机、移动设备和网关设备。通过访问该层，授权用户可以在任何地方登录云存储系统并使用云存储服务。用户可以通过标准协议如 HTTP/HTTPS、FTP（File Transfer Protocol）或专有协议来访问数据。

3. 云存储的关键支持技术

云存储技术的发展离不开各种底层和应用层的技术进步。以下是云存储技术发展的关键支持技术，它们共同推动了云存储服务的演进和普及。

❑ 分布式存储技术：是云存储技术的核心，它将数据均匀地分散到多个存储节点上，并通过数据复制和同步来保证数据的一致性和可靠性。

❑ 虚拟化技术：通过虚拟化技术，物理存储资源被池化，可以根据用户需求动态分配存储资源，实现存储容量的灵活扩展和缩减。

❑ 冗余数据备份：通过多副本复制以及节点故障自动容错等技术，云存储提供了很高的可靠性和可用性。

❑ 宽带网络扩展：随着 ADSL（Asymmetric Digital Subscriber Line）和光纤到户技术的普及，互联网连接速度得到了显著提升，从 33.6kbps 的拨号速度增长到今天的 1Gbps 以上。这使得用户可以快速存取云端的数据，有效支持了云存储服务的广泛应用。

❑ Web 技术和移动设备支持：随着 AJAX（Asynchronous JavaScript and XML）、HTML5 等 Web 技术的发展，Web 应用的体验和功能越来越接近传统桌面应用。这些技术使得用户通过浏览器就能高效地访问和管理云端存储的数据，极大地推动了云服务的普及和便捷性。此外，智能手机和平板电脑的普及，使用户可以随时随地访问云存储资源。iOS 和 Android 等操作系统的优化进一步提高了移动设备的处理能力和数据访问速度，为移动云存储的发展提供了重要支撑。

- 分布式技术与 P2P。分布式文件系统、CDN（Content Delivery Network）和 P2P（Peer-to-Peer）技术使得数据能够在全球范围内分布式存储和快速访问，极大提高了数据的访问速度和系统的扩展性，帮助云存储服务实现了高效的数据管理和成本效益的优化。
- 数据安全与隐私保护。随着数据泄露和安全问题的增多，数据加密和云安全变得越来越重要。云存储提供商采用了先进的加密技术和安全策略来保护数据的安全和隐私，包括数据加密、访问控制、安全审计等，确保用户数据的完整性和保密性。

4．云存储与传统存储的比较

云存储相比于传统存储系统，有着很多显著的优势，这些优势使得它越来越受到个人用户和企业的青睐。以下是云存储与传统存储相比的主要优势。

- 可扩展性：云存储提供了几乎无限的存储空间，用户可以根据需要随时扩展存储容量。这种灵活性远远超过了传统的存储解决方案，后者往往需要预先投资大量硬件设施，且扩展过程复杂且成本高昂。
- 成本效益：使用云存储，客户通常需要为实际使用的存储空间和服务支付费用。这种模式显著减少了资本支出并将其转向运营支出，相比传统存储需要预购买大量存储设备和维护设施的高昂成本，云存储更经济。
- 灵活的数据访问：云存储允许用户从任何地点、任何设备访问数据，只要连接到互联网。这种访问方式为远程工作、多地点协作提供了巨大便利。而传统存储通常限制在特定的物理位置，访问受限。
- 自动化数据备份和恢复。云存储服务通常包括自动数据备份和恢复功能，这简化了数据保护过程，减少了数据丢失的风险。用户不需要手动进行复杂的备份操作，云服务提供商可确保数据的连续性和可恢复性。
- 高度的可靠性和持续性：云存储提供商通常拥有多个数据中心，这些数据中心分布在不同的地理位置，能够提供高可靠性和数据冗余。即使一个或多个服务器或者整个数据中心发生故障，数据也可以从其他位置快速恢复。
- 易管理性：云存储服务通常提供用户友好的管理界面，使用户能够轻松管理他们的存储空间，无须关注底层的复杂配置。这与传统存储系统的维护和管理相比，大大降低了对专业 IT 技能的需求。
- 安全性和合规性：许多云存储服务提供商遵循严格的安全标准和合规要求，这对于处理敏感数据的企业尤其重要。提供商通常会实施先进的安全措施，如加密、多因素认证和物理安全等。

3.4　大数据处理技术

大数据的价值在于可以使用先进的数据处理技术对海量的异构数据进行深入分析，人们可以不必深究其因果，而是依赖数据关联性来预测未来趋势。这种预测方法适用于各种场景，如机票价格预测、商品销售、设备维护等。而大数据的处理依赖于云计算强大的计算能力和存储能力，使人们能从海量的数据样本中提取有价值的信息。

大数据的核心特性之一是能够在巨大的数据量中发现价值和模式，这通常称为"数据挖掘"。与传统数据挖掘相比，大数据挖掘处理的数据量更大，复杂度更高，不仅需要强大的计算能力，还需要创新的算法来处理和分析数据。

大数据的另一个重要方面是实时性。在很多业务场景中，如金融交易、网络安全和健康监测，需要几乎实时的数据处理能力。这要求数据平台不仅要处理大批量的历史数据，还能够快速处理实时数据流。安全和隐私是处理大数据时必须考虑的关键方面。随着数据量的增加，保护数据免受未授权访问或防止数据泄露变得尤为重要。此外，数据的准确性和完整性也至关重要，因为数据质量直接影响挖掘结果的有效性。从成本效益角度考虑，虽然大数据提供了巨大的潜在价值，但是必须仔细评估数据挖掘项目的投入与产出。这包括计算资源、数据存储、人力资源的成本及通过数据挖掘带来的具体业务改进和收益。

随着技术不断进步，大数据和云计算领域正在迅速发展。新的工具和平台，如分布式存储系统、高性能计算以及更高效的数据分析算法，正在不断推动这一领域向前发展。这些技术的发展不仅加速了数据处理速度，也降低了成本，使越来越多的组织能够利用大数据技术来优化决策过程，提升业务效率。

3.4.1　大数据计算模式

大数据处理技术已经成为现代技术环境中的一项核心功能，尤其是在处理庞大的数据集时，传统的计算方法已无法满足需求。目前，针对大数据处理的技术主要分为 3 种计算模式：离线批处理、实时交互计算和流计算。这些模式针对不同的应用场景和需求，提供了多样化的解决方案。

1. 离线批处理

离线批处理计算是大数据分析的基石，尤其适用于对实时性要求不高的大规模数据处理场景。这种计算模式允许系统对庞大的历史数据集进行深入分析，通常用于挖掘数据的潜在价值和洞察。虽然离线批处理在数据实验性方面较为宽松，但是其对计算和存储资源的需求较高，因此需要精心的设计和优化以确保效率。

目前常用的开源批处理组件有 MapReduce 和 Spark，两者都是基于 MapReduce 计算模型的，这些技术已经在前面的章节中详细介绍过。随着大数据技术的发展，离线批处理技术也在不断演进，以适应新的数据处理需求和挑战。例如，为了解决 MapReduce 在处理中间数据时的低效问题，现代的批处理系统开始采用更高效的数据存储和传输机制，减少中间数据的生成和移动。此外，为了降低任务重启的次数，许多系统引入了更加精细的任务恢复和容错机制。这些机制能够在任务失败时快速定位问题并恢复计算，而不是简单地重启整个任务。针对主节点负载瓶颈的问题，新一代的批处理系统采用了更分散的架构设计，通过多个辅助节点分担主节点的协调工作，提高了系统的扩展性和容错能力。

对于实时数据处理的需求，虽然传统的 MapReduce 模型并不擅长，但是新的计算模型和框架，如 Apache Flink 和 Apache Storm，已经开始提供实时流处理的能力。这些系统能够对实时数据流进行快速处理和分析，满足现代应用对即时反馈的需求。

总之，离线批处理计算在云计算和大数据时代仍然发挥着重要作用。通过不断引入新技术和优化现有框架，离线批处理技术变得更加高效、灵活和可靠，以满足不断变化的数据处理需求。

2．实时交互计算

在传统的数据处理流程中，尤其是在离线计算场景下，复杂的业务处理流程常常会产生密集的结果数据，这不仅增加了数据处理的复杂性，也造成了数据反馈的延迟。在需要实时数据提供决策的应用场景，如实时搜索，传统的数据处理方法往往无法满足即时性的需求。因此，实时计算作为一种新兴的数据计算模式应运而生，它能够对海量数据进行即时处理，无论是数据采集还是数据处理，都能够实现秒级别的响应速度。实时计算通常应用于以下两种场景。

- 高速数据处理：在金融交易、网络安全和电子商务等行业，数据处理的速度直接关系到企业的竞争力和盈利能力。实时计算能够在数据产生的瞬间进行分析和处理，为用户提供即时的反馈和决策支持，从而在高速变化的市场环境中抢占先机。
- 动态数据源处理：也称为流式数据处理，这种场景下的数据源是实时不间断的。流式数据是指将数据视为连续不间断的流进行处理，它们在时间和数量上是无限的，由一系列数据记录组成。对于如社交媒体数据流、传感器网络或在线交易记录等不断变化的数据源，实时计算能够持续地处理这些流入的数据，实时更新分析模型和业务逻辑，确保数据分析的时效性和准确性。

海量数据的实时计算过程可以划分为三个阶段：数据实时采集、数据实时计算、实时查询服务阶段，如图 3-14 所示。

在数据的产生与收集阶段，数据从各种源实时生成并被捕获，关键是要确保可以从各种源如传感器、移动设备、社交媒体、日志文件等快速且可靠地收集数据。目前，互联网企业的海量数据采集工具有 Facebook 开源的 Scribe、LinkedIn 开源的 Kafka、Cloudera 开源的 Flume、淘宝开源的 TimeTunnel、Hadoop

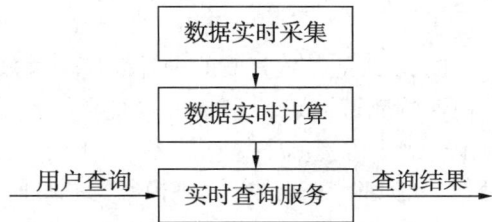

图 3-14　实时计算处理流程

的 Chukwa 等，广泛用于处理大规模数据流，从而提供高吞吐量和低延迟的数据处理能力。这些工具支持持续的数据流输入，并能够保持数据的完整性和有序性。

数据一旦被收集，就需要通过高效的数据传输系统将其发送至处理节点。在传输与分析处理阶段，使用 Apache Flink、Apache Storm 或 Apache Spark Streaming 等实时流处理框架进行数据的分析和处理变得至关重要。这些框架通常支持实时分析和即时决策，支持实时的数据窗口操作、状态管理和逻辑处理，使数据不仅被看作一次独立事件，还能在更广泛的上下文中进行动态分析。

经过处理的数据需要被存储在能够支持快速读写的系统中，以便进一步分析或实时查询。这一阶段通常使用 NoSQL 数据库，如 Apache Cassandra 或 MongoDB，或者是时间序列数据库如 InfluxDB，这些数据库优化了对海量数据的快速访问。对于需要高度一致性和可扩展性的应用，分布式文件系统 HDFS 或云存储解决方案 Amazon S3、Google Cloud Storage 提供了可靠的选项。此外，为了提供实时服务，如动态网页内容、推荐系统或者其他客户端应用，数据需要通过 API 或直接查询快速地被访问和消费。

实时查询服务对现代企业数据架构至关重要，因为它们支持快速决策和实时业务智能。实时查询服务可以通过多种方式实现，每种方式根据不同的业务需求和技术环境有其优势和局限。以下是 3 种主流的实现方式。

- □ 全内存（In-Memory）：通过在随机访问存储器中直接处理和存储数据来提高查询响应速度和计算效率的一种方法。Apache Ignite、Redis 等工具提供了强大的内存数据网格和数据库技术，可以完全在内存中存储和计算数据，从而实现极低的延迟和高吞吐量的数据服务。这些系统通常提供数据持久化选项，通过异步写入磁盘来防止数据丢失。
- □ 半内存（Hybrid）：结合了内存中的快速数据访问和持久存储的稳定性。这种方法通常利用 NoSQL 数据库如 MongoDB、Cassandra 或专为速度优化的键值存储如 Memcached、RocksDB 等。这些数据库将热数据（频繁访问的数据）保留在内存中，而将冷数据（不常访问的数据）存储在磁盘上，从而提供了既快速又经济的数据访问方案。这种方式适合数据访问模式具有明显热点的应用场景。
- □ 全磁盘（Disk-based）：依赖于持久存储，如分布式文件系统和分布式数据库。Apache HBase 和 Google Bigtable 等分布式数据库利用 HDFS 或其他类似的分布式存储系统在磁盘上提供快速、可扩展的查询服务。虽然基于磁盘的解决方案可能不如内存解决方案那么快，但是在数据可扩展性和成本效率之间需要平衡时，其通常提供更大的存储容量和成本效益，适合大规模的数据集。

实时和交互式计算技术已成为处理大规模数据集的关键工具，特别是在需要快速决策支持的业务场景中。Dremel、Apache Spark 以及 Impala 是比较突出的几种实时和交互式计算技术。

Dremel 是谷歌开发的一种高速、大规模数据分析系统，能够处理 PB 级数据，并且可以快速响应查询请求。Dremel 采用多级执行树架构，其查询执行过程分布在数千个处理节点上，极大地提高了执行效率。不同于 Hadoop 的 MapReduce 模型，Dremel 使用列式存储机制，这使得它在进行大规模数据扫描时能够只访问必要的列，从而减少数据读取量，提升查询性能。此外，Dremel 支持复杂的嵌套数据结构直接查询，无须将数据平铺，这一点通过其创新的"列片段"（Column striping）技术实现，进一步优化了处理效率。谷歌将 Dremel 作为 BigQuery 服务的核心技术，使其在商业智能和数据分析领域有了广泛应用。

Spark 的核心优势在于其"弹性分布式数据集"，这是一种允许用户显式地将数据缓存在物理内存中进行重复使用的分布式内存抽象，大大减少了数据处理任务的延迟。Spark 支持多种数据处理模式，包括批处理、交互式查询、实时分析和图形处理等。通过其内置的 Spark SQL 模块，用户可以直接运行 SQL 查询语句，实现数据的复杂分析。此外，Spark 可以无缝集成在 Hadoop 生态系统中，使用 HDFS 进行数据存储，借助 YARN 进行资源管理。

Impala 是 Cloudera 开发的开源大数据查询工具，它允许用户通过 SQL 接口直接在 Hadoop 的 HDFS 和 HBase 存储上进行高性能查询。Impala 是为分析型查询而设计，支持高并发的数据查询需求。Impala 使用了类似 Dremel 的大规模并行处理架构，但与 Hadoop 的传统 MapReduce 作业相比，它能够提供更低的启动延迟和更高的查询性能。Impala 与 Hive 共享相同的元数据和 SQL 语法，使得用户无须进行数据转换或复制即可运行查询，极大简化了数据分析流程。

3．流计算

流数据是指在实时环境中持续生成并立即处理的数据流。这种数据的特征包括：

❑ 高速持续到达：数据以极快的速度连续到达，潜在的数据量可能无限大。

❑ 多样化来源和格式：数据可能有多个来源，包括传感器、社交媒体、金融交易等，格式多样，处理起来相对复杂。

❑ 强调处理而非存储：流数据通常在到达时即被分析和处理。处理后的数据可能被立即丢弃或存档，不强调长期存储。

❑ 整体价值大于单个数据项：流处理系统更关注从整体数据流中提取信息，而不是从单个数据项中提取。

❑ 数据顺序和完整性的挑战：由于数据实时到达，可能存在顺序错误或数据不完整的情况，处理这些问题是流计算的一项重要挑战。

在许多实时应用场景，如实时交易系统、实时欺诈侦测、实时广告传送、实时监控和社交媒体实时分析等，都面临着巨大的数据量、严苛的实时性要求，同时有着不间断的数据源流入。这些新数据需要被立即处理，否则将导致数据堆积，处理速度跟不上数据生成的速度。因此，处理这些数据通常需要毫秒级甚至更短的响应时间，这就需要部署高度可扩展的流式处理解决方案。

流计算指实时获取来自不同数据源的海量数据经过实时分析处理，获取有价值的信息。由于数据的时效性，信息的价值会随时间减少，如用户的单击行为数据。因此，一旦数据到达流计算系统，就应立即进行分析处理，而非存储后再批量处理。流计算处理流程一般包含三个阶段：数据实时采集、数据实时计算、实时查询服务。

数据实时采集阶段通常采集多个数据源的海量数据，需要保证实时性、低延迟与稳定可靠。数据实时计算阶段对采集的数据进行实时分析和计算并反馈实时结果。经数据流系统处理后的数据，可以流出给下一个环节继续处理，相关结果处理完以后就可以丢弃，或者存储到相关的存储系统中。经过流计算框架得出的结果让用户能够进行实时的查询和存储。用户需要主动去查询，而流处理计算结果会不断更新并实时推送给用户。在整个过程中，数据分析处理系统是主动的，用户处于被动接收的状态。

流处理系统与传统的数据处理系统有如下不同：

❑ 流处理系统处理的是实时的数据，而传统的数据处理系统处理的是预先存储好的静态数据。

❑ 用户通过流处理系统获取的是实时结果，而通过传统的数据处理系统，获取的是过去某一时刻的结果。

❑ 流处理系统不需要用户主动发出查询，实时查询服务可以主动将实时结果推送给用户。

在当前的大数据和实时分析领域，流处理技术正成为解决高频、实时数据处理需求的核心技术。在众多流处理平台中，Flink、Storm、Spark Streaming 等都展示了其强大的实时处理能力。

Flink 是从德国柏林工业大学的 Stratosphere 项目发展而来的，专为分布式、高性能、总体一致的数据流处理而设计。它是一个开源流处理框架，用于在提供高吞吐和低延迟的同时处理有界和无界的数据流。Flink 的核心设计在于其内建的流处理运行时以及对状态和时间的深入管理，允许执行复杂的事件驱动的应用程序。Flink 可以区分"事件时间"和"处理时间"，提供精准的时间控制和水位线机制。Flink 提供了强大的状态管理能力，对于需要处理大量状态信息的复杂流应用尤为关键。通过精确一次性处理语义，确保数据处理的准确性。

Storm 是一款专为大规模实时数据处理而设计的分布式计算系统。它以出色的容错能力和可扩展性为处理连续不断的数据流提供了一个高效且可靠的平台。Storm 的应用范围广泛，包括但不限于实时数据分析、在线机器学习、持续计算任务、分布式远程过程调用，以及数据的提取、转换和加载等。Storm 支持水平扩展，并且具有高容错性，能够保证每条消息都能得到处理，处理速度极快——在一个小规模集群中，每个节点能够每秒处理数百万条消息。此外，Storm 的部署和运维过程简单、便捷，更重要的是，它允许开发者使用自己选择的任何编程语言来构建应用程序。在众多需要即时数据处理的场景中，传统的批量处理方法往往无法满足对实时性的需求。Storm 通过提供的实时处理功能，确保数据能够迅速被处理和响应。随着数据量的不断增加，Storm 能够在分布式环境中并行处理数据，从而显著提升处理效率。它还能够处理复杂的数据流和逻辑，并支持多种数据处理操作的组合与嵌套，为实时大数据处理提供强大的支持。

Spark Streaming 是 Spark 核心 API 的扩展，它为实时数据流的处理提供了一个可扩展、高吞吐量且具有容错能力的流处理平台。通过 Spark Streaming，用户可以轻松地处理连续的数据流。Spark Streaming 支持多种数据源，包括但不限于 Kafka、Flume 和 HDFS 等。这些数据源的数据可以被实时地输入 Spark Streaming 中，然后利用其提供的丰富且高级的数据处理原语，如 map、reduce、join 和 window 函数，进行复杂的计算和转换。最终，这些经过处理的数据可以输出到文件系统、数据库或实时仪表板上。简而言之，Spark Streaming 是构建在 Spark 之上的实时计算框架，它通过将实时数据流分割成一系列时间片（通常是秒级），然后利用 Spark 引擎对每个时间片进行类似批处理的操作，从而实现对数据流的实时处理。Spark Streaming 的设计理念是将流数据以微批次的形式进行处理，这种方式结合了流处理的实时性和批处理的高效率，为用户提供了一个强大而灵活的实时数据处理工具。随着大数据和实时分析需求的不断增长，Spark Streaming 正在成为实时数据处理领域的重要工具之一。

以下是对这 3 种技术的简要比较。

❑ Storm 和 Flink 均采用了原生流处理架构，专为处理实时数据流而设计。Spark Streaming 则采用了基于 Spark 的微批处理方法，这种方法在处理流数据时会将数据分割成一系列连续的小批次进行处理。

❑ 在处理延迟方面，Spark Streaming 相比 Storm 和 Flink 通常具有较高的延迟，这是因为微批处理需要等待数据积累到一定量后才开始处理。

❑ 在吞吐量方面，Flink 和 Spark Streaming 通常优于 Storm，这得益于它们更高效的数据处理和资源管理机制。Flink 还提供了比 Storm 更丰富的查询功能和计算函数，这使得 Flink 在处理复杂的流处理任务时更加灵活和强大。

综合来看，Flink 在性能和功能上有着卓越的综合能力，成为这三种流处理平台中的佼佼者。同时，Flink 的社区活跃度也在不断提升，吸引了越来越多的开发者和企业的关注。

3.4.2　深度学习

随着移动互联网和物联网技术的快速发展，全球的数据量正以惊人的速度增长。据估计，人们每天产生的数据量高达 2.3 万亿 GB，这些数据包括图像、声音、文本等多种形式。面对如此庞大的数据，需要高效且精准的分析方法来提取有价值的信息。过去，面对海量数据，传统的处理方法往往力不从心。虽然有多种数据表达模型和分析方法，但是它们通常只能提供简单或表层的分析，受限于数据的表达方式，难以深入挖掘数据的潜力。深度学习作为一种先进的数据处理技术，正在逐步解决这些问题。它通过构建复杂的模型，能够自动从数据中学习并提取特征，从而提高数据分析的深度和准确性。深度学习模型不受传统方法的限制，它能够处理更复杂的数据结构，并且在各种应用场景中取得了显著的学习效果。

深度学习作为大数据分析中的一个前沿领域，正在迅速发展并且展现出巨大的潜力。它通过模拟人脑的处理机制，使用人工神经网络（Artificial Neural Network，ANN）来学习数据在不同层次上的抽象表达，从而解决复杂和抽象的问题。在这种层次化的学习过程中，高层概念往往是基于低层概念的组合和转换定义的。深度学习涉及多种神经网络模型，包括多层感知机（Multilayer Perceptron，MLP）、卷积神经网络（Convolutional Neural Network，CNN）、循环神经网络（Recurrent Neural Network，RNN）以及长短期记忆网络（Long Short-Term Memory，LSTM）。MLP 作为最基本的前馈神经网络，由多个全连接层构成，它不仅处理静态输入数据，如图像和固定大小的向量，而且在特征学习和表示学习中发挥着重要作用，特别是在非监督和半监督学习任务中。如图 3-15 所示，MLP 的层次化结构使其能够在不同层次上捕捉和抽象数据的特征。这种能力使得 MLP 在执行分类、回归以及特征生成等任务时表现出色。MLP 的每层都通过一系列非线性变换来增强模型的表达能力，从而使其能够学习数据的复杂模式。

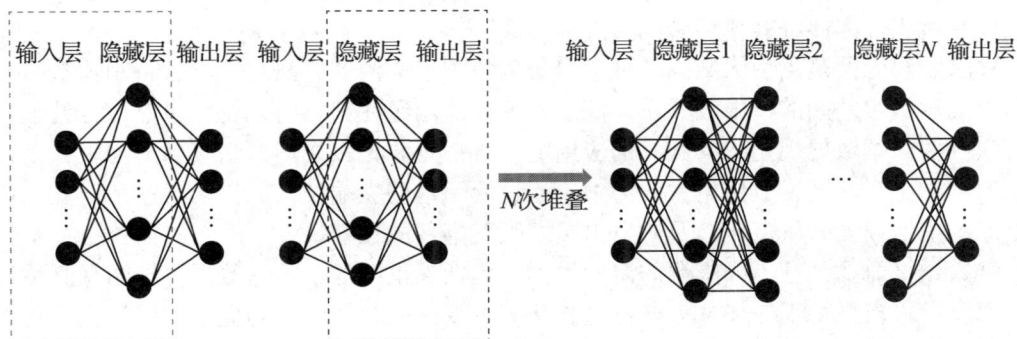

图 3-15　多层感知机（MLP）结构

CNN 是处理图像和视频数据的首选模型，它通过组合卷积层、池化层和全连接层，有效地提取图像的空间层次特征。CNN 架构也在不断创新，如引入深度可分离卷积来减少模型参数，使用注意力机制来增强模型的解释性，以及开发轻量化 CNN 模型以适应边缘计算设备等。RNN 设计用于处理序列数据，能够捕捉时间序列中的动态特征。RNN 的计算过程公式如下：

$$h_t = \sigma(W_h h_{t-1} + W_x x_t + b) \tag{3-1}$$

其中，h_t 表示当前时间步 t 的隐藏状态，h_{t-1} 表示上一个时间步 $t-1$ 的隐藏状态，x_t 表示当前时间步 t 的输入数据，W_h 和 W_x 分别表示对 h_{t-1} 和 x_t 的权重（需要进行训练调优），b 表示偏置项。

　　虽然 RNN 在处理长序列数据时可能会遇到梯度消失或梯度爆炸的问题，但是可以通过改进的优化算法和正则化技术，提高 RNN 在长序列学习中的稳定性和性能。LSTM 是一种特殊的 RNN，它通过引入门控机制解决了传统 RNN 在长序列学习中存在的问题。它在自然语言处理、语音识别和时间序列预测等领域取得了显著的成果。当前的研究正在探索 LSTM 的变体，如门控循环单元（Gated Recurrent Unit，GRU）及如何将 LSTM 与其他模型如注意力机制相结合，以进一步提升性能。与标准 RNN 相比，LSTM 引入了更为复杂的结构来维护和更新内部状态。LSTM 引入了门控机制，即输入门、遗忘门和输出门，这些门控制着信息的流入、保留和流出。其中，输入门决定哪些新信息被存储在单元状态中，遗忘门决定哪些旧信息被遗忘，输出门决定哪些信息被用于下一时间步的输出。这种精细的控制机制使得 LSTM 能够捕捉长期依赖关系，并在长序列中保持梯度稳定性。LSTM 的计算过程如公式（3-2）～（3-8）所示。

$$f_t = \sigma(W_{hf} x_t + W_{hf} h_{t-1} + b_f) \tag{3-2}$$

$$i_t = \sigma(W_{hi} x_t + W_{hi} h_{t-1} + b_i) \tag{3-3}$$

$$\tilde{C}_t = \tanh(W_{hC} x_t + W_{hC} h_{t-1} + b_{fC}) \tag{3-4}$$

$$C_t = f_t * C_{t-1} + i_t * \tilde{C}_t \tag{3-5}$$

$$h_t = \tanh(C_t) \tag{3-6}$$

$$o_t = \sigma(W_{ho} x_t + W_{ho} h_{t-1} + b_o) \tag{3-7}$$

$$h_t = o_t * \tanh(C_t) \tag{3-8}$$

其中，f_t、i_t、o_t 分别是遗忘门、输入门和输出门的激活值，$\tilde{C}_t$ 是候选记忆单元，σ 是 sigmoid 激活函数，*表示逐元素乘法。LSTM 的这种设计显著提高了网络在处理长序列数据时的性能，使其成为许多序列建模任务的首选模型。

　　深度学习无疑是当前大数据处理与分析领域中最前沿的方法之一。它特别擅长从多维数据中揭示错综复杂的模式和关系。深度学习算法已经在计算机视觉、自然语言处理和信息检索等多个领域展现出了其强大的应用能力。在气象预报领域，深度学习与大数据分析技术的结合正在逐渐释放出巨大的潜力。通过应用这些尖端技术，气象学家和研究人员能够更加精确地预测天气变化，及时发出极端天气事件的预警。

　　气象预报需要处理不同来源的海量数据，包括卫星图像、雷达数据、地面观测站记录等。深度学习模型特别是 CNN 非常擅长从这些复杂的数据中自动提取关键特征，其能够从卫星云图中识别出低压系统、飓风眼等重要天气形态，为天气预报提供了强有力的支持。此外，深度学习模型还能识别天气数据中的潜在模式和趋势，这对于预测未来天气条件至关重要。RNN 和 LSTM 特别适合处理时间序列数据，如温度、湿度和风速的历史记录，从而预测未来的天气变化。这些模型能够帮助建立更精确的极端天气预测模型，通过分析历史天气数据和相关环境变量来预测暴风雨、洪水和干旱等极端天气的发生时间和地点。而流计算技术的应用使得深度学习模型能够实时处理持续流入的气象数据，从而实时更新天气预报，为公众和相关部门提供更加动态和精确的天气信息。

在深度学习研究和应用方面，开源深度学习框架的发展起到了推动作用。这些框架提供了易于使用的高级编程接口和预训练模型，简化了深度学习模型的构建和训练过程。PyTorch 是目前广泛使用的深度学习框架之一，它是 Torch 的 Python 版本，由 Facebook 开源。PyTorch 特别适用于需要 GPU 加速的深度神经网络编程。Torch 本身是一个强大的张量（Tensor）库，用于多维矩阵数据操作，在机器学习和数学密集型应用中有着广泛的应用。

3.4.3　数据挖掘

近年来，各类复杂数据不断累积，数据库在向人们提供大量信息的同时，也存在着信息冗余、信息真假难以辨识、信息安全难以保证、信息形式不一、难以统一处理等问题。为了解决以上问题，数据挖掘（Data Mining，DM）在第十一届国际联合人工智能学术会议上被提出，该技术用于从复杂数据集中提取模式和关联，并通过算法和技术转化为易于理解的结构以进一步使用。数据挖掘通常与计算机科学有关，通过统计、在线分析处理、情报检索、机器学习、专家系统（依靠过去的经验法则）和模式识别等诸多方法来实现目标。它还是一个交叉学科，涉及数据库技术、统计学、人工智能、机器学习、模式识别、高性能计算、知识工程、神经网络、信息检索、信息的可视化等众多领域。

常用的数据挖掘技术包括分类、聚类分析、回归分析、神经网络、关联规则、异常检测和序列模式挖掘等。

1. 分类

分类（Classification）是一种数据挖掘技术，用于从数据集中提取模型并用这些模型预测类别标签。分类任务通常涉及训练阶段和测试阶段，在训练阶段，模型会学习并识别数据中的模式；在测试阶段，模型会使用这些学到的模式来预测新数据的类别。分类的主要任务是从数据集中构建分类模型（或分类器），该模型能够根据一系列的输入数据预测目标类别或响应。分类常见的算法有以下几种。

1）决策树

决策树是一种用于决策支持的树状结构算法。在决策树中，每个内部节点代表基于特定属性的决策测试，而从该节点延伸出的每个分支则对应一个可能的测试结果。最终，每个叶节点（或称为终端节点）表示一个决策的最终类别或结果。决策树的目的是通过对数据进行分析，学习出一套决策规则，以此来预测目标变量的值。决策树模型的一个显著优势在于其易于理解和可视化。它们以直观的树状图形式呈现，即使是非技术背景的人士也能够轻松理解。此外，决策树在处理数据时不需要复杂的预处理步骤，如数据标准化或规范化，这使得其在数据挖掘和机器学习中尤为方便。决策树的层次结构使其能够自然地捕捉和模拟数据中的非线性关系，从而在处理复杂数据集时表现出色。然而，需要注意的是，决策树可能会遇到过拟合的问题，即模型过于复杂，它记住的是训练数据中的噪声而不是潜在的模式。为了避免这一问题，通常需要采取剪枝等技术来简化决策树。

2）随机森林

随机森林是一种强大的集成学习技术，它通过构建一个决策树的集合并依赖这些树的多数投票结果来产生最终的分类或回归预测。这种方法是对单一决策树模型的改进，通过集成多个决策树来提高预测的准确性和模型的稳定性。同时，通过在树之间引入随机性来降低过拟合的风险。如图 3-16 所示，随机森林的工作原理为：在原始训练数据集上进行随机抽样，生成多个不同的样本数据集，然后基于每个样本数据集构建一棵决策树。每棵树在训练时还会从所有可用的特征中随机选择一个子集，这一过程增加了模型的多样性。最终，对于分类任务，随机森林通过多数投票来确定最终类别；对于回归任务，计算所有树预测结果的平均值。这种方法不仅提高了预测的准确性，还增强了模型对新数据的适应能力。此外，随机森林模型能够提供关于特征重要性的洞察，即哪些特征对分类或预测结果影响最大。这种特征重要性评估对于理解模型决策过程和优化特征选择非常有用。

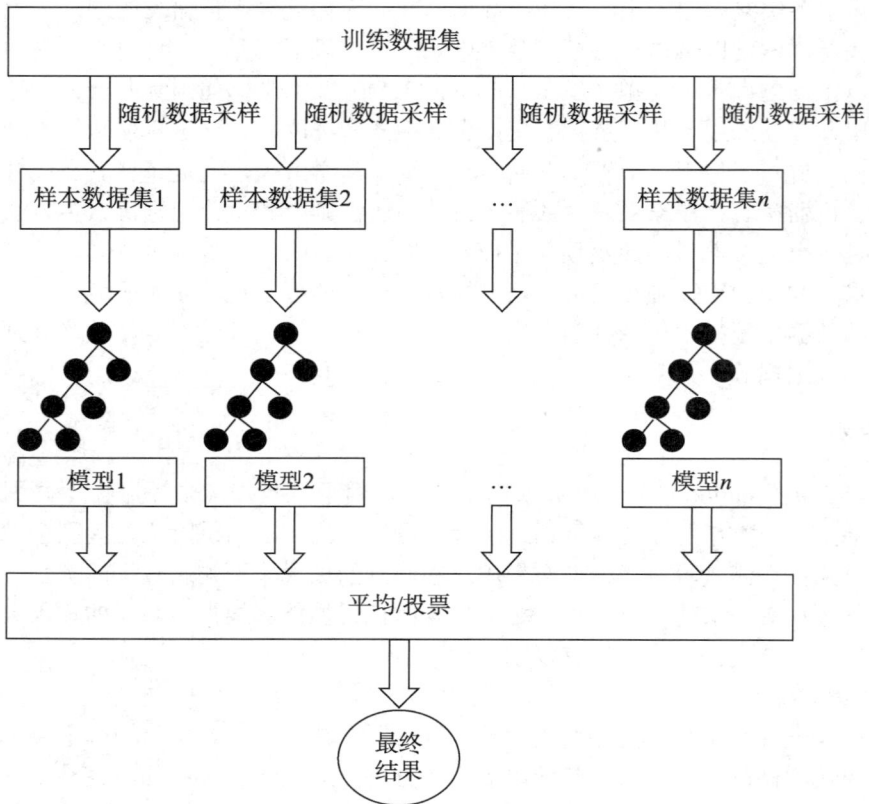

图 3-16　随机森林模型结构

3）支持向量机

支持向量机（Support Vector Machine，SVM）是一种强大的分类算法，用于找到不同类别之间的最优边界，这个边界是以最大化任一类别中最近数据点与边界的距离的方式确定的。尤其是在高维数据中，SVM 在许多复杂的分类问题中表现出色。通过不同的核函数，SVM 可以用于不同类型的数据。SVM 的决策逻辑基于结构风险最小化，有助于提高模型的泛化能力。下面是使用 PyTorch 框架实现的 SVM 算法：

```
import torch
import torch.nn as nn
import torch.optim as optim
class SVM(nn.Module):
    def __init__(self, input_size, num_classes):
```

```
        super (SVM, self).__init__()
        self.linear = nn.Linear (input_size, num_classes)
    def forward (self, x):
        return self.linear (x)
x_train = torch.tensor ([[1., 1.], [-1., 1.], [-1., -1.], [1., -1.]])
y_train = torch.tensor ([1., -1., -1., -1.])
svm = SVM (input_size=2, num_classes=1)
criterion = nn.HingeEmbeddingLoss ()
optimizer = optim.SGD (svm.parameters (), lr=0.01)
num_epochs = 1000
for epoch in range (num_epochs):
    optimizer.zero_grad ()
    outputs = svm (x_train)
    loss = criterion (outputs.squeeze (), y_train)
    loss.backward ()
    optimizer.step ()
x_test = torch.tensor ([[2., 2.], [-2., 2.], [-2., -2.], [2., -2.]])
outputs = svm (x_test)
predicted = torch.sign (outputs).squeeze ()
print (predicted)
```

在以上代码中，首先构建一个简单的 SVM 模型，该模型通过继承 torch.nn.Module 实现。SVM 模型包含一个线性层，用于将输入特征映射到输出空间。随后创建一组训练数据 x_train 和对应的标签 y_train，这些数据用于训练所创建的 SVM 模型。在实例化 SVM 类之后定义一个常用的损失函数 nn.HingeEmbeddingLoss，以及一个用于在训练过程中更新模型参数的优化器 optim.SGD。训练过程包括多个周期（Epochs），在每个周期内，首先需要清除累积的梯度，然后计算模型对训练数据的输出并根据这些输出和真实标签计算损失。损失值通过反向传播计算梯度，并最终通过优化器的 step 方法更新模型的权重。在训练完成后，需要使用一组测试数据 x_test 来评估模型的性能。模型的输出随后通过 torch.sign 函数转换，以便将连续的输出值转换为-1 或 1 的分类预测。最后，打印出预测结果，以验证模型的分类效果。

4）k-最近邻

k-最近邻（k-Nearest Neighbor，kNN）是一种基于实例的学习算法，分类决策由数据点的"邻居"——即距离最近的 k 个训练样本决定。该算法的核心思想是：对于一个新的、未知类别的数据点，通过比较其与已知类别训练集中的数据点的距离，找出与其最近的 k 个邻居，并依据这 k 个邻居的多数类别来决定新数据点的类别归属。kNN 无须建立模型，只根据最近邻的类别进行投票。其次，kNN 是一种懒惰学习技术，新增数据可以直接加入数据集而无须重新训练。此外，kNN 不基于特定分布的数据假设，灵活适用于各种数据环境。但是该算法计算复杂度高，对大规模数据集不适用。下面是一个使用 Python 实现的 kNN 分类器的代码：

```
import numpy as np
from collections import Counter
class KNN:
    def __init__ (self, k=3):
        self.k = k
    def fit (self, X_train, y_train):
        self.X_train = X_train
        self.y_train = y_train
```

```
    def predict (self, X_test):
        y_pred = [self._predict (x) for x in X_test]
        return np.array (y_pred)
    def _predict (self, x):
        distances = np.linalg.norm (self.X_train - x, axis=1)
        k_indices = np.argsort (distances) [:self.k]
        k_nearest_labels = [self.y_train[i] for i in k_indices]
        most_common = Counter (k_nearest_labels).most_common (1)
        return most_common[0][0]
if __name__ == "__main__":
    X_train = np.array ([[1, 2], [2, 3], [3, 4], [6, 7], [7, 8], [8, 9]])
    y_train = np.array ([0, 0, 0, 1, 1, 1])
    X_test = np.array ([[2, 3], [3, 5], [8, 8]])
    knn = KNN (k=3)
    knn.fit (X_train, y_train)
    predictions = knn.predict (X_test)
    print ("测试样本预测结果:", predictions)
```

其中，kNN 类通过其构造函数__init__初始化，其中 k 参数默认设置为 3，表示选择最近的 3 个邻居进行投票。fit 方法用于训练模型，实际上它只是存储训练数据和标签，以便后续用于预测。因为 kNN 是一种基于实例的学习算法，所以 fit 方法并不涉及复杂的数学运算。predict 方法接收测试数据 X_test 作为输入，并对每个测试样本调用私有方法_predict 来生成预测。_predict 方法执行步骤如下：

（1）计算测试样本与所有训练样本之间的欧氏距离。

（2）根据计算得到的距离，选择距离最近的 k 个训练样本。

（3）从这 k 个最近邻居中提取对应的标签。

（4）使用 Counter 函数从 collections 模块中统计最常见的标签，并将其作为预测结果返回。

在代码的最后部分创建了一个小型数据集进行测试，包括训练样本的特征 X_train 和相应的标签 y_train，以及待预测的测试样本 X_test。最终使用 predict 方法进行预测，并将预测结果打印输出。

分类技术在金融、医疗、营销等多个领域有广泛应用。但是该技术也存在很多问题：首先，模型会对训练数据过度拟合，导致泛化能力弱；其次，不同的算法和参数选择可能会大大影响模型的性能，模型训练需要大量高质量的标记数据，对数据的质量非常依赖；最后，某些算法在大规模数据集上可能需要较高的计算成本。

2．聚类

聚类是一种无监督学习方法，用于将一组对象根据它们的相似性分成多个组或"簇"。目的是使簇内成员更相似，而簇间成员则不同。组内相似性越大，组间差距越大，说明聚类效果越好。简而言之，聚类的目标是得到较高的簇内相似度和较低的簇间相似度，使簇间的距离尽可能大，簇内样本与簇中心的距离尽可能小。聚类的主要任务是进行探索性数据分析、模式识别、图像分析、信息检索，以及生物信息学等领域中数据的分组。聚类常见的算法有以下几种。

1）k 均值（k-Means）

k-Means 是基于划分的聚类算法，计算样本点与类簇质心的距离，与类簇质心相近的样本点划分为同一类簇。k-Means 通过样本间的距离来衡量它们之间的相似度,两个样本距离越远,则相似度越低,否则相似度越高。具体流程为指定 K 个簇,算法通过迭代将每个点指派到最近的簇中心,然后更新簇中心。这一过程重复进行,直到满足收敛条件为止。k-Means 算法原理简单,容易实现,运行效率比较高,并且聚类结果容易解释,适用于高维数据的聚类。但是 k-Means 算法采用贪心策略,导致容易局部收敛,在大规模数据集上求解较慢。

2)层次聚类

层次聚类(Hierarchical Clustering)构建一个多级簇的层次结构,可以是凝聚的(自底向上)或分裂的(自顶向下)。层次聚类的应用仅次于基于划分的聚类,其核心思想是将数据集按照层次,把数据划分为不同层的簇,从而形成一个树状的聚类结构。层次聚类算法可以揭示数据的分层结构,在树状结构上不同层次间进行划分,以得到不同粒度的聚类结果。

3)DBSCAN

DBSCAN(Density-Based Spatial Clustering of Applications with Noise)是一种流行的基于密度的空间聚类算法。它的核心思想是将空间中的密度足够高的区域划分为簇,并能够识别出任意形状的簇,即使在包含噪声的数据集中也是如此。DBSCAN 将簇定义为密度相连的点的集合,这意味着簇内的点相互之间距离较近,而簇与簇之间则由低密度区域分割。

DBSCAN 作为一种无监督学习方法,不需要事先标注的数据,因此它非常适合于探索性数据分析。它能够帮助理解数据的分布特征,揭示数据内在的结构,尤其适用于处理不同类型和规模的数据集。与其他聚类算法相比,如 k 均值,DBSCAN 的优势在于它无须预先指定簇的数量,这在实际应用中是一个显著的优势,因为确定最佳的簇数量往往很困难。此外,DBSCAN 对噪声和离群点具有较高的稳健性,这使得它在处理复杂数据集时更加灵活和有效。然而,DBSCAN 算法也有其局限性。例如,它对参数选择敏感,特别是用于确定点之间密度的半径和用于定义核心点的最小点数。不恰当的参数设置可能会导致聚类结果不理想。此外,DBSCAN 在处理高维数据时可能会遇到"维度灾难"问题,因为距离度量在高维空间中变得不那么有效。

总的来说,DBSCAN 是一种强大的聚类工具,它通过识别数据中的密度模式来揭示数据的聚类结构,尤其适合那些对簇数量没有先验知识的探索性数据分析任务。

3. 回归分析

回归分析是一种预测建模技术,它研究的是因变量(目标)和自变量(预测因子)之间的关系。通常将这种技术用于预测分析、时间序列建模以及发现变量间的因果关系。例如,如果要研究司机的鲁莽驾驶和其交通事故数量之间的关系,最好的方法就是回归分析。回归分析是建模和分析数据的重要工具。其核心思想是,通过将曲线或直线拟合到数据点来使各数据点到曲线或直线的距离差最小化。回归分析通常用于估计两个或多个变量间的关系。举一个简单的例子,假设需要根据当前的经济状况估算一家公司的销售额增长情况,根据该公司的最新数据显示,其销售额增长约为经济增长的 2.5 倍,那么,使用回归分析,就可以根据当前和过去的数据预测该公司未来的销售情况。回归分析常见的算法有以下几种。

1）线性回归

线性回归（Linear Regression）是最基本的回归算法，它假设输出变量与一个或多个输入变量之间存在线性关系。它的因变量是连续的，自变量可以是连续的也可以是离散的，并且回归线是线性的。

线性回归使用最佳拟合直线（也就是回归线）在因变量（y）和一个或多个自变量（x）之间建立一种关系。它由方程式 $y=\alpha+\beta x+\gamma$ 表示，其中，α 表示截距，β 表示直线的斜率，γ 是误差项。线性回归模型的目的是使用给定的自变量来预测目标变量的值。这种模型因其简单性、易于理解和实现而广受欢迎。它具有很好的可解释性，即使非技术背景的业务人员，也很容易理解模型的预测结果。此外，线性回归的计算效率很高，这使得它非常适合处理大型数据集。虽然线性回归在许多应用中都非常有用，但是它的一个主要局限是只能捕捉变量之间的线性关系。在现实世界中，变量间的关系往往是非线性的。因此，当面对复杂的非线性模式时，可能需要考虑其他更复杂的模型，如多项式回归、决策树或深度学习模型。

2）多项式回归

如果一个回归方程的自变量的指数大于 1，那么它就是多项式回归（Polynomial Regression）方程。在这种回归技术中，最佳拟合线不是直线，而是一条用于拟合数据点的曲线。多项式回归采用升维的方式，把 x 的幂当作新的特征，再利用线性回归方法解决。例如，对有两个特征的数据做二阶的多项式特征转换：x_1+x_2 转换为特征自身的高阶版，如公式（3-9）所示；转换为特征与特征之间的组合特征，如公式（3-10）所示。

$$y = w_0 x_0 + w_1 x_1 + w_2 x_2 + w_3 x_1^2 + w_4 x_2^2 \tag{3-9}$$

$$y = w_0 x_0 + w_1 x_1 + w_2 x_2 + w_3 x_1^2 + w_4 x_2^2 + w_5 x_1^2 x_2 + w_6 x_1 x_2^2 \tag{3-10}$$

与线性回归相比，多项式回归并未引入新的算法推导，其核心在于对原始数据进行多项式特征转换。这一过程涉及构建数据的高阶项或特征之间的交互项，从而实现数据的维度提升。多项式回归本质上是一种数据预处理技术，它通过增加数据的维度，将原本的线性模型扩展到能够捕捉非线性关系的能力。简而言之，多项式回归通过数据的维度扩展，将线性模型应用于更复杂的数据模式中，从而增强了模型对数据关系的拟合能力。多项式回归可以模拟变量之间的非线性关系，提供比线性回归更好的拟合效果。但是多项式回归很容易过拟合，尤其是高次项较多的情况。此外，多项式回归模型解释性较差，参数增多使得模型难以理解。

3）岭回归

岭回归（Ridge Regression）分析用在数据存在多重共线性（自变量高度相关）的场景。在多重共线情况下，即使最小二乘法对每个变量是无偏的，它们的方差也很大，这使得观测值偏离了真实值。岭回归通过引入 L2 正则项来处理多重共线性问题，并且可以缩减过大的回归系数。

4）套索回归

套索回归（Lasso Regression）类似于岭回归，套索（Lasso，最小绝对收缩和选择算子）也会惩罚回归系数的绝对值大小。Lasso 回归通过引入 L1 正则项来进行变量选择和复杂度控制，从而增强模型的解释性和预测能力。套索回归与岭回归的区别是它使用的惩罚函数是绝对值而不是平方。这导致惩罚值（或等于约束估计的绝对值之和）使一些参数估计结果等于 0。使用的惩罚值越大，进一步估计会使得缩小值趋近于 0。

4．神经网络

人工神经网络简称神经网络（Neural Network，NN）或类神经网络，是一种模仿生物神经网络（动物的中枢神经系统，特别是大脑）的结构和功能的数学模型或计算模型，用于对函数进行估计或近似。神经网络由大量的节点（或称为神经元）组成，这些节点在网络中相互连接，可以处理复杂的数据输入，执行各种大数据分析任务，如分类、回归、模式识别等。

5．关联规则

关联规则挖掘是数据分析领域的一项核心技术，它在市场分析、交叉销售策略、库存管理、欺诈检测、生物信息学等多个方面发挥着重要的作用。这项技术通过揭示大数据集中不同数据项之间的有趣关系，帮助决策者洞察数据背后的模式。关联规则的概念最早由 Rakesh Agrawal 等人在 1993 年的一篇论文中提出，它描述了数据库中一组数据项之间的潜在联系。如果两个或多个变量之间存在一定的规律性，这种关系就被称为关联。关联规则挖掘的目标是识别数据集中的频繁模式、关联性、相关性或因果结构。例如，在超市购物分析中，顾客的购买行为可以揭示不同商品之间的关联性。

在金融行业，关联规则挖掘通过分析客户数据，能够预测客户需求并优化银行的市场策略。例如，一个信用良好的客户更新了居住地址，则意味着他可能购买了新房，因此可能需要新的金融产品，如提高信用卡额度或申请房屋装修贷款。银行可以通过邮寄信用卡账单的方式，主动向客户提供相关服务。此外，当客户联系银行时，客服系统能够显示客户的潜在需求和兴趣点，从而提高销售效率。

在零售业，关联规则挖掘技术有助于分析超市的销售数据，使商家能够更有效地管理库存和调整采购计划。深入分析销售数据还可以揭示不同商品之间的关联性，帮助商家制定更精细的商品组合和货架布局策略，以提高销售业绩。

电子商务平台也广泛利用关联规则来提升用户体验和增加销售额。通过分析用户的浏览记录和购买历史，平台能够推荐用户可能感兴趣的产品组合或进行捆绑销售，或者通过交叉销售策略推广相关产品。这种个性化推荐系统不仅提高了客户满意度，也创造了更多的销售机会。

虽然关联规则挖掘技术已经取得了显著进展，但是在处理大规模数据集时，效率和可扩展性仍然是主要挑战。此外，从大量规则中提取真正有价值的信息也需要更先进的分析工具和技术。随着技术发展，可以期待关联规则挖掘在数据分析和商业智能领域发挥更大的作用。

3.4.4　大数据与人工智能的融合

自 1956 年达特茅斯会议首次提出人工智能（AI）这一概念以来，AI 领域经历了多次发展高潮与低谷。1997 年，IBM 的超级计算机深蓝击败国际象棋冠军加里·卡斯帕罗夫证明了 AI 在特定领域超越人类智能的潜力。然而，转折点出现在 2016 年，当时谷歌 DeepMind 开发的 AlphaGo 程序战胜了世界围棋冠军李世石，这一事件不仅成为媒体焦点，也是深度学习处理复杂问题能力的证明。AlphaGo 的胜利证明深度神经网络通过大规模数据训练能够发挥卓越的学习和推理能力。

近年来，随着互联网的普及和大数据的爆炸性增长，人工智能技术迎来了新的发展浪潮。大数据与人工智能之间的紧密关联尤为重要。物联网、移动设备和在线服务的普及使得数据的产生和收集变得前所未有的容易且成本低，数据的规模、多样性和速度也得到了显著增强。

大数据的兴起极大地推动了人工智能在医疗、金融、气象等领域的广泛应用。在医疗领域，AI 通过分析庞大的患者数据集，辅助医生进行更准确的疾病诊断，制订个性化治疗方案并且加快新药研发的速度。金融行业也通过 AI 在风险评估、欺诈识别和客户服务等多个环节显著提升了业务处理的效率和准确性。

在气象学领域，大数据和人工智能技术正扮演着越来越关键的角色。这些技术能够处理和分析每天生成的大量气象数据，对于天气预报、气候变化研究和灾害预警至关重要。气象数据通常包括温度、湿度、风速、气压和降水量等多个维度，它们通过多种方式如卫星监测、雷达探测、地面气象站观测以及飞机搭载的监测设备等收集而来。为了有效管理和分析这些庞大且复杂的数据集，必须依赖先进的大数据技术和人工智能算法。云计算在这一过程中发挥着至关重要的作用，它提供了必要的计算能力和存储资源，使大规模气象数据处理成为现实。云平台的弹性扩展功能可以根据数据量的变化动态调整资源，确保数据处理的高效率和稳定性。物联网技术的发展进一步推动了气象数据的实时收集。各种传感器被部署在地面气象站、海洋浮标、高空气球和卫星上，实时监控和记录气象的变化情况。大数据技术的应用使得来自这些不同源头的实时数据能够被快速处理和分析。流计算平台，如 Apache Kafka 和 Apache Flink，专门设计用于处理持续涌入的数据流，为即时的天气监测和预警提供了强有力的技术支持。在气象预测和气候模型构建方面，人工智能，尤其是机器学习和深度学习技术，正在引发一场技术革命。机器学习模型通过对历史气候数据的综合分析，进一步提升了预测的精确度和可靠性。通过训练深度神经网络，研究人员能够识别气候模式，预测极端天气事件。

大数据和人工智能是当前科技发展的双引擎，它们相互促进，共同推动了多个行业的创新和进步。深度学习作为 AI 的一个分支，通过构建和训练多层神经网络，已在图像和语音识别、自然语言处理、自动驾驶汽车等领域取得了重大进展。这种协同作用主要体现在三个方面：智能化数据采集、加速数据处理以及先进的智能展示与交互技术。

1. 智能化数据采集

在大数据时代，数据采集已经不仅限于传统传感器。物联网的兴起使得城市基础设施和家庭设备都成为数据的源泉，持续产生大量的实时数据。这种数据的广泛性和复杂性要求在采集过程中采用智能技术，以确保数据的质量和及时性。同时，互联网和通信网络积累的用户行为数据不仅揭示了用户的行为模式，也为个性化服务和精准营销提供了关键支持。

2. 加速数据处理

在当今的大数据时代，数据处理的速度和效率至关重要。云计算和并行处理技术为大数据处理提供了坚实的基础，但为了进一步提升数据处理的精度和效率，AI 的智能算法被引入以优化整个数据处理流程。AI不仅能够从历史数据中识别模式和趋势，还能通过深度学习建立复杂的网络结构，模拟人脑处理信息的方式，从而显著提高处理复杂数据集的能力。这些技术的应用已经超越了基本的识别和分类任务，它们在数据预处理、异常检测和系统优化等多个方面发挥着重要作用。

3. 智能展示与交互

随着用户体验需求不断提高，数据展示和交互技术也在不断进步。虚拟现实和增强现实技术的发展，以及交互式可视化技术的进步，使得数据展示变得更加生动，用户的参与度也得到了提升。用户能够在虚拟环境中直接观察数据变化的影响，甚至在模拟环境中进行决策演练。而这些技术的应用需要依赖于实时数据流和强大的 AI 后端处理能力，以确保用户能够获得流畅且真实的体验。

大数据为 AI 提供了丰富的原料，而 AI 则将这些原料转化为有价值的产品。两者结合不仅改变了人们处理数据的方式，还推动了技术革命的新一代发展。展望未来，可以预见大数据和 AI 将在以下方面实现更深层次的融合：

❑ 开发更智能的数据采集方法来应对不断增长的数据类型和质量需求；
❑ 实现数据处理更高程度的自动化和实时化，以支持更复杂的决策制定；
❑ 提供更加个性化和沉浸式的交互体验，从而为用户提供全新的体验。

在大数据和 AI 技术的共同推动下，以上愿景将逐步变为现实，开启一个更加智能和互联的未来。

3.5　小　　结

本章深入介绍了气象大数据的关键技术，这些技术对于处理和分析日益增长的气象信息至关重要。首先介绍了云计算的概念、核心技术、实现机制和发展趋势，以及云计算在气象行业的应用，特别是如何与大数据结合，为气象数据提供强大的处理和分析平台。

接着介绍了分布式计算平台，包括 Hadoop、MapReduce 和 Spark 等关键技术。这些技术通过分布式架构，使得大规模的数据处理成为可能，这对于处理气象数据中的海量信息尤为重要，最后还比较了这些技术的优势和适用场景，为读者在选择合适技术时提供参考。

存储技术是大数据基础设施的另一个关键的组成部分。本章介绍了 ETL 技术、NoSQL 技术、分布式文件系统和云存储等，这些技术为气象数据的存储和管理提供了有效的解决方案。此外，强调了这些存储技术在确保数据安全、可靠和高效访问方面的重要性。

在大数据处理技术方面，本章详细介绍了大数据计算模式、深度学习、数据挖掘以及大数据与人工智能的结合。这些技术不仅提高了气象数据的处理效率，还增强了数据分析的深度和广度，为气象预报和研究提供了强有力的支持。

通过本章的学习，可以了解到大数据技术在气象领域的广泛应用和巨大潜力。随着技术不断进步，期待其能够进一步推动气象科学的发展，提高气象服务的质量和准确性，为社会和经济的发展做出更大的贡献。

3.6　习　　题

一、选择题

1. 云计算按服务类型大致分为三类，下列（　　）不属于这 3 种服务类型。

A. IaaS　　　　　　　B. PaaS　　　　　　C. DaaS　　　　　　　　D. SaaS

2. 云计算的 7 个特点是（　　）。

A. 超大规模　　　　　　　　　　B. 虚拟化

C. 高可靠性　　　　　　　　　　D. 通用性

E. 高可伸缩性　　　　　　　　　F. 按需服务，极其廉价

G. 结构复杂

3. 下列关于 MapReduce 说法不正确的是（　　）。

A. MapReduce 是一种计算框架

B. MapReduce 来源于 Google 的学术论文

C. MapReduce 程序只能用 Java 语言编写

D. MapReduce 隐藏了并行计算的细节，方便使用

4. 在 Hadoop 中，用于处理或者分析海量数据的组件是（　　）。

A. HDFS　　　　　　　　　　　　B. MapReduce

C. YARN　　　　　　　　　　　　D. 以上选项都不是

二、简答题

1. 简述云计算的 3 种服务类型并对每种类型进行举例。

2. 请简单介绍 Hadoop 的 HDFS 并简述其优缺点。

3. ETL 在实施过程中的主要环节是什么？讲一下各个环节的流程。

4. 请简述 GFS 系统中的三类节点。

第4章 气象人工智能

  气象大数据具有多维度、多样性、海量性和时空相关性等特点,因此对气象大数据的处理和分析需要大量的计算和模型的支持。最近,随着人工智能(AI)技术的发展,为进一步提高气象预报、预测的准确性和效率,越来越多的研究者将人工智能技术应用于气象领域。2023年7月20日,中国气象局引发《人工智能气象应用工作方案(2023—2030年)》,该方案旨在加快国产人工智能气象应用技术体系建设,强化人工智能技术在气象观测、预报和服务中的应用。可见,国家政府同样重视人工智能技术在气象领域上的应用。

  人工智能的核心是数据驱动,通过大量的数据进行学习和优化,包括使用海量数据训练模型,通过不断优化权重来提高预报、预测能力;而气象技术更多依赖于理论驱动,即基于物理原理、数学模型和大气动力学等气象学理论进行预测和分析。二者虽然在驱动方式上存在明显差异,但是在任务形式上存在高度相似性。例如,人工智能中的视频预测任务是基于一系列帧,预测未来的帧序列;而气象科学中的短临预报任务是基于短时间范围内的气象数据,预报未来几小时的天气情况。两者都是基于时间序列数据进行连续的未来状态预测,其核心思想都是通过对当前时刻的状态建模,推断出接下来时间段的变化。人工智能中的目标检测任务和气象科学中的模式识别任务都涉及从复杂的数据中提取有用的信息。目标检测是通过深度学习模型识别图像中的物体(如行人、车辆等);而模式识别是指识别天气系统或大气现象中的特定模式(如气旋、锋面等)。本质上,二者都是在高维数据中寻找符合特定特征的模式或结构。人工智能任务和气象科学任务之间的对应关系为人工智能在气象上的应用提供了有利条件。

4.1 气象人工智能的发展历程

  人工智能在1980年代开始应用于大气科学领域,发展过程大致可分为专家系统时期、传统机器学习时期、深度学习时期三个阶段。专家系统应用于某一特定的领域,是以该领域专家的知识和经验为基础,以模拟人类专家为对象的推理系统。气象预报专家系统结合气象业务员的预报经验和计算机技术,具备多种天气类型的预报知识,从而提升了天气预报的客观性。机器学习算法是人工智能技术的主要算法之一,按照学习方法可分为传统的机器学习和深度学习。传统机器学习方法有逻辑回归、朴素贝叶斯、支持向量机、随机森林、决策树,以及人工神经网络等,这些方法都需要人工提取特征。深度学习是基于深度神经网络的学习,是机器学习领域的最新分支研究,具体算法包括卷积神经网络、递归神经网络、深度玻尔兹曼机、深度信任网络等。

1．专家系统时期

20 世纪 80 年代初期，在气象领域出现的问题，人们开始尝试用人工智能的方法来解决。美国、加拿大等国家的气象科研人员早在 1984 年就开始利用人工智能技术开发预报系统。美国国家海洋和大气管理局（National Oceanic and Atmospheric Administration，NOAA）研制了 WILLARD（Warning Information for Localized Lightning And Radar Detection）系统，用于预报美国中部地区的灾害性雷暴；加拿大环境局开发了 SWIFT（Severe Weather Intelligent Forecast Terminal）系统，该系统通过人工智能技术提高了对强天气的数值模式预报效果。20 世纪 80 年代，专家系统在气象预报中的应用，成为国内外气象领域的研究热点。在国外，美国麻省理工学院林肯试验室于 1987 年利用人工智能和计算机图像处理技术，模拟气象雷达专家进行符号推理和图像处理过程，研制出用于识别低空风切变的 WX1 专家系统；1987 年，加拿大阿尔伯尔达大学开发出可预报阿尔伯尔达地区风暴位置、强度、移动等的预报对流风暴的 METEOR 系统，该系统结合了统计学和人工智能方法；法国海洋气象中心研发的 4F 海雾预报专家系统，能够预报扰动暖区移动的全部平流雾。该系统于 1987 年夏季在 BrestA-Guipavas 气象站投入试用，但仅限于预报某一确定地点的海雾。上述预报系统多用于预报雷暴、冰雹、海雾等基于专家系统开发的强对流灾害性天气和自然语言处理。在国内，20 世纪 80 年代初，中国科学院大气物理所与吉林大学合作开发了"北京暴雨短时预报专家系统"，该系统是首个在国际上进行暴雨短时预报的专家系统。此后，一些北方省市也陆续建立起自己的"暴雨短时预报专家系统"，各种预报专家系统也相继在江苏、广西、四川等省气象局研发完成。1984 年，江苏省气象台建立了气象预报专家系统，下设"梅汛期暴雨短时预报系统""江淮气旋预报系统""台风预报系统"三大系统，成为我国最早投入业务应用的专家系统，并在同年，由卫星气象中心王耀生等成功研制出"长江中下游暴雨预报专家系统"。1986 年，江苏省气象局开发了"寒潮预报专家系统"和"冰雹预报专家系统"。

受限于 20 世纪 80 年代的计算机水平和气象界研究环境等因素，多数人工智能预报系统都处于开发设计阶段，只有少数系统经过验证并投入业务中使用。但是，由于专家系统只有微弱的学习能力，处理不确定性和层次性知识的性能较差，所得结果有时会出现矛盾、前后不一致等情况，因此它在气象的应用上受到一定的限制。

2．传统机器学习时期

20 世纪 80 年代后期，基于人工神经网络预报系统如云分类、龙卷风预报、冰雹大小预报和降水分类等陆续发展起来。人工神经网络可以通过训练获得大量网络参数，能够进行大规模并行处理，具有良好的学习能力、自适应性和容错功能，弥补了专家系统的不足，有效地提升了预报结果的准确性。例如，1987 年，美国 Neural Ware 公司研发了一种基于人工神经网络晴雨预报系统，即基于 BP（Back Propagation）神经网络能够对卫星云图进行云分类和特征识别的神经网络系统；英国气象局研发了一种制作雷暴位置与强度的高分辨率综合预报系统，该系统将可见光、红外卫星图像、雷达图像及数值预报融合在一起，利用人工神经网络技术进行识别预报。北京大学与北京气象学院、广西气象台等合作开展人工神经网络在暴雨预报中的研究，对网格模型和算法进行了改进并取得了较好的预报结果；成都气象学院基于人工神经网络进行台风分类预报，通过具有 S 型特性函数的 BP 网络对台风样本进行训练，其效果具有客观性、可行性和实用性；黑龙江省气象台利用人工神经网络的 BP 神经网络进行全省温度和降水预报，其结果接近甚至超过预报员水平。

除了基于人工神经网络进行预报以外，支持向量机、决策树等机器学习方法也被大量应用于气象领域。例如，利用逐步回归正向选择法、随机森林、梯度提升决策树、朴素贝叶斯分类器方法等预报强风暴概率和冰雹发生概率，利用随机森林、决策树、弹性网络等方法预报风暴生命周期，利用支持向量机、分层 k 均值聚类等方法进行云识别分类和降水量预报。

3. 深度学习时期

2006 年以来，作为机器学习领域中一个新的热门研究，深度学习得到飞速发展，其在气象领域的应用涉及也十分广泛。深度学习模型具有更深的网络结构和更多的模型参数，可以从海量数据中自动提取特征，从而提高预报或预测性能，因此得到了越来越多气象研究学者的青睐。2017 年，由国际计算机学会（Association for Computing Machinery，ACM）主办的信息知识管理会议（Conference Information Knowledge Management，CIKM）举办了"基于雷达图像的短时降水预报"数据科学竞赛，参赛队伍中的清华大学 Marmot 团队在复赛中位列第一。其流程分为前处理、特征提取、模型训练三个部分。模型训练主模型采用了卷积神经网络（Convolutional Neural Network，CNN）架构，图像部分采用 3 层卷积池化，通过 dropout 防止过拟合，每次迭代中随机保留 65% 的神经网络的连接，梯度下降采用 Adam 优化算法。训练数据集为 10000 组雷达回波图，每组含 60 幅图像，通过训练建立降水预报模型，进而追踪到 1.5 小时后目标站点的云团并进行降水量预报。

4.2　人工智能在天气预报中的应用

天气预报是对短期时间范围内（通常是未来几小时到几天）的天气情况进行预报。天气预报方法目前分为两种，一种是依靠大型计算机求解大气物理模型来获得预报结果的数值气象预报，另一种是通过统计学或人工智能方法来预报未来大气发展的数值驱动法。数值预报方法经过长期发展，随着大气物理模型的不断改进，已成为目前主流的气象预报方法。但在某些情况下，物理模型间的协调性问题仍会导致预报偏差。此外，由于大型数值计算所需时间较长，数值预报方法在预报突发性天气和短期天气时面临成本高、反映慢等问题。与之相反，人工智能模型经过训练，其预报结果几乎是实时的，因此具有成本低、反应快等优点，相对于数值预报方法而言，尤其适用于短中期、突发性的天气预报。本节将从短临降水预报和台风预报两个方面介绍人工智能在天气预报中的应用。

4.2.1　短临降水预报

短临降水预报一般指预报局部地区未来 0～6 小时的降水，是天气预报领域最重要的任务之一，其不仅要求预报的准确性和及时性，还要求预报的精细程度，即期望获取到准确、及时和高分辨率的预报结果。目前，人工智能方法已经应用在短临降水预报上。例如，池钦等人构建了基于随机森林、支持向量机、k 近邻和朴素贝叶斯分类器 4 种传统机器学习方法的预报模型，以 2020 年北京站和武汉站的 3 小时顶对流层延迟和气象资料为例，引入了各自时刻的降雨情况作为新的特征。实验结果显示：以机器学习为基础的短临降水预报模型，在支持向量机综合性能更优的未来 3 小时内，能够对 80% 以上的降水进行预报，其准确率与传统阈值模型相比不相上下。除了传统机器学习方法之外，随着深度学习方法的发展，更多学者看到了深度学习方法的多模态建模、非线性表示能力和并行化等优点，因此开始研究深度学习方法在短临降水预报等气象领域的应用。

1. ConvLSTM简介

施行健等人提出的卷积长短期记忆模型（Convolutional Long Short-Term Memory，ConvLSTM）创新性地结合了长短期记忆网络（Long Short-Term Memory，LSTM）和 CNN，用于处理短临降水预报问题。

传统的 LSTM 网络非常擅长捕捉时间序列中的长期依赖关系，但它无法处理图像数据中的空间特征，而 CNN 能够很好地提取图像中的空间特征，但缺乏对时间维度的建模能力，而在短临降水预报中，时间信息是无法忽视的。因此，为了能够同时捕捉时空特征，ConvLSTM 将卷积操作引入 LSTM 的状态转移方程中，很好地扩展了 LSTM，使其能够在一维时间序列数据的基础上处理更复杂的时空数据并捕捉数据的空间特征。

ConvLSTM 的基本结构与传统的 LSTM 类似，区别在于 LSTM 中的全连接操作被卷积操作替代，这意味着 ConvLSTM 能够同时对输入数据的空间和时间特征进行建模。在 ConvLSTM 中，LSTM 公式中的全连接操作被卷积操作替代，这是 ConvLSTM 公式与 LSTM 公式最大的区别。ConvLSTM 的公式如下：

输入门（Input Gate）：

$$i_t = \sigma(W_{xi} * X_t + W_{hi} * H_{t-1} + b_i) \tag{4-1}$$

遗忘门（Forget Gate）：

$$f_t = \sigma(W_{xf} * X_t + W_{hf} * H_{t-1} + b_f) \tag{4-2}$$

输出门（Output Gate）：

$$o_t = \sigma(W_{xo} * X_t + W_{ho} * H_{t-1} + b_o) \tag{4-3}$$

候选记忆状态（Cell Candidate）：

$$\tilde{C}_t = \tanh(W_{xc} * X_t + W_{hc} * H_{t-1} + b_c) \tag{4-4}$$

记忆状态更新（Cell State Update）：

$$C_t = f_t \odot C_{t-1} + i_t \odot \tilde{C}_t \tag{4-5}$$

隐藏状态更新（Hidden State Update）：

$$H_t = o_t \odot \tanh(C_t) \tag{4-6}$$

其中，* 表示卷积操作，⊙ 表示元素逐点相乘（Hadamard 乘积）。在时间步 t 中，一个 ConvLSTM 模块接收当前时间步的输入 X_t、前一个时间步的隐藏状态 H_{t-1} 和记忆状态 C_{t-1}。

通过一系列卷积操作，ConvLSTM 模块更新当前时间步的隐藏状态 H_t 和记忆状态 C_t。这样，ConvLSTM 就能够在捕捉空间特征的同时，对时间序列中的依赖关系进行建模。然后多层 ConvLSTM 模块进行堆叠来构建端到端的可训练模型并形成编码器-解码器结构，既能像 LSTM 建立时序关系，又能像 CNN 通过提取特征来描绘局部空间特征，最终的 ConvLSTM 模型如图 4-1 所示。

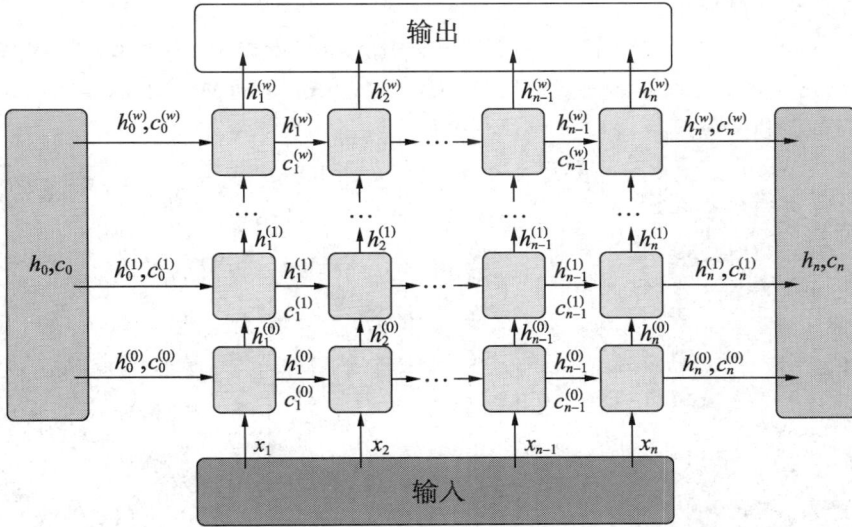

图 4-1　ConvLSTM 模型（输入序列长度为 n，ConvLSTM 层数为 $w+1$，
中间的小方框代表 ConvLSTM 模块）

在使用 ConvLSTM 进行短临降水预报的过程中，采用的短临降水预报的方法是雷达回波外推，是指利用历史天气雷达探测资料，确定回波的强度分布及回波体的移动速度和方向，采用线性或者非线性的方法进行回波外推，预报未来一定时间段的雷达回波状态。相比于传统的数值预报方法，雷达回波外推方法效率更高、预报更准确。雷达回波外推所用到的雷达回波图是气象雷达通过发射电磁波并接收其反射回波所绘制出的图像，用于显示大气中的降水回波强度，它可以直观地反映降水的分布、强度、移动方向和速度等信息，是气象观测和预报的重要工具之一，如图 4-2 所示。在雷达回波图中，颜色表示降水强度，不同颜色对应不同的回波强度值（也称作基本反射率），单位通常是 dBZ，强度越高，表示降水越强烈。

　　实验中，以某一时间区间内的雷达回波

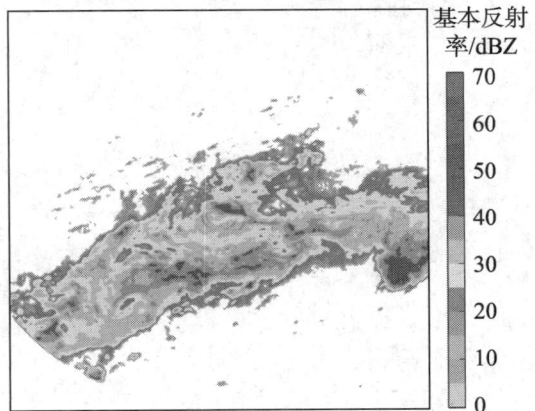

图 4-2　雷达回波图[①]

---

① 方巍，齐媚涵. 基于深度学习的高时空分辨率降水临近预报方法[J]. 地球科学与环境学报，2023，45（3）：706-718.

图序列作为输入,通过 ConvLSTM 预报出未来时间区间的雷达回波图序列,这样就把短临降水预报问题建模为一个可以用序列到序列(Sequence to Sequence,Seq2Seq)学习框架解决的时空序列预报问题,提高了复杂气象数据的处理能力。在我国香港地区雷达回波图像数据集上的外推结果显示,ConvLSTM 能够通过卷积操作更好地捕捉雷达图中因强空间相关性而形成的空间局部一致性,并且在未来降雨轮廓的预报尤其是雷达图外部突然出现的云层的预报上更加准确。

下面是 ConvLSTM 模型的具体代码,使用的编程语言是 Python,深度学习框架是 PyTorch。首先,定义一个 ConvLSTMCell 类,它是 ConvLSTM 的基本模块,文件可命名为 ConvLSTMCell.py。

```python
import torch
import torch.nn as nn
# ConvLSTM 模块
class ConvLSTMCell(nn.Module):
    def __init__(self, input_channels, hidden_channels, kernel_size):
        """
        参数解释:
            input_channels (int): 输入数据的通道数
            hidden_channels (int): 隐藏状态的通道数
            kernel_size (int or tuple): 卷积核的大小
        """
        super(ConvLSTMCell, self).__init__()
        self.input_channels = input_channels
        self.hidden_channels = hidden_channels
        self.kernel_size = kernel_size
        self.padding = kernel_size[0] // 2, kernel_size[1] // 2
        self.conv = nn.Conv2d(in_channels=self.input_channels + self.hidden_channels,
                              out_channels=4 * self.hidden_channels,
                              kernel_size=self.kernel_size,
                              padding=self.padding)
    def forward(self, input_tensor, cur_state):
        """
        前向传播
        参数解释:
            input_tensor: 输入张量
            cur_state: 隐藏状态和记忆单元
        输出:
            更新后的隐藏状态和记忆单元
        """
        h_cur, c_cur = cur_state
        # 拼接输入和隐藏状态
        combined = torch.cat([input_tensor, h_cur], dim=1)
        # 通过卷积层计算
        conv_output = self.conv(combined)
        # 切分输出, 得到 i, f, o, g
        cc_i, cc_f, cc_o, cc_g = torch.split(conv_output, self.hidden_channels, dim=1)
        # LSTM 模块中的门控机制
        i = torch.sigmoid(cc_i)
        f = torch.sigmoid(cc_f)
        o = torch.sigmoid(cc_o)
        g = torch.tanh(cc_g)
        c_next = f * c_cur + i * g
        h_next = o * torch.tanh(c_next)
```

```
      return h_next, c_next
  def init_hidden(self, batch_size, image_size):
      height, width = image_size
      return (torch.zeros(batch_size, self.hidden_channels, height, width,
device=self.conv.weight.device),
          torch.zeros(batch_size, self.hidden_channels, height, width,
device=self.conv.weight.device))
```

接着，定义一个完整的 ConvLSTM 模型，该模型由多个 ConvLSTMCell 类组成，文件可命名为 ConvLSTM.py。

```
from ConvLSTMCell import ConvLSTMCell
# ConvLSTM 模型
class ConvLSTM(nn.Module):
  def __init__(self, input_channels, hidden_channels, kernel_size,
num_layers, batch_first=False, bias=True):
      """
      参数解释:
          input_channels (int): 输入数据的通道数
          hidden_channels (list): 每层隐藏状态的通道数
          kernel_size (tuple): 卷积核的大小
          num_layers (int): ConvLSTM 的层数
          batch_first (bool): 如果为 True，则输入和输出的第一个维度为批次大小
          bias (bool): 是否使用偏置
      """
      super(ConvLSTM, self).__init__()
      self._check_kernel_size_consistency(kernel_size)
      self.input_channels = input_channels
      self.hidden_channels = hidden_channels
      self.kernel_size = kernel_size
      self.num_layers = num_layers
      self.batch_first = batch_first
      self.bias = bias
      self.cell_list = nn.ModuleList()
      for i in range(self.num_layers):
          cur_input_channels = self.input_channels if i == 0 else
self.hidden_channels[i-1]
          self.cell_list.append(ConvLSTMCell(input_channels=cur_input_
channels,hidden_channels=self.hidden_channels[i],
                                 kernel_size=self.kernel_size))
  def forward(self, input_tensor, hidden_state=None):
      """
      参数解释:
          input_tensor: 输入张量
          hidden_state: 初始化的隐藏状态和记忆单元状态 (h_0, c_0)
      输出:
          layer_output_list: 每层的输出值
          last_state_list: 每层的最后状态
      """
      if not self.batch_first:
          input_tensor = input_tensor.permute(1, 0, 2, 3, 4)
          b, _, _, h, w = input_tensor.size()
          if hidden_state is not None:
              raise NotImplementedError()
          else:
              hidden_state = self._init_hidden(batch_size=b, image_size=(h, w))
          layer_output_list = []
          last_state_list = []
          cur_layer_input = input_tensor
```

```
        for layer_idx in range(self.num_layers):
            h, c = hidden_state[layer_idx]
            output_inner = []
            for t in range(cur_layer_input.size(1)):
                h, c = self.cell_list[layer_idx](input_tensor=cur_layer_
input[:, t, :, :, :],
                                                 cur_state=[h, c])
                output_inner.append(h)
            layer_output = torch.stack(output_inner, dim=1)
            cur_layer_input = layer_output
            layer_output_list.append(layer_output)
            last_state_list.append([h, c])
        return layer_output_list, last_state_list
    def _init_hidden(self, batch_size, image_size):
        init_states = []
        for i in range(self.num_layers):
            init_states.append(self.cell_list[i].init_hidden(batch_size,
image_size))
        return init_states
    # 对输入卷积核大小 kernel_size 的类型进行检查
    @staticmethod
    def _check_kernel_size_consistency(kernel_size):
        if not (isinstance(kernel_size, tuple) or
                (isinstance(kernel_size, list) and all(isinstance(elem,
tuple) for elem in kernel_size))):
            raise ValueError('`kernel_size` must be a tuple or a list of
tuples')
```

ConvLSTM 模型定义完成之后，就可以训练数据集了。首先生成训练函数，文件可命名为 train_func.py。

```
def train(model, train_loader, criterion, optimizer, num_epochs, device):
    model.to(device)
    for epoch in range(num_epochs):
        model.train()
        running_loss = 0.0
        for i, (inputs, labels) in enumerate(train_loader):
            inputs, labels = inputs.to(device), labels.to(device)
            # 梯度归零
            optimizer.zero_grad()
            # 前向传播
            outputs, _ = model(inputs)
            outputs = outputs[0][:, -1]   # 只关心预报的最后一个时间步长输出
            loss = criterion(outputs, labels)
            # 反向传播与优化
            loss.backward()
            optimizer.step()
            running_loss += loss.item()
            if (i + 1) % 10 == 0:
                print(f'Epoch [{epoch+1}/{num_epochs}], Step [{i+1}/{len
(train_loader)}], Loss: {running_loss/10:.4f}')
                running_loss = 0.0
    print('训练结束')
```

接着准备数据集，下面的代码以随机生成的数据为例，读者可以根据实际情况输入不同的数据集，改动下面的代码进行训练，文件可命名为 dataset.py。

```
import torch
from torch.utils.data import Dataset
# 创建输入数据 (batch_size, seq_len, input_channels, height, width)
```

```
class train_dataset(Dataset):
def __init__(self):
    # 生成随机数据
        self.data = torch.rand(100, 10, 1, 64, 64)
self.label = torch.rand(100, 10, 1, 64, 64)
    def __len__(self):
        return self.data.shape[0]
    def __getitem__(self, item):
        self.data_sample = self.data[item].float()
        self.label_sample = self.label[item].float()

return self.data_sample, self.label_sample
```

初始化模型，定义损失函数和优化器，然后开始训练，文件可命名为 train.py。

```
import torch
import torch.nn as nn
from torch import optim
from ConvLSTM import ConvLSTM
from train_func import train
from dataset import train_dataset
from torch.utils.data import DataLoader
# 定义模型参数
input_channels = 1                      # 输入维度（灰度图像）
hidden_channels = [64, 64]              # 隐藏层单元数
kernel_size = (3, 3)                     # 卷积核大小
num_layers = 2                          # ConvLSTM 层数
batch_first = True
bias = True
# 准备数据
train_loader = DataLoader(train_dataset, batch_size=4, shuffle=True)
# 初始化模型
model = ConvLSTM(input_channels=input_channels,
                hidden_channels=hidden_channels,
                kernel_size=kernel_size,
                num_layers=num_layers,
                batch_first=batch_first,
bias=bias)
# 定义损失函数和优化器，这里使用交叉熵损失函数和 Adam 优化器
criterion = nn.CrossEntropyLoss()
optimizer = optim.Adam(model.parameters(), lr=0.001)
# 设置设备
device = torch.device('cuda' if torch.cuda.is_available() else 'cpu')
# 训练模型
num_epochs = 10
train(model, train_loader, criterion, optimizer, num_epochs, device)
```

虽然 ConvLSTM 能够更好地处理时空数据，但是它仍然有自己的局限性，如卷积操作捕捉长期空间依赖的局部性限制问题、长期时间依赖导致的梯度消失或梯度爆炸问题，以及门控机制不够灵活和高效的问题等。针对这些局限性，有学者对 ConvLSTM 进行了改进。

1）PredRNN 简介

PredRNN 是由清华大学的龙明盛团队提出的，其在 ConvLSTM 基础上主要进行了两点改进。第一，PredRNN 引入了一个新型的记忆状态，称为时空记忆状态（M_t），它在时间序列中的每一层网络间传播。这一记忆状态通过学习来捕捉时空依赖，并允许信息在更长的时间跨度内进行传播。此外，在每一个时间步中，当前的隐藏状态和单元状态不仅依赖于前一个时间步，还依赖于上一个记忆状态。这种机制有助于更好地保留和传播长期的

时空信息,允许模型更好地理解复杂的时间和空间变化模式。第二,PredRNN 对 ConvLSTM 模块进行了改进,改进后的模块称为 Spatiotemporal LSTM(ST-LSTM),这个模块解决了因去掉水平方向的时间流而造成的时间信息丢失问题,以及记忆长期依赖而造成的梯度消失问题,从而缓解了预报后的回波图越往后越模糊的问题。整体 PredRNN 的结构如图 4-3 所示。

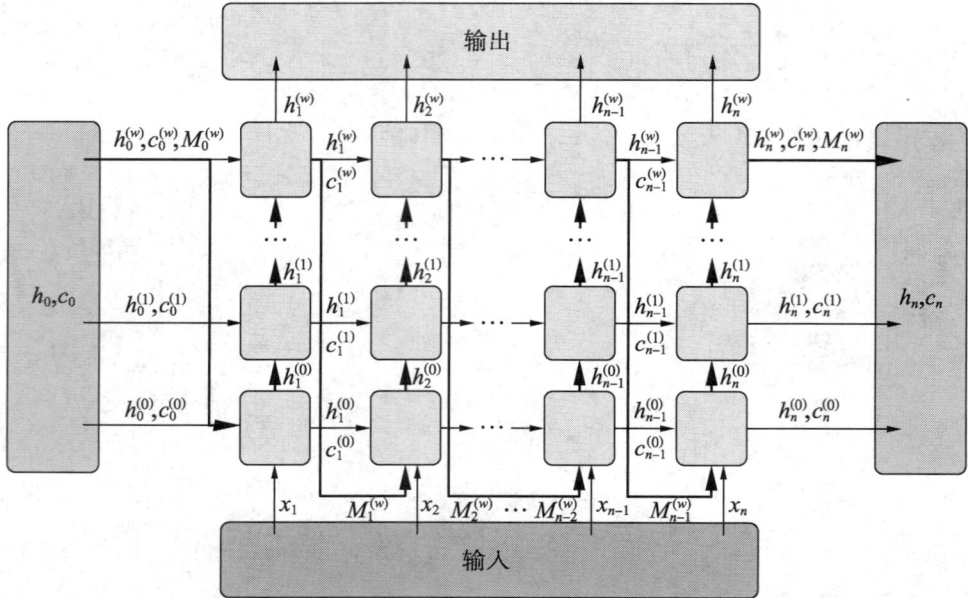

图 4-3　PredRNN 模型

其中,粗箭头线表示时空记忆流,正方形框表示 ST-LSTM 模块。

2)TrajGRU 简介

TrajGRU 由施行健等学者提出,相比 ConvLSTM,TrajGRU 主要做了以下改进。

第一,TrajGRU 引入了动态卷积,它与 ConvLSTM 中的固定卷积不同,TrajGRU 的卷积是根据输入数据的特征动态生成的,这使得模型能够更灵活地适应输入数据的空间结构。TrajGRU 根据当前输入和先前的隐藏状态学习生成一个偏移场,这个偏移场决定在进行卷积操作时卷积核的滑动路径。具体而言,偏移场可以用来对输入特征图和隐藏状态进行位置偏移,从而动态调整卷积区域。通过动态生成卷积核,TrajGRU 可以根据输入数据的变化特征灵活地调整卷积操作的区域,在捕捉复杂空间依赖关系和处理不规则运动模式方面表现更优,在雷达回波外推中,能够更好地捕捉到云团的非线性运动和形态变化。

第二,TrajGRU 还改进了 ConvLSTM 中的静态门控机制,采用动态的门控机制,以更好地适应输入数据的特征变化。在 TrajGRU 中,输入门和遗忘门不仅依赖于当前输入和先前的隐藏状态,还依赖于偏移场的动态调整。这种动态门控机制使得模型能够更精确地控制信息流动,更好地保留有用信息并丢弃无用信息。动态的门控机制允许模型在不同的时间步之间灵活调整信息流动,有助于增强对长时间依赖的捕捉能力,提高模型的时间建模能力,在雷达回波外推中可以使模型更灵活地适应边界条件变化,提高对外部云层预报的准确性。

3）MIM 简介

MIM（Memory In Memory）由王云波等学者提出，其可同时提取时间序列的平稳特性和非平稳特性，使预报更加准确。MIM 将 ST-LSTM 模块中的遗忘单元（f_t）去掉，换成了两个级联 LSTM，即 MIM-N（non-stationary module）和 MIM-S（stationary module），得到新的 MIM 模块，然后又把 MIM 模块进行层层堆叠，得到最终的神经网络。其中，MIM-N 用于捕捉时间步 $t-1$ 的上一层（$l-1$）隐藏状态（h_{t-1}^{l-1}）到时间步 t 的上一层（$l-1$）隐藏状态（h_t^{l-1}）的非平稳变化，学习差分特征并计算差值，从而得到非平稳性特征。MIM-S 将之前的非平稳特征和时间步 $t-1$ 的记忆单元作为输入来学习平稳的时间序列变化。通过这两个级联的 LSTM 块，MIM 模块既可以学习非平稳特征，又可以学习平稳特征，可以达到自适应学习的效果。

如果一个非平稳序列想变成平稳，那么就可以通过差分的方式，如果一次差分依然非平稳，就可以差分两次。通过这个思路，如果是高阶非平稳序列，就可以通过差分多次变成平稳。所以模型对 MIM 模块进行如图 4-4 所示的堆叠来捕捉高阶非平稳性的特征。

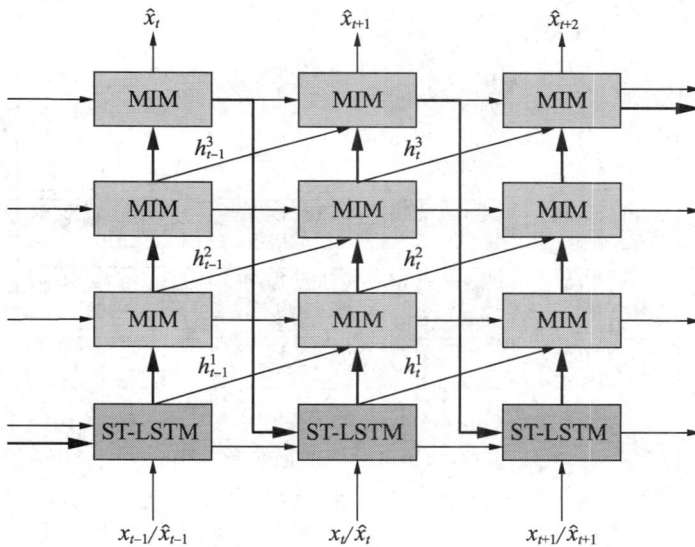

图 4-4　MIM 模型

雷达回波的演变是一个高度非平稳的过程。雷达回波的积累、变形和消散在每个时刻都会发生。MIM 模型能够通过学习差分特征，正确地捕捉到雷达回波的非平稳运动，缓解外推后的回波图越往后越模糊的现象。

4）ConvLSTM 的其他改进

方巍等人进一步将 ConvLSTM 与注意力机制相结合，提出了 GCA-ConvLSTM（Global Channel Attention based ConvLSTM）网络结构，如图 4-5 所示。它利用 ConvLSTM 作为循环模块嵌入 Encoder-Decoder 结构中，并加入全局通道注意力（GCA-Block）计算不同时空信息的通道注意力，全局通道注意力是全局注意力与通道注意力的结合，它可以捕捉长时信息流中的重要特征信息，自适应地学习短期和长期的时空依存关系，从而使丢失的关键时空信息得到弥补，使模型的性能得到增强。在 GCA-ConvLSTM 的基础上，基于 Encoder（编码器）-Forecaster（预报器）架构的 AttEF 模型在短临降水预报中被提出。与 ConvLSTM、

PredRNN 和 TrajGRU 模型的雷达回波外推结果相比，AttEF 的结果虽然随着预报步长的增加而模糊，但是在形状上更接近真实值，边缘更清晰，细节更多。

为了进一步提高 GCA-ConvLSTM 预报网络的拟合能力，方巍等人在 GCA-ConvLSTM 网络基础上利用集成学习算法加以改进，将 3 个 GCA-ConvLSTM 预报网络作为基础学习器，通过装袋算法对数据集进行训练，采用加权投票策略对这 3 种基础学习器进行有效的组合，最终得出一个组合模型。相比 ConvLSTM、PredRNN 和 TrajGRU 等模型，GCA-ConvLSTM 模型具有更强的拟合能力，随着回波强度增加和预报时效延长，所有模型的预报能力均显著下降，但是 GCA-ConvLSTM 集成模型的下降趋势相比其他模型非常缓慢。

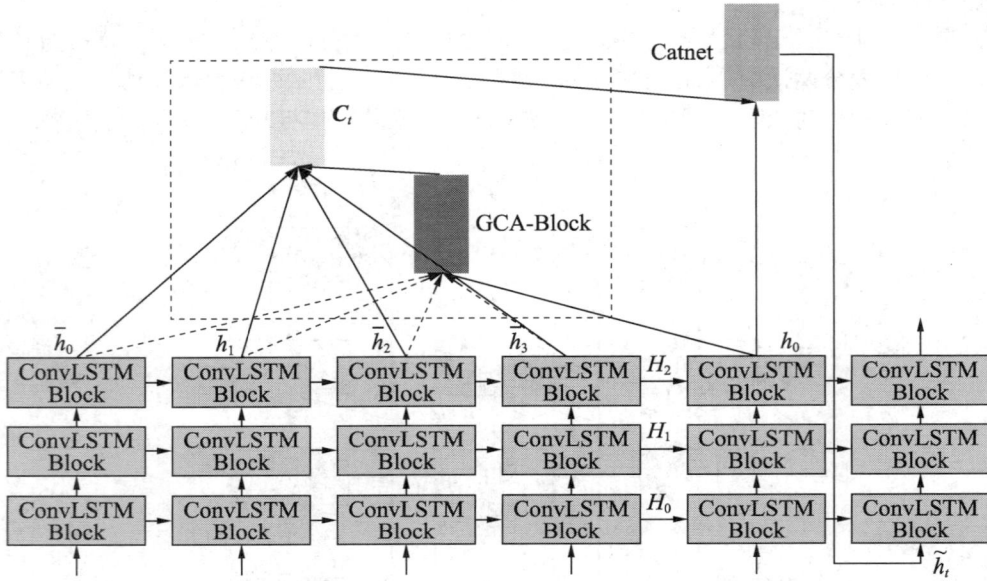

图 4-5　GCA-ConvLSTM 网络结构

（C_t 为上下文张量，GCA-Block 为全局通道注意力模块，Catnet 为拼接模块）

此外，方巍等人利用 MIM 模型中的差分思想和 TrajGRU 模型中的动态卷积又提出了时空融合模型 STUNNER，该模型由时间差分网络和时空轨迹网络两部分交叉融合而成。在时间差分网络中引入了时间序列的差分操作，以学习序列中的长期运动趋势。在时空轨迹网络中利用动态卷积捕获瞬时的变化信息，同时以两路融合的方式将瞬时变化信息与长期运动趋势融合，从而对时空序列的高阶非平稳性进行建模，实现更加稳定、精确的外推。

2．U-Net简介

除了 ConvLSTM 之外，一些学者也应用 U-Net 深度学习模型进行短临降水预报。U-Net 是一种流行的深度学习模型，最初是为生物医学图像分割任务而设计的，其结构如图 4-6 所示。它因其高效的特征提取和精确的分割能力，在图像处理和计算机视觉领域得到了广泛应用。U-Net 的名字来源于其独特的 U 形结构，它通过编码器-解码器的架构设计来处理图像的上下文信息，并且在编码器和解码器之间使用跳跃连接，如图 4-6 所示，下面具体讲解。

1）编码器

编码器的主要任务是提取输入图像的特征，并逐渐减小特征图的分辨率，从而捕获更高级别的语义信息。具体来说，编码器由一系列卷积层组成，每个卷积层通常包括 3×3 卷积操作、批归一化（Batch Normalization，BN）和激活函数（通常是 ReLU）；每个卷积模块后接一个 2×2 最大池化（Max Pooling）层，用于减小特征图的空间尺寸，增加感受野，捕获更广泛的上下文信息；通过多次卷积和池化操作，编码器逐渐提取出图像的高级特征，同时减小特征图的分辨率。

2）解码器

解码器的主要任务是恢复编码器压缩过的特征图的空间分辨率，以便重构与输入图像尺寸相同的输出图像。具体来说，解码器使用上采样操作（通常是反卷积或转置卷积）来逐步恢复特征图的空间分辨率。每次上采样都会将特征图的大小扩大一倍；每次上采样后，解码器通过 3×3 卷积操作、批归一化和 ReLU 激活函数来进一步处理特征图，逐步恢复原始图像的空间信息。

3）跳跃连接

跳跃连接是 U-Net 的关键特征之一，其直接将编码器中的高分辨率特征图连接到解码器的相应阶段。跳跃连接将编码器中每个卷积模块的输出特征图直接与解码器中对应阶段的特征图拼接，保留了输入图像的低级和高级特征。这种连接方式可以帮助模型在上采样过程中保留时空信息，提高模型性能，特别是在边缘和细小结构的处理上。

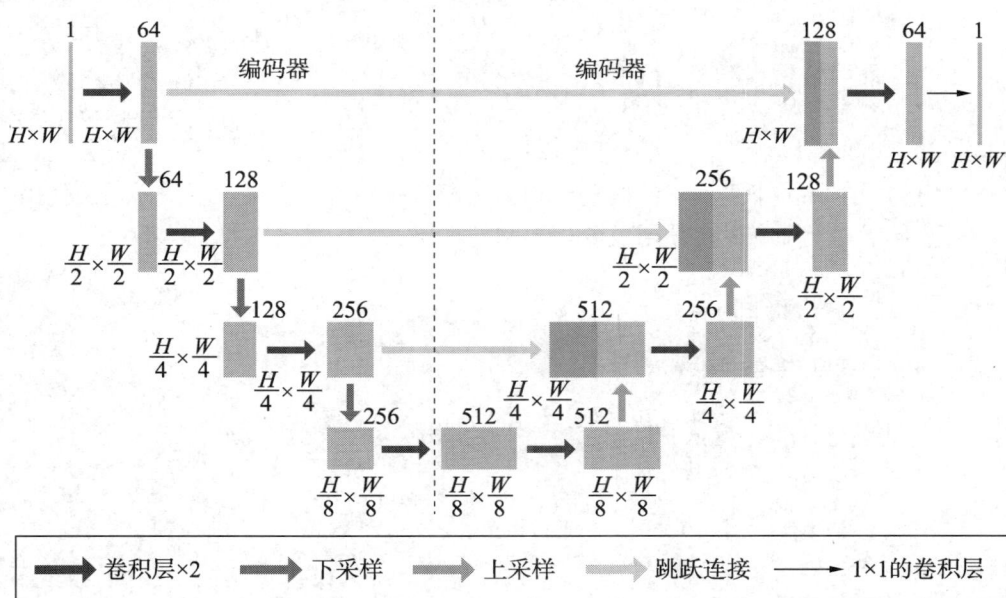

图 4-6　U-Net 模型

下面是 U-Net 的代码，首先导入所需的库。

```
import torch
import torch.nn as nn
import torch.nn.functional as F
```

接着定义 U-Net 所需要的卷积层，每个卷积层包含两层卷积操作，批归一化层和 ReLU

激活函数。

```
class UNetConvBlock(nn.Module):
    def __init__(self, in_channels, out_channels):
        """
        参数解释:
            in_channels: 输入特征图的通道数
            out_channels: 输出特征图的通道数
        """
        super(UNetConvBlock, self).__init__()
        # 第一层卷积
        self.conv1 = nn.Conv2d(in_channels, out_channels, kernel_size=3,
padding=1)
        # 批归一化
        self.bn1 = nn.BatchNorm2d(out_channels)
        # 第二层卷积
        self.conv2 = nn.Conv2d(out_channels, out_channels, kernel_size=3,
padding=1)
        # 批归一化
        self.bn2 = nn.BatchNorm2d(out_channels)

    def forward(self, x):
        """
        参数解释:
            参数 x: 输入特征图
        """
        x = self.conv1(x)
        x = self.bn1(x)
        x = F.relu(x)                              # ReLU 激活函数
        x = self.conv2(x)
        x = self.bn2(x)
        x = F.relu(x)
        return x
```

然后定义 U-Net 的下采样（编码器）和上采样（解码器）模块，下采样模块使用卷积层和最大池化层，上采样模块使用反卷积层和卷积层。

```
# 下采样模块
class UNetDownBlock(nn.Module):
    def __init__(self, in_channels, out_channels):
        super(UNetDownBlock, self).__init__()
        # 卷积块
        self.conv_block = UNetConvBlock(in_channels, out_channels)
        # 最大池化层
        self.pool = nn.MaxPool2d(kernel_size=2)

    def forward(self, x):
        x = self.conv_block(x)                     # 卷积操作
        p = self.pool(x)                           # 最大池化
        return x, p
# 上采样模块
class UNetUpBlock(nn.Module):
    def __init__(self, in_channels, out_channels):
        super(UNetUpBlock, self).__init__()
        # 反卷积层（用于上采样）
        self.upconv = nn.ConvTranspose2d(in_channels, out_channels,
kernel_size=2, stride=2)
        # 卷积块
        self.conv_block = UNetConvBlock(in_channels, out_channels)
```

```
    def forward(self, x, skip):
        """
        参数 skip: 跳跃连接的特征图
        """
        x = self.upconv(x)                    # 上采样
        x = torch.cat([[x, skip], dim=1)      # 跳跃连接，在通道维度上拼接
        x = self.conv_block(x)                # 卷积操作
        return x
```

最后，定义 U-Net 网络结构，U-Net 包括一个初始卷积层、多个下采样和上采样块以及最终的输出层。

```
class UNet(nn.Module):
    def __init__(self, in_channels=1, out_channels=1, features=[64, 128, 256, 512]):
        """
        参数 features: 每层卷积块的特征图通道数
        """
        super(UNet, self).__init__()
        self.downs = nn.ModuleList()          # 存储下采样模块
        self.ups = nn.ModuleList()            # 存储上采样模块
        # U-Net 的瓶颈部分，进一步提取特征
        self.bottleneck = UNetConvBlock(features[-1], features[-1] * 2)

        # 构建下采样路径
        for feature in features:
            self.downs.append(UNetDownBlock(in_channels, feature))
            in_channels = feature

        # 构建上采样路径
        for feature in reversed(features):
            self.ups.append(UNetUpBlock(feature * 2, feature))

        # 最终的 1×1 卷积层，用于输出分割图
        self.final_conv = nn.Conv2d(features[0], out_channels, kernel_size=1)

    def forward(self, x):
        skips = []  # 存储下采样过程中的跳跃连接特征图
        for down in self.downs:
            x, p = down(x)
            skips.append(x)                   # 存储跳跃连接特征图
            x = p

        x = self.bottleneck(x)                # 瓶颈部分处理

        skips = skips[::-1]                   # 反转跳跃连接的特征图列表，用于上采样
        for i in range(len(self.ups)):
            x = self.ups[i](x, skips[i])      # 上采样并跳跃连接

        x = self.final_conv(x)                # 最终的 1×1 卷积
        return x
```

创建完 U-Net 之后，就可以根据实际需要去训练数据集了，训练代码见 ConvLSTM。

如今，U-Net 不仅应用到医学图像分割领域，还广泛应用到气象领域，如天气预报和数据订正。Kevin Trebing 等人提出了 SmaAt-UNet 模型，仅使用 25%的可训练参数就得到了与 U-Net 模型相近的预报性能。但是受限于卷积运算固有的局部性特征，基于 CNN 在学习全局特征和长期信息方面表现出很大的局限性。Yimin Yang 等人提出了 AA-TransUNet

模型，在引入可捕捉长期依赖的 Transformer 的同时缩减了模型的可训练参数，提高了模型的预报性能。

方巍等人将 U-Net、Swin Transformer（Transformer 的一种变体，在 4.3 节中会结合 Transformer 讲述）、深度可分离卷积和卷积块注意力模块结合在一起，提出了 SwinAt-UNet 模型如图 4-7 所示，用于雷达回波外推。SwinAt-UNet 模型既能够通过 Swin Transformer 捕捉雷达回波资料中的长期动态变化，又能够通过 U-Net 对称的卷积结构很好地提取和重构特征，从而获得稳定且准确的外推结果。

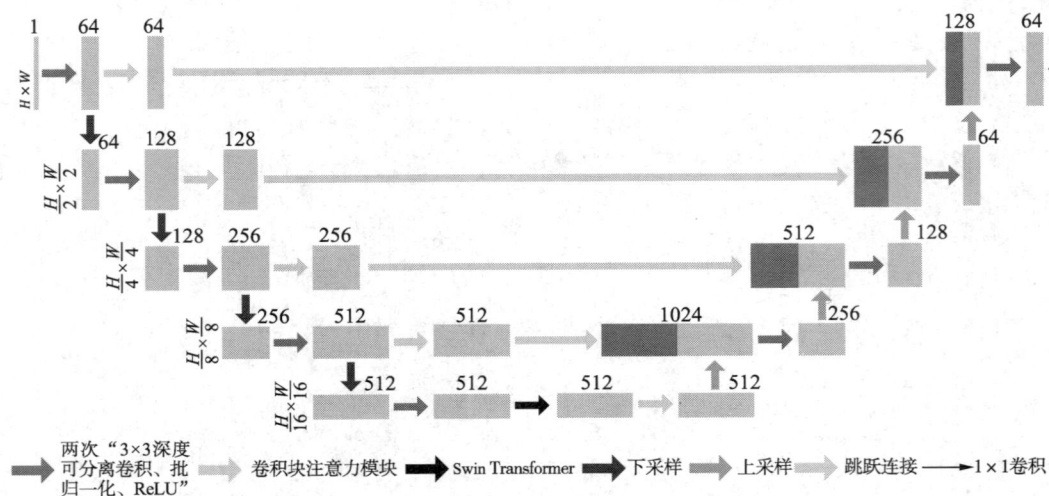

图 4-7　SwinAt-UNet 模型

深度可分离卷积是一种有效的卷积运算方式，用来降低卷积神经网络中的计算量和参数数量。它将标准卷积分解为两步：逐层卷积和逐点卷积。逐层卷积对每个输入通道分别进行卷积操作，不会跨通道进行卷积，这样会减少大量的计算，而逐点卷积使用 1×1 的卷积核进行通道混合，将逐层卷积后的输出通道数进行线性组合。这样分解后，卷积的计算量会大大减少。相比标准的卷积，深度可分离卷积极大地减少了计算复杂度，尤其是在需要处理大规模数据时非常有效。深度可分离卷积的代码如下，所需导入的库与 U-Net 一样。

```python
class DepthwiseSeparableConv(nn.Module):
    def __init__(self, in_channels, out_channels, kernel_size=3, stride=1, padding=1):
        super(DepthwiseSeparableConv, self).__init__()
        """
        参数解释：
            in_channels: 输入张量的通道数
            out_channels: 输出张量的通道数
            features: 每层卷积块的特征图通道数
        """
        # 逐层卷积：每个通道独立卷积，其中 groups 参数用于分解通道
        self.depthwise = nn.Conv2d(in_channels, in_channels, kernel_size=kernel_size, stride=stride, padding=padding, groups=in_channels)
        # 逐点卷积：1×1 卷积用于通道组合
        self.pointwise = nn.Conv2d(in_channels, out_channels, kernel_size=1)

    def forward(self, x):
```

```
        x = self.depthwise(x)
        x = self.pointwise(x)
        return x
```

卷积块注意力模块（Convolutional Block Attention Module，CBAM）是一种用于提升卷积神经网络性能的注意力机制模块。CBAM 通过联合通道注意力和空间注意力自适应地对特征图进行增强，帮助网络更好地关注重要的部分。它由两部分组成：通道注意力机制和空间注意力机制。通道注意力机制通过全局平均池化和全局最大池化来捕捉全局信息，并通过共享的多层感知机生成通道上的注意力权重，该权重会应用到输入特征图上，调整各个通道的重要性；空间注意力机制使用输入特征图在通道维度上的全局信息，并通过卷积操作生成空间维度上的注意力权重，这个权重会应用到输入特征图的空间维度，突出特定的区域。CBAM 的基本操作顺序分为两步：一是输入特征图经过通道注意力模块，生成每个通道的权重然后调整通道间的权重；二是经过空间注意力模块，生成空间位置的权重然后调整空间位置的权重。CBAM 的代码如下：

```
# 通道注意力模块
class ChannelAttention(nn.Module):
def __init__(self, in_channels, reduction_ratio=16):
    """
    参数解释:
        in_channels: 输入张量的通道数
        reduction_ratio: 在通道注意力机制中全连接层的通道压缩比
    """
        super(ChannelAttention, self).__init__()
        # 全局平均池化和全局最大池化
        self.avg_pool = nn.AdaptiveAvgPool2d(1)
        self.max_pool = nn.AdaptiveMaxPool2d(1)

        # 两层全连接层，使用共享的 MLP
        self.fc = nn.Sequential(
            nn.Conv2d(in_channels, in_channels // reduction_ratio, 1, bias=
False),
            nn.ReLU(),
            nn.Conv2d(in_channels // reduction_ratio, in_channels, 1, bias=
False)
        )
        self.sigmoid = nn.Sigmoid()
    def forward(self, x):
        avg_out = self.fc(self.avg_pool(x))        # 平均池化后通过 MLP
        max_out = self.fc(self.max_pool(x))        # 最大池化后通过 MLP
        out = avg_out + max_out                    # 两者相加
        return self.sigmoid(out)                   # 输出经过 Sigmoid 激活
# 空间注意力模块
class SpatialAttention(nn.Module):
    def __init__(self, kernel_size=7):
        super(SpatialAttention, self).__init__()
        # 卷积用于生成空间注意力权重
        self.conv = nn.Conv2d(2, 1, kernel_size, padding=(kernel_size - 1)
// 2, bias=False)
        self.sigmoid = nn.Sigmoid()
    def forward(self, x):
        avg_out = torch.mean(x, dim=1, keepdim=True)     # 平均池化
        max_out, _ = torch.max(x, dim=1, keepdim=True)   # 最大池化
```

```
        out = torch.cat([avg_out, max_out], dim=1)        # 在通道维度上拼接
        out = self.conv(out)                      # 经过卷积
        return self.sigmoid(out)                  # 输出经过 Sigmoid 激活
# CBAM 模块：组合通道注意力和空间注意力
class CBAM(nn.Module):
    def __init__(self, in_channels, reduction_ratio=16, kernel_size=7):
        super(CBAM, self).__init__()
        self.channel_attention = ChannelAttention(in_channels, reduction_
ratio=reduction_ratio)
        self.spatial_attention = SpatialAttention(kernel_size=kernel_size)
    def forward(self, x):
        # 通道注意力模块
        out = self.channel_attention(x) * x
        # 空间注意力模块
        out = self.spatial_attention(out) * out
        return out
```

4.2.2　雷暴预报

雷暴是指由对流旺盛的积雨云组成的伴有雷电、冰雹、大风和短时强降水的局地强对流性天气。雷暴的发生往往会威胁到人类的生命财产安全，因此雷暴预报对于保障人民生命财产安全、农业生产、交通出行、能源供应、大型户外活动等具有重要意义。准确的雷暴预报可以减少由雷暴引起的人员伤亡和经济损失，提高社会运行效率。

雷暴预报的传统方法通常为数值天气预报（Numerical Weather Prediction，NWP），但数值天气预报模型分辨率低，无法捕捉雷暴的局地性和非线性特征，再加上初始条件和物理方案的不确定以及可利用的历史数据较少，这些都会影响预报的准确性。如今，更多学者将人工智能方法应用到雷暴的潜势预报中，以弥补传统方法的缺陷。

例如，刘丽伟等人对比分析了多元线性回归和人工神经网络方法对北疆地区雷暴的预报数据，发现基于神经网络方法的预报结果优于多元线性回归。杨仲江等人采用双隐层 BP 神经网络的方法对该地区的雷暴天气进行预报，其预报结果较好。杨洁等人使用随机森林方法，对广州白云机场终端区进行雷暴预报，结果表明随机森林预报的准确率会随着终端区区域面积的增大而增加，而且随机森林算法的泛化性能好。姚叶青等人采用多普勒天气雷达、气象探空、闪电定位等多种监测数据，并使用随机森林、逻辑回归、k 近邻、贝叶斯和支持向量机 5 种传统机器学习方法对黄山风景区及其周围地区进行雷电预报，结果显示 5 种传统机器学习方法均对雷电具有一定的预报能力，其中整体随机森林预报效果最优。

也有学者使用深度学习方法进行雷暴预报。Yaseen Essa 等人将来自南非闪电探测网络（South African Lightning Detection Network，SALDN）的雷电探测网络（Lightning Detection Network，LDN）数据集和来自南非气象局（South African Weather Service，SAWS）运营的气象站网络的天气特征数据集相结合，使用 CNN-LSTM、ConvLSTM 和 LSTM-FC 对南非的雷电进行预报。其中，CNN-LSTM 是 CNN 和 LSTM 模型的组合，并且 CNN 和 LSTM 一个接一个地放置。CNN 能够更轻松、快速地进行空间特征处理，其处理后的特征将被传入 LSTM 进一步处理其中的时间特征。这样的结构使得 CNN-LSTM 适合用于雷电图像预报。LSTM-FC 模型有两个相继放置的神经网络架构。数据通过一个 LSTM 模型，然后通

过一个完全连接的人工神经网络得到需要的输出，完全连接的人工神经网络的作用是将 LSTM 数据处理成所需的输出格式进行分析。LSTM-FC 模型的优点是它们可以考虑所有输入组合，但这会降低效率。LSTM-FC 的缺点是在小区内没有编码空间信息。实验结果表明，CNN-LSTM 模型能够处理时空特征，提高预报的准确性，预报效果比 LSTM-FC 更好，而 ConvLSTM 虽然能够和 CNN-LSTM 一样识别时空信息，但是对短期雷暴的预报能力比 CNN-LSTM 差，因此 CNN-LSTM 的预报效果比 ConvLSTM 和 LSTM-FC 更好。

　　Hamid Kamangir 等人使用堆叠去噪自编码器（Stacked Denoising Autoencoder，SDAE）对美国得克萨斯州南部地区的雷暴进行提前 15 小时的预报。堆叠去噪自编码器属于自编码器（Autoencoder，AE）的一种变体，它的去噪自编码器（Denoising Autoencoder，DAE）堆叠了多个隐藏层从而形成深层网络结构，能够在不完整或噪声污染的数据中提取有用的特征，可以对原始预报数据的复杂性和非线性进行建模，提高数据重构与特征学习能力，以获得更好的雷暴预报性能。

　　自编码器是一种无监督学习模型，主要由编码器和解码器组成，编码器用于将输入数据映射到隐藏层，解码器用于从隐藏层还原为输入数据。它的目标是尽可能使解码后的数据与原始输入数据相近，从而学习输入数据的低维特征。此外，编码器和解码器还添加了激活函数，使自编码器能够学习特征之间的非线性关系。自编码器整体结构如图 4-8 所示。

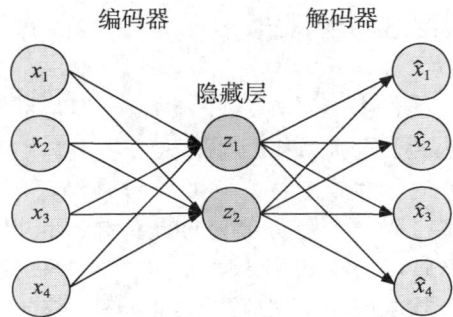

图 4-8　自编码器

　　去噪自编码器是自编码器的一个扩展版本，它通过给输入数据添加噪声（如高斯噪声），然后训练模型恢复无噪声的原始输入。这种方式可以增强模型的稳健性，使其对输入数据中的噪声不敏感，并能够提取出更具代表性的特征。去噪自编码器结构如图 4-9 所示。

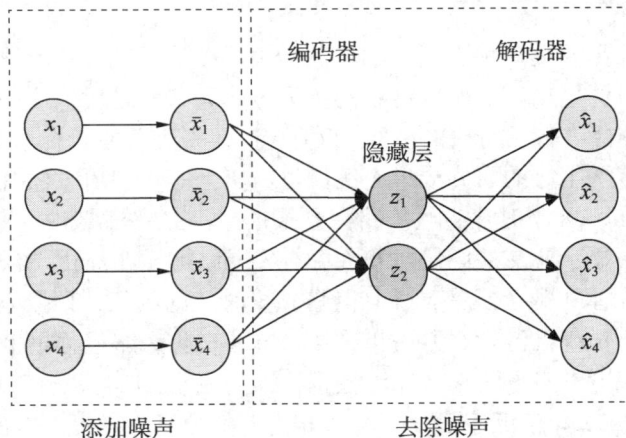

图 4-9　去噪自编码器

　　堆叠去噪自编码器在去噪自编码器的基础上添加了多个隐藏层，从而学习到更加高级和抽象的特征，提高其整体模型性能，如图 4-10 所示。

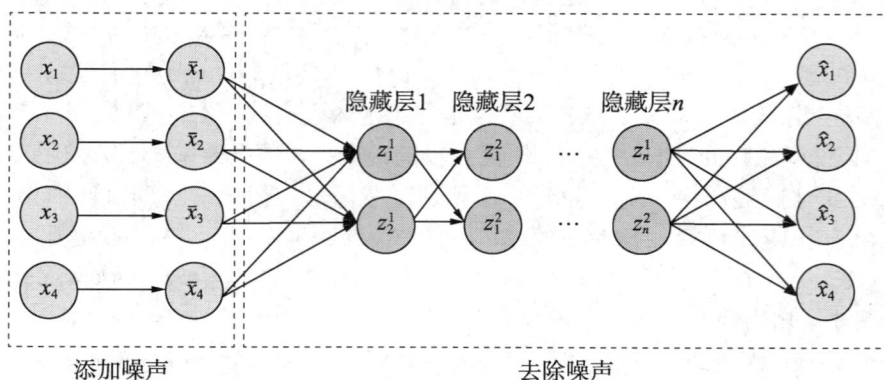

图 4-10　堆叠去噪自编码器

4.2.3　台风预报

作为热带气旋的一种，台风是世界上发生频率最高、造成损失最大的自然灾害之一。因此，台风预报已成为人类生产、生活的基本需求，但台风的准确预报仍是一大难题，24小时预报误差每降低 1 米/秒，经评估可减少直接经济损失 3.8 亿元。由此可见，台风预报的准确与否是防台减灾的重要一环。传统台风预报的方法有动力学（数值预报法）方法、统计学方法和统计动力学方法，但这 3 种方法各有缺点。动力学方法因复杂性和高计算资源需求限制了其应用和实时性；统计学方法虽然计算资源少，但是无法解释因果关系且难以拟合非线性关系；统计动力学方法通常比单一的统计学方法或动力学方法更加复杂，需要更多的专业知识来开发和维护。在人工智能技术不断进步的今天，一些学者也开始将人工智能技术应用到台风预报中，主要有两个方面：台风路径预报和台风强度预报。

1. 台风路径预报

台风的移动路径主要受多种因素影响，包括大尺度的环境背景场地、海洋与气体的相互作用以及台风本身的结构等，所以传统的预报方式无法同时反映这些复杂的热力和动力系统，难以用来提升台风路径的预报水平。近几年，在人工智能新技术不断发展的情况下，台风路径预报已经有了很好的研究成果。例如，吕庆平等人利用气候持续因子，建立了西北太平洋 12、24、36、48 小时热带气旋路径预报模型，支持向量机、人工神经网络和最小二乘回归，实验结果显示，支持向量机和人工神经网络方法明显优于最小二乘回归方法，其中，12 小时的预报水平显著提高，并且随着预报时效的延长，预报效果就越好。从这个例子中可以明显看出传统机器学习方法相比传统方法在台风路径预报上的优势。现在也有不少学者开始研究深度学习方法在台风路径预报上的应用。

周笑天等人以 2018 年活跃于西北太平洋和南海的台风为样本，在 BP 神经网络的基础上提出了基于神经网络集合预报模型，用于台风路径预报优化。实验结果显示，60 小时内的预报精度较单集预报有所提高。Sookyung Kim 等人基于大气再分析数据，利用 ConvLSTM 来跟踪和预报大尺度气候数据中的台风轨迹。这项工作首次以时空序列的方式处理台风的三维特征，由于大气再分析数据的规模较大，仅通过 ConvLSTM 中的 CNN 操作很难提取台风的三维空间结构特征，但该工作提供了很好的参考价值。Sophie Giffard-Roisin 等人采用深度学习模型将台风的二维和三维特征进行融合，对于台风的二维特征结构，作者利用全连接网络来提取二维非线性特征，对于台风的三维特征结构，Sophie 等人使用 CNN 网络来提取三维非线性特征。然而，CNN 网络仅考虑等压平面，无法充分考虑热带气旋的三维结构。Mario Rüttgers 等人利用生成对抗网络（Generative Adversarial Network，GAN）以及卫星图像对台风路径进行了 6 小时的提前预报，实验结果表明，经过预报的台风路径图像有效地识别了未来台风的中心位置和变形云团结构，预报准确率大幅提高。

GAN 主要由两个部分组成：生成器（Generator）和判别器（Discriminator）。这两个部分通过相互竞争的方式进行训练。生成器的目标是从随机噪声中生成逼真的数据样本，通过学习数据分布的复杂特征，生成与真实数据分布相似的合成数据。判别器的目标是区分真实数据样本和生成器生成的假样本，它是一个二分类器，通过对输入数据进行分类，输出该数据是来自真实数据还是生成器生成的数据的概率。生成对抗网络总体的训练过程是一个零和博弈过程，生成器和判别器通过相互对抗来提高各自的性能，生成器的目标是生成尽可能逼真的假样本，以欺骗判别器，使其无法区分真实数据和生成的数据，判别器的目标是准确区分真实数据和生成的数据，避免被生成器欺骗。GAN 的损失函数公式如下：

$$\text{Loss}_G(D,G) = \text{E}_{x \sim p_{\text{data}}(x)}[\log D(x)] + E_{z \sim p_z(z)}[\log(1 - D(G(z)))] \tag{4-7}$$

其中，x 表示真实数据，分布符合 $p_{\text{data}}(x)$；z 表示随机噪声，分布符合 $p_z(z)$（通常为高斯分布或均匀分布）；$D(x)$ 表示判别器输出的概率；$G(z)$ 表示生成器从噪声 z 生成的假样本；E 表示期望。在判别器的训练过程中，固定生成器 G，通过最大化损失函数 Loss_G 来优化判别器 D。在生成器的训练过程中，固定判别器 D，通过对公式（4-8）中的 Loss_D 进行最小化来优化生成器 G。通过这样的训练，模型就能够生成最接近真实的数据。

$$\text{Loss}_D(D,G) = E_{z \sim p_z(z)}[\log(D(G(z)))] \tag{4-8}$$

陆文赫提出了如图 4-11 所示的台风路径预报模型。此模型采取了以下 3 个措施：

（1）引入多卷积模型（Multi-TrajGRU）：原 TrajGRU 模型通过门控机制来捕捉长期依赖，但在处理长序列数据时可能会面临梯度消失或梯度爆炸等问题，需要进行有效的调优和处理。为了克服大规模空间特征提取不足的问题，陆文赫设计了一种多卷积模型 Multi-TrajGRU，用于提取大气再分析数据的特征。与 TrajGRU 相比，改进后的模型引入了多卷积模块作为输入，这些卷积模块经过多次卷积操作，逐渐扩大感受野，从而从数据量庞大且复杂的大气再分析数据中提取更深层次的特征，有效提升了台风路径预报的准确性。

（2）引入 CBAM：CBAM 会按照顺序推理出一维的通道注意力映射和二维的空间注意力映射，通过关注通道间的相关性和空间位置的相关性，有针对性地选择影响台风移动的等压面，并深入捕捉台风在横向空间分布上的特征。考虑到台风周围包含多个等压面，该模块还能识别不同等压平面上的关键信息，从而选择对台风移动方向影响最大的等压面，提高路径预报的精度。

（3）采用 Deep & Cross 特征融合框架（Deep & Cross-Network，DCN）：DCN 是对 Wide & Deep 模型的一个后续研究，它通过一个特殊设计的网络结构（Cross 部分）来自动发现和学习特征之间的高阶关系，这种方法不需要复杂的手动特征工程并且计算效率较高。DCN 模型首先将输入特征经过嵌入和堆叠处理，然后通过交叉网络和深度网络来学习特征的不同组合和抽象表示，最后通过一个组合层将这两个网络的结果整合在一起。通过 DCN，将台风二维和三维的特征进行融合，能够更好地捕捉特征之间的复杂关系，提高模型的表征能力和泛化能力。

在 Cross 部分，根据中国气象局（China Meteorological Administration，CMA）数据集构建台风路径二维时序特征，采用 CNN 作为 Cross 部分模型。在 Deep 部分，根据大气再分析数据构建台风的三维时序结构。将 CBAM 层、Multi-TrajGRU 层、最大池化（Max Pooling）层作为一个堆叠块，重复堆叠三次，最后进行扁平化（Flatten）处理。在特征融合部分，将 Deep 和 Cross 部分得到的特征进行融合（Integrate）操作，再对融合的网络进行扁平化处理，最终得到台风 24 小时后的经度和纬度的值，如图 4-11 所示。实验结果显示，模型采取 3 个改进措施后，提高了 24 小时后台风路径预报的准确率。

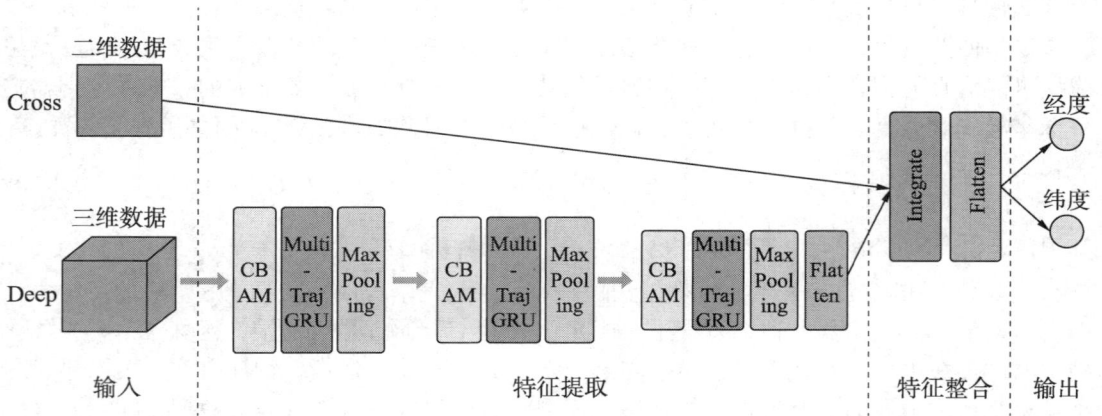

图 4-11　台风路径预报模型

2. 台风强度预报

台风强度预报方法大多采用回归等统计方法，但刻画台风强度急剧变化的能力较弱。如今，人工智能技术也开始应用在台风强度预报中，很多研究表明，人工智能技术在台风强度预报方面有很好的效果，而且大多使用深度学习方法。例如，Ritesh Pradhan 等人设计了一个深度神经网络（Deep Neural Network，DNN）架构，用于使用图形处理单元根据强度对台风进行分类。DNN 包含多个隐藏层，用于处理复杂的非线性关系，能够学习到更加复杂的特征表示。实验结果表明，DNN 架构在台风强度预报上实现了更高的准确性和更小的误差。Boyo Chen 等人提出了基于 CNN 强度回归的多模型融合方法，在已发布的基准数据集的实验结果中验证了所提出的模型提高了台风强度预报的准确性，同时在所有情况下都很稳定。Shijin Yuan 等提出一种基于 LSTM 的台风强度预报模型，该模型将台风强度预报看成一个基于历史数据的时间序列问题，作者发现该模型对于预报 120 小时内的台风强度具有很强的实用性。Tong Biao 等人利用可提取时间相关性的 ConvLSTM 模型和不同特征参数输入信息的参数相关性，对西北太平洋盆地台风强度进行短期预报发现，无论是预报精度还是预报稳定性，所提到的模型都有很好的表现。Xin Wang 等人利用三维卷积神经网络（3D Convolutional Neural Network，3DCNN）模型从卫星云图中提取台风的深度混合特征，进而对未来 24 小时台风强度变化进行预报，该方法预报台风强度变化的精确度较前期研究有了显著提高。Yajing Xu 等人使用上下文感知的 CycleGAN 模型预报台风强度，来解决台风强度数据高度不平衡的问题，该方法避免了样本稀少导致台风强度预报性能下降。

与 GAN 不同，为了确保模型生成的图像能够保持原有图像的内容，CycleGAN 引入循环一致性损失，使得模型能够在没有成对训练数据的情况下学习图像之间的转换。具体来说，假设有一个图像 x，使用生成器 G 将其转换为图像 $G(x)$（对应真实图像为 y），然后使用生成器 F 将其转换回图像 x，目的就是最终得到的图像 $F(G(x))$ 应该尽可能与原始图像 x 相似。图像 y 转换为图像 x 也是同样的道理。CycleGAN 的损失函数公式如下，该损失函数可以确保生成器 G 和 F 之间的循环一致性。

$$\text{Loss}_{cyc}(G,F) = E_{x \sim p_{\text{data}}(x)}\left[\left\|F(G(x))-x\right\|_1\right] + E_{y \sim p_{\text{data}}(y)}\left[\left\|F(G(y))-y\right\|_1\right] \tag{4-9}$$

其中，$\|\cdot\|_1$ 表示 L1 范数（也称为曼哈顿距离或绝对值和），指所有元素的绝对值之和。与 GAN 相同的是，CycleGAN 也使用对抗性损失来训练生成器和判别器。生成器 G 试图生成能够欺骗判别器 D_y 的图像，而判别器 D_y 则试图区分真实图像和生成的图像。同理，生成器 F 和判别器 D_x 也遵循同样的原则。对抗性损失函数的公式如下，F 和 D_x 的对抗性损失类似。

$$\text{Loss}_{\text{GAN}}(G,D_y,x,y) = E_{y \sim p_{\text{data}}(y)}\left[\log D_y(y)\right] + E_{x \sim p_{\text{data}}(x)}\left[\log(1-D_y(G(x)))\right] \tag{4-10}$$

CycleGAN 的总损失函数是对抗性损失和循环一致性损失的加权和。其中，λ 是一个权重参数，用于平衡对抗性损失和循环一致性损失。

$$\text{Loss}(G,F,D_x,D_y) = \text{Loss}_{\text{GAN}}(G,D_y,x,y) + \text{Loss}_{\text{GAN}}(F,D_x,x,y) + \lambda\text{Loss}_{cyc}(G,F) \tag{4-11}$$

相比于传统的 GAN，CycleGAN 能够在没有成对训练数据的情况下进行学习，确保生成的图像在转换为原始图像后与原始图像尽可能相似，从而在风格转换的同时保持内容的一致性，并且通过双向的图像转换使模型在处理任务时更加灵活和多样化。

陆文赫设计了一种基于 SENet 和 SimVP 的云图预报模型 SE-SimVP。SENet（Squeeze-and-Excitation Networks）是一种用于提高卷积神经网络表示能力的模块。它通过显式地建模通道间的依赖关系，自适应地调整各个通道的权重，从而提升模型对重要特征的注意力。SENet 模块可以无缝地集成到现有的卷积神经网络架构中，使性能显著提升。SENet 主要由 3 个部分组成：压缩操作（Squeeze）、激励操作（Excitation）和重标定操作（Scale）。压缩操作将空间信息通过全局平均池化（Global Average Pooling）进行压缩，生成通道级别的全局特征描述。假设输入特征图的大小为 $H \times W \times C$，那么经过全局平均池化后得到的是一个 $1 \times 1 \times C$ 的特征向量。激励操作使用了一个由全连接层构成的瓶颈结构。该结构由两个全连接层和一个非线性激活函数（如 ReLU）组成。通过这两个全连接层，模型可以学习每个通道的重要性并生成一个权重向量，该权重向量将用于调整输入特征图的各个通道。重标定操作是将上述步骤得到的权重向量与输入特征图的各个通道进行逐通道相乘，以实现通道的自适应重标定。这一步骤增强了有用的特征并抑制了无关特征。SENet 的代码如下：

```
# SELayer: 实现 SENet 核心的通道注意力机制
class SELayer(nn.Module):
    def __init__(self, channel, reduction=16):
        super(SELayer, self).__init__()
```

```python
        # 全局平均池化层: 将空间维度(H, W)压缩为 1×1
        self.avg_pool = nn.AdaptiveAvgPool2d(1)
        # 两层全连接层: 用于生成每个通道的权重, 进行通道间的注意力调整
        self.fc = nn.Sequential(
            # 第一层全连接: 将通道数缩小至 1/reduction
            nn.Linear(channel, channel // reduction, bias=False),
            # ReLU 激活函数: 引入非线性特征
            nn.ReLU(inplace=True),
            # 第二层全连接: 将通道数还原
            nn.Linear(channel, channel, bias=False),
            # Sigmoid 激活函数: 将输出限制在 0~1, 作为通道的权重
            nn.Sigmoid()
        )
    def forward(self, x):
        # 获取输入的大小: b 为批次大小, c 为通道数
        b, c, _, _ = x.size()
        # 对输入进行全局平均池化并压缩空间维度
        y = self.avg_pool(x).view(b, c)
        # 通过两层全连接层生成每个通道的权重
        y = self.fc(y).view(b, c, 1, 1)
        # 将权重应用到原始输入特征中, 完成通道注意力的调整
        return x * y.expand_as(x)
# BasicBlock: 包含 SENet 模块的基本卷积块
class BasicBlock(nn.Module):
    def __init__(self, in_planes, planes, stride=1, reduction=16):
        super(BasicBlock, self).__init__()
        # 第一个卷积层: 用于提取输入特征
        self.conv1 = nn.Conv2d(in_planes, planes, kernel_size=3, stride=
stride, padding=1, bias=False)
        # 批归一化层: 对卷积层输出进行归一化处理
        self.bn1 = nn.BatchNorm2d(planes)
        # ReLU 激活函数: 引入非线性特征
        self.relu = nn.ReLU(inplace=True)
        # 第二个卷积层: 进一步提取特征
        self.conv2 = nn.Conv2d(planes, planes, kernel_size=3, stride=1,
padding=1, bias=False)
        # 批归一化层: 对卷积层输出进行归一化处理
        self.bn2 = nn.BatchNorm2d(planes)
        # SELayer 模块: 应用通道注意力机制
        self.se = SELayer(planes, reduction)
    def forward(self, x):
        # 通过第一个卷积层、批归一化层和 ReLU 激活函数提取特征
        out = self.relu(self.bn1(self.conv1(x)))
        # 通过第二个卷积层和批归一化层进一步提取特征
        out = self.bn2(self.conv2(out))
        # 应用 SELayer 模块进行通道注意力调整
        out = self.se(out)
        return out
class SENet(nn.Module):
    def __init__(self, num_classes=10):
        super(SENet, self).__init__()
        # 第一层 BasicBlock: 输入通道为 3, 输出通道为 16
        self.layer1 = BasicBlock(3, 16)
        # 第二层 BasicBlock: 输入通道为 16, 输出通道为 32
        self.layer2 = BasicBlock(16, 32)
        # 第三层 BasicBlock: 输入通道为 32, 输出通道为 64
        self.layer3 = BasicBlock(32, 64)
```

```
                # 全连接层：将卷积特征映射到分类结果
                self.fc = nn.Linear(64, num_classes)
        def forward(self, x):
                # 依次通过 3 个 BasicBlock 进行特征提取
                out = self.layer1(x)
                out = self.layer2(out)
                out = self.layer3(out)
                # 对最后一层输出进行全局平均池化，将其压缩为 1×1 的特征向量
                out = F.adaptive_avg_pool2d(out, 1).view(out.size(0), -1)
                # 通过全连接层映射到类别空间
                out = self.fc(out)
                return out
```

SimVP（Simple Video Prediction）是一种轻量级且高效的预测模型，它采用了一种模块化的设计，通过将时序建模与空间特征提取进行分离，使其在保证预测精度的同时显著降低计算复杂度。SimVP 由 Encoder、Translator 和 Decoder 组成，这三个部分完全由 CNN 构成，因此模型设计简单但有效。其中：Encoder 负责提取输入的空间特征，保留空间关键信息；Translator 负责对编码器提取的空间特征进行时序建模，捕获时间依赖性，通常使用一系列 Inception 网络对特征进行建模；Decoder 将 Translator 输出的时序特征重构回图像，生成预测结果。

由于台风的形成、发展和移动受到多种动力学过程的影响，因此台风的发展路径和强度难以准确预报。同时，卫星观测的时间间隔较长，分辨率有限，无法捕捉到台风内部的微观结构和变化。陆文赫基于 SimVP 模型，在卷积层加入了 SENet 来帮助模型更好地捕获台风云图序列数据中的重要特征，同时提升模型的泛化能力，从而提高模型预报的云图质量，更加准确地预报云图未来的运动趋势。SE-SimVP 的整体结构如图 4-12 所示。

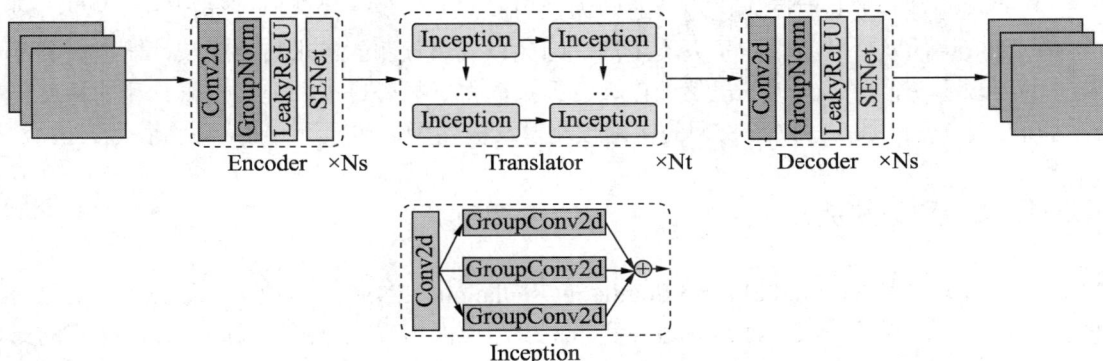

图 4-12　SE-SimVP 模型

在 SE-SimVP 模型的基础上，陆文赫接着提出了一种基于残差结构和 CNN 的热带气旋强度估计模型。通过 SE-SimVP 模型获得预报的卫星云图后，需要根据卫星云图来估计台风的强度，这是一个典型的回归问题。作者使用基于残差结构的 CNN 对热带气旋云图进行强度估计，如图 4-13 所示。在模型中引入的残差结构包含一个跳跃连接，允许模型学习特定层的输入和目标输出之间的残差信息。这样，网络可以更轻松地学习残差函数，而不是直接学习想要的映射关系。通过残差学习，残差结构使模型更容易优化和训练，允许构建非常深的神经网络结构，解决了在传统的神经网络中随着网络层数的增加而产生的梯度消失和梯度爆炸问题，进而提高模型的表达能力和性能。

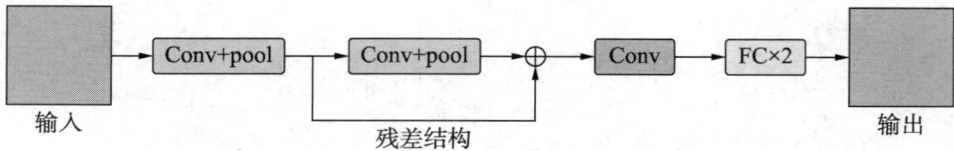

图 4-13　基于残差结构和 CNN 的强度估计模型

　　基于残差结构和 CNN 的强度估计模型包括一个输入层、三个卷积层（Conv）、二个池化层（pool）、三个全连接层（Fully Connected，FC）和一个输出层，通过卷积操作得到最终热带气旋强度估计的结果。在每一层进行特征提取和池化操作后，都需要向后一层传递特征，当层数过多时，可能会出现性能下降的问题。模型在其中第一和第三个卷积层之间加入残差块，残差块允许模型学习残差映射，学习输入和输出之间的差异，这有助于更好地传递和保留特征信息，提高模型的泛化能力。通过这样的架构，模型可以专注于提取与强度相关的云图特征，从而获得更好的估计性能。

　　最后，将台风云图预报模型和强度估计模型结合在一起，构建一个完整的热带气旋强度预报模型。首先根据台风的历史云图数据，通过 SE-SimVP 时空序列预报模型预报未来30 小时的云图数据，然后使用基于残差的 CNN 强度估计模型对预报的云图数据进行强度估计。

4.3　人工智能在气候预测中的应用

　　气候预测是对较长时间范围内（通常为几周到几年）的气候状况进行预报。干旱、洪涝等气象灾害的发生严重影响了人类生活。因此，气候预测的需求日益增长，对提高其准确性的要求也变得更加紧迫。虽然数值天气预报取得了显著进展，但是气候预测的精度仍未显著提升，尤其是在短期和长期的精确预测以及极端事件的预测方面，面临着重大挑战。

4.3.1　ENSO 预测

　　厄尔尼诺与南方涛动（El Niño-Southern Oscillation，ENSO）是地球上最强烈、最显著的年际极端气候现象，其特征是赤道中和东太平洋地区出现大范围、长时间、高强度的海表温度偏暖，往往会直接或间接导致全球气候异常和区域性气象灾害的发生。如今，ENSO预测已成为全球气候预测水平提高和防灾减灾工作的关键。除了数值天气预报外，主要有两种传统方法。一种是传统统计学方法，它利用历史数据之间的统计关系进行预测，但难以充分运用物理知识，因此难以准确把握预测对象与预测因子之间复杂的非线性关系；另一种是动力数值模式预报，它使用基于物理的数学模型来模拟海洋和大气之间的相互作用，但由于模式性能提升困难，普遍存在明显偏差。

　　为了进一步提升预测的准确性，人工智能尤其是深度学习方法被应用到了 ENSO 的预测中，并且取得了不错的成绩。例如，Yoo-Geun Ham 等人设计了以 CNN 网络为基础的ENSO 长期预测模型，并利用 0°～360°E、55°S～60°N 区域连续 3 个月的海水温度和热量异常图作为预测输入资料，以 Niño3.4 指数（赤道太平洋中部海域的海表温度异常变化）

为指标，实现了对 ENSO 事件长达 1.5 年的精确预测。Min Ye 等提出了 MS-CNN 网络，通过自适应地调整卷积核的大小来捕获不同尺度的信息，构建了异构体系结构的并行深度卷积神经网络来预测 ENSO 现象，能够提前 1～20 个月进行 ENSO 预测。Jie Hu 等在 CNN 模型中引入了 Dropout 技术和残差连接模块，提出了 Res-CNN 模型，从而提高了模型的性能和稳定性，并利用同质迁移学习技术使模型的预测能力进一步提高，提前 20 个月预测出 ENSO 事件。由此可见，ENSO 预测使用的深度学习模型多数以 CNN 为基础。

除了 CNN，有学者以 LSTM 为基础对 ENSO 现象进行了预测，将 ENSO 预测视为一个时空序列预测问题，提出了一种基于新的局部-全局注意力模块（Local Global Attention Module，BGAM）和预报模型 MIM（Memory In Memory）网络的 ENSO 非平稳时空预测的编码器-解码器架构的深度学习模型，称作 ENSOMIM 模型，其结构如图 4-14 所示。该模型扩展了网络的感受野，实现了局部和全局交互的学习空间特性，并使用高阶非线性时空神经网络对长期时间序列特征进行编码。

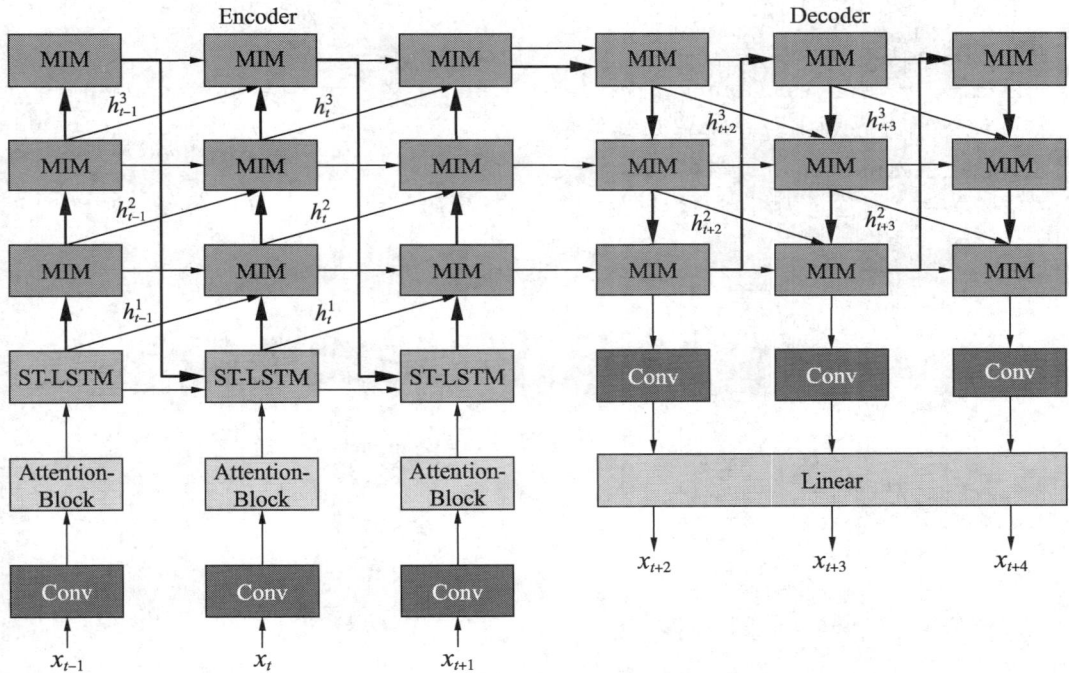

图 4-14   ENSOMIM 模型

考虑到 ENSO 预测因子，即海面温度和海洋热含量，受海洋内部动力学和外部环境因素的影响很大，同一海域某个网格点的温度变化不仅可以考虑周围网格点的影响，还需要考虑远程网格点的影响。因此沙雨等人引入了 BGAM，它由 MBConv（Mobile Inverted Bottleneck Convolution）模块、通道注意力模块（Channel Attention Module，CAM）和空间注意力模块（Spatial Attention Module，SAM）构成，其中，SAM 包括局部和全局注意力，可以更好地进行空间互动。CAM 和 SAM 分别用于进行通道和注意力的计算，不仅节省参数并且可以减少计算量，从而方便地集成到其他现有的网络架构中。

通过实验，ENSOMIM 模型在 15 个月的长期预测时间内显示出更高的相关性。在 1～14 个月的交付周期内，相关技能也超过了大多数深度学习模型和所有动态模型，在提前 20

个月的预测间隔内取得了最佳结果。

除了以 CNN 和 LSTM 为基础的模型,还有学者尝试使用其他深度学习模型进行 ENSO 预测。Feng Ye 等人首次将 Transformer 引入 ENSO 预测工作,将 CNN 学习局部特征的能力与 Transformer 远程依赖学习的能力相结合,从而提升模型的预测效果。

Transformer 是一种基于注意力机制的神经网络架构,最初是由 Ashish Vaswani 等人在 2017 年提出的。它成为现代深度学习模式的关键架构之一,迅速引起了自然语言处理 (Natural Language Processing,NLP)领域的广泛关注。

基于 Transformer 架构的模型由多个 Transformer 模块堆叠而成,每个 Transformer 模块由多头自注意力机制(Multi-Head Attention)和多层感知机(Multi-Layer Perceptron,MLP)两个子层组成。其中,多头自注意力机制是 Transformer 的核心模块,能够捕捉序列中所有位置之间的全局依赖关系。多层感知机是一个两层的全连接网络(Linear),中间经过一个激活函数(如 ReLU 函数),主要用于非线性变换,如图 4-15 所示。这两个子层都包含残差连接和层归一化(Layer Normalization,LN),用于加速训练和稳定模型,最终的 Transformer 模块如图 4-16 所示。

自注意力机制是 Transformer 的核心,它通过计算输入序列中每个位置与其他位置之间的注意力得分来生成加权表示,捕捉全局依赖关系。自注意力机制的示意图如图 4-17 所示。

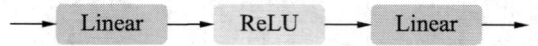

图 4-15　多层感知机(激活函数使用 ReLU)

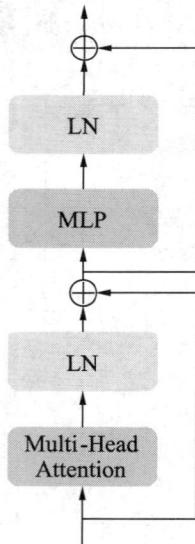

图 4-16　Transformer 模块

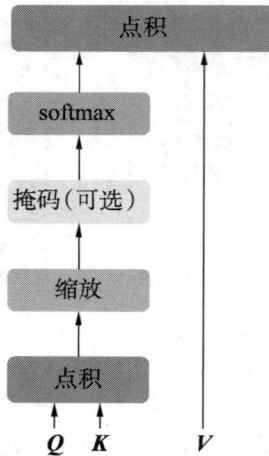

图 4-17　自注意力机制

对于输入序列 X,需要通过线性变换生成查询矩阵(Query)、键矩阵(Key)和值矩阵(Value),其计算公式如下:

$$Q = XW^Q \tag{4-12}$$

$$K = XW^K \tag{4-13}$$

$$V = XW^V \tag{4-14}$$

其中,W^Q、W^K、W^V 是可训练的权重矩阵。Query 和 Key 之间计算出来的点积用于确定注意力权重，权重经过 softmax 激活函数归一化后对 Value 进行加权平均。这样，输出结果就可以反映出各要素在输入序列中对当前位置的影响。这一机制使得 Transformer 可以对整个序列进行并行处理，捕捉到长距离依赖关系，从而有更好的全局理解能力。此外，为了增强模型的泛化性，自注意力机制通过掩码进行操作，即遮掩一部分的数据，掩码操作部分是可选的。自注意力机制公式如下：

$$\text{Attention}(\boldsymbol{Q},\boldsymbol{K},\boldsymbol{V}) = \text{softmax}\left(\frac{\boldsymbol{Q}\boldsymbol{K}^{\text{T}}}{\sqrt{d_k}}\right)\boldsymbol{V} \tag{4-15}$$

其中，Attention 表示自注意力机制，$\boldsymbol{Q}$ 表示 Query，$\boldsymbol{K}$ 代表 Key，$\boldsymbol{V}$ 代表 Key，softmax 是指对一个实数矩阵进行变换，然后将结果归一化，使结果中各元素的值介于 0～1，所有元素的和等于 1 的函数，$\sqrt{d_k}$ 表示 $\boldsymbol{Q}$ 矩阵维度的平方根，用来缩放 $\boldsymbol{Q}$ 和 $\boldsymbol{K}$ 的点积，其目的是确保每个序列元素的注意力权重不会过大，以保持计算的稳定性。

多头自注意力机制在自注意力机制的基础上，通过多组查询、键和值的组合，进行多个不同的注意力计算，最后将它们的输出拼接并进行线性变换，公式如下：

$$\text{MultiHead}(\boldsymbol{Q},\boldsymbol{K},\boldsymbol{V}) = \text{Concat}(\text{head}_1,\text{head}_2,\cdots,\text{head}_h,)\boldsymbol{W}^o \tag{4-16}$$

其中，$\text{head}_i = \text{Attention}(\boldsymbol{Q}\boldsymbol{W}_i^Q,\boldsymbol{K}\boldsymbol{W}_i^K,\boldsymbol{V}\boldsymbol{W}_i^V)$，$\boldsymbol{W}^o$ 是可训练的权重矩阵。

下面是 Transformer 模块的具体代码，用 Transformer 模块搭建 Transformer 模型可结合实际情况，代码包括多头自注意力机制和多层感知机，需要导入的库和 U-Net 代码一样。首先定义多头自注意力机制。

```python
class Attention(nn.Module):
    def __init__(self, embed_size, num_heads):
        """
        参数解释：
            embed_size: 嵌入大小
            num_heads: 注意力头数
        """
        super(MultiHeadSelfAttention, self).__init__()
        # 确保嵌入大小可以被头数整除
        assert embed_size % num_heads == 0, "Embedding size needs to be divisible by num_heads"

        self.num_heads = num_heads
        self.head_dim = embed_size // num_heads        # 每个注意力头的维度
        # 定义线性层，用于计算 Q（queries）、K（keys）和 V（values）
        self.values = nn.Linear(embed_size, embed_size, bias=False)
        self.keys = nn.Linear(embed_size, embed_size, bias=False)
        self.queries = nn.Linear(embed_size, embed_size, bias=False)

        # 最后的线性层，用于输出多头注意力的结果
        self.fc_out = nn.Linear(embed_size, embed_size)

    def forward(self, values, keys, queries, mask):
        """
        参数解释：
        values: V 矩阵
        keys: K 矩阵
        queries: Q 矩阵
        mask: 掩码
        """
```

```
        N = queries.shape[0]                              # 获取批次大小
        value_len, key_len, query_len = values.shape[1], keys.shape[1],
queries.shape[1]
        # 将 Q、K 和 V 分成多头（num_heads）独立计算
        values = self.values(values).view(N, value_len, self.num_heads,
self.head_dim)
        keys = self.keys(keys).view(N, key_len, self.num_heads,
self.head_dim)
        queries = self.queries(queries).view(N, query_len, self.num_heads,
self.head_dim)
        # 计算注意力分数
        energy = torch.einsum("nqhd,nkhd->nhqk", [queries, keys])

        # 如果有掩码（mask），则使用掩码过滤不需要的部分
        if mask is not None:
           energy = energy.masked_fill(mask == 0, float("-1e20"))
        # 对每个注意力头的分数进行 softmax 归一化
        attention = torch.softmax(energy / (self.head_dim ** 0.5), dim=3)

        # 计算加权和
        out = torch.einsum("nhql,nlhd->nqhd", [attention, values]).reshape(N,
query_len, self.num_heads * self.head_dim)

        # 通过线性层输出结果
        out = self.fc_out(out)
        return out
```

接着定义多层感知机。

```
class MLP(nn.Module):
    def __init__(self, embed_size, forward_expansion):
        super(FeedForward, self).__init__()

        # 定义两个线性层，中间应用 ReLU 激活函数作为激活层
        self.fc1 = nn.Linear(embed_size, forward_expansion * embed_size)
        self.fc2 = nn.Linear(forward_expansion * embed_size, embed_size)

    def forward(self, x):
      x = F.relu(self.fc1(x))      # 通过第一个线性层并应用 ReLU 激活函数作为激活层
      x = self.fc2(x)              # 通过第二个线性层
      return x
```

最后将多头自注意力机制和多层感知机进行整合，形成一个 Transformer 模块，在输入之前还会添加位置嵌入。

```
class TransformerBlock(nn.Module):
    def __init__(self, embed_size, num_heads, forward_expansion, dropout):
        super(TransformerBlock, self).__init__()

        # 实例化多头自注意力机制
        self.attention = Attention(embed_size, num_heads)

        # 定义 LayerNorm 层，用于规范化处理
        self.norm1 = nn.LayerNorm(embed_size)
        self.norm2 = nn.LayerNorm(embed_size)

        # 实例化多层感知机
        self.feed_forward = MLP(embed_size, forward_expansion)

        # Dropout 层，防止过拟合
```

```
        self.dropout = nn.Dropout(dropout)

    def forward(self, value, key, query, mask):
        # 计算多头自注意力结果并加上残差连接和 LayerNorm
        attention = self.attention(value, key, query, mask)
        x = self.dropout(self.norm1(attention) + query)        # 残差连接
        # 通过多层感知机计算特征并加上残差连接和 LayerNorm
        forward = self.feed_forward(x)
        out = self.dropout(self.norm2(forward) + x)            # 残差连接

        return out
```

下面是使用示例，读者可以根据实际情况去使用模型。

```
embed_size = 256
num_heads = 8
forward_expansion = 4
dropout = 0.1
x = torch.rand(64, 10, embed_size)
transformer = TransformerBlock(embed_size, num_heads, forward_expansion,
dropout)
out = transformer(x, x, x, mask=None)
print(out.shape)
```

在 Transformer 模型中，由于输入序列并行处理的特性，模型本身没有顺序信息，这与传统的 RNN 不同，后者会依赖输入序列的顺序进行递归处理。因此，为了让模型了解序列中的每个元素的位置信息，位置嵌入（Positional Embedding）被引入，它是 Transformer 模型的关键组成部分，能够使模型更好地处理顺序敏感的任务。添加位置嵌入最常见的方法是基于正弦和余弦的固定位置嵌入，读者可以在张量输入 Transformer 之前添加位置嵌入。代码如下：

```
# 定义位置嵌入类
class PositionalEncoding(nn.Module):
    def __init__(self, d_model, max_len=5000):
"""
参数解释：
    d_model: 位置嵌入的维度大小
    max_len: 位置嵌入的最大长度
"""
        super(PositionalEncoding, self).__init__()
# 初始化一个 max_len×d_model 的全零张量，用来存储位置嵌入
        self.encoding = torch.zeros(max_len, d_model)
# 创建一个长度为 max_len 的位置索引数组，大小为 (max_len, 1)
        self.encoding.requires_grad = False
# 计算频率项，形状为 (embed_size // 2,)
        position = torch.arange(0, max_len).float().unsqueeze(1)
        div_term = (torch.arange(0, d_model, 2).float() * -(math.log(10000.0)
/ d_model)).exp()
# 对偶数位置应用 sin 函数
        self.encoding[:, 0::2] = torch.sin(position * div_term)
# 对奇数位置应用 cos 函数
        self.encoding[:, 1::2] = torch.cos(position * div_term)
        self.encoding = self.encoding.unsqueeze(0)

    def forward(self, x):
"""
参数解释：
```

```
        x: 输入张量，形状为 (batch_size, seq_len, embed_size)
    输出:
带有位置嵌入的输入张量
    """
    # x.shape[1]是输入序列的长度 seq_len，将相应长度的固定位置嵌入输入中
    return x + self.encoding[:, :x.size(1), :].to(x.device)
```

为了将 Transformer 应用到更多领域，许多学者提出了许多 Transformer 的变体。Vision Transformer（ViT）就是 Transformer 的经典变体之一，它将 Transformer 中的适用数据集类型从文本拓展到图像，从而将 Transformer 的应用范围拓展到图像分类等基于图像的应用。ViT 将图像分成大小相等的图像块并将其转化成序列输入 Transformer 模块，然后计算图像块之间的全局自注意力。但 ViT 的时间复杂度与图像大小的二次方成正比，这限制了 Transformer 在图像中的进一步应用。

SwinAt-UNet 模型中的 Swin Transformer 在 Vision Transformer 的基础上运用窗口自注意力，即在比图片小的固定窗口计算注意力，相比于全局自注意力，窗口自注意力在保证捕获全局性能的同时减少了计算量。在 Swin Transformer 中，Swin Transformer 模块是成对出现的，如图 4-18 所示。

在这一对连续的 Swin Transformer 模块中，第一个用的是窗口多头自注意力机制（Windows Multi-Head Self-Attention，W-MSA），在每一个窗口中进行自注意力机制的计算；第二个用的是带偏移的窗口多头自注意力机制（Shifted Windows Multi-Head Self-Attention，SW-MSA），用于窗口与窗口之间的信息传递。一对 Swin Transformer 模块的计算公式如下。

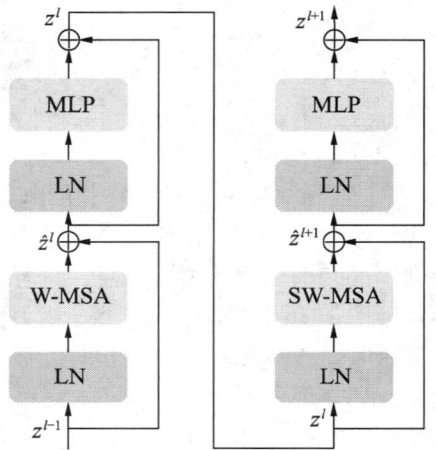

图 4-18　一对 Swin Transformer 模块

$$\hat{z}^l = W-MSA(LN(z^{l-1})) + z^{l-1} \tag{4-17}$$

$$z^l = MLP(LN(\hat{z}^l)) + \hat{z}^l \tag{4-18}$$

$$\hat{z}^{l+1} = SW-MSA(LN(z^l)) + z^l \tag{4-19}$$

$$z^{l+1} = MLP(LN(\hat{z}^{l+1})) + \hat{z}^{l+1} \tag{4-20}$$

其中，MLP 表示多层感知机，LN 表示层归一化，$\hat{z}^l$ 和 z^l 分别表示 W-MSA 和多层感知机的输出特征，$\hat{z}^{l+1}$ 和 z^{l+1} 分别表示 SW-MSA 和多层感知机的输出特征。

4.3.2　季风预测

季风是热带地区一种显著的风向随季节变化而变化的现象，通常与当地雨季和旱季的形成有密切关系。亚洲季风是全球最显著的季风系统之一，主要影响南亚、东南亚和东亚的广大地区。季风的风向变化主要是由于陆地和海洋之间的热力差异引起的。在夏季，陆地受到太阳辐射加热，形成热低压，吸引海洋上的冷空气流过来，形成季风降水；而在冬季，陆地相对较冷，形成冷高压，风从陆地吹向海洋。季风预测对于农业、经济发展和防灾减灾具有重要意义，尤其在亚洲和非洲等季风主导的区域尤为重要。

除了以数值天气预报为首的动力学模型之外，季风预测的另一个传统方法是统计学方

法，它通过分析历史气象数据和季风的统计特征来建立预测模型，常用的统计学方法有回归分析、自回归积分滑动平均（Autoregressive Integrated Moving Average，ARIMA）模型和经验正交函数（Empirical Orthogonal Function，EOF）分析等。但季风系统与海洋、陆地、大气多尺度相互作用，单纯的统计学方法难以捕捉到所有影响因素，导致预测精度不够理想，而且统计模型无法很好地处理气候系统中的复杂非线性和多变性，这限制了它在长期预测中的应用。因此很多学者使用人工智能方法进行季风预测，而且主要研究区域是印度。

Vijay P. Singh 等人使用人工神经网络对印度夏季季风进行预测，并使用时间序列数据集，通过时间序列分析的方式成功预测了 1995 年到 2000 年期间季风带来的季节性降雨量，这有利于提前预测干旱和洪水等事件。Yajnaseni Dash 等人通过线性回归、人工神经网络和极限学习机（Extreme Learning Machine，ELM）3 个传统机器学习方法来预测印度半岛地区 1990 年至 2016 年 10 月、11 月和 12 月期间的东北季风及其产生的降雨，使用全球海面温度（Sea Surface Temperature，SST）异常作为预测因子，并使用主成分分析进行数据集降维，结果表明，3 个传统机器学习方法提升了季风预测能力，并且在长期气候预测任务中的表现同样出色。Moumita Saha 等人使用堆叠式自编码器模型、集成回归树和集成决策树来预测印度夏季季风，并充分利用海面温度、海平面气压和纬向风等预测因子，从而可以提前 2 个月准确地预测出季风。其中集成回归树和集成决策树分别将回归树和决策树使用 Bagging 方法进行集成处理，提高了预测的稳定性和准确性，而且避免了过拟合。

也有学者研究东亚区域的季风。例如，Yuheng Tang 等人使用 CNN 模型，并利用迁移学习预测东亚夏季季风，实验结果表明，该模型在预测东亚夏季季风方面表现良好，提前一年的预测结果甚至可以超过 95% 的置信水平。

4.3.3　干旱预测

干旱对人类的危害是多方面的，不仅影响农业生产、水资源供应和生态系统，还会对人类健康、经济和社会稳定构成威胁。干旱预测有助于提前预警，帮助相关部门采取应对措施，如合理分配水资源和调整农业生产，减少灾害带来的影响，因此对极端天气进行预测已成为人类的基本需求。人工智能的发展使极端天气预报有了更好的表现。例如，Najeebullah Khan 等人使用支持向量机、人工神经网络和 k 近邻 3 种传统机器学习方法对巴基斯坦地区进行干旱预测，预测结果表明，与人工神经网络和 k 近邻相比，支持向量机能够更好地捕捉干旱的时间特征和空间特征，干旱预测性能最好。Ravinesh C. Deo 等人利用极限学习机来预测澳大利亚东部地区有效旱情指数（Effective Drought Index，EDI），有效地减少了平均决定系数、平均方根误差及平均绝对性误差。Seonyoung Park 等人使用随机森林、增强回归树（Boosted Regression Trees，BRT）等机器学习方法对美国不同气候区域进行时间尺度为 1～12 个月的标准化降水指数预测，结果表明，随机森林产生了最好的性能用于标准化降水指数预测，此研究对美国干旱的预防有重要的推动意义。其中，增强回归树通过逐步构建多个弱回归树模型（每个树的预测能力相对较弱），将每棵树的预测误差用于训练下一棵树，从而不断优化模型性能，最终的预测结果是所有树的加权和，增强回归树能够在处理复杂的非线性关系时提高预测精度。除了传统机器学习外，也有学者使用深度学习方法进行干旱预测。

Yogesh Dhyani 等人将 CNN 和 LSTM 模型进行结合，提出 TD-CNN（Time Distributed-

Convolutional Neural Network）模型，并将 TD-CNN 和 LSTM 进一步结合进行干旱预测。TD-CNN 用于将连续图像作为输入并生成后续的连续输出。它基本上有多个并行的 CNN 以不同的权重独立工作。通过找出连续输入之间的关系并将提取的特征输入 LSTM，找到下一幅图像的类别。模型准确率高达 96%，表明模型能够识别干旱情况，并采用适当的抗旱策略，以帮助减轻干旱影响。Abhirup Dikshit 等人将 LSTM 模型进行堆叠，用堆叠后的模型对澳大利亚新南威尔士州地区进行标准降水蒸发指数（Standardized Precipitation Evapotranspiration Index，SPEI）这个干旱指标的预测，结果表明堆叠 LSTM 模型可以提前 1～12 个月进行有效预测。

4.4　人工智能在气象数据处理中的应用

气象数据处理是指将大量从气象站、卫星、雷达等多源观测设备上收集的复杂数据进行质量控制、格式化、分析和建模的系统性过程。该过程不仅包括对历史数据的分析，还涵盖对实时数据的处理与预报生成。由于气象数据的高维度、非线性及时空相关性，气象数据处理的准确性和效率对气候预测、天气预报及自然灾害预警至关重要。

4.4.1　数据同化

数值天气预报等动力学模式对初始大气状态高度敏感，糟糕的初始场会严重影响模式预报或预测的准确性，所以需要对模式的大气初始场进行优化，从而提高天气预报和气候预测的精度。数据同化通过将观测数据与动力学模式相结合，生成更加准确的初始大气状态，达到优化大气初始场的目的。

一个典型的数据同化例子就是欧洲中期天气预报中心（European Centre for Medium-Range Weather Forecasts，ECMWF）提供的第五代全球气候再分析数据集，简称 ERA5，如图 4-19 所示。它通过数据同化技术，将 ECMWF 预报数据与来自世界各地的观测结果合并为一个完整且一致的全球数据集，以产生新的对大气初始状态的最佳估计。目前，ERA5 提供着公认最为精准的全球数值模式预报结果，其格点数据预报结果已被应用于世界各地气象机构和相关行业。

传统的数据同化方法主要有三维变分法（Three-Dimensional Variational Method，3DVAR）、四维变分法（Four-Dimensional Variational Method，4DVAR）和卡尔曼滤波（Kalman Filter，KF）等，但在处理复杂非线性关系时表现有限并且计算复杂度较高，难以高效应对大规模和高维数据，而人工智能方法则能够弥补传统数据同化方法的缺陷。

在传统机器学习方法的实例中，Mohamad Moosavi 等人利用随机森林方法和集合卡尔曼滤波数据同化方法对局部化函数的定位半径进行适应性调整，使同化质量在时间、空间两个情境条件下得到进一步改善，对 Lorenz-96 模式和准地转模式进行的同化实验显示出随机森林方法在数据同化方面的潜力。Rosangela Cintra 等人以人工神经网络代替局部集成转换卡尔曼滤波（Local Ensemble Transform Kalman Filter，LETKF）方法，对美国佛罗里达州立大学的全球大气模式进行同化实验，结果显示人工神经网络的同化结果与局部集成转换卡尔曼滤波类似，但计算效率比局部集成转换卡尔曼滤波更高。Yu-Ju Lee 等人利用支持向量机等机器学习方法，对全球预报系统的天气预报模型进行同化，通过在感兴趣区域放置高分辨率卫星观测数据，使数据同化产生更好的结果，提高了模型预报性能。

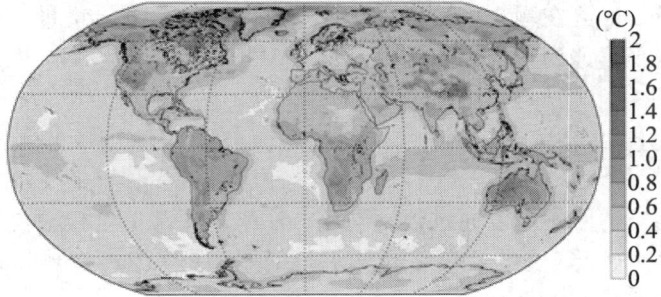

图 4-19　第五代 ECMWF 全球气候再分析结果[①]

也有学者使用深度学习方法进行数据同化。德国气象局的研究者开发了一种新的人工智能增强的数据同化方法，该方法通过深度学习技术，将数据同化过程直接集成到神经网络中，利用变分数据同化框架，这种方法被称为 AI-Var。它训练神经网络以最小化变分代价函数，从而无须依赖预先存在的分析数据集即可执行数据同化。Rossella Arcucci 等人使用深度神经网络来学习资料同化过程，这种方法使得预报模式误差在每一次迭代过程中都可以不断减少。Mathis Peyron 等人将自编码器与卡尔曼滤波进行结合，对 Lorenz 96 模型动力系统进行同化，该方法不仅降低了计算成本，而且提供了更好的同化精度。Amina Benaceur 等人使用 LSTM-RNN 深度学习模型进行数据同化，模型是将 LSTM 模块以 RNN 的形式进行串联，增强了同化性能并提高了泛化性。Xiaoze Xu 等人针对伏羲气象大模型提出了 FuXi-DA 数据同化框架（如图 4-20 所示），并将风云四号卫星观测数据作为融合对象。实验结果表明，融合卫星观测数据之后，伏羲大模型的短期预报和长期预报的误差都显著减少，准确性得到了提高。

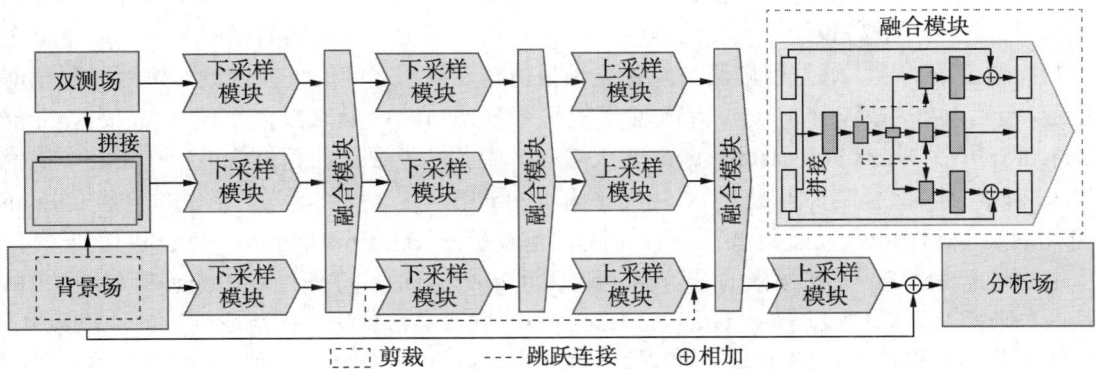

图 4-20　FuXi-DA 数据同化框架[②]

① https://cds.climate.copernicus.eu/datasets.
② Xu X, Sun X, Han W, et al. Fuxi-DA: A Generalized Deep Learning Data Assimilation Framework for Assimilating Satellite Observations[J]. arXiv preprint arXiv：2404．08522，2024.

FuXi-DA 采用三个分支的 U-Net 架构，通过将初始态和观测数据转换到统一的潜在空间，避免了将观测数据插入初始态所带来的误差，同时自动学习初始态和观测数据的权重，以增量学习的方式优化数据同化过程。输入的初始态和观测数据经过编码和重塑，通过下采样和上采样阶段，最终在融合模块中进行信息整合，输出分析增量。这个过程不仅提高了计算效率，还减少了人为和计算资源的消耗。

4.4.2　偏差订正

虽然模式初始场的问题可以通过数据同化方法来解决，但是模型自身的缺陷使得模式误差依然存在，因此对天气预报和气候预测进行偏差订正（Bias Correction）以获得更加准确的结果具有重要意义。

偏差订正是弥合误差的一个重要技术，它能够在预报和预测的时效性和可用性的基础上进一步提升预报的准确率。偏差订正的目标是通过历史数据分析预报或预测结果中的系统误差模式，并在生成预报或预测结果后进行统计修正，以减少这些偏差，所以偏差订正也属于天气预报和气候预测的数据后处理操作。

如今偏差订正技术大多是基于统计学方法，因此统计学方法仍然是偏差订正的主流方法。用于偏差订正的统计学方法有分位数德尔塔映射（Quantile Delta Mapping，QDM）、比例分布映射（Scale Distribution Mapping，SDM）、分位数映射、最优百分位、一维线性回归方程以及模式距平积分预报订正（Anomaly Numerical-correction with Observations，ANO）等。但是统计学方法在处理误差的过程中存在明显的地域差别和时间差别，对于大气状况变化比较大的区域或者时间段，统计学方法往往显示出较大的不确定性，其订正效果显著下降。因此有很多学者开始研究人工智能方法在偏差订正上的应用。

传统机器学习方法是通过手动提取并分析预报值中与偏差有关的特征，学习样本各特征之间的关系，利用特征对预报值进行订正，在订正工作中得到了广泛应用。Dongjin Cho 等人使用随机森林、支持向量回归（Support Vector Regression，SVR）、人工神经网络来校正韩国首尔次日最高和最低气温的数值天气预报值。其中，支持向量回归是支持向量机在回归问题上的扩展，通过回归函数，建立预报值与真实值之间的关系函数，进而对预报值进行校正。Oliver Watt-Meyer 等人使用随机森林对 FV3 全球预报系统（Finite-Volume Cubed-Sphere Global Forecast System，FV3GFS）中各气象要素的预报值进行订正。李德伦等人将随机森林、极端梯度提升（XGBoost）和 LightGBM 这 3 种机器学习算法结合 Spearman 相关系数和 XGBoost 特征重要性混合的特征选择方法（SpearmanXgb），对欧洲中期天气预报中心（ECMWF）模式预报的广西春夏距地面 2m 气温进行订正。XGBoost 和 LightGBM 是两种非常流行的梯度提升（Gradient Boosting）机器学习算法，广泛应用于各种任务中，包括预测和数据订正。XGBoost 通过逐步优化来提高订正准确性，适合各种规模的数据；LightGBM 速度更快，占用更少内存，特别适合处理大规模数据。

现在深度学习方法也开始运用到偏差订正中并取得了一定的效果，为偏差订正的发展提供了新途径。其中，U-Net 是深度学习订正方法的一大分支。例如，Xiao-xiong You 等人运用 U-Net 模型对降水预报进行订正，Zhu Yanhe 等人运用 U-Net 模型对新疆地面气温预报进行订正，Philipp Hess 等人运用 U-Net 模型和基于频率的损失函数加权方法对数值天气预报的降雨预报值进行订正。

也有一些学者对 U-Net 模型进行了改良。例如，陈明轩等人在 U-Net 模型的基础上引入了子像素上采样操作（如图 4-21 所示），由此提出了 CU-Net 模型，该模型结构如图 4-22 所示。其中，DownConv 模块由两个卷积层（卷积层由卷积操作和 ReLU 激活函数组成）和最大池化层组成，UpConv 模块由子像素上采样操作、拼接操作和两个卷积层组成。陈明轩对 U-Net 的唯一改变是用子像素上采样代替插值上采样。插值上采样是通过插值算法（如双线性插值）对特征进行上采样，但插值算法仅使用手工制作的权重矩阵进行上采样，而子像素上采样能够学习更好、更复杂的映射权重矩阵来进行上采样。

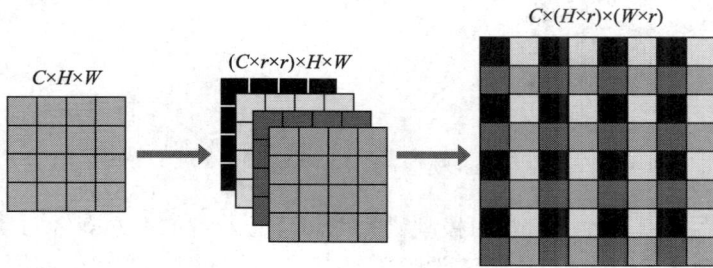

图 4-21　子像素上采样操作

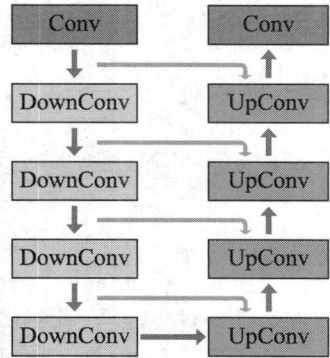

图 4-22　CU-Net 模型

实验选用 ECMWF 的集成预报系统（ECMWF Integrated Forecasting System，ECMWF-IFS）中距地面 2m 气温、2m 相对湿度、10m 风速和 10m 风向的预报值作为订正对象，选用 ERA5 数据集作为标签，并与传统方法 ANO 作对比。实验结果显示，在 24 小时至 240 小时的所有预报提前期中，CU-Net 改进了 ECMWF-IFS 对四个气象要素的预报性能，而 ANO 仅改进了 ECMWF-IFS 对 2m 气温和 2m 相对湿度的预报性能。

陈明轩等人又在 CU-Net 的基础上引入了稠密卷积模块，具体地说就是将 DownConv 模块中的两个卷积层换成一个稠密卷积模块，提出 Dense-CUnet，其结构如图 4-23 所示。稠密卷积模块是一种具有紧密连接性质的卷积神经网络，该结构是在卷积层的基础上通过建立前、后层数据的密集连接来完成特征在数据间通道维度上的复用。

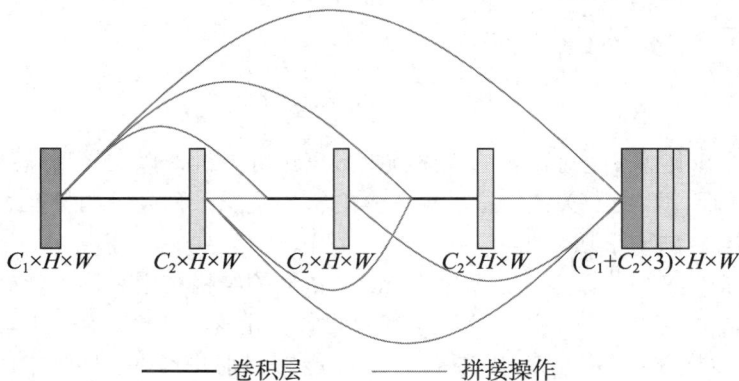

图 4-23　稠密卷积模块

除此之外，陈明轩等人还将 Dense-CUnet 与 CU-Net 结合起来提出了 Fuse-CUnet，并将多种气象要素作为模型输入，用于上述气象要素进行多要素补偿订正，如图 4-24 所示。实验所用数据与 CU-Net 一样，实验结果显示，相比于 CU-Net，Dense-CUnet 的订正效果进一步提升，而 Fuse-CUnet 的订正效果相比 Dense-CUnet 又有进一步提升。

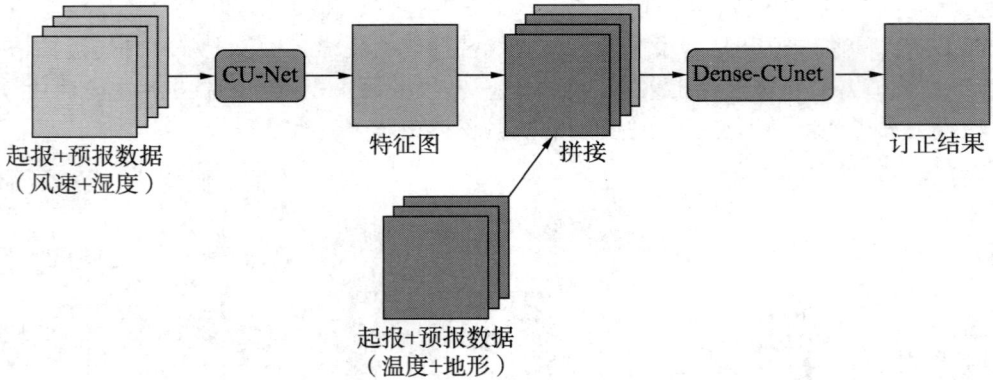

图 4-24　Fuse-CUnet 模型

除了 U-Net 之外，还有学者使用其他深度学习模型进行偏差订正。例如，袁众针对现有温度偏差订正方法无法充分融合多要素信息、无法学习历史误差分布随时间变化的问题，提出了一种多要素融合的偏差订正模型（Temporal Multivariate Correction Net，TMC-Net），如图 4-25 所示，其整体的流程为编码阶段（Encoder）—Transformer—解码阶段（Decoder）。此外，为了充分考虑时间信息和多要素信息，袁众设计了 3 个模块：时间信息提取模块、多尺度特征融合模块和一种基于 Transformer 的高阶特征融合模块。

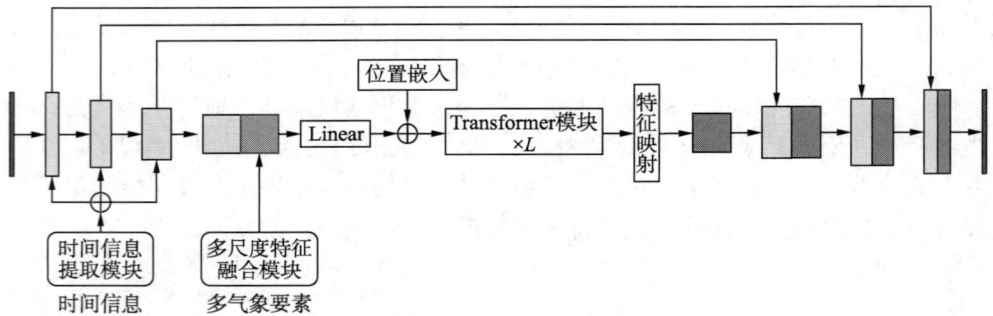

图 4-25　TMC-Net 模型

在编码阶段，模型首先对输入的气象预报数据进行降维，以减轻后续计算负担，简化模型复杂度，并保留数据的关键特征。编码器的输出是一系列高维的特征表示，这些特征捕捉了气象数据的本质属性。

紧接着，TMC-Net 的核心部分基于 Transformer 的结构被用来进一步处理这些特征。Transformer 模块的设计允许它并行处理序列中的所有元素，这一优点在处理大规模气象数据时尤其重要。通过自注意力机制，Transformer 能够识别并聚焦于序列中的关键信息，自动强调不同气象要素之间的相互关系。这种处理方式相比传统的卷积神经网络等结构，能更有效地识别和利用气象特征的重要性，从而为解码器传递更加有效的信息。

在解码阶段，解码器利用从 Transformer 中得到的高阶特征，生成最终的预报订正结果。

这一阶段的目的是将高阶特征转化为具体的预报误差订正值,从而提高预测的准确性和可靠性。

为了强化模型对时间信息的理解,TMC-Net 在 Encoder 阶段融入了时间信息提取模块提取的时间信息,将时间信息提取模块的特征与模型下采样的特征相结合,通过相加操作融入模型中。这种方式不仅保留了原始特征的重要信息,还加入了时间维度的重要提示,从而增强了模型对时间变化的响应能力,而且能够识别和记忆历史上在相似时间点出现的误差分布模式。这种对时间信息的充分利用,使得 TMC-Net 在进行误差订正时更加精准,能够考虑到时间变化对误差分布的影响。

除此之外,为了提升模型对不同尺度特征的处理能力,作者设计了一个多尺度特征融合模块。该模块能够整合不同来源和尺度的气象要素信息,如温度、湿度、风速等,确保在订正过程中能够充分考虑这些要素之间的相互作用和关联性。多尺度特征融合模块的引入,进一步增强了 TMC-Net 对复杂气象数据的处理能力,有助于提取更加丰富和精细的特征信息。

实验采用的订正对象数据集包括 ECMWF 高分辨率预报系统(ECMWF High-Resolution Forecast System,ECMWF-HRES)、ECMWF 集合预报系统(ECMWF Ensemble Forecast System,ECMWF-ENS)、盘古气象大模型预报系统以及由 TMC-Net 提出的 MSPM-Diffusion 预报模型的预报结果。这 4 种预报模型作为本章设计的偏差订正模型的目标,其对应的真实值为对应时刻的 ERA5 再分析数据。

实验经过一系列综合评估,TMC-Net 在各个时间段上表现出了最佳的订正效果,特别是在处理时间连续性和捕捉气象变量动态变化方面,TMC-Net 显示出了卓越的性能。

4.4.3　降尺度

降尺度(Downscaling)是气象学中将大尺度气候或天气模型的输出数据,转换为更细致的局地信息的过程。降尺度技术的主要目的是从全球气候模型(Global Climate Model,GCM)或区域气候模型(Regional Climate Model,RCM)的粗分辨率数据中提取出具有更高空间分辨率的局部气象信息,进而提供更精准的天气和气候预测。

传统降尺度技术可以分为两大类:动力降尺度和统计降尺度。动力降尺度通过嵌套的方式将全球气候模型或区域气候模型的输出输入到更高分辨率的区域模型中,但计算成本高,并且高度依赖初始条件和边界条件的准确性。统计降尺度通过历史气象观测数据和大尺度气候模型输出之间的统计关系,建立一种函数映射关系,将大尺度输出映射到小尺度,但存在假设历史与未来气候关系不变的局限性且依赖高质量的历史观测数据。当气候发生突变时,统计方法容易失效。相比之下,人工智能降尺度方法的优势在于能够自动提取复杂的非线性关系,处理多变量和多尺度数据并显著提高计算效率。人工智能方法可以快速进行训练和预测,特别是在大数据背景下,能够更有效地进行高分辨率气象预报。

Chao Dong 等人首次提出了利用卷积神经网络来实现图像超分辨率重建的超分辨卷积神经网络(Super-Resolution Convolutional Neural Networks,SRCNN),如图 4-26 所示。超分辨卷积神经网络直接学习低分辨率图像和高分辨率图像之间的点对点的映射。首先对图像进行插值,得到与目标分辨率相同的图像,然后将插值后的图像作为网络的输入,通过插值和卷积神经网络,得到高分辨率的重建图像。SRCNN 作为一种成功的图像超分辨率(Super Resolution,SR)深度学习模型,无论是在速度还是恢复质量上,都表现出了比以往人工提取特征的模型更优越的性能。然而，插值本身需要耗费大量时间，而且高计算成本仍然阻碍了它的实际应用。Chao Dong 等人又在 SRCNN 的基础上提出了快速的超分辨卷积神经网络（Accelerating the Super-Resolution Convolutional Neural Network），其是以加速现有的 SRCNN 为目标的一种紧凑的沙漏型 CNN 结构，可以得到更快、更好的超分辨率。优化后的 SRCNN 效果显著，尤其是在速度上，通过他们训练的参数甚至可以在 CPU 上实现视频级的超分辨率而效果可以媲美 SRCNN。

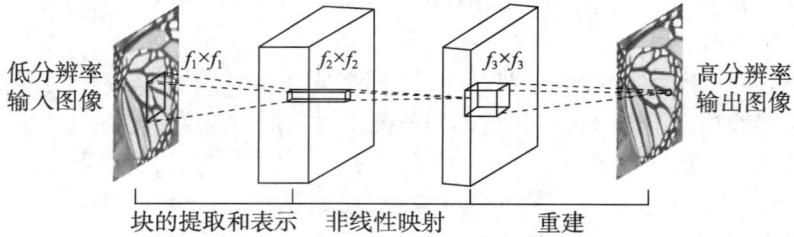

图 4-26　SRCNN 模型[①]

　　Christian Ledig 等人提出了 Photo-Realistic Single Image Super-Resolution Using a Generative Adversarial Network（SRGAN，也称作 SRResNet），它是生成对抗网络尝试解决超分辨重建的尝试。SRGAN 利用一个由视觉相似性驱动的内容损失函数来取代之前常用的每一个像素空间的像素值的相似性的损失函数，而且运用了感知损失函数，它由对抗性损失和内容损失组成。SRGAN 能够在很多公共基准数据集上取得很好的效果，能够重建并恢复超分辨率图片的真实纹理。Bee Lim 等人对 SRGAN 进行了优化，提出了增强深度的超分辨卷积神经网络（Enhanced Deep Super-Resolution，EDSR）方法。EDSR 模型的显著性能改进是通过在传统的残差网络中删除不必要的模块实现的，该模型能显著提高降尺度效率和效果。[①]

　　茅志仁提出了深度的降尺度模型，称作深度增强的统计降尺度模型（Statistical Downscaling using Very Deep Convolutional Network，VDSD），用于对降水分布图像进行降尺度而且效果显著，尤其是在重现降水分布图的细节纹理（重现气象数据的地理边缘信息）这个方面效果非常好。VDSD 模型如图 4-27 所示，它由堆叠的 VdBlock 子网络组成。VdBlock 将低分辨率气象数据插值到预测的尺度，与高分辨率地形数据合并成双通道作为网络的输入，然后利用深度卷积神经网络重建高分辨率细节信息。模型预测时将多个子尺度的 VdBlock 串联，从而实现大的超分辨尺度重建。茅志仁又在

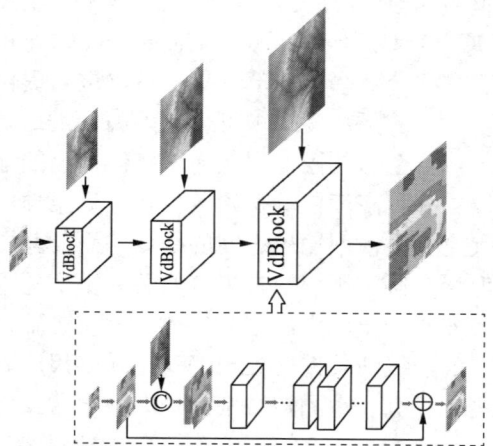

图 4-27　VDSD 模型[①]

VDSD 的基础上进一步提出了深度残差的统计降尺度模型（Statistical Downscaling using Deep

---

① 茅志仁. 基于深度学习图像超分辨的气象数据空间降尺度研究[D]. 武汉：武汉大学，2019.

Residual Convolutional Network，ResSD），通过在其中的 ResBlock 的网络头部加入特征提取的卷积层，减少了因插值而增加的计算复杂度。

4.4.4　气象报文

气象报文是气象站通过无线电、电话或网络等方式发送和接收的关于天气情况的编码信息。它们对于天气预报、气候研究和航空航海等活动至关重要。气象报文的种类包括航空例行天气报告测报（Meteorological Terminal Aviation Routine Weather Report，METAR）、特殊天气预报（Special Weather Report，SPECI）和终端机场天气预报（Terminal Aerodrome Forecast，TAF）等。随着气象观测数据的海量增加和复杂度的提升，传统的报文处理方法难以满足实时性和准确性的要求，人工智能方法能够自动解读、优化气象报文，提高气象预报的效率和精度。

例如，英国气象局（Met Office）引入了基于自然语言生成（Natural Language Generation，NLG）的人工智能系统，用于自动生成天气预报的文本报文。这个系统使用气象数据，并根据用户需求生成简洁易懂的文本。这些报文主要面向公众，特别是在极端天气事件发生时，能够自动产生高频率的天气报告。美国国家气象局推出了一款基于 CNN 的雷达数据自动生成报文系统。该系统能够自动分析雷达回波图像，提取关键气象信息，并自动生成标准化的气象报文。IBM Watson 系统使用自然语言处理技术结合图神经网络（Graph Neural Network，GNN）自动解析 TAF 和 METAR 气象报文，将气象报文中的编码信息自动转化为普通语言，为飞行员和航空管制员提供更直观的天气预报和实时天气状况信息。美国国家海洋和大气管理局采用 LSTM 模型对气象报文进行实时错误检测与修正，提高了气象数据的准确性，在暴雨、雷暴等极端天气下的效果也很好。中国气象局结合 CNN、LSTM 和 GAN 深度学习模型生成台风预警报文，大幅提高了台风预警的效率。此外，中国气象局还开发了一款基于多源数据融合的气象报文生成系统，它通过自编码器模型自动融合来自卫星、雷达、地面站的气象观测数据并处理高维数据，从而提取出关键气象特征，自动生成符合国际气象组织标准的气象报文。此系统大大减少了人工处理数据的时间，从而确保报文的实时性和准确性，特别是在复杂天气情况下表现尤为突出。简俊等人使用多层感知机和最小二乘法进行回归拟合，并结合自然语言生成技术，将不直观的专业海上风速预报数据转化为友好易懂的分析报文，提高了气象预报服务的时效性和合理性。欧洲空间局（European Space Agency，ESA）采用基于自编码器和 CNN 的深度学习模型来减少冗余信息的传输，从而加速报文的传递，该模型应用于气象卫星数据的实时传输，能够大幅减少数据传输所需的时间，使全球气象预报中心能够更快获取关键的卫星数据。

4.5　人工智能在气象观测和识别中的应用

在气象观测和识别领域，准确、快速地识别云状特征和天气系统对于提高天气预报的精度以及灾害预警的及时性至关重要。然而，传统的气象识别方法主要依赖于人工经验、基于规则的算法和统计学模型，难以处理海量数据和复杂的天气变化情况，并且缺乏自动学习和自适应能力。人工智能技术的兴起为气象观测识别带来了全新的解决方案。

4.5.1　云状识别与分类

云状识别与分类是气象学中的一个重要任务，传统上通过人工观察或基于规则的方法来实现。然而，随着卫星成像和地面雷达数据的快速增长，使用人工智能方法进行云状分类变得越来越常见。人工智能方法能够高效处理大量复杂的云层图像和数据，自动化识别和分类云层种类，提高效率和准确性。

AICCA（AI-Driven Cloud Classification Atlas，AI 驱动的云分类图谱）就是典型的基于人工智能的例子，它是一个由人工智能驱动的云分类图谱，利用一种新颖的无监督云分类技术来自动分类云状。这项技术结合旋转不变的自编码器和层次聚合聚类，仅使用原始多光谱图像作为输入，生成基于光谱特性和空间纹理的云簇。这种方法不依赖于位置、季节/时间、衍生的物理属性或预设类别定义，而是通过人工智能来定义云类。

AICCA 的工作流程包括 4 个主要阶段，如图 4-28 所示。

（1）下载、存档并准备中分辨率成像光谱仪（Moderate Resolution Imaging Spectroradiometer，MODIS）数据：使用从美国国家航空航天局一级大气档案与分发系统（NASA Level-1 and Atmosphere Archive and Distribution System，LAADS）中下载校准和检索的 MODIS 产品，快速可靠地检索 2000 年至 2021 年间 801TB 的三种不同 MODIS 产品，将下载的数据存储在阿贡国家实验室。选择 6 个与云相关的近红外到热波段，并将每个条带细分为 6 个不重叠的 128×128 像素斑块。在海洋区域选择云像素大于 30%的补丁，并应用圆形掩码对旋转不变自动编码器进行最佳训练，从而得到补丁。

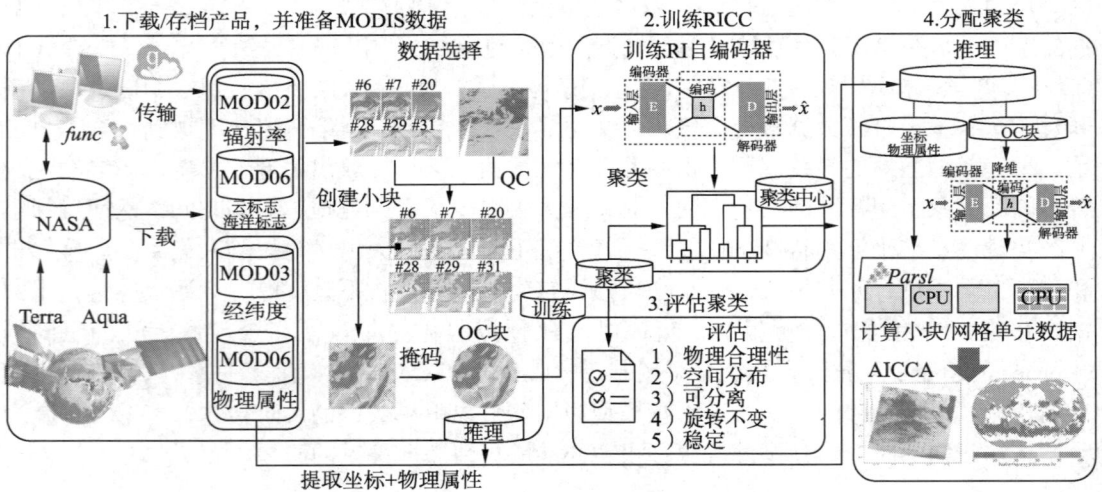

图 4-28　AICCA 的工作流程[①]

（2）训练旋转不变云聚类（Rotation-Invariant Cloud Clustering，RICC）数据集：在 1 百万随机选择的补丁上训练一个自动编码器，以生成潜在向量并对这些潜在向量进行聚类，以确定聚类质心。

① Kurihana T，Moyer E J，Foster I T．AICCA：AI-driven cloud classification atlas[J]．Remote Sensing，2022，14（22）：5690.

（3）评估集群：应用五个协议来评估产生的集群是否有意义和有用。

（4）分配集群：使用经过训练的自动编码器和质心为看不见的数据分配云标签，并使用 Parsl 并行 Python 库将推理过程扩展到数百个 CPU 节点和一个 GPU，生成 NetCDF 格式的 AICCA 数据集，然后计算每个补丁和每个 1×1 网格单元的物理属性和其他元数据信息。

除了 AICCA 之外，还有其他人工智能方法也可以进行云状识别分类。例如，Min Xia 等人提出了一种基于极值学习机和 k 近邻的云分类方案，从 4 种不同的天气条件中选择纹理特征、颜色特征和形状特征的 21 个特征参数进行分类。结果表明，将纹理特征、颜色特征和形状特征结合使用的新方案比单独使用这些特征或将其中的任意两个特征结合使用可以获得更好的性能。张飞等人使用深度卷积神经网络进行云状识别分类，对 6 类云型图像进行分类，深度卷积神经网络与 k 近邻和支持向量机两个传统机器学习方法相比，分类准确率大大增加。Jinglin Zhang 等人提出了一种新的卷积神经网络模型，称为 CloudNet（如图 4-29 所示），其由五个卷积层和两个全连接层组成。所用数据集由 11 个类别的地面云组成，还包括由人类活动产生的云，大量实验的评估表明，所提出的 CloudNet 模型在气象云分类方面可以取得良好的性能。Mehmet Guzel 等人将一系列 CNN 模型与迁移学习相结合，利用预训练和微调技术进行云的识别和分类，实验结果显示，预训练和微调技术可显著提高分类准确率，其中，Xception 模型的准确率最高，其他模型的准确率也达到了 90% 以上。

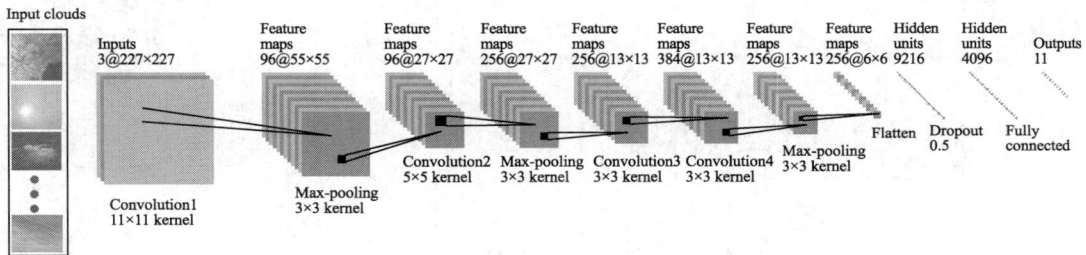

图 4-29　CloudNet 模型[①]

4.5.2　天气系统识别

天气系统识别是指通过分析气象数据和图像，识别和分类大气中存在的不同天气现象或系统的过程。天气系统是指大气中具有一定空间结构和时间演变规律的空气动力学现象，包括热带气旋、锋面系统、飑线、低压系统、高压脊、季风系统等，这些系统通常由多种气象要素共同作用，形成不同类型的天气模式。

天气系统识别的目标是通过对天气数据的分析，识别这些复杂的系统，进而进行天气预报和监测。这一过程可以通过多种手段实现，包括传统的人工观测、物理模型、卫星图像解析，近年来人工智能技术的快速发展使自动化和智能化的天气系统识别成为可能。

例如，美国国家海洋和大气管理局推出了一款基于人工智能的热带气旋识别和预测系统。该系统使用深度学习算法对卫星图像和历史气旋路径进行分析，并能够实时更新气旋

---

① Zhang J，Liu P，Zhang F，et al. CloudNet：Ground‐based cloud classification with deep convolutional neural network[J]. Geophysical Research Letters，2018，45（16）：8665-8672.

的预测轨迹和强度。英国气象局与牛津大学的研究团队联合开发了一种基于随机森林算法的锋面自动识别系统。该系统能够根据温度梯度、风场数据等参数，在短时间内自动标识锋面并预测锋面的移动和演变趋势。欧洲中期天气预报中心引入了基于深度学习的系统，用于识别和追踪大气中的高压和低压系统。通过分析气压场和气流场的历史数据，LSTM结合 CNN 对气压系统进行了自动化分类并预测这些系统对未来天气的影响。日本气象厅（Japan Meteorological Agency，JMA）与 IBM Watson 合作，开发了一个基于支持向量机和CNN 模型的风暴系统（如气旋、飓风等）识别与路径预测工具。该工具利用多源气象数据，包括雷达、卫星图像和气象站实时观测，能够快速识别出风暴的生成区域并预测其路径和强度。王晓洁设计了一种适合热带气旋检测的模型 TCDNet，如图 4-30 所示。该模型是在经典的 Faster R-CNN 网络框架的基础上改进而成，并利用聚类修改锚框比例，根据热带气旋的结构和尺度调整锚框大小，用 ResNet 替代原始 Faster R-CNN 中的 VGGNet，提取红外卫星图像中热带气旋的结构和亮温梯度特征。

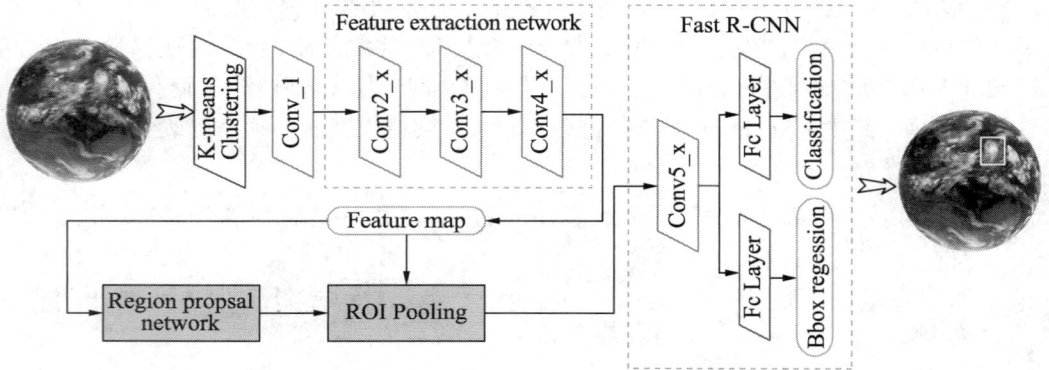

图 4-30　TCDNet 模型[①]

4.5.3　天气现象识别

天气现象是指大气中短时间内发生的具体气象活动，包括降雨、降雪、雷暴、冰雹、大风等。这些现象是天气系统运作的结果，直接影响人们的日常生活。天气现象识别则是利用观测设备（如卫星、雷达、地面传感器）或技术手段来自动检测和分类这些气象活动的过程。识别技术通过分析大气中的相关数据迅速判断出发生的具体天气现象，从而为气象预报和防灾减灾提供精准支持。传统识别方法依赖规则和经验，而现代识别方法则逐渐借助人工智能技术来提高准确性和效率。

在传统机器学习方法中，Andrea Lagorio 等人通过混合高斯模型将输入序列做傅里叶变换得到图像序列的动态天气特征，可以识别雪天和雾天这两类天气，但雪天的识别错误率非常高，达到 19.8%。Zichong Chen 等人将静态相机拍摄的全景图像的天气现象分为晴天、多云和阴天，首先提取天空区域，避免非天空区域的干扰，然后应用多核学习方法从多种特征中提取最优的图像特征子集，为了进一步提高识别性能，采用多通道主动学习策

---

① 王晓洁. 基于深度学习结合卫星资料的热带气旋定强和结构特征识别[D]. 金华：浙江师范大学，2021.

略获取训练集，最后通过支持向量机分类器识别晴天、多云和阴天，但数据集是从固定位置收集的，不能应用于其他场景。李骞等人提出了一种基于决策树和支持向量机的天气图像分类识别方法，通过提取饱和度、功率谱斜率、噪声和对比度等特征对天气图像进行分类识别。该方法已在包含数百幅图像的 Wild 数据集上进行了测试，雾和雨的识别错误率分别为 15% 和 25%，识别精度难以满足实际需求。此外，图像是在固定的位置拍摄的，而且图像的数量不够，缺乏泛化性和权威性。传统机器学习方法大多需要构建复杂的特征工程，并且手动提取各种天气特征，方法过于烦琐，并且普适性和泛化能力较弱。

CNN 等深度学习方法能够提取天气图像中抽象、丰富、深层次的天气特征和语义信息，进行端到端的天气现象识别，它们在很多方面优于传统机器学习的天气识别方法。Cewu Lu 等人将手工提取的天气特征与 CNN 提取的特征相结合，进一步提高了分类性能，识别精度可达 91.4%。Bin Zhao 等人通过分析单一天气标签图像分类的缺点和不同天气条件之间的共现关系，提出将天气识别作为一个多标签分类任务，提出了一种基于 CNN-RNN 的多标签分类方法，首先将 CNN 扩展为基于信道的注意力模型来提取最相关的视觉特征，接着采用 RNN 进一步处理特征，挖掘天气类别之间的依赖关系，最后对天气标签进行逐级预测。宣大伟将经典 CNN 模型与迁移学习结合，提出了迁移 CNN 天气识别方法，如图 4-31 所示，其流程如下：

首先通过 ImageNet 数据集对经典 CNN 模型进行预训练，并保存训练好的参数模型作为后续模型训练的初始化参数，然后将预训练模型全连接层之前的网络全部冻结，接着通过天气图像数据集对模型进行微调训练，最后得到迁移后的 CNN 模型进行天气现象识别。Keras 库中含有很多已训练好的经典模型，如 VGG16、GoogLeNet、ResNet50、MobileNet，在使用迁移学习时可以直接导入训练好的模型作为初始化模型参数，再添加全连接层就能够在新的天气图像数据集上进行微调训练。在天气图像数据集 WeatherDataset-6 和 WeatherDataset-6Plus 以及 GoogLeNet 和 MobileNet 两个经典 CNN 模型的实验结果显示，经过迁移学习，GoogLeNet 和 MobileNet 在两种数据集中的识别准确率都有所提升。

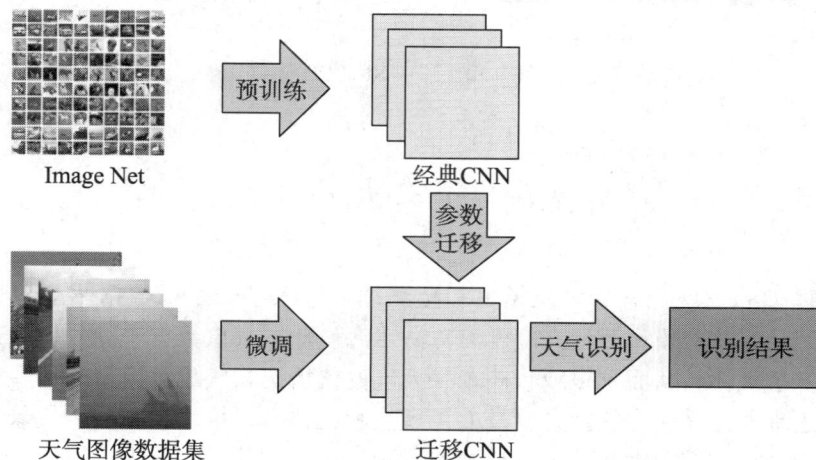

图 4-31　迁移 CNN 天气识别方法[①]

---

① 宣大伟. 基于深度学习的天气现象识别算法研究[D]. 南京：南京信息工程大学，2021.

　　宣大伟又在迁移 CNN 天气识别方法的基础上提出了三通道融合卷积神经网络（3C-CNN）模型，如图 4-32 所示。3C-CNN 把输入图像对半分为天空和地面两个区域，采用 3 个不同的 CNN 分支分别提取天气图像的天空特征、地面特征以及全局特征，并通过拼接操作（Concat）将提取到的各个区域上的天气特征进行融合。3C-CNN 模型采用迁移 MobileNet 作为主分支对图像整体提取全局天气特征，而且为了获得更好的天气识别性能，在"牺牲"少许识别速度的情况下加入了两个 CNN 分支，分别提取天空区域特征以及地面区域特征。这两个 CNN 模型结构类似，同时也借鉴了 MobileNet 中深度可分离卷积方式，使 3C-CNN 模型参数数量仅为 360 万，训练好的 H5 模型文件大小为 2780 万，与 MobileNet 模型相比只增加了 40 万的参数，识别速度只是略微降低，而识别准确率却大幅度提升。3C-CNN 模型在四个天气图像数据集（TWI、MWI、WeatherDataset-6 和 WeatherDataset-6Plus）中都表现出非常优秀的天气识别性能，平均准确率最高已达到 98.99%，对 WeatherDataset-6Plus 数据集中六类天气图像的识别准确率全都在 97% 以上，基本可满足大多数应用场景的天气识别要求。

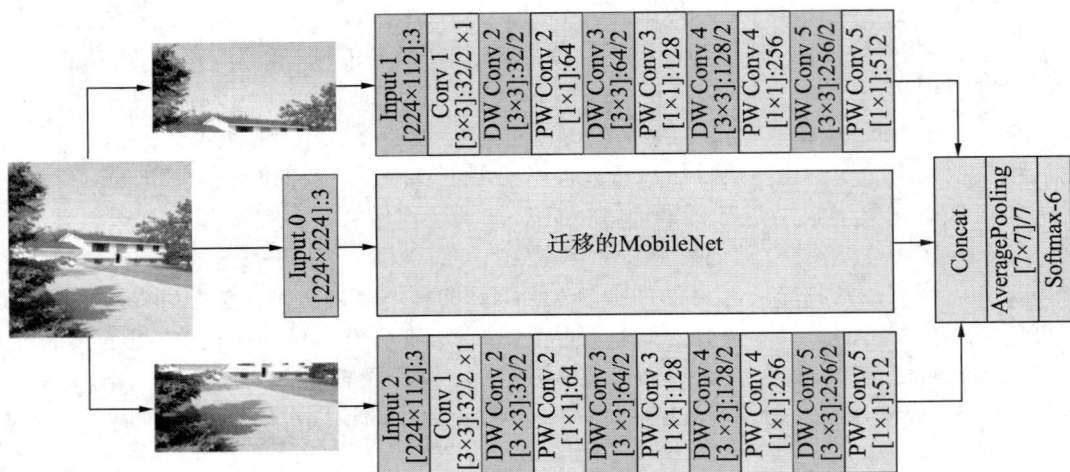

图 4-32　3C-CNN 模型[①]

4.6　气象大模型

　　气象大模型的发展标志着气象预报和预测领域迈入了一个以数据驱动和智能化气象为特征的新纪元。这些模型通过深度学习算法对海量历史气象数据进行分析和学习，揭示大气运动的复杂规律，从而预报或预测未来天气变化情况。气象大模型的出现得益于气象观测技术的进步、计算能力的提升以及人工智能和机器学习算法的发展，气象大模型不仅提高了预报和预测的准确性和效率，还拓展了预报和预测的时间范围，展现了人工智能技术在天气预报和气候预测中的应用潜力。

---

① 宣大伟. 基于深度学习的天气现象识别算法研究[D]. 南京：南京信息工程大学，2021.

4.6.1　气象大模型的发展

从 2010 年以后开始，各种深度学习模型开始崭露头角，如用于图像特征提取的 CNN 模型，用于时序预测的 RNN 和 LSTM 模型以及用于图像转换的 GAN 模型。一些科研机构和企业开始投入大量资源研发基于深度学习的气象预报模型，这些模型利用海量的历史气象数据进行训练，通过复杂的神经网络结构捕捉天气变化的复杂模式，从而生成高精度的天气预报，一些早期的人工智能气象模型已经在局部地区或特定天气现象的预报中表现出色，如 ConvLSTM 模型。2017 年提出的 Transformer 算法进一步推动了人工智能技术的发展。Transformer 基于自注意力机制，能够在处理序列数据时捕捉更远的依赖关系，这一特性对于气象预报中时间序列数据的处理尤为重要。Transformer 的出现，不仅提升了深度学习模型的性能，也为气象大模型的发展提供了新的思路。

2020 年之后，气象大模型的发展迎来了爆发式增长。这一时期，随着 GPU 等高性能计算硬件的普及和云计算技术的发展，气象大模型得以在更大规模的数据集上进行训练，其预报或预测的精度和效率得到了显著提升。同时，越来越多的科研机构和企业加入气象大模型的研发行列中，推动了该领域的快速发展。在这一阶段，全球范围内涌现出了多个具有影响力的 AI 气象大模型，如表 4-1 列出了 2020—2024 年出现的气象大模型。

表 4-1　2020—2024 年出现的气象大模型

年　　份	模　型　名　称	开　发　单　位
2020	MetNet	谷歌研究所
2021	DLWP	微软、华盛顿大学
	DGMR	谷歌 DeepMind、英国气象局
	MetNet-2	谷歌研究所
2022	FourCastNet	英伟达
	Earthformer	亚马逊、香港科技大学
	GraphCast	谷歌 DeepMind
	盘古	华为云
2023	ClimaX	微软、加州大学洛杉矶分校
	风乌	上海人工智能实验室
	MetNet-3	谷歌研究所、谷歌 DeepMind
	伏羲	复旦大学
	NowcastNet	清华大学、中国气象局
	AI-GOMS	清华大学
	AIFS	ECMWF
	NeuralGCM	谷歌研究所
2024	微澜测天	数慧时空
	风清	清华大学、中国气象局
	风雷	清华大学、中国气象局
	风顺	清华大学、中国气象局
	Prithvi W×C	IBM、NASA

4.6.2　气象大模型的网络架构

组成气象大模型的网络架构各不相同，有的气象大模型还引入了深度学习以外的机制，这些气象大模型在不同的预报或预测时效上都取得了很好的预报或预测效果。如表 4-2 展示了不同气象大模型的网络架构和所适用的预报或预测时效。

表 4-2　各个气象大模型对应的网络架构

网　络　架　构	模　型　名　称	预报或预测时效
Transformer	Earthformer	0～1小时、气候模拟
	盘古	0～7天
	ClimaX	
	风乌	1～10.75天
	伏羲	0～15天
	微澜测天	0～3小时
	Prithvi W×C	
自适应傅里叶神经算子	FourCastNet	0～7天
	AI-GOMS	0～30天
图神经网络	GraphCast	0～10天
	AIFS	0～15天
融合物理机制	NowcastNet	0～3小时
	NeuralGCM	0～15天、气候模拟
	风清	0～10.5天
	风雷	0～3小时
CNN和ConvLSTM	MetNet	0～8小时
	MetNet-2	0～12小时
CNN和Transformer	MetNet-3	0～24小时
CNN	DLWP	2～6周
GAN	DGMR	5～90分钟
基于流依赖的集合扰动智能生成技术	风顺	0～60天

1．Transformer简介

气象大模型应用最多的网络架构是 Transformer，它以自注意力机制提升天气预报和气候预测的能力。Earthformer 是一个用于地球系统预报和预测的空间时间 Transformer 模型，它的核心是一个名为 Cuboid Attention 的通用、灵活且高效的时空注意力模块。该模型将数据分解成立方体（Cuboids），并在这些立方体上并行应用立方体级别的自注意力机制。此外，这些立方体通过一组全局向量相互连接，以捕捉系统的整体动态。Earthformer 在降水临近预报和 ENSO 预测的两个真实世界的基准测试中表现出色，但该模型是确定性的，并不模拟不确定性，这可能会导致模型生成模糊的预测，缺乏小尺度的细节。

华为云团队提出的盘古气象大模型是首个在预报精度上超过传统数值预报方法的人

工智能模型，预报速度比传统方法快 10 000 倍以上，能够提供全球气象的秒级预报，其结构如图 4-33 所示。盘古气象模型是一个中长期多要素天气预报模型，其总体结构为 3D-Transformer，建立了位势、比湿度、风速、温度等在纬度、经度和高度三个维度上的 3D 模型。模型采用 Swin Transformer 减少计算成本，并修改了 Swin Transformer 中的相对位置编码为地球位置绝对编码，以解决气象要素和经纬度在空间上分布不均的问题。模型推理采用了贪心算法，训练了多个时间尺度的模型，每次推理采用可以使用的最大时间尺度的模型，从而减小了误差积累。如今盘古大模型的实时预报结果已经在 ECMWF 网站上线，如图 4-34 所示。

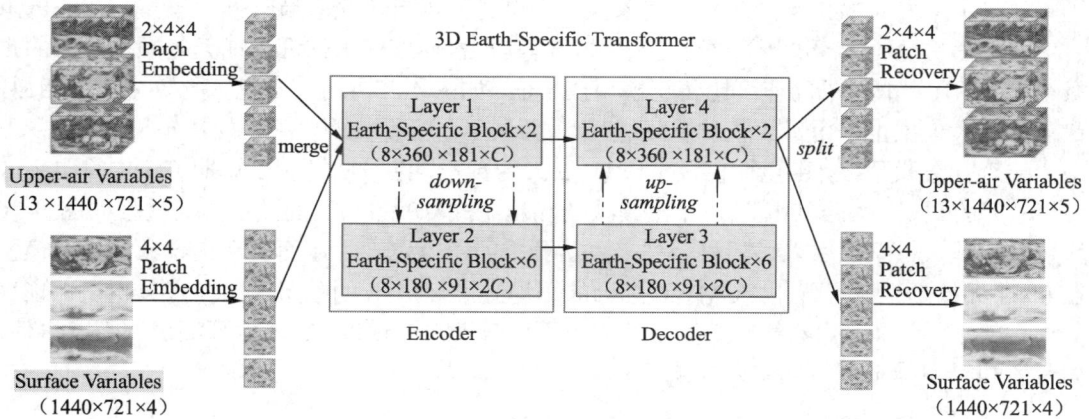

图 4-33　盘古气象大模型[①]

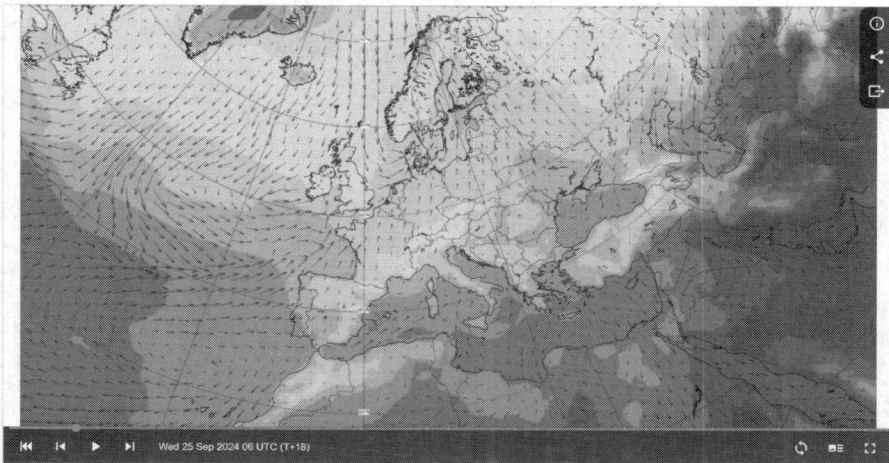

图 4-34　ECMWF 网站中的盘古大模型实时预报结果[②]

ClimaX 模型将不同垂直高度的气象要素分割为补丁（Patch），然后通过嵌入模块（Embedding）映射成多维向量，并通过交叉注意力机制实现基于位置的不同变量的聚合，

① Yi J，Li X，Zhang Y，et al．Evaluation of near-Taiwan strait sea surface wind forecast based on PanGu weather prediction model[J]．Atmosphere，2024，15（8）：977．

② https://charts.ecmwf.int/?query=pangu&op=Search．

最后通过 ViT 实现预报和预测。由于模型的整个框架都是基于 Transformer 的，因而能够应对不同的输入序列长度，从而能够在不同分辨率以及不同空间尺度下微调以适应下游任务。ClimaX 在全球天气预报、区域天气预报、亚季节到季节预测和气候预测等预报和预测任务中都表现出色。

在上海人工智能实验室发布的风乌（FengWu）气象大模型中，整体架构采用编码-融合-解码结构，编码器分别对不同气象要素进行编码，然后通过基于 Transformer 的跨模态融合器进行融合，得到联合表示，最后解码器根据联合表示预报出天气变量。风乌大模型在预报时效上突破了 10 天，在 80%的预报目标上优于 GraphCast。

复旦大学发布的伏羲（FuXi）气象大模型是行业内首个次季节气候大模型。伏羲气象大模型能够提前 15 天预测全球天气变化情况，其预报精度优于欧洲中期天气预报中心的预报结果，并且生成结果的速度比传统模型快千倍，如图 4-35 所示。与盘古气象大模型相似，伏羲气象大模型也采用了 Transformer 架构，并采用了短期模块、中期模块、长期模块共 3 个模块进行级联预报，由短期模块生成 0～5 天的预报，由中期模块以短期模块的输出生成 5～10 天的预报，由长期模块以中期模块的输出生成 10～15 天的预报，其过程如图 4-36 所示。伏羲大模型还引入了随机采样来表达预报的不确定性，从而实现集合预报。该模型在 0～9 天的预报结果优于 ECMWF 集合的平均结果，15 天的预报结果在多数变量上也优于集合的平均结果。伏羲气象大模型的应用不仅限于天气预报，它还能预测极端天气事件，如台风和极端降水，为气候灾害预警提供了重要价值。

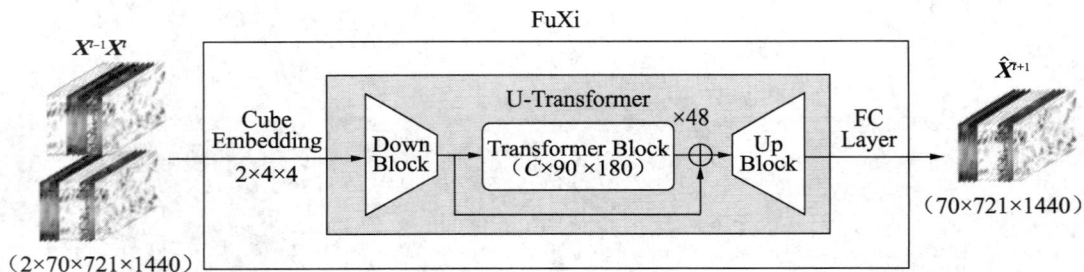

图 4-35　伏羲气象大模型[①]

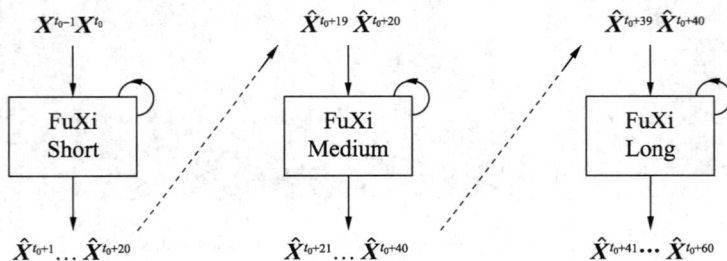

图 4-36　级联预报过程[①]

① Chen L，Zhong X，Zhang F，et al. FuXi：a cascade machine learning forecasting system for 15-day global weather forecast[J]. Climate and Atmospheric Science，2023，6（1）：190.

"微澜测天"大模型采用了三维 Swin-Unet 的网络架构，其将 U-Net 架构和 Swin Transformer 模块有机结合起来，并结合了多步损失微调策略，有效降低了预报的累积误差。这种结构使模型在收到最新气象数据时能够迅速运用历史数据中习得的知识进行预报。微澜测天的空间分辨率达到 1 公里，时间分辨率可达 6 分钟，显著提高了预报的精细化水平。此外，模型在推理速度上表现出色，能在 6 分钟内快速预报未来 3 小时全国降水产品且更新频率为 6 分钟一次，每生成一次全国的降水产品预报仅需 30 秒。

由国际商业机器公司（International Business Machines，IBM）和美国国家航空航天局（National Aeronautics and Space Administration，NASA）共同开发的 Prithvi W×C 是一个用于天气预报和气候预测的新型通用人工智能模型。这个模型采用 Transformer 架构，具有 23 亿个参数，使用 NASA 第二版 Modern-Era Retrospective Analysis for Research and Applications（MERRA-2）数据集的 160 个变量开发而成。Prithvi W×C 模型在多种下游任务中进行了测试，包括自回归滚动预测、降尺度、重力波通量参数化和极端事件估计。由于其独特的设计和训练机制，Prithvi W×C 能够解决更多的潜在应用。Prithvi W×C 模型的一个显著特点是其零样本学习能力。这意味着模型可以在没有特定训练的情况下输出补全后的气象数据。例如，Prithvi W×C 能够对飓风艾达（Hurricane Ida）进行零样本预测，展示了模型在没有特定训练的情况下预测复杂天气系统的能力。

2．自适应傅里叶神经算子

除了 Transformer 之外，有的气象大模型采用了自适应傅里叶神经算子（Adaptive Fourier Neural Operator，AFNO）的网络架构。例如，英伟达提出的 FourCastNet 采用了 AFNO 作为其核心技术，该算子结合了 Vision Transformer 作为骨干网络，并引入了傅里叶神经算子（Fourier Neural Operator，FNO）来处理高分辨率输入，如图 4-37 所示。AFNO 模型的创新之处在于其将空间混合操作转换为傅里叶变换，将特征从空域转换到频域，并在频域上应用全局可学习的滤波器，从而有效降低了空间混合的复杂度。FourCastNet 与传统的数值天气预报模型相比，在预报速度上有显著提升，能够比传统模型快 45 000 倍，在 2 秒内生成一周的天气预报，预报精度与最先进的数值天气预报模型 ECMWF 的集成预报系统相当。

清华大学提出的 AI-GOMS 模型是一个大型的人工智能驱动的全球海洋建模系统。该模型采用了基于傅里叶神经算子的掩码自编码器（Mask Autoencoder，MAE）作为主干网络，通过对部分变量的随机掩码驱动模型学习更多的内在规律，以更好地应用于下游任务。实验表明，AI-GOMS 在 3 种不同场景的下游任务中（区域降尺度、波浪和生物化学变量预测）能够以极低的成本进行微调，实现了在 0.25°空间分辨率和 1 天时间分辨率条件下对 15 个不同深度层进行 30 天之内的预测。AI-GOMS 将预训练策略引入数值海洋模型，提高了模型的下游任务迁移能力和泛化能力，为气象与气候一体化提供了有力的支持。

3．图神经网络

有一些气象大模型使用了图神经网络，如谷歌 DeepMind 提出的基于图神经网络的 GraphCast 在多个尺度上构建图，从而实现长距离和短距离的气象相互作用，其中低分辨率图上的节点也属于高分辨率的图，从而实现了长距离和短距离的相互作用和不同尺度的特征融合。模型采用 Encoder-Processor-Decoder 结构，Encoder 组件将输入的局部区域映射为多网格图，Processor 使用学习到的消息传递更新每个节点，Decoder 组件将处理后的多网格特征映射回网格表示。实验结果表明，GraphCast 的综合表现优于 ECMWF 的高分辨率集成预报系统（High-Resolution Ensemble Prediction System，HERS），更进一步的实验显示，当以较少的自回归步进行模型的训练时，模型对较短时间的天气预报效果会提升，而对较长时间的天气预报效果会下降；当以较长的自回归步进行训练时，情况则相反。因此，GraphCast 采用多个不同自回归步训练的模型分别进行不同提前期的预报，提高了模型的预报效果。

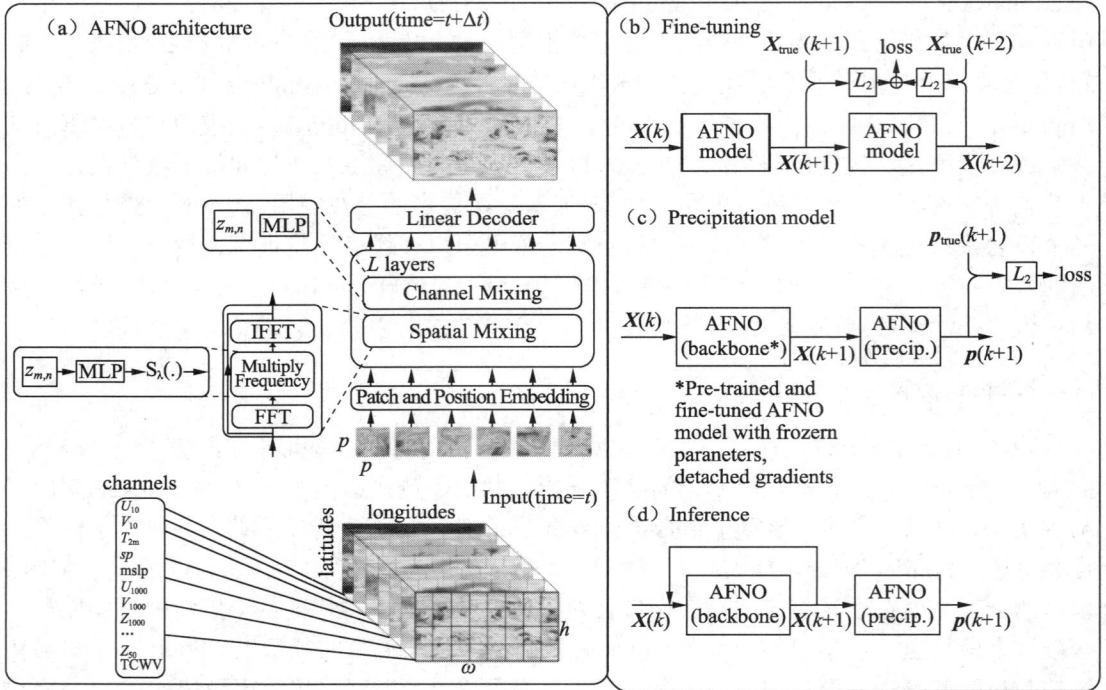

图 4-37　FourCastNet[①]

由 ECMWF 开发的 AIFS（Artificial Intelligence/Integrated Forecasting System）模型也利用了图神经网络（GNN）技术来学习大气数据的复杂模式，并预报未来的天气状况，能够以大约 1°分辨率进行全球预报。AIFS 经过训练，可以每 6 小时提供一次预报，预报时效可达到 15 天，并且只需要大约 1 分钟就能完成 10 天的全球预报。

4．融合物理机制

有的气象大模型融合了深度学习模型之外的物理机制，从而增强了模型的可解释性，提高了模型预报或预测的效率和准确性。例如，清华大学和中国气象局联合提出的 NowcastNet 模型，它提供了 0～3 小时内的短临降水预报结果，空间分辨率大约为 1 公里。该模型主要分为两个模块，即演化网络和生成网络。演化网络模块融入了物理机制，使用历史的雷达数据作为输入，通过 U-Net 预报动量和残差，然后经过一个演化操作符得到粗

---

① https://www.mindspore.cn/mindearth/docs/zh-CN/master/medium-range/FourCastNet.html

糙的预报结果。该模块的设计是基于物理的连续方程，并且通过半拉格朗日方案来处理误差在多个时间步上的累积问题；生成网络模块将演化网络模块的输出作为条件进行 GAN 训练，生成精细化的结果，其目标是产生更加逼真的预报结果，而判别器则负责区分预报和实际观测数据。NowcastNet 的创新之处在于将预报分解为物理约束下的确定性中尺度预报和生成模型驱动的对流尺度预报，以及将确定性预报分解为对流和扩散的预报。这种设计在一定程度上是对深度学习模型"端到端"策略的妥协，表现出了物理机制在模型设计中的重要作用。

NeuralGCM 是第一个将大气动力学的可微分求解器与机器学习组件相结合的全球气候模型（Global Climate Model，GCM），该方法是将物理规律与深度学习相结合的很好的范例。该模型通过学习大气动力趋势与物理变化趋势得到常微分方程求解器所需的参数，经过常微分方程求解器得到大气的下一状态，从而实现大气变化过程的推演。NeuralGCM 与最好的基于物理的模型相比有更好的连续排名概率评分（Continuous Ranked Probability Score，CRPS）。NeuralGCM 不但能够对 0～15 天的天气进行预报，也展现出了气候预测的能力，其所有 40 年模拟以及 22 次大气模式比较计划（Atmospheric Model Intercomparison Project，AMIP）运行的平均值都准确地捕捉了 ERA5 数据中观察到的全球变暖趋势。

此外，中国气象局和清华大学联合发布了人工智能全球中短期预报系统"风清"、人工智能临近预报系统"风雷"和人工智能全球次季节——季节预测系统"风顺"。

"风清"模型具有大气强物理融入和可解释性，在实现高效计算的同时，可为预报结果提供物理可解释性依据，自动挖掘包括天气系统内在的物理演变规律。该模型的训练过程紧密结合物理守恒特性，可有效提升长时效预报结果的活跃度。该模型采用可扩展的多时效优化策略，可综合考虑未来多天预报的效果，有效延长预报时效，不断提升短中期预报效果。检验结果表明，该模型全球可用预报天数达到 10.5 天，超过欧美主流气象预报大模型，尤其是在较长预报时效方面具有更明显的优势。

"风雷"模型将数据驱动与物理驱动两大科学范式紧密结合，显著提高了公里尺度下 0～3 小时雷达回波的预报能力，并实现深度学习与物理规律的无缝隙融合。"风雷"大模型将物理模型的中尺度预报和人工智能的对流尺度预报有机融合，在预报准确性和细节丰富性上实现了突破。同时，"风雷"大模型构建了一套"数据—算力—平台"全流程短临预报系统，能够在 3 分钟内生成 0～3 小时逐 6 分钟的雷达回波外推产品，强回波预报技巧提升了 25%。

"风顺"大模型创新地引入基于流依赖的集合扰动智能生成技术，从而更加合理地抓住了未来气候系统演变的不确定性，同时"风顺"还纳入了海气相互作用关键过程，进而提升了对热带大气季节内的马登-朱利安振荡（Madden-Julian Oscillation，MJO）的预测技巧。该系统在中国气象局智算平台上完成了业务部署，逐日滚动开展 100 个集合成员的大样本预测，形成了面向未来 60 天全球基本要素和极端事件的确定性和概率预报测试产品，对全球降水的预测技巧展示出了一定的优势。

5．其他网络架构

除了前面介绍的网络架构之外，一些气象大模型还引入了其他网络架构。谷歌研究所提出的 MetNet 融合了 CNN 和 ConvLSTM，用于预报未来 8 小时内的降水，它能够以 1 公里的分辨率和 2 分钟的时间间隔进行预报，并且预报速度非常快，只需要几秒钟就能完成。

MetNet-2 是 MetNet 的升级版本，它将预报范围扩展到 12 小时，同时保持 1 公里的空间分辨率和 2 分钟的时间分辨率，它的输入端包含更大的背景面积，每个方向的背景是 MetNet 的 4 倍，以捕获更全面的大气快照，并使用卷积层和扩张的接受字段来处理更大的空间背景，能够最大限度地减少创建预报所涉及的复杂性和步骤总数。谷歌研究院与 DeepMind 合作开发了天气模型 MetNet-3，对 MetNet-2 进行了改进，能够提前 24 小时对全球天气情况进行高解析度预报，并且预报能力超越了传统物理天气预报模型。该模型采用了新颖的致密化技术，使模型可以直接输入分散的气象站的原始数据，而非使用基于数值方法得到的同化数据。MetNet-3 总体采用的是 U-Net 结构，在网络前端输入的是高分辨率小范围数据，提取特征和降采样后嵌入低分辨率大范围数据中；在模型中端采用 MaxVit 进行特征交互；在模型后端通过裁剪获得小范围数据并生成小范围的预报。整体模型通过大范围数据预报小范围数据，减小了边界未知信息的影响。

由微软和华盛顿大学共同开发的深度学习天气预测（Deep Learning Weather Prediction，DLWP）模型通过训练深度卷积神经网络来学习大气状态的变化，并预报未来的天气情况。DLWP 模型的一个显著特点是它的高计算效率，能够在短短几分钟内生成数周的天气预报，并且保持较高的空间分辨率。这使得它能够快速产生大量的集合预报，从而提高预报的可靠性。集合预报是通过多个模型的预报结果来增加预报的覆盖面，减少其不确定性，DLWP 通过随机化训练过程来实现这一点。此外，DLWP 模型在次季节—季节预测方面表现出色，能够预测未来 2~6 周的天气情况。

谷歌 Deep Mind 提出的深度生成降雨模型（Deep Generative Model of Radar，DGMR）结合生成对抗网络（GAN）的原理，通过生成器和判别器的对抗训练，生成与真实雷达数据相似的降水预报。DGMR 的核心包括一个生成器和两个判别器。生成器负责产生降水预报，而判别器则分别负责空间和时间上的对抗性学习。空间判别器确保预报的一致性并避免模糊的预报结果，而时间判别器则确保预报的时间连续性并惩罚突兀的预报变化。此外，DGMR 还引入了一个正则化项来提高预报的准确性。该模型能够对面积达到 1 536 公里×1 280 公里的区域进行现实且时空一致的雷达降水概率临近预报，提前时间为 5~90 分钟。

4.7　气象人工智能的发展方向和趋势

人工智能技术的快速发展为气象业务的提升提供了新的手段，特别是国产开源 DeepSeek 大模型的出现，凭借其卓越的性能、强大推理能力及广泛应用场景，成为人工智能技术领域的璀璨新星，必将为气象人工智能应用提供更加智能、高效的服务。人工智能通过与气象业务的深度协同，正在改变传统的气象预报和预测等模式，提升预报的准确性和时效性，满足人们日益增长的精细化天气服务需求。在气象业务与人工智能的协同发展中，人工智能技术不仅仅是辅助工具，它逐渐成为提升预报水平和服务能力的关键力量。未来，随着气象预报系统的不断完善，人工智能技术将在气象业务的各个环节中发挥越来越重要的作用。

4.7.1　人工智能与气象业务协同发展

自然环境是人类赖以生存的重要场所，而天气又是决定人们日常工作、学习、出行的重要因素，因此在实际生活中，人们需要提高对生存环境的认识，适应环境的变化。在这样的情况下，人们要想了解天气变化情况，就需要气象中心为人们提供准确的气象报告。世界整体的气象变化情况十分复杂，为了给人们提供精准的天气预报和气候预测，给人们的生产及生活提供有效的指导，人工智能与气象业务势必要协同发展。

4.7.2　运用人工智能技术健全气象综合预报系统

为了有效提升气象业务，首要任务就是要结合气象部门的实际工作开展情况，利用人工智能技术对气象探测仪器设备进行更新和升级，并结合人工智能技术不断优化和完善综合气象系统，对暴雨、干旱、雷电、寒潮、台风及冰雹等灾害性天气进行全面且实时的监测和预警。此外，通过人工智能技术，也将保证原有设备和仪器的可用性，使之保持先进性。同时，还可以加强与相关专业院校的合作，成立专门的气象探测业务研发部门，加强气象综合预报系统的研发工作，增强观测技术的科技含量，进而促进气象业务的发展质量。

4.7.3　人工智能应用将继续加强气象业务

现阶段，人工智能技术已经广泛应用于各行各业，主要包括机器人、智能控制、机器翻译、自动程序设计、航空航天产业、计算机信息处理、基因编程机器人工厂等人类无法执行的任务，或者是复杂、规模庞大的任务，如人类无法进行的计算机信息处理、基因编程机器人工厂等。事实上，人工智能技术早在 2013 年就已经在我国气象中心的气象业务中得到了应用，例如智能天气信息采集系统、天气预报专家系统、智能预报系统、人工神经网络等，并且在气象领域，人工智能技术还为专家系统、智能控制和自动化程序设计提供技术支持，促进气象业务发展水平的提升。人工智能在气象业务中的应用正在持续深化，并且通过技术创新和制度规范不断推动气象服务向智能化发展。

4.8　小　　结

本章介绍了人工智能在气象领域的应用和发展。AI 技术自 20 世纪 80 年代被引入气象学起，经历了专家系统、传统机器学习和深度学习三个阶段。专家系统利用领域专家知识提升了天气预报的客观性，但受限于学习能力。随后，传统机器学习算法如逻辑回归和支持向量机等，通过特征提取改进了预报效果。近年来，深度学习技术因其有自动特征学习能力，在气象预测中显示出了巨大潜力。

人工智能在气象预报中的应用包括天气预报、气候预测、气象数据处理和气象观测识别等。在天气预报中，短临降水预报关注未来 0～6 小时内的降水，人工智能方法如 ConvLSTM 和 U-Net 在这一领域表现出色；在雷暴预报中，人工智能技术提高了预测的准确性和效率；在台风预报方面，AI 模型能够预测台风路径和强度，提高防灾减灾能力。在气候预测中，在人工智能技术被用于 ENSO 现象的长期预测以及季风和干旱等气候事件的预测中。

除此之外，人工智能技术还被用于进行气象数据处理，如数据同化、偏差订正、降尺度等。云状识别、天气系统识别和天气现象识别也是人工智能技术的应用领域，通过人工智能技术，提高了识别的自动化和准确性。随着技术进步，未来气象预报和预测将更加依赖于人工智能技术，气象大模型的出现就证明了这一点，气象系统和业务在人工智能技术的推动下也会更加完善。

4.9　习　　题

一、选择题

1. 短临降水预报一般是指对未来（　　）时间范围内局部地区的降水进行预报。

A．0～3h　　　　　　B．6～12h　　　　C．0～6h　　　　D．0～12h

2. 下面（　　）深度学习模型不是由 ConvLSTM 改进的。

A．TrajGRU　　　　　B．MIM　　　　　C．PredRNN　　　D．U-Net

3. 下面（　　）模型不属于现有气象大模型。

A．NowcastNet　　　　　　　　　　　B．FuXi

C．FourCastNet　　　　　　　　　　　D．GCA-ConvLSTM

二、简答题

1. 简述人工智能方法在气象上有哪些应用，并用具体模型举例。
2. 简述 Transformer 模型的原理。

第 5 章　气象大数据应用与安全

气象大数据在灾害风险管理、公共安全和社会发展中扮演着至关重要的角色。深入分析和有效利用这些数据能够显著提高灾害预防和应对能力,从而减少自然灾害带来的损失,并确保人民的生命和财产安全。《"气象数据要素×"三年行动实施方案（2024—2026 年）》提出了推进气象数据开放共享与开发利用的目标,强调在确保气象数据安全的前提下,加强气象与国民经济各领域的深度融合,提升气象服务的覆盖面和综合效益,以支持经济社会的高质量发展。气象大数据的安全与应用密切相关,对提高灾害风险管理和公共安全具有重要意义。

5.1　气象大数据应用

气象大数据应用是指将气象大数据与大数据技术相结合,广泛应用于气象服务、农业生产、航空航天、海洋气象、城市规划以及气象灾害管理等多个领域。通过对气象大数据的有效收集、分析、挖掘和应用,不仅能够提高气象预测的准确性,还能够优化生产决策,增强公共安全。气象大数据的具体应用包括但不限于天气预报、气象预测和预警、农业气象服务等。这些信息帮助人们有效应对天气变化和气象灾害,同时为农业生产、城市规划、环境监测等多个领域提供重要的决策支持。

5.1.1　天气预报

气象大数据在天气预报中的应用至关重要,它通过大数据分析技术处理和分析海量气象观测数据,从而提高预报的准确性、及时性和细节化水平。这一过程包括从多种观测设备如气象卫星、雷达、探空等收集数据,并将其整合存储在动态的气象大数据平台中。在这个平台中,气象专家和预报员利用数据分析技术深入挖掘历史数据和实时数据,识别模式和相互关系。通过构建数值模型并应用人工智能等技术,气象大数据在天气预报中发挥着重要作用,提高了预报的准确性和时效性,增强了对天气变化的预测能力,并提供了更精细化的预报服务。

历史数据分析揭示了气象规律和趋势,尤其对于季风等气象现象的预测至关重要。科学家利用大数据技术深入分析历史气象信息,为预测提供关键支持。例如,通过分析历史台风和暴雨的轨迹和强度,科学家可以有效预测未来气象事件的发展趋势,并提前做好准备。如图 5-1 展示了超强台风"帕布"的预测路径。此外,大数据分析在利用实时气象数据进行动态预测方面也至关重要。通过对实时风速、温度和湿度等数据的持续分析,预测人员可以更准确地预测风暴的路径和强度,为受影响地区提供及时的预警信息,这对于减少自然灾害的损失和保障人民的生命和财产安全具有重要意义。

精细化预报和定制化服务是气象大数据应用的另一个关键领域。大数据技术能够提供城市内不同区域的降雨预报，为市政管理部门和市民提供准确的雨量信息，帮助城市在面对极端天气事件时更有效地管理水资源。同时，大数据在气象灾害监测和预警方面也发挥着重要作用。通过综合分析雷达、卫星和地面观测数据，预测人员可以及时发出暴雨、暴雪等极端天气事件的预警，协助居民和相关部门做好准备和防范工作。

气象大数据通过历史数据分析、实时数据应用、精细化预报和灾害预警等多个方面的应用，为提高天气预报的准确性、时效性和精细化程度提供了重要支持，为公众生产和生活提供了更可靠的气象信息服务。

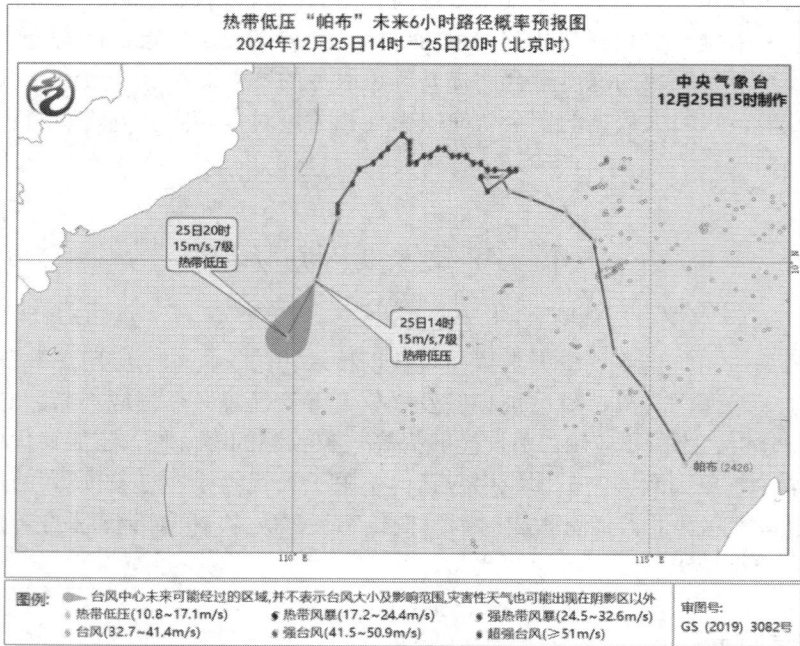

图 5-1　台风"帕布"路径预测

为了更直观地理解如何实际应用这些技术，以下是一个使用 Python 调用气象 API 获取实时天气数据的示例代码：

```python
import requests
def get_weather_data(api_url):
    response = requests.get(api_url)
    if response.status_code == 200:
        return response.json()
    else:
        return None
api_url = 'https://api.weatherapi.com/v1/current.json?key=YOUR_API_KEY&q=Beijing'
weather_data = get_weather_data(api_url)
if weather_data:
    current_temp = weather_data['current']['temp_c']
    weather_condition = weather_data['current']['condition']['text']
    print(f"Current temperature in Beijing is {current_temp}°C and the weather condition is {weather_condition}.")
```

```
else:
    print("Failed to retrieve weather data.")
```

5.1.2　气候预测

气象大数据在气候预测中发挥着重要作用，科学家通过收集和分析大规模的气象数据，可以更好地理解气候系统的行为和演变规律，从而提供准确的气候预测和变化趋势。这些数据包括大气压力、温度、湿度和风场等关键指标，它们是构建气候模型的基础。气候模型利用数学和物理方程来模拟气候系统的运作，预测未来气候变化的趋势和情景，为政策制定提供科学依据。例如，第五次气候模型比较计划（Coupled Model Intercomparison Project Phase 5，CMIP5）就是一个使用大量的气象和气候数据来模拟不同温室气体排放情景下的全球气候变化趋势的合作项目。此外，针对特定区域，如南半球的气候预测，科学家们开发了共形立方大气模型（Conformal-Cubic Atmospheric Model，CCAM）等高级模型。气象大数据还支持气候变化模拟，通过收集和分析多年、多地的气象观测数据，科学家们可以运用统计和机器学习技术建立气候变化模型，这些模型能够预测未来数十年甚至几个世纪的气候趋势，为可持续发展和资源规划提供重要参考。城市气候预测是气象大数据应用的另一个重要领域，通过收集城市中的气象观测数据，结合智能算法分析，可以预测城市的温度分布、风向风速等参数，对于城市规划、能源管理、交通流量调控等领域具有重要的指导作用。

为了更好地获取和处理与日俱增的气象数据信息，重庆市气象局与百度智能云共建了"天枢"大数据平台和气象云资源中心，如图 5-2 所示。该平台对接 8 颗观测卫星、自建 4 部多普勒雷达和 2000 多个地面气象观测站、与周边省份气象部门共享 10 部多普勒雷达和近万个地面观测站的数据，再辅以百度智能云大存储、高算力、稳定的基础设施，形成了一个庞大的基于物联网的智能感知系统。

图 5-2　天枢·智能协同观测系统

基于"天枢"大数据云平台以及深度学习平台，重庆市气象局开发了天资·智能预报系统，如图 5-3 所示，该系统对 2019 年的几次冰雹、雷暴大风强对流天气的识别命中率达到了 100%。

气象大数据在气候预测中的应用是多方面的，不仅包括气候模型的构建和气候变化的模拟，还涉及极端天气事件的预测和城市气候的预测。这些应用为政府、科研机构和公众提供了宝贵的科学依据，可以帮助人们更好地理解和应对气候变化带来的挑战。随着大数据技术的进步和计算能力的提升，气象大数据在气候预测领域的应用将更加广泛和深入，为全球气候治理和环境可持续性提供更强的支持。

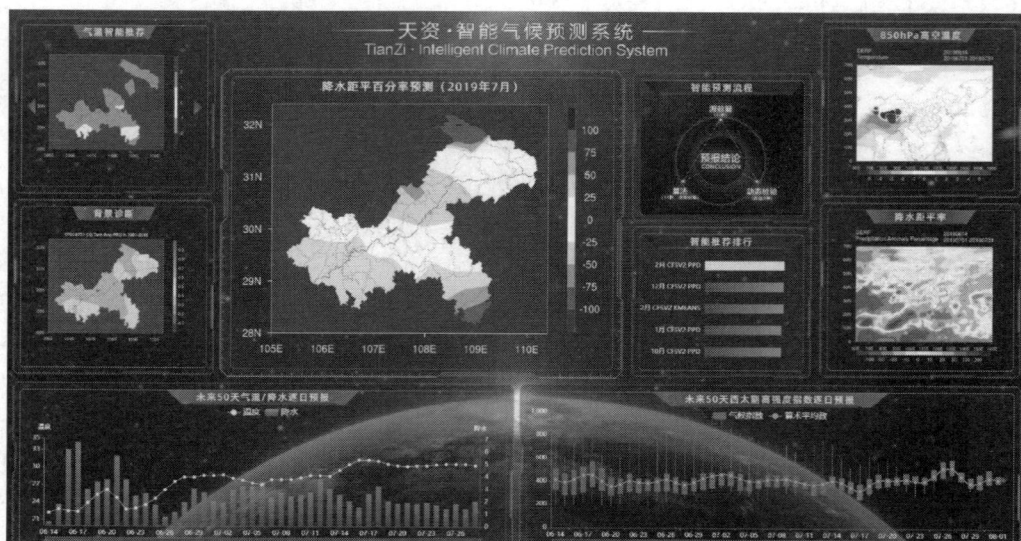

图 5-3　天资·智能气候预测系统

5.1.3　城市交通管理

气象条件对城市交通流量、交通安全和交通效率有着显著影响。气象大数据平台通过分析和预测天气状况，为城市交通管理提供了重要的决策支持。以下是气象大数据在城市交通管理中的关键应用。

1．交通流量预测

气象大数据的应用在城市交通管理中至关重要，特别是在预测和应对天气变化对交通流量的影响方面。通过分析历史和实时的气象数据，可以预测不同天气条件下的交通模式，从而帮助交通规划者和管理者做出更加明智的决策。例如，在预测即将到来的降雨时，气象数据可以揭示哪些路段可能会因为湿滑或积水而出现拥堵。这样的信息对于交通管理部门来说极其宝贵，它们可以据此调整交通信号灯的配时，优化交通流量，减少拥堵。同时，通过提前发布交通预警，提醒驾驶员注意安全，可以降低事故发生的风险。如图 5-4 展示了不同天气情况下深圳市主干路交通流量的密度散点图。

在冬季，气象大数据的应用可以预测降雪和冰冻对道路的影响，帮助相关部门及时部署铲雪车和撒盐车，保持道路畅通。此外，通过分析降雪对交通流量的具体影响，交通管理部门可以提前调整公共交通的运行时间表和路线，确保市民在恶劣天气条件下仍能安全、便捷地出行。

气象大数据的应用有助于城市规划者在设计交通基础设施时考虑极端天气事件的影响，比如建设能够抵御洪水的道路和桥梁。这些数据还可以用于评估和改进交通管理系统，使其能够自动响应天气变化，优化交通信号控制，提高道路使用效率。

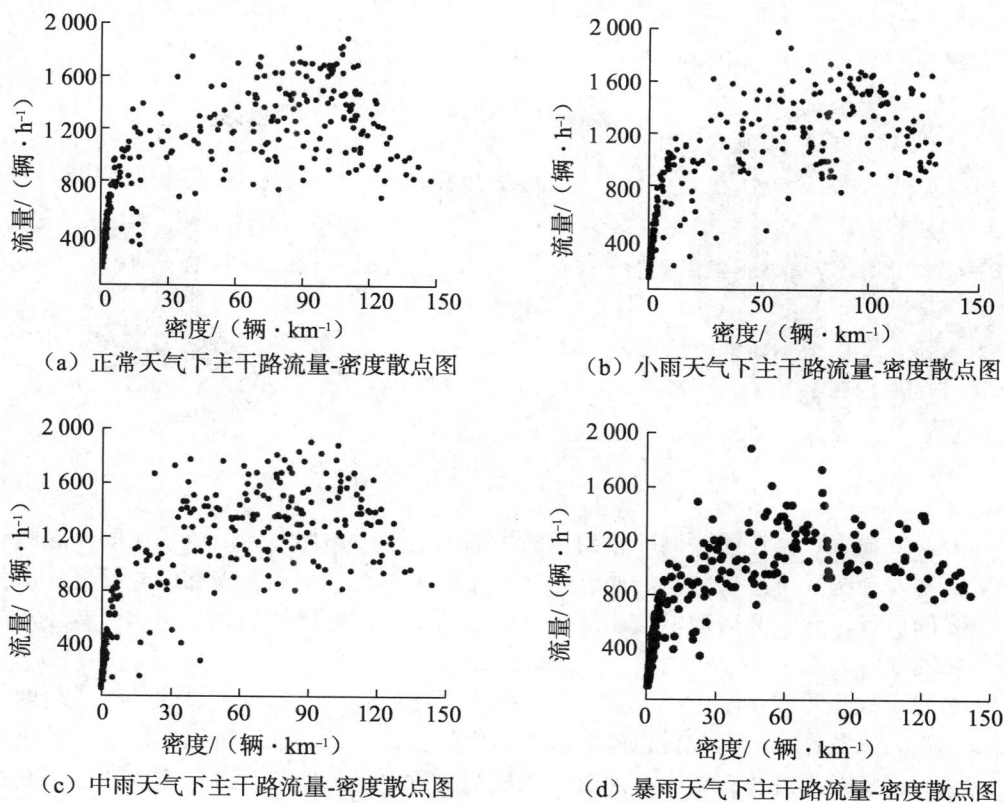

（a）正常天气下主干路流量-密度散点图　　　　（b）小雨天气下主干路流量-密度散点图

（c）中雨天气下主干路流量-密度散点图　　　　（d）暴雨天气下主干路流量-密度散点图

图 5-4　不同天气情况下深圳市主干道交通流量散点图[①]

2. 交通事故风险评估

气象大数据的分析为城市交通事故预防工作提供了强有力的支持。通过挖掘历史气候条件与交通事故之间的相关性，城市管理者能够识别出在特定气象背景下交通事故的高发区域和时段。这种分析有助于交通规划者在恶劣天气来临时，有针对性地部署资源和采取措施，以减少事故发生的可能性。例如，通过分析历史数据，可以发现在某些特定的暴雨或冰雹天气中，某些路段的交通事故数量激增。基于这些发现，相关部门可以在这些时段加强对这些路段的监控，增加警示标志，或者通过智能交通系统调整交通信号，以降低车速并提高行车安全。

在我国的交通网络中，高速公路交通占据重要组成部分，近年来高速公路的建设蓬勃发展，对促进经济发展和便捷社会生活都发挥着重要作用。然而，高速公路经常受到各种因素造成不可预计的损害，尤其是恶劣天气造成的交通秩序瘫痪和行车安全问题。如图 5-5 所示，据统计，不良天气影响在高速公路与干线公路的阻断成因中占据三分之一，占比接近 40%，而不良天气中大部分是受到雾霾天气的影响，占比达到 61%。因此，做好高速公路雾天能见度检测的技术研究是当下监测和预警雾浓度的重要事项，而气象大数据分析就是预测高速路雾天能见度的有力工具。

---

① 计寻等. 暴雨天气对城市道路通行能力的影响分析[J]. 北京理工大学学报，2016，36（S2）：154-158.

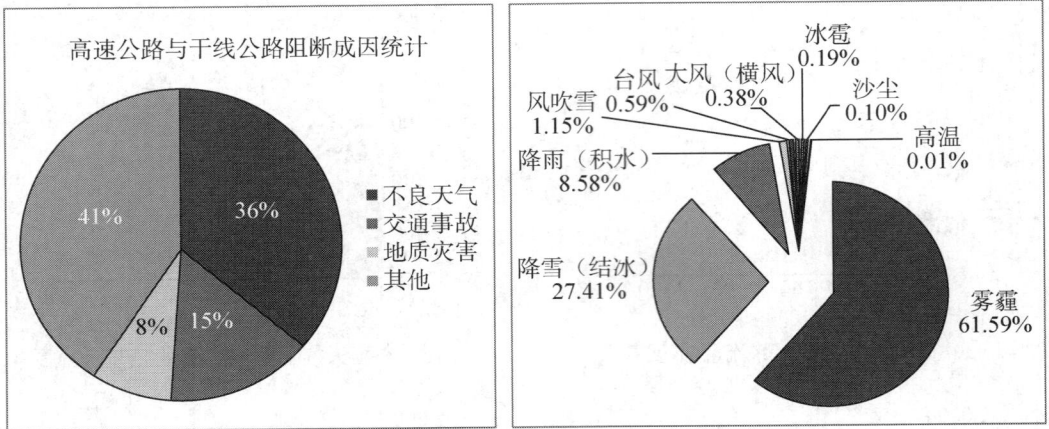

图 5-5　高速公路阻断成因统计[①]

此外，气象大数据还能预测即将到来的极端天气事件，如龙卷风或暴风雨，这些天气事件对交通安全构成了严重威胁。通过提前发布天气预警，交通管理部门能够提醒市民减少非必要的出行，同时为应急响应团队提供必要的信息，以便他们能够迅速而有效地部署到最需要的地方。

在交通事故预防的策略中，气象大数据的应用还涉及对交通行为模式的深入理解。例如，在某些天气条件下，驾驶员可能会改变他们的出行习惯，选择不同的路线或调整出行时间。这种信息对于设计有效的交通引导措施至关重要，可以帮助分散交通流量，减轻特定路段的压力，从而降低事故发生率。

气象大数据在城市交通事故预防中的应用，使得交通管理部门能够更加精确地识别和应对气象条件对交通安全的影响。这种数据驱动的方法提高了预防措施的针对性和有效性，有助于构建一个更加安全、高效的城市交通环境。

3. 公共交通调度的优化

公共交通系统是城市交通的重要组成部分，它为大量市民提供日常出行服务。然而，天气状况对公共交通的运行效率和乘客体验有直接的影响。例如，在暴雨或暴雪天气中，公共交通车辆可能会因为路面湿滑或积雪而减速行驶，导致班次延误；在高温或雷暴天气中，乘客的出行需求可能会发生变化，需要公共交通系统做出相应的调整。

为了应对这些挑战，气象大数据的应用在公共交通调度优化中发挥着关键作用。通过对历史和实时的气象数据进行分析，可以预测不同天气条件下公共交通的需求变化和潜在的运行风险。基于这些预测，公共交通运营商可以提前调整车辆调度计划，比如增加高峰时段的班次，或者在恶劣天气条件下增加备用车辆，以减少延误和拥挤。

此外，气象大数据还能帮助公共交通系统在极端天气事件中保持运行的连续性和安全性。例如，通过实时监控天气状况，公共交通运营商可以及时调整行车路线，避开受洪水或滑坡影响的区域，确保乘客的安全。同时，通过与交通管理中心的紧密合作，公共交通系统可以接收到最新的交通管制信息，进一步优化行车路线和调度计划。

---

① 唐继辉. 高速公路雾天能见度检测的深度网络模型研究[D]. 南京：南京信息工程大学，2023.

通过这些措施，气象大数据的应用不仅提高了公共交通系统的适应性和灵活性，还提升了乘客的出行体验，对于维护城市交通的整体运行效率至关重要。

4. 智能交通系统的开发

智能交通系统旨在通过实时数据分析来提升交通管理的效率和道路安全。气象大数据的集成为此提供了至关重要的支持，使系统能够预测、适应并自动响应各种气象条件，确保在不同天气情况下交通的顺畅和安全。智能交通系统实时监控和管理着道路状况，如图 5-6 所示。

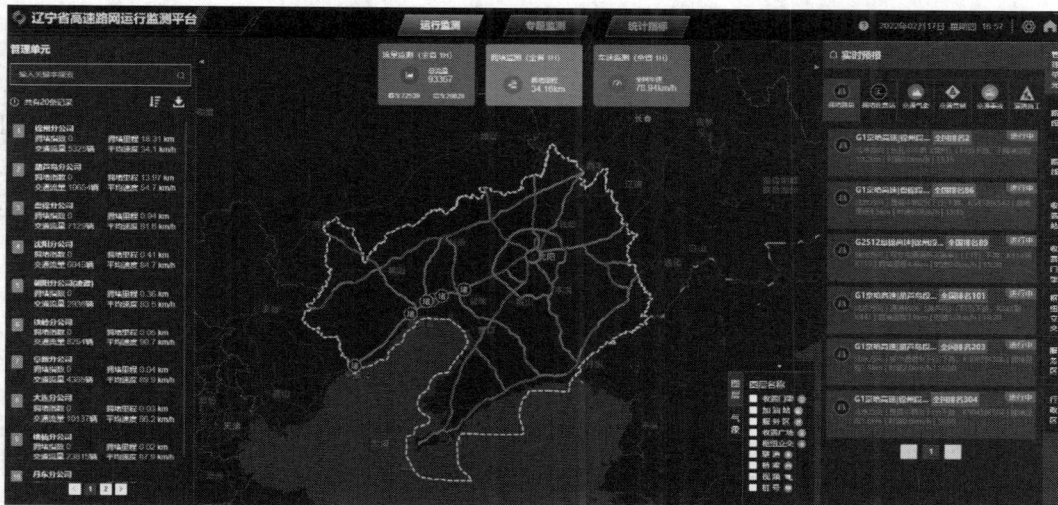

图 5-6　辽宁省高速路网运行监测平台截图

在能见度较低的天气条件下，如雾或暴雨，智能交通系统可以依据气象大数据调整交通信号灯的配时，延长绿灯时间，减少车辆在湿滑路面上的停留，从而降低交通事故的风险。系统还能利用路面传感器和气象监测站收集的数据，实时监控道路状况，如积水或结冰情况，并及时通知驾驶者和交通管理中心。

高温天气对城市交通构成挑战，智能交通系统可以根据气象大数据调整交通流量管理策略，减少在热浪期间的道路施工，以降低因交通拥堵造成的额外热量和车辆排放，缓解城市热岛效应。同时，系统还可以监测路面温度，预防高温对道路基础设施造成的损害。

冬季的降雪和冰冻对交通安全构成挑战。智能交通系统可以利用气象大数据预测降雪和结冰趋势，自动调整信号灯设置，优先放行除雪和撒盐车辆，确保主要道路的畅通。同时，系统可以通过移动应用和路边显示屏向驾驶者提供实时路况信息和安全驾驶提示，帮助他们做出更合理的行驶决策。

通过这些措施，气象大数据的应用使智能交通系统能够更加灵活和有效地应对各种气象条件，提高了城市交通的适应性和韧性。这种以数据为驱动的方法不仅优化了交通流量，还提升了道路安全，确保在恶劣天气条件下交通系统能够连续运行，为城市居民提供了更加可靠和舒适的出行体验。

综上所述，气象大数据已成为城市交通管理中不可或缺的工具，它通过精准的天气预测和实时数据分析，极大地增强了交通系统对天气变化的适应能力。这种技术的应用不仅提升了交通流量管理的前瞻性和精确性,还强化了交通事故预防和响应措施的有效性。同时,它也为公共交通的灵活调度和智能交通系统的创新提供了支持,确保在各种天气条件下交通的顺畅与安全。

气象大数据的应用显著提升了城市交通的整体性能,减少了由恶劣天气引起的交通中断和事故,保障了市民的出行安全。城市交通管理部门现在可以更加自信地面对不断变化的气象条件,制定更加周密的交通管理策略,从而为所有道路使用者创造一个更加可靠和高效的交通环境。随着气象大数据技术的不断进步,未来城市交通管理将变得更加智能化和人性化,为城市生活带来更多便利。

5.1.4　农业数字化气象服务

在现代农业生产中,数字化气象服务成为提高农业生产效率和应对气候变化的关键工具。这种服务通过集成先进的气象监测技术、大数据分析和人工智能算法,为农业生产提供精准的气象信息和决策支持。这些服务能够帮助农户和农业企业及时了解天气变化,预测可能会发生的气象灾害,并据此优化农业生产活动,从而减少损失并提高产量。

以广西的食糖产业为例,该地区作为全国重要的食糖生产基地,对气象条件高度敏感,尤其是对于主要作物甘蔗更是如此。广西气象部门通过构建一个集成的甘蔗全生长周期数据采集系统,实现了对甘蔗生长的实时监控和分析,该系统的技术框架如图 5-7 所示。

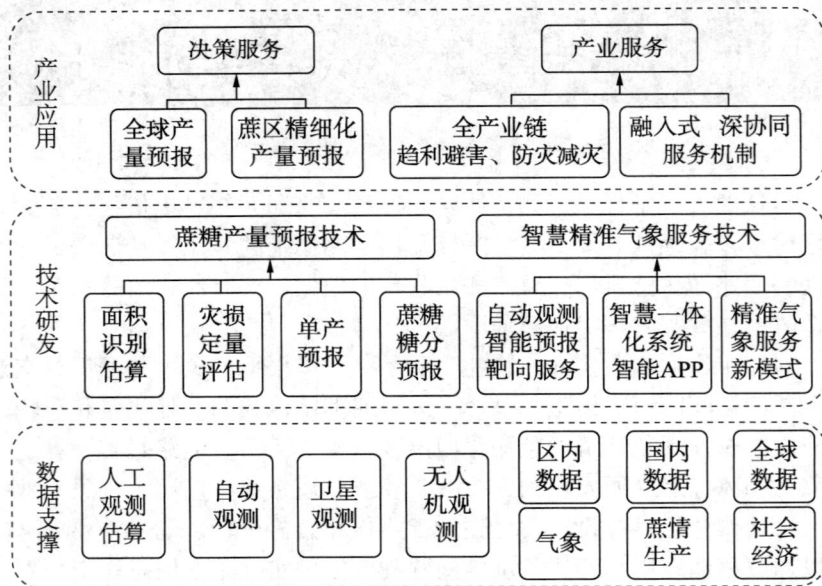

图 5-7　总体技术框架

农业数字化气象系统通过地面气象站、卫星遥感和无人机等多源数据的集成,为甘蔗生长提供了全面的数据支持。在此基础上,广西气象部门开发了智慧气象服务平台,该平台能够提供包括甘蔗生长状况监测、病虫害预警、灌溉和施肥建议等在内的一系列精准服务。通过这些服务,农户能够根据实时的气象数据和预测来调整种植策略,以适应不断变化的天气条件。例如,在预测到干旱或霜冻等极端天气事件时,农户可以提前采取措施,如灌溉或覆盖保护，以减少对作物的损害。此外，该平台还提供了基于位置的服务，确保农户能够获得与自己的田地位置相关的定制化气象信息。这种服务模式不仅提高了农业生产的灵活性和响应速度，还增强了农业企业在面对不确定气候条件下的风险管理能力。

重庆市气象局与百度智能云共同打造了知天·智慧服务系统，其通过对农业、旅游、水利各行业需求的准确对接，在垂直领域中可以提供更精准、个性化的服务。以农业为例，农作物最怕的就是冰雹，如今有了更及时、准确的灾害性天气监测系统，能提前监测并识别潜在的冰雹云团，为人工防雹作业争取充足的准备时间并提供更全面的作业指标，人工消雹更加精准、有效，农作物生长安全得到了前所未有的保障。知天·智慧服务系统如图 5-8 所示。

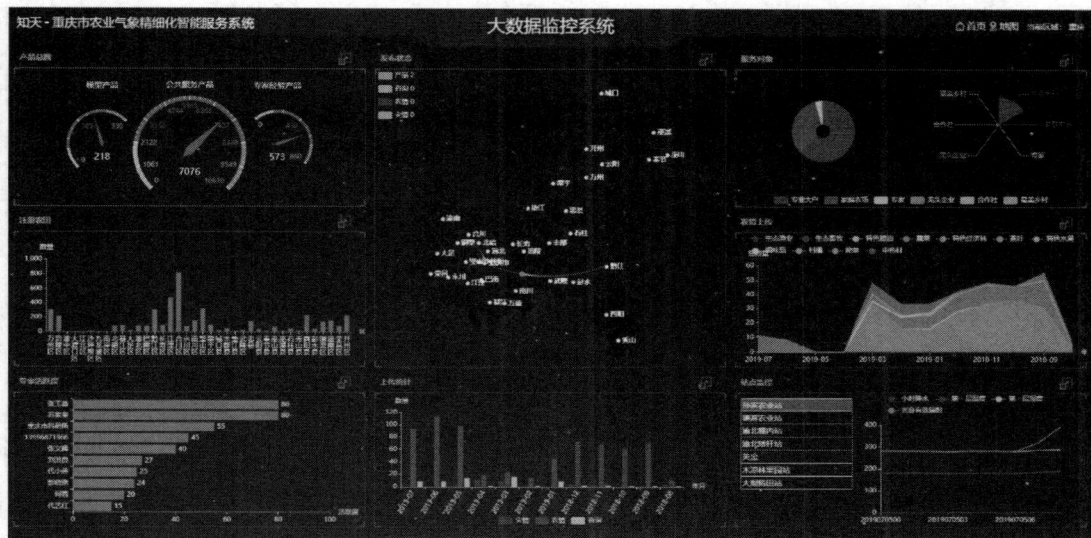

图 5-8　知天·农业气象精细化智能服务系统

随着技术的不断进步，数字化气象服务将在全球范围内得到更广泛的应用。这将为农业生产带来革命性的变革，使农户和企业能够更好地适应气候变化，提高农业生产的效率和可持续性。气象大数据有望成为农业生产中不可或缺的资源，为全球粮食安全和农业发展做出重要贡献。

5.1.5　气象灾害预警预报系统

气象灾害预警预报系统是利用气象大数据技术，对可能发生的气象灾害进行预测和预警的关键工具。该系统通过分析和处理大量的气象数据，能够提前识别灾害风险，为政府、企业和公众提供关键的预警信息，从而减少灾害带来的损失。在人工智能、大数据、云计算、物联网等技术支持下，气象灾害预警预报系统取得了显著的进步。

利用百度智能云的大数据云平台，重庆市气象局获得了百度飞桨深度学习平台的支持，开发了天资·灾害天气智能监测系统，如图 5-9 所示。2019 年 6 月 4 日 20 时至 5 日 20 时，重庆地区出现一次自西向东的强对流天气过程，天资·灾害天气智能监测系统提前 1～2 小时就精准预报出了有雷暴大风天气，提醒市民防灾。

防灾、减灾、救灾是气象工作不变的"初心"。重庆市气象局携手百度智能云共同打造了御天·智能预警信息发布系统，该系统致力于提升灾害监测的时效性，并确保预警信息的准确与迅速传播。例如，系统通过百度智能云的大数据分析和人工智能技术，将全市超过 16 000 个地质灾害隐患点的数据与预警人员和雨量监测站的信息相整合。当监测到的雨量达到预设阈值时，系统会自动向相关责任人员发送预警通知，确保气象预警信息能够迅速传递给需要的人群。借助百度智能云的短信平台，系统的短信发送速度得到了显著提升，从原来的每秒 160 条提高到了每秒 3000 条。这意味着，向 160 万预警责任人发送预警信息，过去需要 2 个多小时的操作，现在仅需大约 9 分钟就能完成，大幅提高了预警信息的传播效率。御天·智能预警信息发布系统如图 5-10 所示。

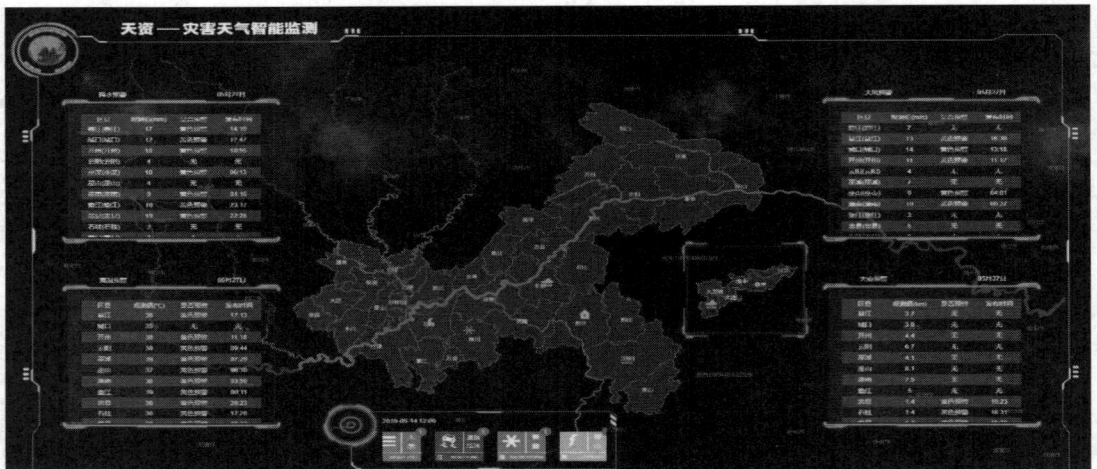

图 5-9　天资·灾害天气智能监测系统

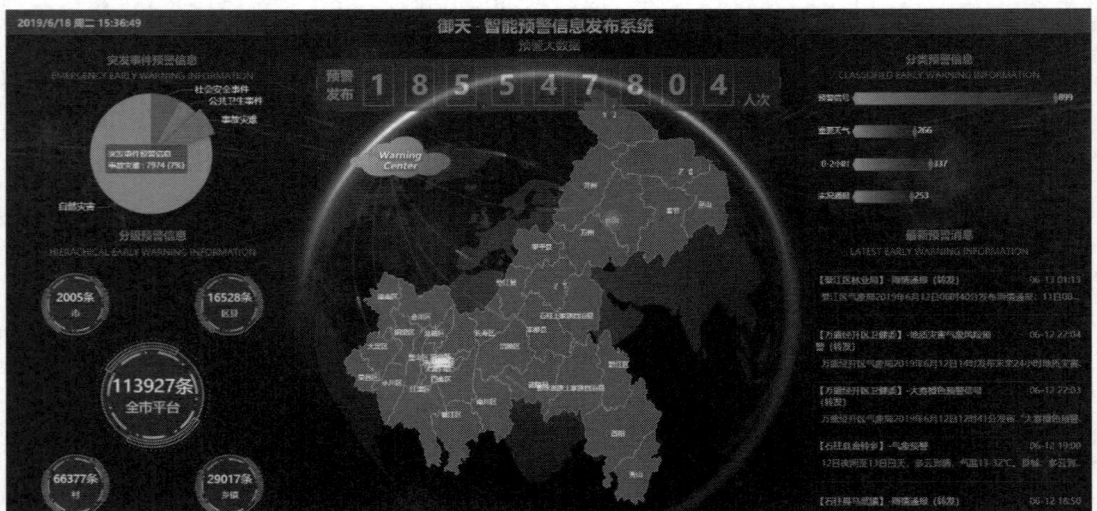

图 5-10　御天·智能预警信息发布系统

以下是气象灾害预警预报系统的几个主要应用领域。

1．暴雨预测与洪水预警

气象大数据能够精确预测降雨模式和量级，对于识别可能导致洪水的暴雨事件至关重要。通过分析降水趋势和降雨量，相关部门可以及时发布洪水预警，直至居民和企业采取预防措施。例如，2019 年 7 月 4 日，美国国家气象局利用气象大数据分析，预测到蒙大拿州的贝尔顿湖泊可能因暴雨而溃坝，及时发布了洪水预警，减少了潜在的灾害损失。

2．台风路径预测与风暴潮预警

台风是极具破坏力的气象现象，其路径和强度的准确预测对于减少风暴潮带来的影响至关重要。气象大数据的应用使得科学家能够追踪台风的发展，预测其可能的登陆点和影响范围。当气象大数据显示台风路径可能穿过某个沿海城市时，可以及时发布风暴潮和风速警报，以便人们做好防护措施，减少台风可能带来的破坏。例如 2020 年 9 月 23 日，中国气象局通过气象大数据分析，准确预测到强台风"海神"将会登陆广西北部，并且可能会引发强降水和强风等灾害，因此及时发布了风暴潮和强风预警，为公众和政府的防灾减灾工作提供了宝贵的时间。

3．干旱监测与农作物预警

干旱是影响农业生产的主要气象灾害之一。气象大数据的应用有助于监测地区的降水情况和气温，从而预测干旱的发生和发展趋势，以帮助农民、政府和相关部门采取相应的应对措施，保护农作物和水资源。澳大利亚科学家利用气象大数据成功预测出了 2019 年澳大利亚南部的重大火灾，为政府和农民提供了采取预防措施的依据，减少了风灾火线和农业损失。

气象大数据的应用在气象灾害预警预报系统中发挥着至关重要的作用，不仅提高了预警的准确性和及时性，还为政府决策、公众安全和资源管理提供了强有力的支持，有效减少了气象灾害对人类社会的影响。

为了展示如何使用 Kafka 和 Spark 来处理实时气象数据，以便快速响应气象灾害，可以通过以下代码来实现这一目标。

```python
from pyspark.sql import SparkSession
from pyspark.streaming import StreamingContext
from pyspark.streaming.kafka import KafkaUtils
# 创建 Spark 会话和流上下文
spark = SparkSession.builder.appName("WeatherAlertSystem").getOrCreate()
ssc = StreamingContext(spark.sparkContext, 1)
# 连接到 Kafka
kafka_stream = KafkaUtils.createStream(ssc, 'localhost:2181', 'weather-
group', {'weather-data':1})
# 定义处理函数
def process_record(record):
    # 解析记录
...(about 8 lines omitted)...
    else:
        alert = "Conditions normal"
    return (record[0], alert)
# 处理数据流
```

```
alerts = kafka_stream.map(process_record)
# 打印结果
alerts.pprint()
# 开始流处理
ssc.start()
ssc.awaitTermination()
```

下面的代码使用历史数据实现预测未来的气象灾害。

```
from sklearn.model_selection import train_test_split
from sklearn.ensemble import RandomForestClassifier
from sklearn.metrics import accuracy_score
import pandas as pd
# 假设有一个包含历史气象数据和灾害发生情况的数据集
data = pd.read_csv('historical_weather_data.csv')
# 特征和标签
X = data[['temperature', 'humidity', 'pressure']]
y = data['disaster_occurred']
# 划分训练集和测试集
X_train, X_test, y_train, y_test = train_test_split(X, y, test_size=0.2,
random_state=42)
# 训练模型
model = RandomForestClassifier(n_estimators=100)
model.fit(X_train, y_train)
# 预测和评估
predictions = model.predict(X_test)
print(f"Model accuracy: {accuracy_score(y_test, predictions) * 100:.2f}%")
```

5.2　气象大数据系统

气象大数据系统是指利用先进的数据处理技术和算法，对海量的气象数据进行收集、存储、分析和应用的综合性技术体系。这些系统通过整合和分析来自不同来源的气象信息，支持对天气变化的精准预测和灾害预警，从而在气象服务、灾害应对、资源管理等多个领域发挥关键作用。本节将详细介绍气象大数据系统的总体架构设计和层次划分，并通过内蒙古气象大数据综合应用平台案例，展示这些系统在实际操作中的应用。

5.2.1　气象大数据系统的总体架构设计

气象大数据系统总体架构设计是指为气象数据的采集、处理、存储、分析和应用构建的一个综合性框架。这个架构旨在确保气象信息系统能够高效地处理和分析来自各种来源的大量数据，包括地面观测站、卫星、雷达和其他遥感设备收集的数据。设计一个有效的总体架构对于实现数据的实时处理、提高预报的准确性、优化资源分配和增强用户服务至关重要。气象大数据系统设计面临的问题域架构如图 5-11 所示。

随着科技的持续发展，地面观测设备的感知要素越来越多，雷达网络愈发密集，卫星的观测能力在时间、空间和光谱分辨率上不断提升，数值模型的计算精度也日益精细。新兴的观测工具层出不穷，气象数据量迅猛增长，对各种气象业务系统的功能、性能的需求也在不断提升。因此，气象大数据系统首先面临的挑战是如何依据数据特性和业务特点，筛选出合适的技术以支撑气象领域的大数据应用目标。

气象大数据系统应具有高效的运行性能。无论是利用并行技术提升基础 IT（Information Technology）服务的效能，还是运用机器学习推动业务层面的创新，都不可避免地涉及数据的采集、处理、共享和服务等一系列复杂步骤。鉴于气象数据类型的广泛性，以及与之相关的业务应用系统的多样性和业务流程的复杂性，传统的信息系统构建方法已难以适应，无法有效解决数据传输混乱、存储分散、处理重复等问题，也难以提升业务系统的整体运行效率。因此，气象大数据系统需要解决的第二个问题是如何基于组织、制度、流程与 IT 技术展开气象大数据治理，构建气象实时/历史数据的一体化环境。

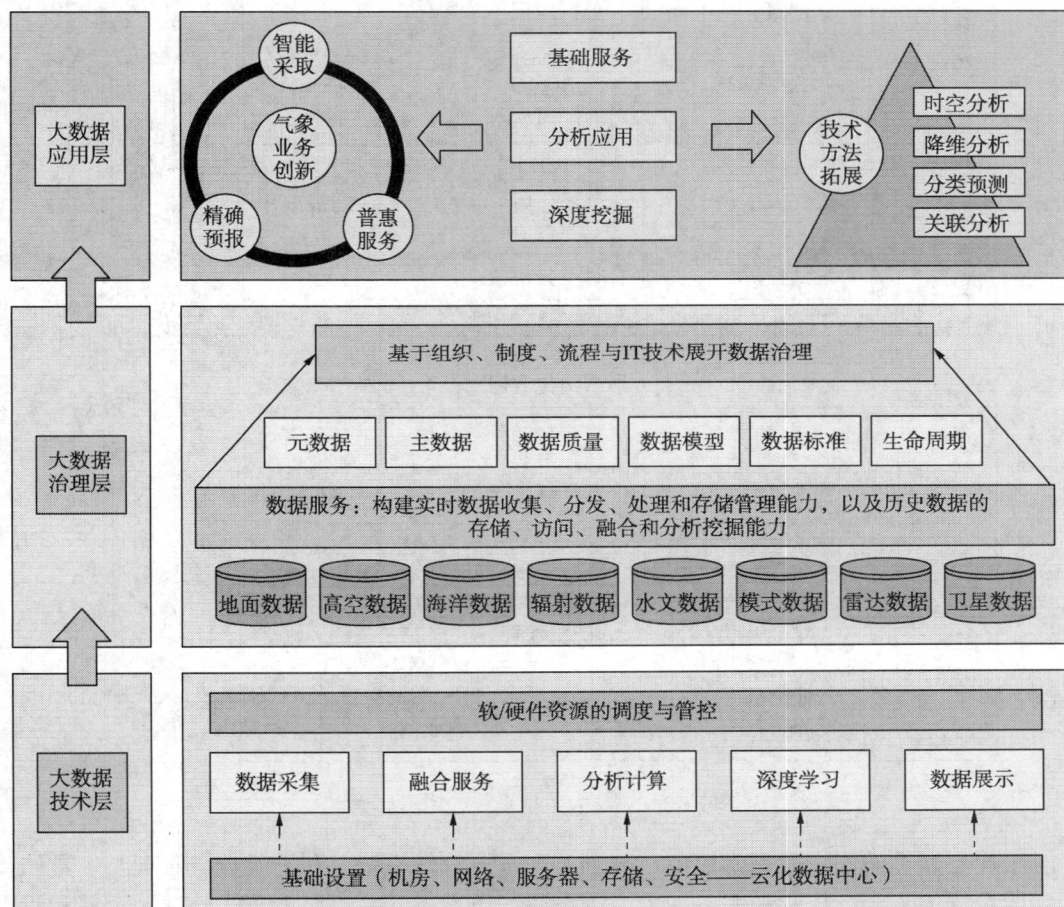

图 5-11 气象大数据系统的问题域架构图[①]

此外，气象大数据系统还需具备强大的数据采集能力。随着自动化监测工具如自动气象站、天气雷达、气象卫星的广泛应用，以及地面宽带、卫星通信、微波传输等先进通信技术的不断进步，气象实时监测、短时预报和极端天气预警业务得以快速发展。这同时也意味着气象行业越来越依赖于自动化的业务系统。因此，气象大数据系统需要解决的第三个问题是如何在智能化的数据采集、高效的数据管理、精确的天气预报和普及的公共服务

① 黄瑞芳，周园春，鞠永茂，等. 气象与大数据[M]. 北京：科学出版社，2017.

等智慧气象业务中，充分利用大数据技术和大数据治理成果，构建一个多层次的大数据应用与服务体系，涵盖基础数据服务、分析应用和深入的数据挖掘。

5.2.2　气象大数据系统的层次划分

气象大数据系统在逻辑上可分为 4 个主要层次：采集层、存储层、计算层和服务层，如图 5-12 所示。

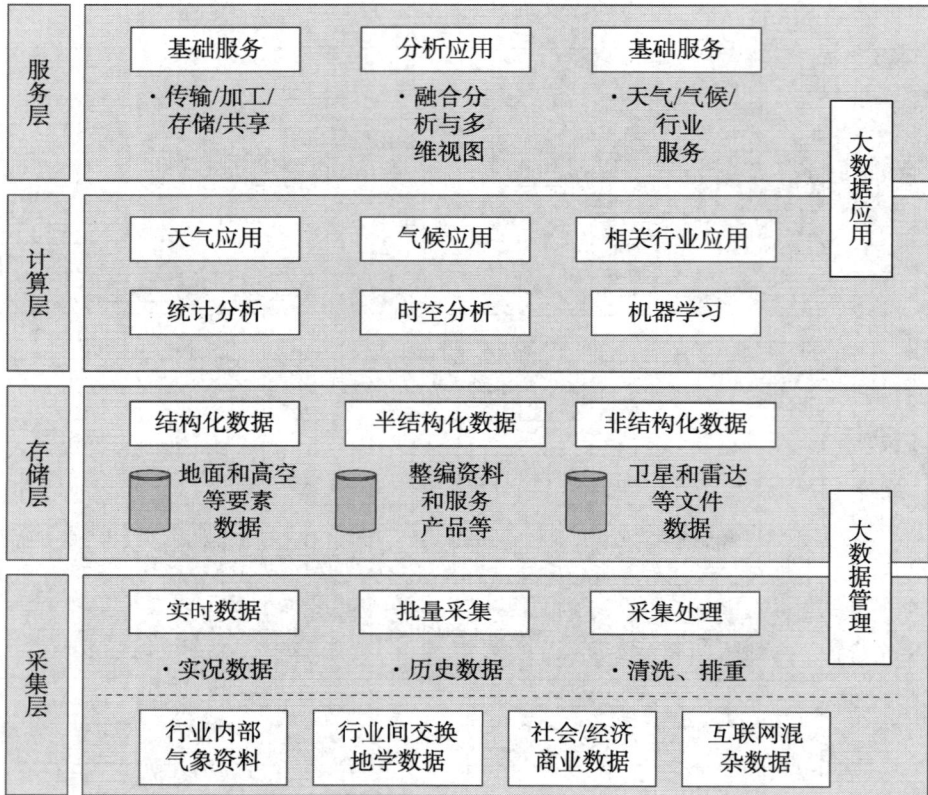

图 5-12　气象大数据系统的逻辑层次[①]

采集层和存储层以数据为核心，规划实现数据管理模型，利用元数据管理与主数据管理完成数据的整合、控制和服务能力，围绕数据质量展开采集、清洗、处理、存储和管理等活动，属于大数据管理的范畴；计算层和服务层专注于业务需求，通过构建定制化的数据分析模型来满足特定的业务场景。这些层次不仅增强了基础服务能力，还通过综合分析和深入的数据挖掘技术，为业务提供了更深层次的洞察力和决策支持，标志着大数据应用的实践。在整个架构中，大数据技术的应用是全面且多层次的。它根据每个层次的具体需求，选择和实施恰当的技术策略，从而确保整个系统的性能和效率。这种技术的应用可以确保从数据的采集到最终服务的提供，每一个环节都能高效、稳定地运作。

---

① 黄瑞芳，周园春，鞠永茂，等. 气象与大数据[M]. 北京：科学出版社，2017.

1. 气象大数据系统采集层

气象大数据系统的采集层是整个架构的起点，扮演着至关重要的角色，负责广泛地收集各种类型的气象数据。采集层分为数据来源和数据采集方式两部分。其中，数据来源包括行业内部气象资料、行业间交换地学资料、社会/经济商业数据以及互联网混杂数据。采集处理包括实时采集、批量采集和采集之后的处理过程。

行业内部数据是气象大数据系统中采集层的核心组成部分，通常来源于气象部门内部的观测网络和监测系统。这些数据包括由地面气象站、高空探测站、天气雷达、气象卫星以及自动气象观测站等设备所收集的实时观测资料。地面气象站提供的气温、湿度、风速、风向、气压等基本气象要素数据是天气预报和气候分析的基础。高空探测站通过探空气球收集的大气垂直结构数据，对于理解大气层的变化和预报天气系统的发展至关重要。天气雷达则能够监测降水、风暴等天气现象的空间分布和强度，为短时临近预报提供关键信息。气象卫星的遥感数据覆盖范围广泛，能够提供包括云图、海表温度、植被指数等多种遥感产品，对于大范围天气系统的监测和气候研究具有不可替代的作用。自动气象观测站则通过自动化设备进行连续观测，提供高时空分辨率的数据，为气象服务提供强有力的支持。这些行业内部数据因其专业性和系统性，在气象大数据分析和应用中占据着举足轻重的地位。

行业间交换的数据在气象大数据系统的采集层中扮演着桥梁的角色，通过跨部门合作，整合来自不同领域的地理和环境信息。这类数据通常涉及地质、地貌、水文、海洋、植被覆盖等多个方面，可以极大地丰富气象数据的维度和深度。例如，地质数据能够帮助气象学家理解地形对天气模式的影响，水文数据则对于洪水预测和水资源管理至关重要。海洋数据，包括海流、盐度和温度等，对于理解大尺度气候系统如厄尔尼诺现象具有重要意义。此外，植被覆盖和土地利用变化数据对于研究气候对生态系统的影响以及进行气候模型的验证和改进也非常重要。通过有效的数据共享机制，气象部门可以从其他地学相关机构获取这些宝贵的信息。这些数据的集成不仅提高了气象预报的精确度，还增强了对极端天气事件和长期气候变化的预测能力。行业间交换的地学数据是气象大数据系统不可或缺的组成部分，它们为气象服务提供了坚实的数据支撑，并为跨学科研究和应用开辟了新的方向。

社会/经济商业数据在气象大数据系统的采集层中扮演着重要角色，为气象分析提供了关键的社会经济背景信息。这类数据通常包括人口统计数据、经济活动指标、交通流量、能源消耗模式、农业产量和商业活动等。例如，人口分布数据可以帮助识别哪些区域在极端天气事件中可能面临更大的风险，从而优先进行预警和疏散计划。经济活动数据，如工业生产和建筑施工信息，可以辅助评估特定天气条件下对经济部门的影响，为政策制定和资源分配提供依据。交通流量数据对于预测和缓解恶劣天气对交通系统的影响至关重要，这些数据可以帮助交通管理部门在暴雨、大雪或其他恶劣天气来临时提前调整交通信号，发布出行建议，甚至实施交通管制。此外，商业数据如零售信息和供应链信息，可以反映天气变化对消费者行为和市场供需的影响，为商业决策提供参考。通过整合这些数据，气象大数据系统能够提供更为全面和深入的分析，支持跨领域的决策制定，增强社会对气象变化的适应能力和灾害的应对能力。这种数据的融合和应用，不仅提升了气象服务的实用性，也为推动可持续发展和提高人民生活质量提供了数据支持。

互联网混合数据也称为网络数据或在线数据，是气象大数据系统采集层中一个日益重要的组成部分。这些数据来源于互联网上的多种渠道，包括社交媒体帖子、新闻报道、博客、论坛讨论以及各种在线传感器和监测设备。互联网混合数据的特点是量大、更新快、种类多样，能够提供实时且广泛的信息。在气象领域，社交媒体上用户的生成内容，如推文或帖子，可以作为监测天气事件公众感受和影响的实时数据源。例如，在飓风或洪水发生时，社交媒体上的帖子可以提供灾害发生地点的第一手信息，有助于相关部门快速响应并积极展开救援工作。此外，新闻报道和博客可以提供关于天气事件的详细描述和分析，有助于丰富气象事件的背景信息。在线传感器和监测设备如个人气象站、交通监控摄像头或空气质量监测器，通过互联网提供实时数据流，这些数据可以补充传统气象监测网络的覆盖范围，提供更细粒度的观测数据。这些数据对于城市气象服务尤其有价值，因为它们能够揭示局部微气候条件和城市热岛效应等特有的气象现象。互联网混合数据的挑战在于数据的质量和一致性可能参差不齐，因此需要通过数据清洗、验证和融合技术来确保数据的可靠性。一旦这些数据被妥善处理和整合，就能够为气象研究和应用提供宝贵的补充信息，增强气象大数据系统的整体性能和应用价值。

在气象大数据系统的采集层中，数据采集过程是构建整个数据架构的基石。这个过程涉及从多种实时和非实时源中获取数据，以确保系统能够提供历史和最新的天气相关信息。实时数据采集是这一层次的关键部分，包括从气象监测站点、卫星、雷达和其他遥感设备上获取实况数据。这些数据通常通过自动化的数据采集系统进行实时传输，可以确保信息的时效性，对于短时天气预报、极端天气事件的快速响应以及灾害预警系统至关重要。除了实时数据，采集层还负责批量采集历史数据。历史数据对于气候研究、长期趋势分析和气象模型的校准具有重要价值。这些数据可能来源于过去的观测记录、存档的卫星图像或历史气候资料，通过定期的数据同步或数据迁移任务被系统采集并存储起来。在数据采集过程中，数据的预处理也是不可忽视的一环，具体包括：数据清洗，以去除错误或不一致的数据点；数据排重，以避免数据的重复存储；数据格式化，将不同来源的数据转换成统一格式，以便于后续处理和分析。这些步骤可以确保采集到的数据在进入系统后能够保持高质量和一致性。此外，采集层还需要具备高效的数据管理能力，这涉及数据的组织、索引和安全存储。通过实施有效的数据管理策略，可以优化数据的存储结构，提高数据检索的效率，并确保数据在整个系统生命周期中的完整性和可访问性。

2. 气象大数据系统存储层

无论是来自行业内部的气象资料、行业间交换地学数据、社会/经济商业领域的数据还是互联网的混杂数据，一旦被采集并输入系统，首要任务是进行数据的清洗、整合和标准化，以便于后续的分析和应用。鉴于数据量的巨大、类型的多样性以及结构的复杂性，选择合适的技术架构和工具来有效管理这些数据显得尤为关键。

为了应对这些挑战，气象大数据系统在存储层必须具备几个核心特性：第一，系统需要有足够的存储容量来应对数据量的激增；第二，系统需要保证高可用性，以确保数据的安全性和业务的连续运行；第三，系统需要具备高性能，以支持高分辨率观测数据的迅速存储和快速检索；第四，系统需要有良好的扩展性，以适应数据量的持续增长和新需求的出现。

在技术实现上，这通常意味着采用分布式存储解决方案，利用如 Hadoop 或云存储服务等技术，以实现数据的横向扩展和负载均衡。同时，采用高效的数据索引和查询优化技术，可以提高数据检索的速度和准确性。此外，通过实施数据备份、灾难恢复和安全访问控制等措施，可以进一步增强数据的安全性和系统的可靠性。

在气象大数据系统中，结构化数据类型广泛，涵盖地面观测、高空探测、海洋监测、水文测量、太阳辐射和农业气象等多个方面，这些资料通过遍布全球的气象观测站进行 24 小时不间断观测获得，其中，地面资料占据结构化数据总量的 95% 以上，并且在气象业务中发挥着关键作用。随着自动化气象监测站点数量的增加，每天产生的结构化数据量急剧上升，达到了数十吉字节。面对如此高密度的站点分布、高频次的观测和高要求的数据检索，传统的关系数据库管理系统（Relational DataBase Management System，RDBMS）在处理能力上显得力不从心。

为了应对这一挑战，大规模并行处理（Massively Parallel Processor，MPP）数据库成为气象领域处理大规模结构化数据的一个有效方案。MPP 数据库在多个物理节点上分布式存储数据，并利用统一的 SQL 接口来提供数据读写服务，这不仅保持了 SQL 的使用习惯，还通过集中计算和 I/O 操作显著提升了存储系统的处理能力和响应速度。此外，MPP 数据库的分布式架构天生具备良好的水平扩展性，这使得它能够适应气象数据量的快速增长，满足存储容量和性能的需求。一些 MPP 数据库还提供了列式存储模式，这非常适合处理气象观测中对单一位置进行的多参数观测，通常在数据库中以宽表的形式存在，包含数十甚至数百个字段。由于大多数查询只涉及少数几个字段，列式存储可以显著提高数据读取的效率，减少不必要的 I/O 操作。

相较于传统的关系数据库，MPP 数据库在处理较小的数据集时可能表现不佳，这主要是因为其分布式处理机制带来的额外开销。针对这一问题，在气象数据管理实践中，通常会结合使用传统关系数据库和 MPP 数据库。传统关系数据库负责存储实时数据，支持那些需要快速响应、处理量不大的实时气象业务需求；而 MPP 数据库则用于存储全面的数据集，满足大批量数据的提取和复杂计算的需求。这两种数据库之间通过数据同步工具，根据预设的策略进行数据迁移和同步，构建起一个多层次、混合型的大规模结构化数据存储架构。

在某些应用场景中也会采用列式存储数据库如 HBase，并结合 SQL 引擎如 Hive、Phoenix 或 SparkSQL 来存储和查询数据。这种存储方案更适用于处理极大规模的数据集，并且在数据检索的复杂性较低时表现更佳。然而，在气象大数据的应用中，这种方法并不是最普遍的选择。无论是采用哪种分布式存储架构，它们都具备一个共同的优势：能够通过组合成本较低的硬件设备来实现大规模数据存储，这不仅有助于减少初期建设的投资成本，而且能够适应未来数据量的增长，具有重要的实际意义。

在气象大数据的范畴内，非结构化数据占据主导地位，其比例通常超过总数据量的 90%。这类数据主要包括卫星图像、雷达扫描数据以及数值模型产出等，它们多以文件形式存在于文件系统中，而文件的引用或路径信息则被记录在数据库中以便于检索。鉴于非结构化数据的庞大体量，所采用的文件存储系统必须在多个方面进行优化，包括但不限于磁盘存储格式、网络通信协议、存储空间管理、数据恢复与回滚功能、缓冲缓存策略以及智能 I/O 处理等。

Hadoop 分布式文件系统（Hadoop Distributed File System，HDFS）作为一种高度可靠的分布式文件存储解决方案，能够在普通的硬件设备上运行，提供高吞吐量的数据访问，非常适合处理大规模数据集。HDFS 的高容错特性使其成为气象大数据系统中存储非结构化数据的理想选择。然而，与 MPP 数据库类似，HDFS 主要针对批量数据处理进行优化，而非面向交互式的数据操作，其设计重点在于提升数据处理的整体吞吐量，而非单个数据访问的响应速度。为了适应气象领域中实时业务和科研分析的需求，通常会将传统的共享文件系统与 HDFS 等分布式文件系统相结合，以此构建一个既能满足实时数据处理又能有效支持大批量数据分析的存储架构。这种混合存储方案能够充分发挥各种存储系统的优势，确保气象大数据系统在处理速度和容量扩展性方面都能满足业务需求。

在气象大数据系统中，半结构化数据是那些具有一定组织特征，但又不足以完全符合传统关系数据库模型的数据。这类数据包括气象信息汇编、定制化的气候服务产品、网络抓取的页面内容，以及交换用的 XML 文件等。虽然它们在气象数据集中不占主导地位，但是对它们的处理和存储同样重要。针对这类数据，常见的做法是根据特定的业务需求，提取它们的共同特征并将其映射到关系模型中，然后将其转换为结构化数据进行存储。另外一种方法是直接利用文件系统存储这些数据。在存储解决方案的选择上也可能会采用列式数据库、键值存储或文档导向的数据库等多种不同的数据库技术。对于非结构化数据，存储方式的选择可以是集中式或分布式的，具体取决于数据的特性和业务需求。如前面所讲，结构化和非结构化数据的存储策略可以提供参考，以确保数据的有效管理和快速访问。综合考虑数据的规模、访问模式和处理需求，可以设计出适合气象大数据系统需求的存储架构。

3．气象大数据系统计算层

在气象大数据系统计算层，执行从基本的气象数据特征分析到复杂的多元统计处理，再到采用深度学习技术进行如台风云系的自动识别和追踪等任务，都离不开大数据技术的支持。特别是分布式计算架构中的"计算靠近数据"原则，使直接在存储大量完整数据的底层进行数据处理和分析成为可能。

在众多分布式计算框架中，Hadoop 的 MapReduce 和基于此扩展的 Spark 是两个广泛使用的选项。MapReduce 依赖磁盘进行中间数据处理，而 Spark 则利用内存，从而提供了更快的处理速度，特别适合需要频繁迭代计算的数据挖掘和机器学习任务。然而，由于 Spark 的 RDD（Resilient Distributed Dataset，弹性分布式数据集）设计，它可能不适合那些需要频繁进行异步更新数据状态的应用场景。另一方面，Storm 提供了实时数据处理的能力，与 Hadoop 和 Spark 不同，Storm 不负责数据的存储，而是通过网络实时接收数据流，处理后立即返回结果，适合需要即时数据处理和反馈的应用场景。

4．气象大数据系统服务层

气象大数据系统服务层是气象大数据系统总体架构中的关键组成部分，它位于数据处理和最终用户之间的桥梁位置。服务层的主要职能是将从下层采集、存储和计算得到的数据转化为可用的信息和服务，以满足不同业务需求和用户请求。

在这一层中，服务被分为三个主要类别：基础服务、分析应用服务和大数据应用服务。基础服务主要负责数据的传输、加工、存储和共享，它们构成了整个服务层的基石。这些服务可以确保数据的流畅流通和有效管理，为更高级的服务提供必要的支持。分析应用服务则更侧重于数据的深入分析和解释，包括天气应用的统计分析、气候应用的时空分析等。这些服务利用气象数据来提供对天气变化、气候变化趋势的洞察，以及对相关行业影响的评估。它们通常涉及复杂的数据处理和分析模型，为用户提供决策支持和预测服务。大数据应用服务则进一步扩展了服务层的功能，涵盖更广泛的应用场景，如基于大数据技术的行业应用和机器学习等。这些服务通过深度学习和模式识别等先进技术，对海量气象数据进行挖掘，以识别模式、预测未来趋势并提供个性化的解决方案。

服务层的设计旨在提供灵活、可扩展且用户友好的数据服务，满足从科学研究到商业应用再到公共服务等多方面的需求。在服务层将丰富的气象数据和强大的分析工具结合起来，使气象大数据系统能够为用户提供可直接应用的解决方案和基于数据挖掘发现的规律。

5.2.3　内蒙古气象大数据综合应用平台案例

自 2018 年起，为了满足智能气象和大数据服务的实际需求，内蒙古自治区气象局利用云计算、大数据等现代信息技术手段，开发并建立了一个综合性的气象大数据应用平台。该平台实现了对气象部门内部数据及外部多源数据的集中和标准化管理，推动了"云+端"模式在气象服务中的应用创新，显著提高了气象服务的质量和效率，不仅为内蒙古自治区及其市、县级的气象业务需求提供了强有力的支持，还服务于政府大数据平台的构建及气象数据在各行业的应用，进一步促进了气象大数据在防灾减灾、生态保护、社会管理和公共服务等多个领域的深入应用，为内蒙古自治区的可持续发展提供了坚实的数据支持和技术保障。

内蒙古气象大数据综合应用平台的建立，标志着内蒙古自治区气象局在气象服务领域的一次重大进步。这个平台不仅提升了气象数据的管理和服务能力，还为多方面的应用提供了强大的支持。接下来将深入探讨内蒙古气象大数据综合应用平台的业务特点和架构设计，帮助读者更全面地理解其在实际运作中的优势和效能。

1．内蒙古气象大数据综合应用平台业务特点分析

1）气象大数据管理云平台

气象大数据管理云平台标志着对传统数据环境的革新，通过支持内部网络、电子政务网络及互联网，服务于广泛的用户群体，包括专业领域用户、商业用户、科研机构和普通大众。利用云计算与大数据技术，该平台不仅整合了气象部门的内部数据和外部数据，还对数据的交换、存储、处理和服务流程进行了优化，提高服务的整体质量和效率。此外，平台对多种机器学习技术持开放态度，支持从回归分析到聚类、决策树、神经网络乃至遗传算法的多种算法，同时兼容特定业务系统的独特算法。该平台能够管理和处理包括基础观测数据、天气预报、气候分析、生态监测以及人工影响天气等在内的多种数据类型，并提供从数据收集到管理再到深入分析的全面功能。

通过开放平台的信息系统资源、数据集和算法库，该平台激发了气象领域的创新和协作精神。用户可以轻松地访问这些资源，根据自身需求定制应用和服务。得益于云计算和大数据技术的进步，用户能够在"云到端"的架构下，享受到更加灵活和高效的气象服务，这不仅提升了业务处理的效率，也增强了服务的个性化和响应速度。

气象大数据管理云平台通过运用尖端的大数据处理技术，打造了一个全面的气象数据处理体系。该平台不仅整合了地面观测、高空探测、雷达监测、数值预报和卫星遥感等关键数据源，还涵盖了灾害监测、农业气象等新兴领域的数据；同时建立了一个集中的气象算法库，实现算法的统一管理和调度并构建数据处理的流水线，以实现任务的高效调度和处理。在数据存储解决方案上，该平台运用分布式存储技术，创建了一个综合的结构化与非结构化数据的存储系统。这一系统通过新开发的数据服务接口，能够对实时数据请求做出亚秒级的快速响应，同时支持接入多种异构数据库并优化了文件存储的索引机制。此外，通过设置服务接口网关，平台加强了对用户接口使用的精细化管理。平台还利用人工智能和数据可视化技术，将多种气象数据资源进行了有效整合，实现了观测数据、预报预警信息和行业数据的综合展示。通过一个全面、集成化、可视化的业务监控系统，平台对气象业务的每个环节进行了严密监控，并实现了监控数据和运维报告的集中管理，从而优化了业务系统的日常运维和管理工作。

2）高性能计算机系统

内蒙古自治区借助强大的计算设施，成功实施了一个覆盖全区的数值天气预报系统。该系统能够提供 3 公里空间分辨率和每小时更新一次的预报服务，同时支持 0～12 小时内 1 公里分辨率和每 10 分钟快速更新的详细网格预报，以及 2.5 公里分辨率的智能网格预报服务。为了适应内蒙古自治区特有的气候特征和预报服务需求，内蒙古气象大数据综合应用平台中包含一个综合性的数值预报业务系统，它由 6 个关键子系统构成：数据收集与处理、数据质量控制、数值预报、资料同化、预报解释应用和预报质量检验。内蒙古数值预报业务流程图如图 5-13 所示。

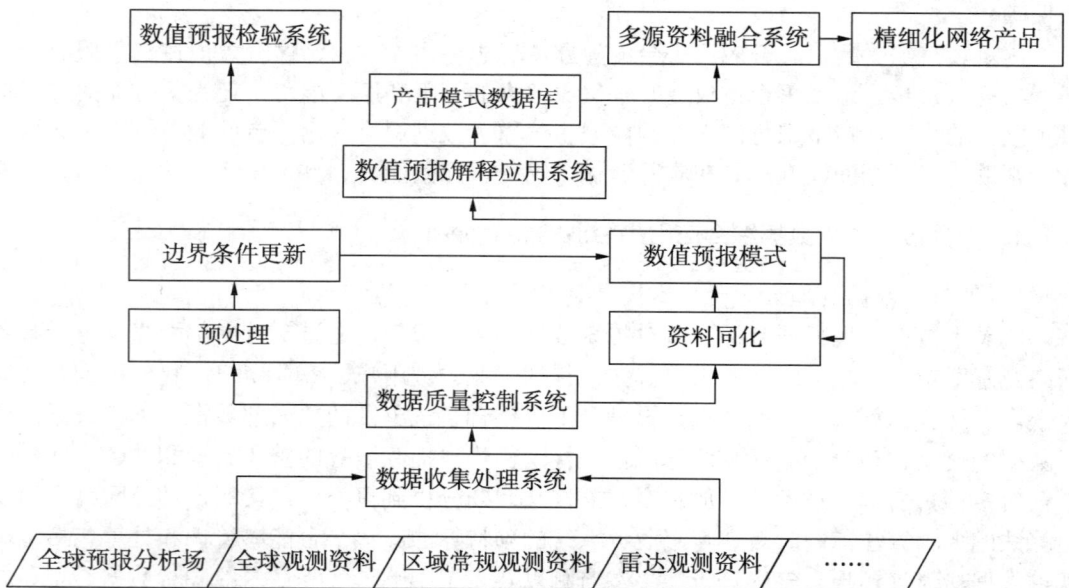

图 5-13　内蒙古数值预报系统业务流程示意图[①]

预报模型的水平分辨率达到 3 公里，全面覆盖了整个内蒙古自治区。该模型以全球预报系统（Global Forecast System，GFS）作为背景场，整合了来自全球电信系统（Global Telecommunications System，GTS）的地面观测、高空探测、自动气象站、全球定位系统（Global Positioning System，GPS）和航空报告等多种观测资料。预报模型的日常运行包括

---

① 温建伟，张立等. 内蒙古气象大数据综合应用平台建设与实现[M]. 北京：气象出版社，2022.

每天早晚两次的冷启动和一天 6 次的暖启动，预报产品每小时更新一次。

3）人工影响天气海事卫星空地通信指挥系统

在进行人工影响天气的操作中，收集的数据涵盖广泛的类别，包括通过飞机收集的云物理宏观和微观探测数据，通过地面观测站收集的标准数据、技术诊断结果以及操作指令等。飞机收集的云物理数据对于实时分析和评估人工影响天气的作业条件极为关键，而地面观测数据和技术分析结果的即时上传则为作业人员提供了必要的信息，以追踪和分析目标云团。气象大数据管理云平台通过标准化流程对这些多源数据进行收集、整理和分发，配合人工影响天气海事卫星空地通信指挥系统，实现了空中与地面的数据交换和同步，显著增强了实时技术所需的数据多样性，提升了决策的科学性和业务服务的效率。

此外，人工影响天气海事卫星空地通信指挥系统促进了多源数据的融合分析，建立了以海事卫星宽带传输为核心的通信系统，实现了指挥与数据共享的整合构建了地面指挥-飞机作业-分析数据-方案修正的完整业务循环系统，确保了数据的实时融合和同步。

4）生态数据分析系统

生态数据分析系统通过整合实时气象数据、历史气候记录和生态监测信息，结合地理信息数据，运用生态气象的评价技术、评估指标和量化影响模型，构建出了生态气象监测评估和遥感数据应用两大子系统。

生态气象监测评估子系统能够为不同的生态系统和问题提供定制化的月度、季度、年度乃至跨年代的监测和评估报告。它还特别为内蒙古自治区开发了干旱和雪灾的动态监测评估模型，以支持重大生态气象灾害的监测和评估工作。该子系统具备一系列功能，包括但不限于土壤湿度监测、生态气象信息发布、牧草生长动态分析、天然牧草营养分析、适宜植树造林区域评估、地下水位监测、土壤侵蚀监测，以及基于遥感技术的牧草产量和灾害评估等自动化产品生成和分析。

另一方面，遥感数据分析应用子系统通过部署小型无人机气象观测系统，增强了遥感观测能力。该子系统运用实时动态（Rral Time Kinematic，RTK）测量技术和并行处理技术，提升了遥感数据的处理效率。作为生态数据分析系统的关键部分，它与生态气象监测评估子系统协同工作，为生态系统和相关问题提供了全面的监测、分析和评估服务。

2．内蒙古自治区气象大数据综合应用平台架构

1）总体架构

如图 5-14 所示，内蒙古自治区气象大数据综合应用平台紫铜架构为"四横三纵"，其中：四横为基础设施层、信息资源层、应用支撑层和业务应用层；三纵为信息安全防护体系运行维护管理体系和标准规范体系。

基础设施层是支撑各类应用系统稳定运行的技术集成环境，包括网络与基础设施；信息资源层通过构建信息资源中心，为系统运行提供综合数据服务；将应用支撑层中的支撑业务应用系统的通用功能分离出来，形成应用支撑的基础功能，主要指系统软件；业务应用层主要包括气象大数据管理云平台、高性能计算机系统、人工影响天气海事卫星空地通信指挥系统、生态数据分析

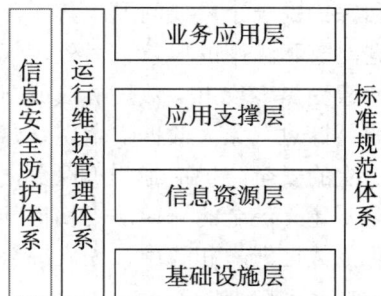

图 5-14　内蒙古自治区气象大数据综合应用平台总体架构

系统。

　　2）网络安全架构

　　通过接入国家级电子政务网络，内蒙古自治区气象大数据综合应用平台不仅实现了与其他业务信息共享单位的广泛连接，而且促进了跨区域的信息交流与数据共享。这种广域互联互通的能力极大地提高了气象信息的可用性和时效性，使得不同地区和部门能够实时获取和交换关键数据，从而更有效地进行决策和响应。

　　内蒙古自治区气象大数据综合应用平台通过互联网向公众、企业和相关机构提供准确及时的气象信息服务，满足不同用户的需求。这些服务包括但不限于天气预报、气候监测、灾害预警等，为农业生产、交通运输、能源管理、旅游规划等多个领域提供了重要的数据支持。为了确保内蒙古自治区气象大数据综合应用平台高效、稳定、安全地运行，内部网络采取了分层和分区的架构设计，并通过云技术整合了各个子系统。这种设计不仅提升了数据处理和分析的效率，还增强了系统的可靠性和可扩展性。同时，采用先进的网络云技术，实现了资源的优化配置和高效利用，为内蒙古自治区气象大数据综合应用平台的长期稳定运行提供了坚实的技术基础。

　　为了应对潜在的安全威胁，内蒙古自治区气象大数据综合应用平台实施了全面的网络安全措施，包括但不限于三级等级保护安全体系。这些措施涵盖链路安全、数据安全、主机安全以及应用安全等多个层面，全面提升了安全防护能力。此外，该平台还优化和完善了四大防御机制：基于访问控制的边界防御体系、基于病毒与攻击的立体攻击防御体系、基于网络传输的保密体系，以及基于堡垒机的运维风险管理体系。这些机制的建立和完善，为平台提供了全方位的安全保障，确保数据的完整性、机密性和可用性，为气象大数据的综合应用提供坚实的安全基础。

5.3　气象大数据安全现状

　　大数据时代，人类就像生活在一个"玻璃房"里。这句话道出了大数据时代潜在的安全风险：如果数据缺乏有效管理，就可能产生数据泄露，一旦被别有用心之人利用，后果自然不可想象，无论是对国家还是个人，都会造成极大的危害。气象大数据也是如此。

　　目前，气象大数据的安全面临一些挑战和考验。首先，气象大数据的规模庞大，大数据分析往往需要多类数据相互参考，涉及多个数据源和数据类型，因此数据的安全性和隐私保护是一个重要问题；其次，气象数据的广泛应用增加了数据的价值，同时也增加了数据泄露和滥用的风险。另外，气象数据在采集、传输和存储过程中也存在安全隐患，如可能遭受黑客攻击、数据篡改或窃取等问题。

　　针对气象大数据安全现状，相关部门和企业需要加强数据的加密和权限控制，采取多层次的安全防护措施，确保数据在采集、传输和存储过程中都得到有效的保护。同时，也需要建立健全的法律法规和标准规范，规范数据的合法使用和共享，保护用户隐私和权益，防范数据泄露和滥用行为。综合利用技术手段、管理措施和法律保障条款，可以更好地保障气象大数据的安全。

5.3.1　气象信息安全现状

气象信息安全是指在气象数据的采集、传输、存储和应用过程中，应确保数据的保密性、完整性和可用性，防止数据被泄露、篡改、滥用或数据丢失等。当前，气象信息安全存在一系列问题，下面进行详细介绍。

1．安全意识不充分

1）缺乏切合实际情况的信息安全目标

信息安全目标旨在确保信息资产受到全面的保护，包括保密性、完整性、可用性、真实性、可靠性和合规性。保密性确保信息仅对授权用户可见，防止未经授权的访问。完整性确保信息在传输和存储过程中不被非法篡改，维护数据的准确性和一致性。可用性保证信息能够及时、准确地提供给授权用户。真实性确保信息的准确性和可信度，防止错误信息的传播。可靠性确保信息系统持续稳定地运行，避免服务中断和数据丢失。合规性确保信息安全符合法律法规和行业标准，保护用户权益。

为了实现以上目标，可采取包括访问控制、数据加密和安全审计在内的安全措施，以保障信息资产的安全、隐私和完整性，维护用户信任和组织声誉。

在气象大数据安全领域，需要根据气象部门的特定需求和特点制定安全目标。这些目标应包括保护数据机密性、确保数据完整性和准确性、提高系统可用性、确保数据真实性和可信度，以及有效应对潜在风险。此外，还应加强监测和审计，制定和执行安全措施和规程，以确保气象信息的安全、可靠和稳定运行。

2）没有明确的信息安全方针

信息安全方针是组织或企业为确保信息资产的安全性、可用性和完整性而制订的指导性文件，包括组织对信息安全的总体目标和原则。信息安全方针旨在指导组织或企业在处理和保护信息时遵循一致的准则和措施。方针应明确阐述信息安全的重要性，强调保护信息资产的责任和义务，以及对信息安全持续改进的承诺。此外，方针还应涵盖关键要素，如信息分类、访问控制、风险管理、合规性要求、培训和意识提升等。信息安全政策应当与组织的业务目标和风险管理策略紧密结合，以确保它能够有效地支持组织的整体战略。此外，政策还应当定期进行审查和更新，以适应新的安全挑战和业务需求。

在气象部门背景下，信息安全政策的制定尤为重要。气象数据的准确性和及时性对于防灾减灾、农业生产、交通运输等多个领域至关重要。因此，气象部门需要制定一个全面的信息安全政策，以确保数据的安全性和可靠性。这个政策应该考虑到气象数据的特殊性，包括数据的采集、处理、存储和分发等各个环节的安全需求。同时，政策还应该包括对气象信息系统的定期安全评估，以及对安全事件的快速响应机制。

目前，气象部门可能还没有一个明确和全面的信息安全政策。因此，制定这样的政策成为迫切的需求。这需要气象部门与信息安全专家合作，确保政策的制定既符合行业最佳实践，又能够满足气象部门的具体需求。通过这样的政策，气象部门可以更好地保护其信息资产，确保数据的安全性和可靠性，从而为社会提供高质量的气象服务。

3）信息安全组织机构未履行的职责

信息安全组织机构是为确保信息安全管理有效运行而建立的部门或团队，负责策划、实施和监督组织的信息安全工作。信息安全组织机构的主要职责包括：制定和更新信息安全政策、标准和流程；管理信息安全风险和漏洞的评估与处理；建立和维护信息安全管理体系；推进信息安全培训和提高信息安全意识；监测和应对安全事件与威胁；与其他部门合作，确保信息安全要求得到满足。

在信息安全组织机构中，通常会设立一个信息安全负责人的职位，负责整体的信息安全管理工作。该负责人应具备专业的知识和经验，能够全面理解组织的信息安全需求，协调各部门间的合作，制定和实施信息安全策略和措施。此外，信息安全组织机构也可以包括一个信息安全委员会，由不同部门的代表组成，负责协调信息安全相关事宜，包括政策制定、风险评估和决策的讨论。

通过建立信息安全组织机构，能够更加有效地管理和应对信息安全风险，提升信息资产的保护水平，并确保信息安全工作得到有效的整合和推进。虽然在气象部门内已经存在类似的组织机构，但是至今仍未真正履行其应该承担的职责。为了改善这一状况，气象部门需要加强信息安全组织机构的建设，确保其有足够的权威和资源来履行职责，并且能够与其他部门有效沟通和协作，共同提升信息安全的整体水平。

4）缺乏完整的信息资产管理措施

信息资产管理是组织或企业针对其信息资产进行全面管理和保护的过程。它包括对信息资产的识别、分类、评估、保护和监控等方面的工作。首先，信息资产管理需要对组织内的所有信息资产进行识别和分类，以了解其重要性和价值，并为其制定相应的保护措施；其次，通过对信息资产的评估，可以识别和分析存在的风险和威胁，并采取相应的风险管理措施。在保护方面，信息资产管理涉及制定和执行相应的策略、措施和安全授权方式，以确保信息资产的保密性、完整性和可用性。另外，信息资产管理还需要建立有效的监控机制，对信息资产进行实时监测和审计，及时发现并应对潜在的安全事件。信息资产管理的目标是最大程度地降低信息资产的风险和损失并提供安全的信息环境，为组织的业务和运营提供支持。通过有效的信息资产管理，组织能够更好地保护其核心资产，增强信息安全防御能力，提高业务连续性和信任度。

目前，气象部门尚未实施真正意义上的完整的气象信息资产管理工作。基础工作的缺失，导致气象信息安全工作不扎实、不稳固，这是气象信息安全工作长期滞后于信息化基础建设的主要原因之一。

2. 管理体系不完整

根据 ISO 的定义，信息安全管理体系（Information Security Management System，ISMS）是为了实现信息安全目标而建立的一系列方针、目标、方法和体系。它包括管理活动的结果，如方针、原则、目标、方法、计划、活动、程序、过程和资源的集合。

ISMS 是为确保信息资产和信息系统安全而建立的一套结构化和系统化的管理框架。它包括组织结构、政策、流程、标准和技术措施，致力于保障信息的保密性、完整性和可用性。ISMS 的核心是一套明确的信息安全政策和规程，它们为组织内的信息安全实践提供规范和指导。这些政策和规范可以确保员工了解并遵守信息安全的要求。组织结构和责任分工是 ISMS 的重要组成部分，它们可以确保有专门的团队或个人负责信息安全管理工作，并明确每个员工在信息安全中的角色和责任。这种结构化的责任分配有助于确保信息安全措施得到有效执行。风险管理是 ISMS 的关键方面，涉及对信息安全风险的评估、监控以及对应对策略的制定。通过风险管理，组织能够识别潜在的安全威胁，并采取相应的预防和缓解措施。安全控制措施的定义和实施是 ISMS 的另一个重要组成部分，旨在防止安全威胁和漏洞，保护信息资产不受侵害。为了提高员工对信息安全的认识和理解，ISMS 要求组织定期开展安全意识培训和教育活动。监测和响应安全事件是 ISMS 的最后环节，包括实施有效的监测措施以便及时发现安全事件；建立快速响应机制，以便有效处理安全事件和事故，减少潜在的损害。

通过这些措施，ISMS 有助于构建一个全面、动态的信息安全管理环境，确保信息资产得到持续性保护并支持组织的业务连续性。由于基础性工作尚未全部就绪，目前，气象部门尚未建立真正意义上基于风险管理的科学而完整的气象信息安全管理体系。建立完整的信息安全管理体系，可全面保护气象部门的关键信息资产，确保业务持续开展并将损失降至最低程度，实现动态、系统、全员参与、制度化、以预防为主的信息安全管理方式，以最低成本达到可接受的信息安全水平。此外，在当前大数据应用浪潮蔓延的背景下，完整的信息安全管理体系的建立也能增强外部协作单位对气象部门安全能力的信心。

3. 安全管理难度高

气象信息安全管理面临诸多挑战和困难。首先，气象数据的重要性和敏感性使其受到各种威胁和攻击的风险更高。气象数据的准确性和保密性对于应急管理、国家安全和商业利益等领域至关重要，因此需要采取更严格的安全措施来保护这些数据。其次，气象数据的开放性和共享性也会导致其管理难度加大。现代气象工作需要在多个部门、单位和地区之间进行信息共享和协作，这就要求在信息共享的同时确保数据的安全和完整性，这需要更加复杂和灵活的安全管理措施。此外，气象部门往往面临技术更新和信息化进程加快的挑战。新技术的应用和信息系统的升级可能会带来新的安全漏洞和风险，而气象部门需要及时适应和应对这些挑战，进行信息系统的安全升级和更新。同时，人为因素也是气象信息安全管理的难点之一。员工的安全意识和行为习惯对于信息安全至关重要，而培训员工加强安全意识也是气象信息安全管理的一大挑战。

综上所述，气象信息安全管理难度之所以较大，主要是气象数据的重要性和敏感性、开放性和共享性，以及技术更新和信息化进程加快、人为因素等多方面的原因。因此，需要综合考虑技术、管理和人员培训等因素，建立多层次、全方位的气象信息安全管理体系来有效应对这些挑战。

5.3.2　大数据安全存在的主要问题

在大数据的深入研究和应用过程中，传统的数据安全机制已经不能满足大数据的安全需求，大数据安全和隐私保护的主要问题在于数据隐私保护、访问控制和身份认证、数据共享和合规性等。

1. 数据隐私保护

数据隐私保护是指在大数据环境中保护个人数据和敏感信息的一系列措施和实践。保护数据隐私涉及合规性和法律要求、数据分类和标识、数据保密和加密、数据脱敏和匿名化、访问控制和身份验证、隐私权政策和知情同意、安全存储和传输、员工培训和意识等方面。

在实践中，组织需要遵循适用的法律法规，对大数据中的数据进行分类和标识，保护敏感数据和个人身份信息，并采取加密技术确保数据保密。此外，数据脱敏和匿名化也是保护数据隐私的重要手段。同时，严格的访问控制和身份验证机制，以及建立明确的隐私权政策和获得用户的知情同意，也是保护数据隐私的关键。另外，安全存储和传输对保护数据隐私也至关重要。员工培训可以建立员工对数据隐私保护的重视和合规意识。

数据隐私保护需要组织采取一系列技术和管理措施，以确保大数据中的个人数据和敏感信息得到充分的保护和安全。

2．访问控制和身份认证

访问控制和身份认证在信息安全领域中属于基础性概念，用于保护系统和数据资源未经授权被访问。访问控制指对系统资源进行管理和限制，以确保只有授权用户或实体能够获取资源或对资源进行操作。这包括对数据、应用程序、网络、系统功能等进行权限控制。访问控制通常分为基于角色的访问控制（Role-Based Access Control，RBAC）和基于属性的访问控制（Attribute-Based Access Control，ABAC）等类型。RBAC 通过给用户分配特定的角色，并将权限与角色相关联来管理权限，而 ABAC 是根据用户的属性、环境因素以及其他相关属性来进行访问控制决策。

而身份认证是对用户或实体身份的确认过程。常用的身份认证方法包括密码、生物识别特征（如指纹、虹膜扫描等）、智能卡、令牌等技术。现代身份认证系统通常采用多因素认证来提高安全性，要求用户提供多种不同类型的凭证或信息来完成身份认证过程。

访问控制和身份认证紧密相关，有效的访问控制需要基于已经经过身份认证的用户。一旦用户身份得到认证，访问控制机制会根据该身份的权限和策略，决定用户可以访问哪些资源，以及在什么情况下可以访问这些资源。这种方式可以有效地保护系统资源，在各种系统和场景中都起着至关重要的作用，包括企业内部网络、云计算环境、移动应用等。通过合理的访问控制和身份认证，系统能够实现对资源的安全管理和保护，降低信息安全风险。

3．数据共享和合规性

在大数据时代，数据成为一种极其宝贵的资源，可以为组织和个人带来巨大的商业价值和创新机遇。数据共享和合规性在这个背景下显得尤为重要。数据共享在大数据时代具有巨大的潜力，大数据时代的数据量巨大、速度快、多样性强，通过数据共享可以将不同来源、不同领域的数据进行整合和交叉分析，发现新的关联和趋势，提供更全面、精准的信息，支持业务决策和创新。数据共享有助于促进业务合作，推动跨部门、跨行业的合作和共享资源，提高效率和创新能力。然而，数据共享面临着诸多挑战，尤其是隐私和安全问题。随着大数据的广泛应用，个人的隐私信息面临着更大的风险。因此，确保数据共享的合规性成为必然的要求。

数据共享的合规性包括两个方面。合规性要求在数据共享过程中，严格遵守相关的法律法规和政策，如数据保护法规等。不同国家、地区对于数据隐私和保护的要求可能存在差异，对数据共享活动的合规性要进行充分了解，并确保遵守相应的法律要求。此外，合规性还包括组织内部的合规性管理措施，包括建立适当的数据管理政策和流程，数据分类和标记，访问控制和权限管理，安全技术的应用（如数据加密、脱敏、数据安全传输等），以及进行风险评估和监测等。

在大数据时代，数据共享和合规性需要在技术、管理和法律层面进行综合考虑。组织需要制定清晰的数据共享策略，确保数据合法、安全。同时，政府和相关监管机构也需要加强数据保护的立法和监管，建立适当的法律和标准，维护公众的利益和数据主体的权益。

大数据时代的数据共享与合规性密切相关。通过合规性的数据共享，可以实现数据的最大化利用和共享价值，为创新和商业发展提供支持，同时保护个人隐私，确保数据的安全性和合法性。在大数据时代，数据共享的合规性是一个不可忽视的重要议题。

5.3.3   大数据面临的挑战

大数据技术的蓬勃发展给我们国家、社会和人民带来便利的同时也成为病毒、黑客攻击的重要目标。一旦大数据的信息泄露，造成的危害将会更大。当前，相较于传统数据安全问题而言，气象大数据的建设面临着更大的安全挑战，总结为如下几个方面：

1．更高的价值和敏感性

传统数据安全问题涉及个人身份信息、财务数据、公司机密等敏感信息。数据泄露可能会导致个人隐私泄露、财务损失、信任受损等后果。因此，传统数据安全问题的关键在于保护个人隐私和企业利益，确保数据未经授权被访问或滥用。相比之下，气象大数据的价值和敏感性更多地涉及公共安全和国家利益。气象大数据包括天气预测数据、气候模拟数据、卫星遥感数据等，这些数据对于灾害预警、农业生产、国防安全等方面具有重要意义。因此，气象大数据的价值更多地体现在对公众安全和国家利益方面。数据泄露或篡改可能会导致天气预测失准、应对自然灾害不足、军事战略泄露等严重后果。

2．更大的泄露风险

网络空间中的数据来源涵盖非常广阔的范围，如传感器、社交网络、记录存档、电子邮件等，大量数据的聚集不可避免地加大了用户隐私泄露的风险。一方面，大量的数据如企业运营数据、客户信息、个人隐私和各种行为的细节记录，这些数据的集中存储增加了数据泄露的风险，而保护这些数据不被滥用也成为人身安全的一部分。另一方面，一些敏感数据的所有权和使用权并没有明确的界定，很多基于大数据的分析都未考虑到其中涉及的个人隐私问题。

3．更加开放共享

对于传统数据安全问题，数据的分享和开放程度相对有限。个人隐私数据、企业机密信息等通常被视为受保护的资产，因此数据的分享和开放受到严格限制，需要通过授权和许可才能获得访问权。此外，传统数据的分享和开放更多地受制于法律法规和商业约束，需要保护数据的机密性和完整性。然而，气象大数据的价值在于共享和开放，以促进科学研究、应对气候变化，公众服务。气象大数据通常需要在全球范围内进行收集和共享，以支持气象预测、气候研究、灾害监测等。因此，数据共享在气象大数据领域的重要性远远超出了传统数据的范畴。

4．更多攻击手段

在企业用数据挖掘和数据分析等大数据技术获取商业价值的同时，黑客也正在利用这些大数据技术向企业发起攻击。黑客最大限度地收集更多有用的信息，如社交网络、邮件、微博、电子商务、电话和家庭住址等信息，为发起攻击做准备，大数据分析让黑客的攻击如此精准。此外，大数据为黑客发起攻击提供了更多的机会。黑客利用大数据发起僵尸网络攻击，可能会同时控制上百万台傀儡机并发起攻击，这个数量级是传统攻击不具备的。

5.3.4　大数据面临的安全威胁

大数据系统由于其规模庞大和技术复杂性，面临着多种安全挑战。这些挑战不仅来源于外部攻击者的威胁，还包括内部的安全漏洞和管理缺陷。接下来将详细分析大数据基础设施在安全方面可能遇到的主要问题，以及这些问题对数据保护和系统稳定性可能造成的影响。

1．大数据基础设施安全威胁

大数据基础设施安全威胁是指在大数据系统的基础设施层面上，面临的各种安全风险和威胁。随着大数据的快速发展和广泛应用，大数据基础设施的安全性变得至关重要。大数据基础设施安全威胁主要包括以下几个方面。

1）未经授权的访问

攻击者可能会非法访问大数据基础设施，获得敏感数据，或者破坏系统的完整性和可用性。这可能涉及对服务器、存储设备、网络设备等的非法访问，或者通过窃取合法用户的凭证来获取非授权访问权限。

2）网络攻击

大数据基础设施通常是通过互联网进行数据传输和通信，因此容易成为网络攻击的目标。攻击者可能会利用各种网络攻击手段如钓鱼、恶意软件、拒绝服务攻击等来破坏基础设施的安全性，导致系统故障或数据泄露。

3）数据传输的安全性

大数据基础设施涉及大量的数据传输，包括数据的采集、传输、存储等环节。如果数据传输未经加密或者使用不安全的通信渠道，则会导致数据泄露、篡改或非授权被访问。

4）虚拟化与容器化安全

在大数据基础设施中常使用虚拟化和容器化技术来提高资源利用率和灵活性。然而，虚拟化和容器化本身可能存在安全漏洞，攻击者可能会利用这些漏洞来入侵基础设施，或者通过攻击其他虚拟机或容器来获取敏感数据。

5）身份和访问控制

大数据基础设施需要有效的身份认证和访问控制机制，以确保只有经过授权的用户能够访问和操作数据与系统。如果身份验证和访问控制不健全，那么攻击者可能会通过攻击用户凭证或利用漏洞来获得非法访问权限。

2．大数据存储和传输的安全威胁

大数据在存储和传输过程中面临着多种安全威胁，这些安全威胁可能会导致数据泄

露、篡改、损坏以及非授权访问等。以下对大数据存储和传输的安全威胁进行详细介绍。

1）数据泄露风险

大数据存储了海量的敏感信息，包括个人身份信息、财务记录、医疗信息等，而这些数据往往是攻击者捕获的目标。如果大数据在存储和传输过程中未经加密或者受到未授权访问，就会面临数据泄露的风险，这可能导致个人隐私曝光、数据泄露等。

2）非授权访问风险

大数据在存储和传输环节存在着非授权访问的风险，黑客或内部人员可以通过各种手段获取访问权限，进而窃取敏感数据或篡改数据内容，导致出现数据丢失或数据不真实的问题。

3）数据篡改威胁

在大数据传输过程中，攻击者通过拦截数据包或入侵数据传输通道来篡改数据内容，从而导致大数据使用者做出错误的分析或决策。数据篡改可能会对企业的决策带来严重的影响。

4）数据完整性问题

大数据在存储和传输过程中可能存在数据损坏、丢失或被篡改所引起的数据完整性问题。这会导致数据不真实或不可信，影响数据分析和业务决策的准确性。

5）未加密的数据传输

如果大数据在传输过程中未经加密，则数据可能会被窃取或篡改，从而出现敏感信息泄露或数据完整性问题。

6）存储设备的安全性

大数据通常会存储在各种设备上，如服务器、磁盘、云存储等，这些存储设备如果没有得到充分的安全保护，就可能面临被盗或遭受物理攻击的风险。

3. 大数据的隐私泄露

大数据的隐私泄露是指大规模的数据收集、存储和分析可能会导致个人隐私信息暴露或泄露的现象。随着大数据技术的发展和广泛应用，隐私泄露问题受到了越来越多的关注。下面对大数据的隐私泄露进行介绍。

1）数据收集和存储

大数据通常涉及大规模的数据收集和存储，包括个人身份、健康记录、金融信息等敏感数据。如果这些数据未经妥善处理和保护，就会面临泄露的风险，尤其是当这些数据被集中存储在一个数据库或数据仓库中时，一旦这些数据被非法访问，就可能导致隐私信息的泄露。

2）数据关联和分析

大数据技术可以对大规模数据进行关联分析，从而揭示出个人的行为模式、偏好和习惯等隐私信息。如果这种分析未经适当限制，则会导致个人隐私被侵犯，如商业公司可能通过个人购物记录来推测个人的健康状况或政治倾向等。

3）数据共享和交换

在大数据生态系统中，不同组织、企业或个人往往需要共享数据，以便进行更广泛的分析和使用。然而，数据共享也增加了隐私泄露的风险，因为在数据传输和共享过程中，一旦数据遭到未经授权的访问或被非法获取，就会导致隐私信息的泄露。

4）数据挖掘和机器学习

大数据技术通常采用数据挖掘和机器学习等技术来从数据中提取信息并进行预测建

模，这可能会带来隐私泄露的问题。例如，通过分析用户的浏览记录和购买行为，可以推断出个人的爱好、购买力等信息。

5.3.5　保障气象大数据安全的相关措施

我国数据安全保护技术不足、数据安全评估不够等问题突出，数据安全保障能力亟需进一步提升。因此，应从大数据安全面临的挑战出发，多管齐下，多措并举，构建全面的数据安全保护体系，着力提升数据安全保障能力。下面是保障气象大数据安全性的常见措施。

1．数据加密

数据加密在保障气象大数据安全中起着至关重要的作用。通过对气象大数据进行加密处理，可以确保数据在存储、传输和处理过程中的安全性和保密性。数据加密包括数据存储加密和数据传输加密两个方面。

首先，数据存储加密是指在气象大数据存储过程中对数据进行加密处理。这包括采用加密存储介质、加密文件系统或加密数据库等方式，以确保数据在存储介质上的安全性。通过加密技术，即使存储介质被盗或丢失，也无法被轻易获取敏感数据，保护数据的机密性和完整性。密钥管理是保障数据存储加密安全的重要环节，对密钥进行严格的管理和控制，以防止密钥泄露或不当使用。

其次，数据传输加密是指在数据传输过程中采用安全的通信协议和加密算法对数据进行加密传输，以保护数据在传输过程中不被窃听或篡改。采用 SSL/TLS 等安全通信协议可以确保数据在网络传输中的安全性，防止信息泄露和数据篡改。在数据传输过程中，密钥协商和管理也是关键的一环，确保数据传输的安全性和完整性。

数据加密是气象大数据安全的重要保障，通过对数据进行加密处理，可以有效保护数据的安全性和隐私性。合理的加密方案、密钥管理措施和性能优化都是确保数据加密安全的关键因素。同时，加密技术的不断创新和完善也为气象大数据的安全保障提供更加可靠的支持。

2．网络安全

在保障气象大数据安全的措施中，网络安全扮演着至关重要的角色。网络安全旨在保护数据免受未经授权的访问、窃取和破坏，以及应对各类网络威胁和攻击。针对网络安全，应综合采取多层次的防护措施，包括防火墙、入侵检测系统、反病毒软件等。

首先，防火墙是网络安全的第一道防线，可实现对网络流量的监控和过滤，阻止未经授权的访问请求和恶意攻击。其次，入侵检测系统可以实时监测网络流量和系统日志，识别潜在的攻击行为，并对异常行为做出及时响应。另外，反病毒软件可以帮助防范网络病毒和恶意软件的侵扰，确保网络设施和数据的安全。此外，网络安全还包括对网络设备和通信链路的保护，如对交换机、路由器和其他网络设备的加固和安全配置，以及对网络传输链路的加密和安全通信协议的应用。这些措施可以有效降低网络设备被攻击和数据泄露的风险。另一方面，安全审计和监控应成为网络安全的重要组成部分，通过记录和分析网络活动数据，监视网络访问和数据流动，可以及时发现网络异常情况和潜在威胁，最大限度地降低网络风险。同时，网络安全还需要不断强化员工的安全意识，加强对网络安全政策、操作规范和应急预案的培训，确保员工能够妥善处理网络威胁和安全事件。

3．安全审计

安全审计的作用主要体现在对数据访问和使用过程的监控、记录和分析。安全审计通过记录和分析系统与网络活动来检测潜在的安全威胁和非法操作，从而确保数据的安全性和合规性。第一，安全审计可以实时监控和录制数据访问活动，包括用户的登录和操作行为，系统的数据访问和传输等。通过记录各类活动的详细日志，有助于及时发现和识别潜在的安全威胁和异常行为，对员工和系统的实际操作情况进行监控和评估，及时发现安全隐患和异常情况。第二，安全审计有助于对数据访问和使用的合规性进行评估和验证。通过分析和审计数据访问活动，可以检查用户的操作是否符合安全策略和权限要求，确保数据的合规性和安全性。第三，安全审计也有助于发现数据访问的异常和潜在的安全漏洞，为其及时修复提供有力支持。第四，安全审计还能够对安全事件和安全威胁做出及时响应和处理。通过对记录的日志和数据访问活动进行分析，可以快速识别安全事件和威胁，及时制订和执行相应的安全应急预案，最大程度地减少安全事件的损害程度。

通过对数据访问和使用活动的监控、记录和分析，有助于及时发现和应对潜在的安全威胁，保障气象大数据的安全性和完整性。合理的安全审计机制应当包括全面的日志记录、实时的活动监控、自动化的异常检测和响应机制等，以确保对数据访问行为和安全事件的全面覆盖和精准监测。

4．物理安全措施

物理安全措施可以确保数据中心、服务器、网络设备等关键基础设施和硬件的安全，从而有效保护气象大数据免受物理破坏、盗窃和不当访问。对数据中心和服务器房间实施严格的物理访问控制是非常重要的，包括安全门禁系统、监控摄像头、生物识别技术等，以限制只有授权人员才能进入数据中心或接触服务器设备，从而防止未经授权的物理访问和操作。其次，安全的机房和设备布局设计也是重要的物理安全措施，良好设计的机房布局能够防止意外和自然灾害对设备的损坏。例如采取防水、防火、防震措施，以确保气象大数据中心在面临灾害时能够保持运转和数据安全。此外，在数据中心和服务器机房设置安全的电源和环境控制系统同样至关重要。这包括做备用电源系统、温度和湿度控制系统，以确保设备在各种情况下都能够正常运行，降低因电力故障或环境变化带来的潜在风险。另外，对于服务器和存储设备的实际安装和保护也很重要。采取适当的防盗措施、机架锁定、硬件加密等手段，防止硬件设备被盗或被篡改，以确保数据存储和处理的物理安全性。

物理安全措施为保障气象大数据的安全提供了关键保障，有效的物理安全措施能够防范各种潜在的物理风险和威胁，确保数据中心和相关设备安全运行，从而保护气象大数据的完整性和可靠性。

5．数据备份和灾备

数据备份和灾备是保障气象大数据安全的重要措施，旨在确保即使面临意外事件或灾害，数据依然能够安全可靠地备份和恢复。数据备份是将关键数据复制到独立的存储介质中，以防止数据丢失；灾备是为了在发生灾难情况下保证系统和数据的可用性和正常运行。在数据备份方面，应该采取定期的备份策略，并确保备份数据的完整性和一致性，包括定期全量备份和增量备份，保证数据即使在发生灾难时也有最新的备份版本可用。同时，备份数据的存储介质应当具备高可靠性和安全性，如使用云存储、磁带库等方法，以免造成备份数据丢失或被篡改。其次，在灾备方面，应该建立完备的灾难恢复计划，确保系统在遭受灾难时可以迅速、高效地恢复正常运行。这可能涉及跨地域的数据中心配置、灾备设施建设、数据镜像同步等手段，以保证数据和系统的高可用性和可靠性。另外，数据备份和灾备方案应该经常进行测试和验证，以确保备份和恢复的可靠性，定期进行应急演练，验证备份数据的正确性和灾难恢复计划的有效性，及时修正和完善备份和灾备方案。在数据备份和灾备方案中应该充分考虑业务需求和数据特性，采取差异化备份策略，对数据进行分类和分级备份，以确保关键数据能够得到及时备份和恢复。

总的来说，数据备份和灾备的有效实施对于保障气象大数据的安全至关重要。科学合理的备份和恢复策略能够最大程度地减少数据丢失和灾害对数据系统的影响，确保数据的安全性、可用性和完整性。

5.3.6　保障气象大数据安全的相关技术

面对数据泄露、篡改和滥用等风险，现有的数据安全保护技术显然不足以应对日益复杂的安全威胁。因此，迫切需要采取一系列创新和全面的措施，以构建一个坚实的数据安全防护体系，并提升数据安全的综合保障能力。以下是针对气象大数据安全性的一些关键技术介绍。

1. 多因素认证

多因素认证（Multi-Factor Authentication，MFA）是保障气象大数据安全的一项关键技术。它要求用户提供多种身份验证方式，如图 5-15 所示，显著增强了对敏感气象数据的保护。

图 5-15　多因素认证方式示例

在气象大数据的安全管理中，MFA 的应用有助于强化身份验证过程，确保只有通过验证的用户才能访问数据。这种方法有效减少了数据泄露和未授权访问的风险，即使攻击者获取了用户的密码，没有其他认证因素也无法轻易侵入系统。除了传统的使用密码方式之外，用户可以通过指纹、人脸和声纹等生物特征进行身份验证，这些生物识别技术为用户提供了一种难以复制的身份验证手段，如图 5-16 所示。

| 指纹 | 人脸 | 声纹 | 虹膜 | DNA |

图 5-16　常见的生物识别方式

此外，MFA 提高了系统对各种网络攻击的抵抗力，包括密码猜测、网络钓鱼和会话劫持。它还特别有助于保护远程访问，确保在不安全的网络环境中也能安全地访问气象数据。MFA 的实施还有助于满足行业法规和标准的要求，增强审计追踪能力，提升用户对网络安全重要性的认识。

在灾难恢复和应急响应方面，MFA 通过快速识别受影响的用户和系统，加快了恢复和应对措施的实施。随着气象大数据经常存储在云环境中，MFA 对于保护云基础设施的安全也至关重要。通过这些措施，多因素认证技术为气象大数据提供了一个更加安全的环境，确保数据的完整性、可用性和机密性。随着技术的发展和安全需求的变化，MFA 将继续在气象大数据安全领域发挥重要的作用。

2．数据脱敏技术

在气象大数据的安全管理策略中，数据脱敏技术是保护敏感信息的关键环节。数据脱敏是一种安全措施，它对存储或使用的个人或机密数据进行处理，防止未经授权的访问，保护隐私。这种技术通过掩盖或修改数据集中的特定信息，确保在不影响数据使用的情况下，降低数据泄露的风险。

数据脱敏广泛应用于数据处理和共享的各个环节，在需要将数据集用于非生产环境，如开发、测试或数据分析时尤其适用。数据脱敏包括多种方法，如替换真实数据为虚构数据、加密敏感字段以及使用掩码或扰动技术来保护原始信息。这些方法有助于确保即使数据不慎泄露，也不会导致敏感信息的暴露。

例如，在使用气象数据进行城市规划分析时，可能会涉及个人位置信息。通过数据脱敏技术，可以隐藏或修改这些信息，从而在保护个人隐私的同时允许分析人员使用这些信息进行研究。此外，数据脱敏也有助于遵守各种数据保护法规，如 GDPR，确保组织在处理个人数据时符合法律要求。

传统数据脱敏系统的敏感数据发现和关联关系识别，一般都是通过人工配置和正则表达式匹配来实现的。传统的数据脱敏工作流程如图 5-17 所示。

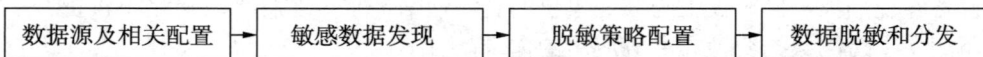

| 数据源及相关配置 | → | 敏感数据发现 | → | 脱敏策略配置 | → | 数据脱敏和分发 |

图 5-17　传统数据脱敏系统工作流程

在大数据时代，数据脱敏系统配备了多样化的预设算法库，涵盖映射、随机化、散列和加密等多种脱敏手段。这些算法可以根据用户的特定业务需求灵活组合，确保脱敏过程不仅可以保护数据的敏感性，还能维持数据的原始特征、重复使用性、可逆性、相关性、追踪性和精确性。数据脱敏系统的工作流程如图 5-18 所示。

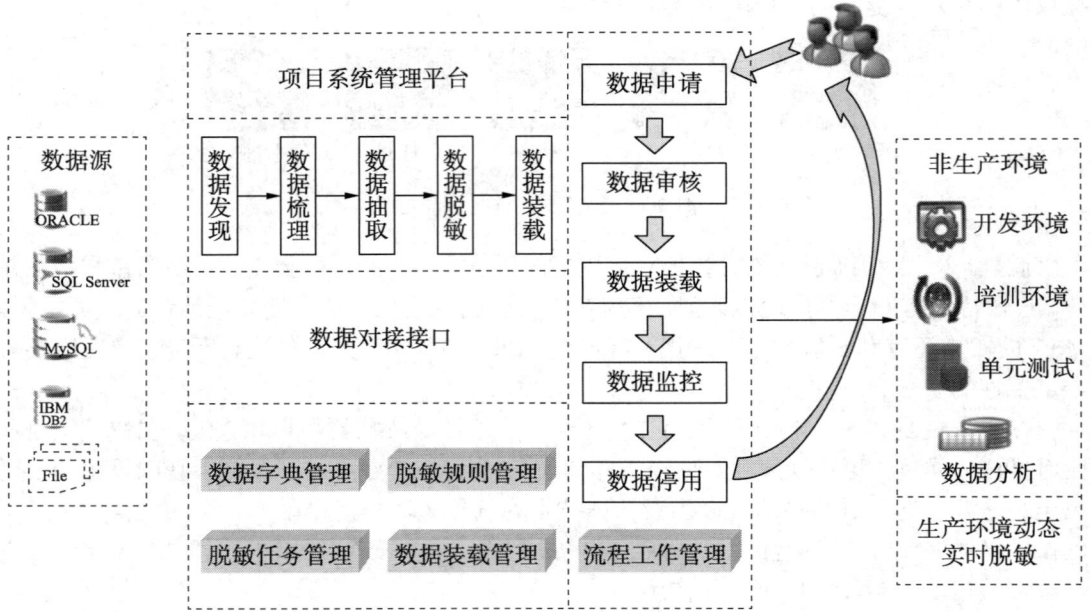

图 5-18　数据脱敏系统工作流程

数据脱敏是气象大数据安全管理中不可或缺的一部分，它与多因素认证等其他安全措施相结合，为敏感数据提供了全面的保护。通过实施这些措施，能够降低数据泄露的风险，同时确保数据的可用性和业务的连续性。

3．网络隔离

网络隔离技术可以确保敏感的内部网络与外部网络之间不存在直接的物理连接，为数据提供了一道坚固的安全防线。这种技术的应用，使得气象数据在处理和存储过程中能够抵御外部攻击和未授权访问的风险。

实现网络隔离的方法多种多样。物理隔离卡通过控制网络接口，使计算机只能在特定时刻连接到内部或外部网络。隔离网闸则是一种更为高级的设备，它利用专用硬件，通过软件来监控数据流动，确保只有合法数据能够通过。随着技术的发展，现代隔离技术不仅能够提供高效的数据交换，还能够支持多种网络应用，同时保证数据的安全性和网络的稳定性。

图 5-19 描绘了一个典型的网络隔离部署场景。在该场景中，专网与 Internet 之间通过网闸设备实现隔离，同时保证与其他单位的合法通信需求。这种部署策略不仅提升了安全性，还满足了跨网数据交换和业务应用的需求。

网络隔离技术的演进反映了信息化建设的深化。从最初的物理隔离到现代的数据转播隔离和安全通道隔离，技术的进步使得网络隔离更加智能化和自动化。先进的网闸设备能够实施深度数据包检查和实时威胁分析,确保只有安全的数据包被转发。为了构建全面的安全防护体系,网络隔离技术通常与其他安全措施结合使用。它可以与防火墙、入侵检测系统、入侵防御系统以及安全信息和事件管理系统等协同工作,形成多层次的防御机制。

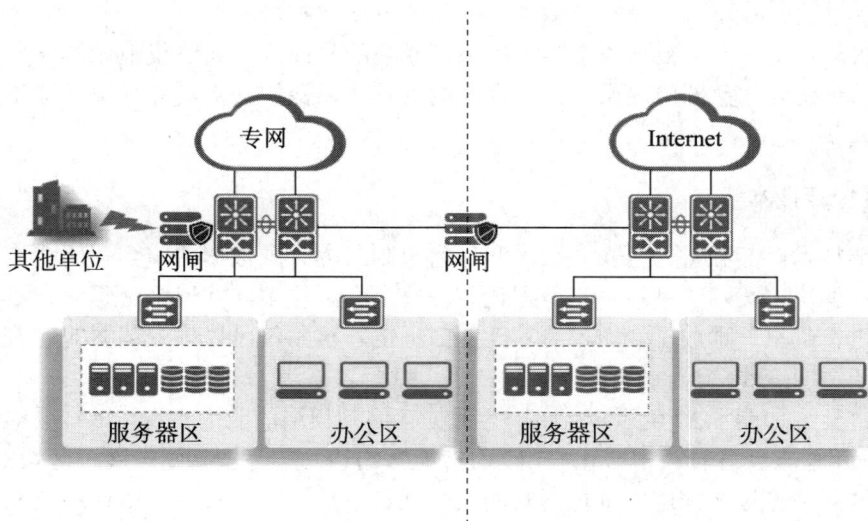

图 5-19   网络隔离架构示意

虽然网络隔离技术在提高安全性方面发挥了重要作用,但是也带来了一些挑战,如可能会影响网络性能和用户体验。为了应对这些挑战,气象部门需要定期对隔离设备进行维护和升级,确保其能够有效地处理日益增长的数据流量,同时保持高效的数据交换能力。

4. 安全信息和事件管理

随着气象数据量的不断增长,如何有效地监控和分析这些数据以预防和响应安全威胁,成为气象信息安全管理中的一个挑战。安全信息和事件管理(Security Information and Event Management,SIEM)系统提供了一个集中化的平台,用于收集、分析和报告来自整个气象信息系统中的安全事件和日志数据。

SIEM 系统的核心功能包括日志管理、实时监控、安全事件关联分析与报告。通过日志管理,SIEM 系统能够收集来自各种源(如服务器、网络设备、应用程序等)的日志数据,并将这些数据存储在中央数据库中。实时监控功能使安全团队能够跟踪和评估潜在的安全威胁,从而快速响应各种异常行为。

事件关联分析是 SIEM 系统的一个关键特点,它通过先进的算法对安全事件进行关联和模式识别,帮助安全团队识别出真正的威胁并过滤掉那些误报。这种分析能够揭示攻击者的策略和行为,使安全团队能够采取更加有针对性的防御措施。

此外,SIEM 系统还能够生成各种报告,为管理层提供安全状态的概览,以及为合规性审计提供必要的文档。这些报告有助于安全团队展示其安全措施的有效性,并为未来的安全投资提供决策支持。

在气象领域,SIEM 系统的应用不仅可以帮助监测和保护气象站、数据中心和通信网络的安全,还能够确保气象数据的完整性和可用性。例如,通过 SIEM 系统,安全团队可以检测到数据篡改的企图，或者发现影响数据采集和传输的系统漏洞。

为了实现这些功能，SIEM 系统需要与网络中的其他安全措施（如防火墙、入侵检测系统、端点保护解决方案等）集成，形成一个协同工作的生态系统。这种集成不仅提高了检测和响应能力，还增强了整个气象信息系统的安全防护。

SIEM 系统是气象大数据安全架构中不可或缺的一部分。通过集中化的安全监控和分析，SIEM 系统为气象部门提供了一个强大的工具，以保护其宝贵的数据资源免受不断演变的网络威胁。

5. 区块链技术

区块链技术以其独特的分布式账本和加密机制，为气象数据的安全存储和传输提供了一种全新的解决方案。这种技术将数据记录在一个个区块中，并使用密码学方法将这些区块按顺序链接起来，形成了一个不可篡改的数据链。这不仅可以确保数据的完整性，也提高了数据的透明度和可追溯性。

区块链架构如图 5-20 所示。从底层的数据存储到顶层的应用实现，每一层都扮演着关键角色。应用层支持各种去中心化应用，而智能合约和侧链等创新则扩展了区块链的功能。网络层通过共识算法如挖矿来维护网络的安全性和节点间的一致性。协议层定义了区块链的规则和数据交换标准，而存储层则包含链上的所有区块，从初始块到最新添加的区块，每一个都是不可或缺的一环。

区块链的分布式特性意味着数据不再集中在单一的服务器或数据库中，而是在网络中的多个节点上复制和存储。这种去中心化的存储方式极大地提高了系统的容错能力和抗攻击性。一旦数据被添加到区块链上，它就变得极其难以更改或删除，因为这样的操作需要改变链上所有后续区块的数据，并且要得到网络中大多数节点的共识。

在气象数据管理领域，区块链技术的应用可以带来明显的好处。它可以确保气象观测站收集的数据的完整性和真实性，为气象数据建立了一个不可篡改的审计跟踪体系。此外，区块链还可以用于提高气象数据共享的透明度和安全性。通过智能合约，可以在区块链上设定自动执行的条件，使得数据共享和交易在满足特定条件后自动进行，减少了人为错误和欺诈的可能性。

智能合约在区块链中的应用，为气象数据管理带来了自动化的可能性。这些自动执行的合约可以根据预设的规则来处理数据共享请求，确保只有符合条件的请求才能访问数据。这种方式不仅提高了效率，还增强了数据共享的安全性。

虽然区块链技术具有巨大的潜力，但是在实际应用中也面临着一些挑战。例如，区块链网络的处理速度可能无法满足大规模气象数据的实时处理需求。此外，区块链的能源消耗也是一个需要解决的问题。为了解决这些问题，研究人员和开发者正在探索更高效和环保的区块链解决方案，如采用分片技术来提高处理能力，或采用权益证明等共识算法降低能源消耗。

6. 量子加密

量子加密技术作为新兴的加密方法，正逐渐成为保护气象大数据安全的重要手段。量子加密技术基于量子力学的基本原理，提供了一种理论上无法被破解的加密方式，这对于气象数据的安全性来说是一个巨大的飞跃。

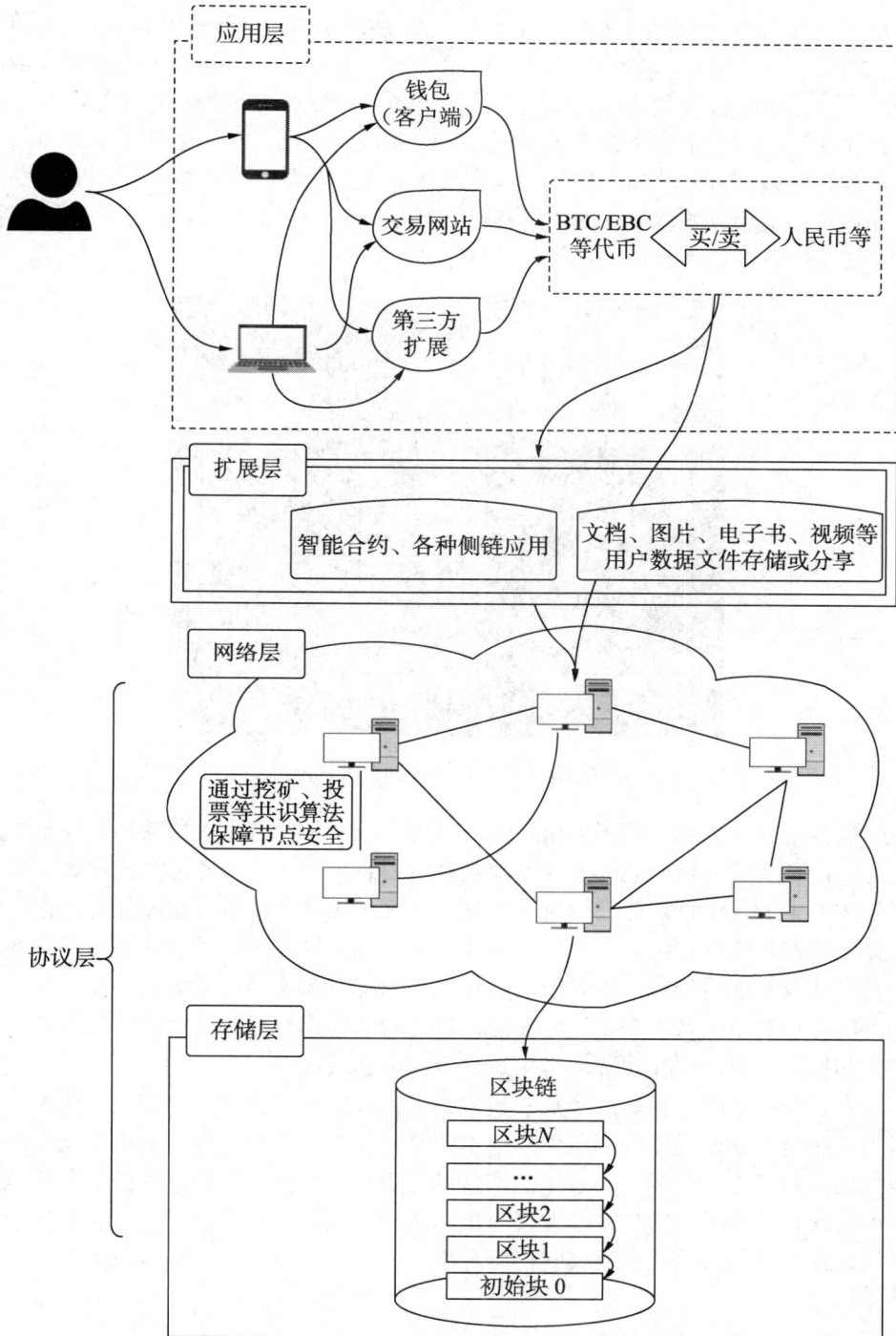

图 5-20　区块链架构

量子密钥分发（QKD）是量子加密技术中用于生成和共享密钥的一种方法，它利用量子力学的特性来确保密钥的安全性。在 QKD 的过程中，发送方负责生成密钥并通过量子信道发送给接收方，而任何第三方窃听者的介入都会引起量子态的改变，从而被发送方和接收方察觉。如图 5-21 展示了 QKD 的一个典型场景，其中，Alice 和 Bob 是通信的双方。Alice 发送的每个量子信号如光子，都编码了密钥的一位信息，这些光子的极化状态代表二进制的 0 和 1。Bob 接收到这些光子后，会根据预先商定的测量基进行观测，以提取密钥信息。如果在这个过程中一个窃听者试图截获并测量这些光子，那么量子的脆弱性原理可以确保这种行为被 Alice 和 Bob 察觉。因为量子态在被测量时会产生变化，这种变化可以在后续的通信中被用来检测潜在的窃听活动。如果确认没有窃听者，Alice 和 Bob 将使用这个密钥来加密和解密信息，确保他们的通信安全。

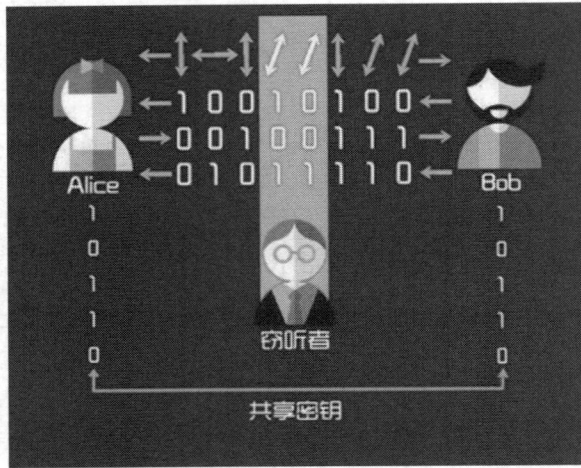

图 5-21　QKD 中的密钥分发和窃听检测机制示意

在气象数据安全领域，量子加密技术的应用前景非常广阔。气象数据不仅包含大量的敏感信息，而且对于科学研究和公共安全具有重要意义。量子加密能够确保这些数据在传输和存储过程中的安全性，即使面对未来量子计算机的潜在威胁，也能保持数据的安全。然而，量子加密技术在实际应用中还面临着一些挑战。目前，量子加密技术仍然处于发展阶段，其实施成本相对较高，需要专门的设备和训练有素的专业人员来操作。此外，量子通信网络的部署需要大量的基础设施投资，包括量子通信设备和光纤网络。量子加密技术的稳定性和可靠性也需要在实际环境中进一步验证和改进。

虽然存在这些挑战，但是量子加密技术的未来发展前景仍然十分广阔。研究人员正在不断努力提高量子加密技术的实用性和成本效益，探索新的材料和方法来降低实施成本。随着技术的成熟和成本的降低，量子加密技术有望在未来的气象数据保护中发挥越来越重要的作用。此外，量子加密技术的发展也推动了相关法规和标准的完善。随着量子加密技术的普及，需要有相应的法律框架和国际标准来指导其具体应用，确保技术的安全性和互操作性。

5.4　气象大数据安全体系

在大数据安全和隐私保护技术体系中，安全防护技术可以分为 4 层，分别为设施层、数据层、接口层和系统层，如图 5-22 所示。

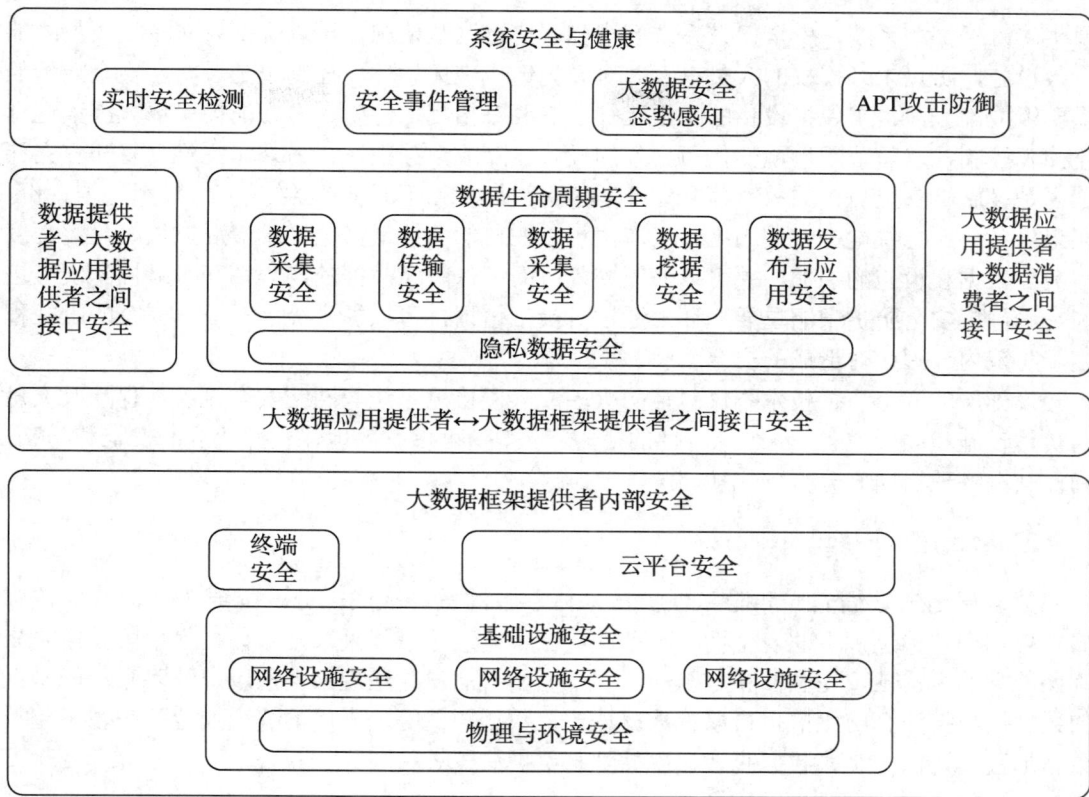

图 5-22　气象大数据安全体系架构[①]

5.4.1　安全体系结构

在介绍大数据安全体系结构时，我们关注的是如何在不同层面上保护数据和系统的安全。设施层涉及物理和环境安全，确保数据中心和硬件设施免受物理侵害和环境风险。数据层则专注于数据本身的安全，通过加密和访问控制等技术保护数据的机密性和完整性。接口层的安全措施可以保障数据在系统之间传输的安全性，而系统层则涵盖整个大数据系统的设计和运维，确保系统能有效抵御外部攻击和内部错误。这些层面的综合安全策略是确保大数据系统稳定运行和数据安全的关键。

1. 设施层

设施层在大数据安全和隐私保护技术体系中扮演着至关重要的角色，它涵盖大量物理设备和基础设施，需要采取综合性的安全防护措施来保障大数据的安全和隐私。设施层的安全防护涉及数据中心、服务器、网络设备和存储设备等基础设施，在实践中需要遵循一系列最佳实践和标准，以确保设施层的安全性和稳定性。

物理安全是设施层安全防护的核心，包括但不限于门禁控制、生物识别技术、监控摄

---

① 徐继业等. 气象大数据[M]. 上海：上海科学技术出版社，2018.

像头、入侵探测系统、安全门禁系统等措施。通过这些措施，可以限制只有授权人员才能进入设施，防止未经授权的人员进入并对设施造成破坏。环境控制也是设施层安全防护的重要组成部分。为了保持设备的正常运行，需要对温度、湿度、电力消耗等环境因素进行监控和控制，以防范因环境变化而导致的设备故障或数据损坏。另外，灾难恢复和容灾计划也是设施层安全防护的关键，通过制订完备的灾难恢复计划和容灾方案，包括数据备份、冗余设备、应急供电等方面的准备工作，可以在自然灾害或其他突发情况发生时最大程度地减少数据和设施的损失，并可以缩短恢复时间，保障大数据的连续性和可靠性。安全培训是设施层安全防护中重要一环。通过对员工培训，可以提升员工对设施安全的重视程度，防范内部因素对造成的安全威胁。

设施层的安全防护技术不仅包括防火墙、入侵检测系统等网络安全设备，也涉及大量的实体设施和硬件设备。通过综合性的措施和策略，可以有效地保护大数据的安全和隐私，确保其在物理层面充分得到保护。

2．数据层

数据层是大数据安全和隐私保护技术体系中的重要组成部分，主要关注大数据在存储、处理和传输过程中的安全性和隐私性。在数据层，需要采取一系列技术手段和措施来确保数据的机密性、完整性和可用性，并遵循相关的法律法规来保护用户的隐私。广义上的数据层防护还有防止情报窃取、数据篡改、数据混乱等，采用的关键安全防护技术包括数据加密、访问控制、数据脱敏、遵循隐私保护法规等。

3．接口层

接口层安全防护主要解决大数据系统中数据提供者、数据消费者、大数据处理提供者、大数据框架提供者、系统协调者等角色之间的接口面临的安全问题，它位于数据层与应用层之间，负责数据的传输、访问和交互。接口层的安全和隐私保护至关重要，因为它承载了数据的流动和传输过程，这意味着在接口层实施安全措施至关重要，可以确保数据在传输和处理过程中隐私不被泄露。

4．系统层

系统层负责大数据系统的设计、部署、运维和监控。主要解决系统面临的安全问题，包括僵尸攻击、平台攻击、运行干扰、远程操控等，采用的关键技术包括实时安全检测、安全事件管理、大数据安全态势感知，高级持续性威胁攻击的防御等关键技术。

5.4.2　数据层技术

在大数据安全体系结构中，数据层的安全性至关重要，因为它直接关系到数据的安全和隐私。为了确保数据在存储、处理和传输过程中的安全，可以采用多种技术手段，包括：数据加密，确保即使数据被盗也无法被读取；访问控制，限制数据访问权限以防止未授权的访问和操作；数据备份与恢复，防止数据丢失并在必要时能够迅速恢复；数据脱敏，保护个人隐私不被泄露；严格遵守隐私保护法规，确保数据处理的合法性。这些措施共同构成了数据层的安全防护网，有效地维护数据的安全和用户的隐私权益。

1．数据加密

数据加密是常用的数据层安全技术之一，通过对数据进行加密，可以在数据存储、传输和处理过程中保护数据的机密性。常见的加密方法包括对称加密和非对称加密。对称加密使用相同的密钥进行加密和解密，而非对称加密使用公钥加密数据，私钥解密数据。通过加密，即使数据被访问或泄露，未经授权的人员也无法解读敏感信息。

2．访问控制

访问控制是保护数据层安全的关键技术，其通过合理的权限管理和访问控制策略，确保只有授权的人员可以访问和操作数据。访问控制包括身份认证、授权机制和审计技术等。通过身份认证，可以验证用户的身份，确保只有合法的用户才可以访问数据。授权机制可以限制用户对数据的操作权限，防止未经授权的数据修改或删除。审计技术可以记录并监控对数据的访问和操作情况，以便发现异常行为和不安全事件。

3．数据备份与恢复

数据备份与恢复是保护数据层的重要技术手段，通过定期备份数据并妥善存储，可以防止数据丢失或损坏。同时，有备份的数据可以在数据损失后进行恢复，保障数据的可用性。备份策略应根据数据的重要性和敏感程度制订，并确保备份数据的完整性和安全性。

4．数据脱敏

在一些情况下，为了保护用户的隐私，可能需要对数据进行脱敏处理。数据脱敏是一种将敏感信息转换为其代表的非敏感信息的方法，以便在数据集的分享和分析过程中保护用户的隐私。常见的数据脱敏技术包括数据匿名化、数据泛化和数据扰动等。

5．遵循隐私保护法规

在数据层安全防护中，还需要遵循相关的隐私保护法规，如欧洲的通用数据保护条例和中国的个人信息保护法等。这些法规规定了对个人隐私的收集、处理和使用的合规标准和要求，需要建立合规的数据处理流程。

5.4.3　接口层技术

数据传输加密是接口层安全保护的重要手段之一。通过采用加密传输协议（如SSL/TLS），可以确保数据在网络上传输的过程中进行加密，防止数据被未经授权的第三方窃取或篡改。此外，采用加密算法对数据进行加密的方式，也是接口层安全保护的重要手段之一，以确保数据在传输过程中的保密性。身份认证和访问控制也是接口层安全保护的关键技术，在接口层，需要确保数据传输双方的身份和权限，以此保证数据的安全性和隐私性。采用身份认证机制（如用户名密码、令牌、双因素认证等）可以确认数据访问者的身份合法性，而访问控制机制（如访问策略、权限控制、访问审计等）可以限制只有授权的用户才能访问和操作数据，确保数据的安全。另外，数据完整性校验也是接口层安全保护的一项重要措施。在数据传输过程中，接口层需要确保数据的完整性，即数据在传输过程中没有被篡改或损坏，采用数据完整性校验算法（如哈希算法）可以对数据进行完整性校验，确保数据在传输过程中的完整性。安全审计和日志记录也是接口层安全保护的重要技术。通过记录数据访问和传输的相关信息，可以进行安全审计，及时发现并处理安全事件和异常行为，确保数据传输过程的安全性。同时，日志记录功能能够为数据传输过程提供可追溯性，对于安全事件的调查和溯源具有重要作用。

接口层在大数据安全和隐私保护技术体系中扮演着重要角色。通过采用数据传输加密、身份认证和访问控制、数据完整性校验、安全审计和日志记录等技术手段，可以确保接口层的安全性和隐私性，有效保护大数据在传输和交互过程中的安全和隐私。

5.4.4　系统层技术

在大数据安全体系结构中，系统层涉及整个系统的设计、部署、运维和监控，其核心目标是确保系统的稳定性和安全性，防御各种网络攻击和内部威胁。系统层技术主要包括实时安全监控技术、高级持续性威胁检测技术等。

1. 实时安全监控技术

实时安全监控技术是指利用各种传感器、监控设备和软件系统，对特定区域、设备或网络进行持续不断的监测和数据采集，以及时发现异常情况、安全威胁或风险，然后采取相应的应对措施。这种技术可以涵盖各种领域，包括物理安全监控、网络安全监控和数据安全监控等。在实时安全监控技术中，传感器和监控设备可以实时地感知环境的变化，如视频监控摄像头可以实时拍摄监控区域的画面，传感器可以实时监测温度、湿度、气体浓度等参数，这些数据会被送往相关的软件系统进行分析，以识别潜在的危险或异常情况，一旦发现异常，系统可以立即发出警报，通知相关人员或自动启动相应的安全应急措施，以及时应对潜在的安全风险。

面向安全的大数据挖掘能及时发现安全隐患，展示大数据系统的整个安全运行趋势。大数据安全态势的评估，可以对大数据安全威胁进行及时响应和预警。基于大数据分析的安全事件管理必须建立事前预警、事中中断、事后审计的能力，在事前根据采集的各类数据，利用大数据分析技术对安全威胁进行分析，对安全趋势进行预测；在事中建立多维度的安全防御体系，从不同角度防护各种可能的攻击，并针对发现的攻击进行快速决策与阻断；在事后对攻击发生的过程进行分析，重构攻击场景，挖掘攻击模式，对攻击进行追踪溯源。对抗大数据的高级持续性威胁攻击需要建立大数据系统设施层、数据层、应用层、接口层全方位的安全防御体系，以提高系统捕获数据、关联分析、深度挖掘、实时监控、预测趋势的能力。

1）入侵检测系统

入侵监测系统可以实时监控网络流量、系统日志等数据，识别并响应可能的网络入侵活动，及时阻止攻击并保障网络的安全。

2）数据流监控

对网络数据流进行实时监控，以识别异常流量、恶意软件、数据泄露等安全威胁，并采取相应的防御措施。

3）自动化响应

实时安全监控技术也包括自动化响应机制，该机制可以根据事先定义的规则和策略自动触发特定的应对措施。例如，当监控系统检测到异常行为时，可以自动启动防御措施，如封锁攻击者的 IP 地址或禁止访问。

4）加密和解密技术

在传输过程或存储过程中进行信息数据的加密或解密，典型的加密和解密技术有对称加密和非对称加密。

5）主机加固技术

操作系统或者数据库的实现会不可避免地出现某些漏洞，从而使信息网络系统遭受严重的威胁。

2. 高级持续性威胁检测技术

高级持续性威胁检测技术（Advanced Persistent Threat Detection，APTD）是指为了发现和对抗高级持续性威胁（Advanced Persistent Threat，APT）而开发的一类安全技术。APTD技术旨在检测和应对那些持续、复杂且针对性强的网络安全攻击，这些攻击通常由具有充分资源和技术的黑客、间谍组织或其他恶意实体发起。

高级持续性威胁通常通过长期的隐蔽行动，针对特定目标持续进行渗透、监视和数据窃取，而且通常能够规避传统的安全防御措施，因此传统的安全系统很难检测和防御这类威胁。针对这一挑战，高级持续性威胁检测技术应运而生。

APTD 技术通常采用以下方法来识别和阻止高级持续性威胁。

1）行为分析

通过对网络流量、系统活动和用户行为等进行持续监测和分析，识别和标记异常活动模式，可以及时发现潜在的 APT 攻击迹象。

2）威胁情报分析

整合来自内部和外部的威胁情报，研究、分析攻击者的策略、工具和方法，并基于这些情报指导安全人员采取相应的对抗措施。

3）终端检测和响应

利用终端安全软件和代理程序来实时检测和响应恶意软件、恶意操作和非授权访问，从而遏制 APT 攻击的蔓延。

4）网络流量分析

实时监测和分析网络流量，识别潜在的 C&C（Command and Control）通信和数据传输，发现可疑的行为并进行进一步调查和防御。

5）日志和事件关联

通过综合分析系统日志和安全事件，进行行为关联分析，发现潜在的威胁活动和攻击链，及时制定应对策略。

高级持续性威胁检测技术需要结合自动化分析、人工智能、机器学习等先进技术，以及丰富的威胁情报和多层次的安全控制，才能更有效地检测和阻止 APT 攻击。这些技术和方法的综合应用有助于提高组织对抗复杂持续性威胁的能力，确保网络和信息系统的安全。

5.5　小　　结

本章详细介绍了气象大数据在多个领域的应用及其对提升公共安全和灾害响应效率的重要贡献。气象大数据的应用不仅限于天气预报和气候预测，还扩展到了灾害预警系统和城市交通管理等关键领域。通过精确的数据分析和预测，这些领域在决策和操作效率上得到了显著增强。

气象大数据的优势在于其能够综合处理和分析大量历史及实时数据，从而提高天气预报的准确性和及时性。在气候预测方面，气象大数据帮助科学家更深入地理解气候系统的行为，并预测可能的极端气候事件。在灾害预警方面，大数据技术的应用使预警系统能够提前识别潜在的灾害风险，并及时向政府和公众提供必要的预警信息。

此外，气象大数据在城市规划和交通管理中也发挥着重要作用。例如，通过预测天气对交通流量的影响，可以帮助相关部门优化交通调度，减少交通事故。在安全技术领域，气象大数据的应用也日益增多，特别是在安全信息和事件管理、威胁情报分析以及数据真实性分析等方面。这些技术通过大数据分析提高了防御能力和响应速度。

随着技术的不断进步和数据分析能力的提升，气象大数据的安全和应用将得到进一步加强。数据保护措施和分析的智能化水平也将得到显著提高，为全球气候治理和环境可持续性提供更强的支持。

5.6　习　　题

一、选择题

1. 气象大数据在天气预报中的应用主要包括（　　）。

A. 历史数据分析　　　B. 实时数据应用　　　C. 精细化预报　　　D. 所有选项

2. 气象大数据在气候预测中的作用是（　　）。

A. 收集和分析大规模的气象数据　　　　　　B. 建立气候模型

C. 预测极端天气事件　　　　　　　　　　　D. 所有选项

3. 气象大数据平台的功能不包括（　　）。

A. 提供实时天气更新　　　　　　　　　　　B. 支持多源异构数据库接入

C. 直接控制气象卫星　　　　　　　　　　　D. 提供灾害预警系统

4. 基于大数据的安全技术不包括（　　）。

A. 安全信息和事件管理　　　　　　　　　　B. 威胁情报分析

C. 直接网络攻击　　　　　　　　　　　　　D. 数据真实性分析

二、简答题

1. 描述气象大数据在灾害预警系统中的应用。

2. 解释基于大数据的威胁情报分析技术如何帮助提升网络安全。

3. 讨论气象大数据在提高公共安全方面的重要性。

第3篇
气象大数据应用实践

第6章　气象大数据在能源领域的应用

随着全球能源格局的重大变革和能源生产技术的飞速发展，能源领域正步入一个多元化、清洁化、智能化的新时代。近年来，随着技术的快速发展和全球环境保护意识的觉醒，风力、太阳能、潮流能及核能等可再生能源成为全球瞩目的焦点，并得到了积极的推广和发展，展现出前所未有的活力与潜力。中国，作为这场能源革命的重要推手，其能源结构正加速从传统化石燃料的桎梏中挣脱，向以清洁能源为主导的未来转型。

电力，作为能源体系的基石，其供应方式日益丰富多元，包括燃煤、水力、核能、风能、太阳能等多种发电方式。国际能源署在发布的《2024 年可再生能源报告》中点明，到2030 年，全球可再生能源装机容量将大幅增长 5500 吉瓦，较 2022 年增长 1.7 倍，接近第28 届联合国气候变化大会（COP28）设定的 2 倍增长目标。中国将巩固其作为全球可再生能源领导者的地位，到 2030 年将占全球可再生能源装机容量的近 60%，提前 6 年完成 2030年风光发电装机 1200 吉瓦的目标。此外，报告强调了电网基础设施和可再生能源并网的重要性，预计到 2030 年将建成和改造 2500 万公里电网，并将储能装机容量增至 1500 吉瓦，以应对可再生能源的波动性。可再生能源的快速扩张将推动工业、交通和建筑领域的脱碳，预计到 2030 年其在终端能源消费中的占比将从 2023 年的 13% 提高到近 20%。

在此背景下，气象因素在能源领域的重要性愈发凸显。对于依赖自然条件的可再生能源而言，风速、风向、日照强度等气象要素直接关系到其发电效率与利用水平。因此，精准的气象预测与评估成为风电场和光伏发电站选址、设计、运维不可或缺的关键环节。同时，气象变化亦对传统能源的生产与消费产生深远影响，如气温波动影响火力发电效率，降水状况则直接关系到水力发电的产出与水库调度。

为积极响应这一时代需求，中国气象局发布了《能源气象服务行动计划（2024—2027年）》，后面简称为《计划》，为气象与能源的深度融合绘制了宏伟蓝图。《计划》明确提出，到 2027 年，将构建起适应需求、技术先进、机制完善的能源气象服务体系，显著提升能源气象服务能力和效益，为能源生产、供给、消费和安全提供全链条、高质量的气象服务。此外，中国气象局还积极响应习近平总书记关于国家能源安全及气象工作的重要指示，携手中国华能等业界巨头及科研机构，共同探索"气象+能源"的新模式，利用气象数据分析风能、太阳能等可再生能源的潜力和分布，优化能源生产和调度，提高能源利用效率，为构建新型能源体系与电力系统奠定坚实基础。

气象大数据的挖掘和应用为能源领域带来了前所未有的机遇。通过气象数据分析和预测模型，可以优化电网规划与运行，提高电力系统的稳定性和安全性；同时，利用气象数据进行可再生能源资源评估，有助于科学制定能源政策和可持续发展战略。这些都是本章要探讨的重要内容。

综上所述，本章将围绕能源领域和气象服务的深度融合展开深入的探讨。通过分析气象数据在传统电力能源、光伏新能源和风力新能源等领域中的具体应用和价值，本章将揭示气象服务在推动能源行业绿色转型和可持续发展中的重要作用，展示"气象+能源"新模式的广阔前景和无限潜力。

6.1　气象大数据在传统电力能源领域的应用

我国的电力工业经过几十年的长足发展，已经形成燃煤、水利、核能、风能和太阳能等多种发电供应链并存的电源供应格局。随着经济的迅猛增长，能源消耗量也在一定程度上不断攀升。传统电力负荷是电力系统中指导生产、运行和调度的一个重要指标。电力负荷根据不同的行业和区域可细分为工业、商业、城市民用和农村负荷，每种负荷类型都具有独特的特点和变化规律。电力负荷的波动与气象条件密切相关，气温、湿度、风速等因素都会直接影响电力需求的变化。随着气候季节变化和天气情况的波动，电力系统的负荷也会有相应的波动，这对电力生产、传输和分配提出了严峻挑战。

通过利用气象大数据，电力行业能够通过精确预测和调节电力负荷来提升电力系统的运行效率和稳定性。这种应用依赖于深入分析气象数据与电力负荷之间的复杂关系，通过建立精准的负荷预测模型，电力系统可以有效应对不同气象条件带来的挑战。本节将探讨气象大数据在电力生产中的实际应用及其对电力系统运行的积极影响，揭示其在现代电力管理中的关键作用。

6.1.1　电力负荷特征分析

1. 月电力负荷特征分析

刘静等人以武汉市 2013—2018 年逐 15 分钟精细化电力负荷数据及武汉市日降水、气温等气象资料为研究对象，分析电力负荷特征指标，探寻电力负荷的变化规律及其与气象因子的关系。如图 6-1 所示为 2013—2018 年武汉市逐月最大日负荷 Lmax-m 分布曲线。从图 6-1 中可见，随着季节变化，电力负荷呈现出明显的"双峰双谷"特征，其中，夏季（7月和 8 月）和冬季（12 月和 1 月）为用电高峰期，春季（4 月）和秋季（10 月）则为用电低谷。夏季和冬季的电力需求峰值明显高于春季和秋季，这主要是由于空调和取暖设备的使用。夏季的电力负荷显著高于冬季，这主要是因为天气炎热，家家户户都依赖空调，电力负荷迅速攀升至年度最高点，此时电网的压力最大，需要电力部门进行充分的预测和调度来保证电力供应的稳定性。冬季月份尤其是 12 月和 1 月，虽然电力需求也会达到一个较高点，但是与夏季相比仍有所下降。这是因为冬季虽然同样有电力取暖设备的高需求，但由于部分取暖设备可以利用燃煤和燃气等替代能源，其电力负荷相对较低。4 月和 10 月的电力需求明显低于其他月份，这与春季和秋季相对温和的气候条件有关，居民和企业对空调和取暖设备的依赖明显减少，所以 4 月和 10 月的日最大负荷最小，而 4 月则为全年用电的最低谷。

2. 日电力负荷特征分析

如图 6-2 展示了 2013—2018 年武汉市四个季节的日平均负荷曲线，从图 6-2 中可以清

第 3 篇　气象大数据应用实践

楚地看出不同季节的负荷变化特征。从图 6-1 中可清楚地看到月最大日负荷 $L_{max\text{-}m}$ 具有明显的季节变化特征，因此，通过对春、夏、秋、冬四季的日负荷特征进行分析，可以更直观地理解各季节的特点。首先，从整体上看，夏季的电力负荷显著高于其他三个季节，这是由于在高温天气下，空调和冷却设备的大量使用所致；冬季电力负荷次高，负荷曲线显示出夜间用电相对较高，是由于取暖设备在夜间持续运行；秋季负荷接近冬季，略低于冬季，但高于春季。四季的日负荷总体呈现出"昼高夜低"的分布特征。图 6-2 中显示，夏季最低负荷出现在 05:30 左右，这反映了夜间降温设备的运行规律。冬季的最低负荷出现在 04:00 左右，说明夜间用电稳定。此外，秋季的最低负荷也出现在 04:00 左右，负荷曲线与冬季相似，但总体负荷略低。春季电力负荷最低，曲线显示春季用电较为稳定，最低负荷同样出现在 04:00 左右。秋、冬、春、夏季的最低负荷之间半小时的差异反映了夏季用电设备使用的特殊规律。

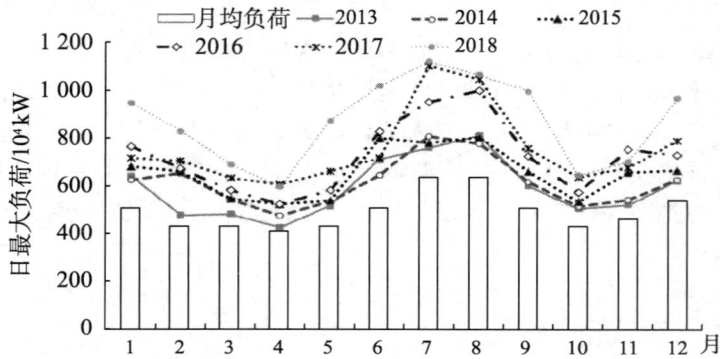

图 6-1　2013—2018 年武汉市月均负荷（柱子）及月最大日负荷 $L_{max\text{-}m}$ 曲线分布图[①]

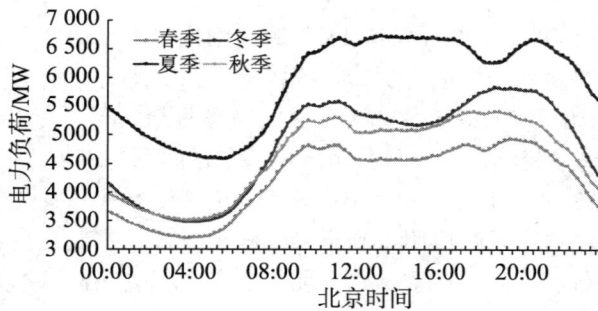

图 6-2　2013～2018 年武汉市春、夏、秋、冬四季的日平均负荷曲线图

从图 6-2 中发现，每个季节的第一个用电高峰均出现在 11:15 左右。下午和傍晚的负荷有所下降，尤其是在秋、冬、春季，从 12:00 到 16:00 这个时间段的负荷下降很明显，这可能是午后气温升高，取暖设备关闭的原因引起的。夏季在 18:00 到 19:00 出现短暂低谷，与其他季节 12:00 到 16:00 的低谷不同，反映了明显的季节差异，这是由于在夏季该时段正处于下班期间，大量的办公制冷及照明用电同期关闭从而导致负荷迅速降低。各季

[①] 刘静，王丽娟，成丹，等. 武汉市电力负荷特征及其与气象因子的关系[J]. 暴雨灾害，2023，42（02）：232-240.

节在晚间时段负荷再次达到高峰，冬季的晚高峰负荷比早高峰高约 2%，成为一天中负荷最大的时段。冬季和秋季的 00:00 到 07:00 夜间负荷很接近，这说明夜间工业用电减少，家庭取暖或制冷设备的用电量相似。通过进一步分析可以发现，不同时段的负荷变化的特点各不相同。早晨 07:00 到 09:00，各季节负荷快速上升，反映出居民和工业活动的开始。下午的负荷变化受气温和用电习惯影响显著，午后负荷下降和傍晚高峰的形成均与居民和办公用电习惯密切相关。整体来看，不同季节和时段的电力负荷变化揭示了用电需求的季节性和时间分布特点。

6.1.2　电力负荷与各气象要素的关联性分析

分析电力负荷与气象要素关系，需要提取出工作日因天气变化引起的气象敏感负荷 L，其计算公式如下。

$$L_{air}=L_{max}-L_0-X \tag{6-1}$$

其中，L_{max} 为日最大负荷，L_0 为基础负荷。X 为随机负荷，由于其计算比较复杂，且对日最大负荷影响较小，故忽略不计。日最大负荷是电力调度中最重要的指标，因此从日最大负荷中分离基础负荷后所得到的气象敏感负荷是分析电力负荷与气象因子关系的重要因素。计算气象敏感负荷时也同样需要剔除大范围停电、检修、周末及节假日等异常数据。

1. 气象敏感负荷与气象因子相关性分析

如表 6-1 所示为 2013 年至 2018 年 6 月至 8 月武汉市气象敏感负荷与气象因子的相关系数。该表主要关注气温、日照时数、平均相对湿度和降水量等气象因子。结合表 6-1 中最后一行的平均值来看，气象敏感负荷与气温呈现正相关，而与平均相对湿度和降水量呈现负相关。

具体而言，气象敏感负荷与平均气温、最高气温、最低气温的相关系数分别为 0.89、0.83、0.81，且均通过了 0.01 显著性水平检验。这表明夏季负荷对气温变化非常敏感，尤其是平均气温，该气象因子对电力负荷的整体和持续影响最显著。此外，气象敏感负荷与日照时数的相关系数为 0.54，并通过了 0.01 显著性水平检验。这一正相关关系可能是因为日照时数增加导致气温上升，进而提高了电力负荷需求。气象敏感负荷与平均相对湿度的相关系数为-0.53，也通过了 0.01 显著性水平检验，这显示出平均相对湿度对夏季电力负荷有着显著影响。湿度增加通常伴随着气温下降，因此电力负荷也随之减少。降水量与气象敏感负荷的负相关系数为-0.16，虽然负相关性相对较低，但是降水通常会导致气温下降，从而减少电力负荷。然而，降水量对负荷的影响还受到降水时间点、时段及类型的影响，这些复杂因素共同作用，导致相关性表现出波动性。总结来看，在夏季，平均气温对电力负荷的影响最显著，其次是最高气温和最低气温。而日照时数的增加也会提升电力负荷需求，相对湿度和降水则会减少电力负荷。综合分析这些气象因子与负荷的关系有助于理解气象条件对电力系统的影响，为电力负荷预测和调度提供重要参考。

表 6-1　2013—2018 年 6～8 月武汉市气象敏感负荷与气象因子的相关系数[①]

年份	月份	平均气温/℃	最高气温/℃	最低气温/℃	日照/时	平均相对湿度/%	24 h降水/mm			
							20:00—20:00	08:00—08:00	20:00—08:00	08:00—20:00
2013	6	0.97**	0.86**	0.88**	0.27	-0.31	-0.26	-0.14	-0.28	-0.09
	7	0.82**	0.67**	0.41	0.49*	-0.53**	-0.32	-0.31	/	0.31
	8	0.97**	0.95**	0.64*	0.91**	-0.90**	-0.72**	-0.40	-0.41	-0.42
2014	6	0.89**	0.76**	0.22	0.02	-0.39	-0.40	-0.40	-0.20	-0.39
	7	0.97**	0.92**	0.71**	0.75**	-0.62*	-0.49	-0.46	-0.41	-0.44
	8	0.97**	0.88**	0.93**	0.60**	-0.84**	-0.29	-0.22	-0.37	-0.18
2015	6	0.83**	0.80**	0.70**	0.51*	-0.23	0.23	0.07	0.15	0.24
	7	0.95**	0.88**	0.88**	0.51*	-0.53*	-0.29	-0.25	-0.25	-0.25
	8	0.93**	0.92**	0.84**	0.52*	-0.73**	-0.14	-0.33	0.11	-0.38
2016	6	0.50*	0.50	0.53*	-0.05	-0.19	-0.44	0.27	-0.49	-0.34
	7	0.95**	0.88**	0.90**	0.81**	-0.96**	-0.43	-0.54*	-0.26	-0.55*
	8	0.93**	0.93**	0.78**	0.55*	-0.55**	-0.40	-0.45	-0.39	-0.39
2017	6	0.94**	0.83**	0.52	0.43	-0.57*	-0.59**	-0.43	-0.46	-0.55*
	7	0.94**	0.92**	0.57*	0.42	-0.78**	/	/	/	/
	8	0.89**	0.91**	0.78**	0.74*	-0.37	0.05	0.09	-0.21	-0.08
2018	6	0.94**	0.71**	0.88**	0.36	-0.38	-0.18	-0.23	-0.15	-0.18
	7	0.96**	0.93**	0.69**	0.86**	-0.93**	-0.39	-0.28	-0.35	-0.28
	8	0.79**	0.80**	0.82**	0.06	-0.33	0.10	-0.19	0.25	-0.02
平均值	6～8	0.89**	0.83**	0.81**	0.54**	0.53**	0.23	0.18	0.20	0.16

注：*和**分别代表通过信度为0.05、0.01显著性检验；/表示该时段内无影响气象敏感负荷的降水。

2. 日最大负荷与日平均气温关系

李学敏和罗红梅对长沙市 2012—2015 年夏季电网日最大负荷与气温的相关性进行了分析，发现日最大负荷与平均气温的相关性最强。通过表 6-1 所示的数据也可以看出，武汉市气象敏感负荷与平均气温的相关性同样时最强。图 6-3 展示了 2013—2018 年武汉市夏季日最大负荷与日平均气温的关系。通过统计得知，日平均气温在 18℃～34℃。图 6-3 中的拟合线显示，随着日平均气温的升高，电力负荷也相应增加，尤其当气温超过 24℃时，负荷增长明显加速。

此外，从图 6-3 的散点图中可以看到有一些特殊点，通过分析可能存在以下两种情况：①在相同气温下出现部分负荷较低的点，这些点通常出现在双休日或节假日，表明非工作日的日最大负荷相对于工作日偏低；②在夏季异常天气情况下，如雷阵雨天气，虽然日最高气温较低（如 30℃），但是基础负荷依然较高，因此仍会出现电力负荷较高的点。

综合这些数据和分析可以看出，日平均气温对电力负荷的影响是较为显著的，其中，

① 刘静，王丽娟，成丹，等. 武汉市电力负荷特征及其与气象因子的关系[J]. 暴雨灾害，2023，42（02）:232-240.

在较高温度范围内，其影响尤为明显。此外，工作日与非工作日的负荷差异反映了人们日常活动对电力需求的影响。最后，异常天气条件下的负荷波动也展示了电力需求的复杂性和多样性。以上分析对于电力部门在夏季进行电力负荷预测和调度具有重要的参考价值。电力公司可以根据气温预测调整电力供应，在高温天气和节假日特别关注负荷变化。此外，对于异常天气情况，也应有相应的应急预案，以确保电力供应的稳定性和可靠性。

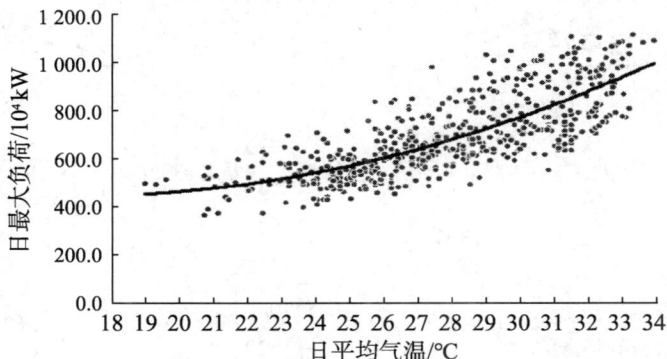

图 6-3　2013—2018 年武汉市夏季日平均气温与日最大负荷关系散点图[①]

3．气象敏感负荷与降水关系

根据对武汉市 2013—2018 年夏季日最大负荷与气温相关性的研究表明，电力负荷与气温关系尤为密切，尤其在夏季降水天气中，会有温度降低的现象发生，因此，降水对负荷的影响可以通过温度来反映。通过分析 2013—2018 年武汉市夏季日平均气温的数据，基于平均气温数据研究在不同降水天气下气温对电力负荷的敏感性。其中，将天气类型分为无降水和有降水两种，其中，无降水包括晴天、阴天及多云，有降水则细分为白天有降水、夜间有降水和全天有降水 3 种情况。

图 6-4 显示了 2013—2018 年武汉市夏季日气象敏感负荷与日平均气温的散点图，并给出了拟合函数公式，R^2 表示趋势线的拟合程度。在图 6-4（a）中，无降水时气象敏感负荷与日平均气温的相关性达到 0.84；在图 6-4（b）中，夜间有降水的相关性为 0.83；在图 6-4（c）中，白天有降水的相关性为 0.76；在图 6-4（d）中，全天有降水的相关性减小至 0.66。从这些结果数据中可以看出，当出现降水时气象敏感负荷与日平均气温的相关性呈下降趋势，总体反映出降水影响气温、气温影响电力负荷的物理过程和机制。

对于无降水天气，当日平均气温超过 20℃时，负荷会随着气温上升而快速增加，尤其是在 29℃以上时增幅明显变大。当夜间有降水天气且当日平均气温超过 20℃时，负荷逐渐增加，但由于降水导致的温度降低，日平均气温超过 29℃的情况比较少，这主要是因为在夜间工业用电负荷会减少，而居民用电负荷变化不大，所以负荷变化并不明显。

在白天有降水天气的情况下，当日平均气温超过 28℃时，负荷通常会增加。然而，从图 6-4 中可以看到，在部分情况下气温升高反而负荷会下降，这可能是由于降水带来的凉爽感，部分制冷用电设备暂时停用。在全天有降水天气中，气象敏感负荷与平均气温的相关性最低，气温升高时负荷不增反降，原因在于降水天气会使得居民全天减少用电设备的使用。

---

① 刘静，王丽娟，成丹，等．武汉市电力负荷特征及其与气象因子的关系[J]．暴雨灾害，2023，42（02）:232-240.

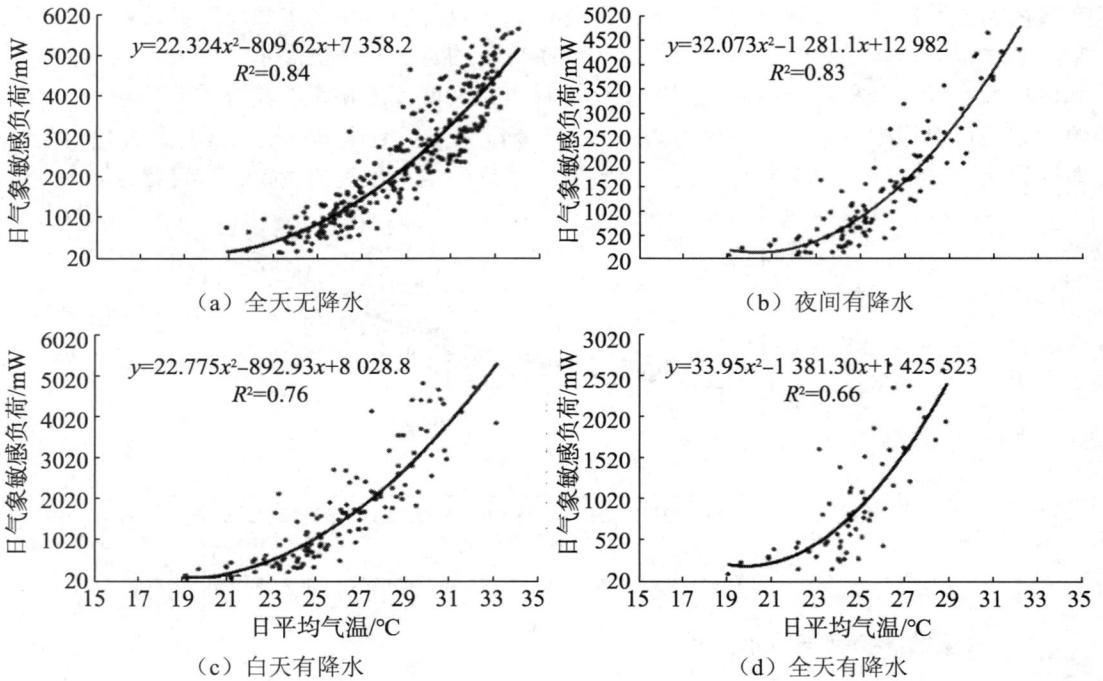

(a) 全天无降水

(b) 夜间有降水

(c) 白天有降水

(d) 全天有降水

图 6-4　武汉市 2013～2018 年夏季日气象敏感负荷与日平均气温关系散点图[①]

总的来说，夏季武汉受副热带高压控制，天气晴热，无降水天气日数多于夜间有降水天气、白天有降水天气及全天有降水天气日数，无论是无降水天气还是有降水天气，气象敏感负荷都与平均气温关系较为密切，相关系数分别为 0.84、0.83、0.76、0.66，在白天有降水及全天均有降水发生的天气情况下，出现了气温升高，负荷不升反降的情况，导致相关性下降，说明白天降水是引起负荷下降的最主要原因。

6.1.3　电力负荷预测

当代社会正处于新能源兴起的浪潮之中，这为电力系统的调度计划带来了新的挑战。新能源由于其绿色清洁的特性而得到迅速推广和应用。然而，发电的间歇性和随机性给电网的稳定性带来了挑战。因此，多时间尺度、高精度的电力负荷建模、预测和优化对于新型电力系统的运行、维护和规划至关重要。电力负荷预测方法主要分为传统预测方法、机器学习预测方法和深度学习预测方法。

传统预测方法主要包括时间序列分析法、趋势分析法、回归分析法等多种方法。其中，时间序列分析通过挖掘电力负荷历史数据随时间变化的规律，建立数学模型来分析负荷值与时间的相关性，从而进行预测。这种方法的优点是可以利用较少的数据量得到预测结果，并且预测结果具有连续性和时间一致性。然而，这种方法主要适用于短期预测，而且重点关注周期性因素，忽略了节假日、气象等不确定因素对预测结果的影响。

趋势分析法是一种常见的定量预测方法，通过利用历史数据来拟合一个函数，以预测

---

① 刘静，王丽娟，成丹，等. 武汉市电力负荷特征及其与气象因子的关系[J]. 暴雨灾害，2023，42（02）:232-240.

未来某个时间点的电力系统负荷值。这种方法是基于假设未来的趋势将沿着历史数据的轨迹继续发展来进行预测，常用的函数类型包括多项式、对数、幂函数和指数函数等。趋势分析法无须具备复杂的数学或统计知识，通过历史数据的长期积累，趋势分析法可以较好地预测中长期的负荷变化。但是，趋势分析法容易忽略突发事件的影响，因此预测精度可能在突发情况下下降。而且趋势分析法通常不考虑随机误差，只关注拟合历史数据的趋势，因此在面对随机波动时表现较差。

回归分析法是一种统计分析方法，用于研究因变量（预测值）与一个或多个自变量（影响因子）之间的关系。在电力系统负荷预测中，回归分析法通过分析历史数据中负荷与影响因素（如气温、经济指标、人口密度、工作日/节假日等）之间的关系，建立回归模型，从而进行未来负荷的预测。回归分析法能够同时考虑多个影响因素，并且通过回归模型可以明确地看到各个影响因素对负荷的具体影响程度，具有较强的解释力。但是回归模型依赖于高质量的历史数据，如果数据存在缺失或噪声，预测结果会受到影响。回归分析法适用于中期、长期电力负荷预测的应用场景。

电力负荷通常会受多种因素影响，具有显著的非线性特征。而机器学习算法能够捕捉电力负荷数据中复杂的非线性关系，提供更准确的预测。机器学习算法可以自动从数据中提取重要特征，提高预测性能。一些传统的机器学习方法已经广泛应用于电力系统负荷预测中，如支持向量机（Support Vector Machine，SVM）、决策树、随机森林、k 近邻算法等。但是机器学习模型通常需要大量高质量的训练数据，如果数据不足，可能会导致模型性能不佳。此外，相比传统的预测方法，机器学习方法在预测精度上有显著提升，但在进行复杂电力系统的负荷预测时，其数据特征挖掘能力仍显不足。深度学习是一种基于神经网络的机器学习方法，通过多层神经元的连接和权重调整，从大量数据中学习复杂模式和特征。深度学习能够自动从数据中提取特征，适用于处理大规模和高维度的数据，是电力系统负荷预测中一种比较先进的方法。常用于电力系统负荷预测的深度学习方法有误差逆传播（Back Propagation，BP）神经网络、卷积神经网络（Convolutional Neural Networks，CNN）、循环神经网络（Recurrent Neural Network，RNN）以及新兴的 Transformer 模型等。

BP 神经网络是一种多层前馈神经网络，通过反向传播算法调整网络权重，以优化预测误差。该网络具有良好的非线性拟合能力，适用于短期、中期和长期负荷预测，能够处理复杂的非线性关系，通过反复调整网络参数，逐步提高预测精度。卷积神经网络是一种包含卷积层、池化层和全连接层的深度神经网络，主要用于处理具有空间特征的数据。该网络适用于短期电力负荷预测，尤其当负荷数据具有明显的时间序列特征时，可以捕捉数据中的局部模式和时间依赖性，提高预测精度。循环神经网络是一种专门用于处理时间序列数据的神经网络，能够通过循环结构捕捉序列数据中的时间依赖性。该方法适用于短期负荷预测，能够有效处理连续的时间序列数据，如小时级别的电力负荷变化。但是该网络在处理长期依赖关系时可能会出现梯度消失的问题。Transformer 模型通过自注意力机制来捕捉电力负荷数据中的全局特征和长距离依赖，广泛用于序列数据的处理。该模型能够并行处理电力负荷数据中的复杂时间依赖和趋势信息，提高电子负荷数据的计算效率，适用于短期、中期和长期负荷预测。

随着新能源汽车和储能系统等技术的迅猛发展，电力系统的即产即用特征将迎来重大变革。风能和太阳能等不稳定可再生能源的发电潜力将被充分挖掘和利用，因此，电力系统负荷预测技术将在未来得到进一步的发展。精准的负荷预测技术将成为优化电力系统运行和维护的重要工具，以确保电力供应的稳定性和可靠性。此外，随着分布式能源资源的增加，电力负荷预测方法将更加依赖于先进的数据分析和人工智能技术，推动电力行业向智能化和高效化发展。未来，电力系统将更加智能，适应性更强，能够动态响应各种变化和需求，进一步提升电力系统的整体运行效率和可持续性。

6.1.4　用电数据生成与窃电检测

近年来，全球范围内的停电现象越来越多，停电频率和持续时间不断上升。这意味着，建造于一个多世纪前的陈旧的电力系统，已经难以满足快速增长的电力需求。因此，许多国家如美国、日本和中国，正在尽一切努力升级现有的电力系统。例如，先进的计量基础设施（Advanced Metering Infrastructure，AMI）进一步被纳入电力系统，在客户和公用事业公司之间提供双向通信。通过 AMI，公用事业公司可以获得有关个人和总体需求的即时信息，并可以设计各种收入模型来控制成本。AMI 是传统电力系统向智能电网过渡的里程碑，在智能电网中，各级无处不在的控制是一个基本前提。显然，在电网现代化的过程中，电网的通信和控制系统正在从主要部署在中心站的少数控制部件的模拟系统过渡到越来越多的数字控制和通信系统，其中可能有数以百万计的控制点被部署到几乎所有级别的电力系统中。

虽然这种现代化带来了许多深远的好处，但是新纳入电力系统的硬件和软件也带来了许多漏洞。通过利用这些漏洞，攻击者可以对现代化电力系统中广泛部署的设备组件和异构网络组件发起各种网络物理攻击。这些攻击者的主要目的之一是将自己的用电量控制为更小的值，从而降低自己的电费账单，即达到窃取电力的目的。在传统的电力系统中，攻击者通常利用物理攻击来窃取电力，如绕过电表擅自连接到电力供应线路上。相比之下，在将信息通信技术引入电力系统（特别是智能电网）之后，除了物理攻击之外，攻击者还可以发动网络攻击（如欺骗攻击和中间人攻击）来篡改 AMR（Automated Meter Reading）和 AMI 的电子表读数。攻击者几乎可以随时随地发起这些网络攻击来伪造仪表读数。美国联邦调查局报告称，攻击者只需要具备中等水平的计算机知识，就可以使用互联网上现成的低成本工具和软件侵入电子仪表。物理攻击多见于旧时代或欠发达地区，网络攻击多见于智能电网等现代化电力系统。攻击者通常会根据当前的系统设置找到一种可实现且方便的窃取方法。

1. 用户用电特征分析

江文等人采用了由国家电网提供的 1 035 天内 42 372 名用户的真实用电数据，时间跨度为 2014 年至 2016 年。如图 6-5 和图 6-6 所示为不同用户类别的电力负载曲线。合法用户的负载曲线会显示出一定程度的周期性，而窃电用户的负载曲线则显得不规则且无规律。例如，合法用户的负载曲线在五周内维持在特定范围内进行波动，显示出相似的上升和下降趋势。然而，在第二周、第四周和第五周出现了显著波动，这可以被视为异常值。

对于窃电用户，其消费模式似乎有明显的波动性。重要的是，第八周的第五天观察到缺失数据点，这是一个在现实世界数据集中常见的现象，通常归因于电力盗窃或表计故障。总的来说，窃电用户和合法用户都表现出特定时期内的电力消费波动。仅仅依靠手工数据分析对于识别这些模式并迅速识别窃电行为提出了重大挑战。此外，在数据收集过程中，各种因素如停电、施工、智能表故障和线路损坏等都有可能导致数据集中出现缺失值和异常值，这就使用传统模型准确区分窃电用户变得更加复杂，因此需要更先进的模型来提取电力负载曲线的潜在特征，以更准确地识别窃电行为。

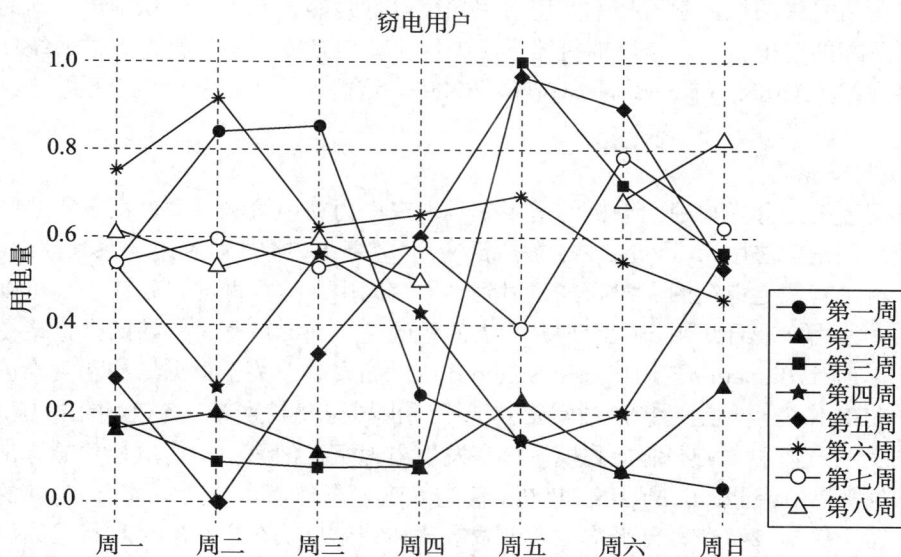

图 6-5　窃电用户周期用电负荷曲线示例

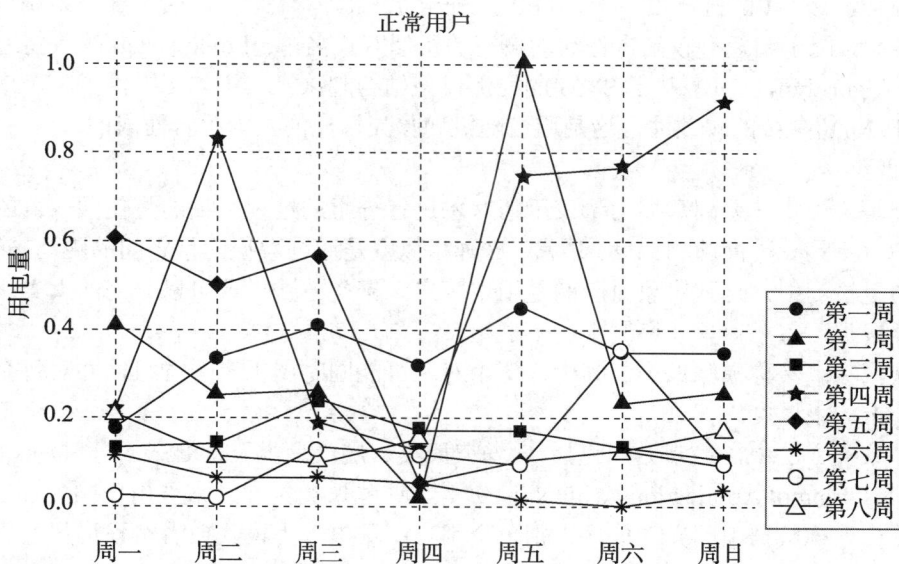

图 6-6　窃电用户与正常用户周期用电负荷曲线示例[1]

2. 相关方法

目前，随着智能电网技术和先进计量基础设施的发展，智能电表作为 AMI 的重要组成

---

[1] 江文. 基于深度学习的用电数据生成与窃电检测研究[D]. 南京：南京信息工程大学，2024.

部分得到了广泛的应用。这一进展开创了窃电检测研究的新时代。随着大数据和人工智能技术的融入，电力行业正经历着一场革命。智能电表不仅提供了电力使用的实时读数，而且通过详细的用电模式记录，为识别异常消费行为提供了依据。通过分析这些数据，研究人员可以利用先进的机器学习技术实现对用户用电行为的智能监控，识别出不同的用电模式，包括可能的窃电行为。常用的机器学习方法主要包括支持向量机、聚类、统计推断和人工神经网络（Artificial Neural Networks，ANN）。这些方法大多基于监督模型，详细介绍如下。

1）支持向量机

支持向量机是分类与回归分析的常用工具。在电力窃电检测方面，由于需要区分用户是非法用户还是合法用户，因此 SVM 被广泛应用。基于 SVM 方法利用一系列数学函数（即核函数）将带有选定特征的用户隐式映射到高维空间中。这样做的好处在于，可以更轻松地找到在非法用户和合法用户之间划分最大间距的超平面。最常见的核函数包括径向基函数（Radial Basis Function，RBF）和 Sigmoid 核。如果缺乏关于数据结构和类别边界的先验知识，RBF 作为一种通用核函数常常被选用，正如在大多数基于 SVM 的电力窃电检测方法中的实践。基于 SVM 的检测模型旨在发现电力负荷剖面中与窃电相关的异常行为，其真正阳性率（True Positive Rate，TPR）仅为 60%。具体而言，其中基于 SVM 的检测模型的输入特征包括 24 个每日平均电力消费数据和一个反映客户月度付款状况的信用评级值，输出结果是一个待现场检查的疑似窃电用户名单。然而，这个模型的 TPR 较低并且只能应用于用户负荷剖面出现突变的场景，通过将人类知识和专家经验以模糊推理系统的形式整合到基于 SVM 的检测模型中，TPR 提升至 72%。具体来说，模糊推理系统作为一个后处理方案，用于缩短有较高欺诈活动概率的疑似客户名单。Rajeev Nagi 等人将遗传算法（Genetic Algorithm，GA）基于 SVM 的检测模型结合起来，其中 GA 提供了一个增强的全局优化 SVM 超参数的收敛性，这是通过随机和预先填充的基因组合而成的。

2）聚类

聚类是一种将一系列数据向量表示的对象进行分组的过程，目的是使同一群的对象比跨群组的对象具有更高的相似度。通常，这种相似度是通过数据向量之间的距离来衡量的。在电力窃电检测中，这些对象对应的是用电客户。聚类方法大致可以分为两大类：

❑ 硬聚类：每个对象严格属于一个群组。

❑ 软聚类：又称模糊聚类，其中，每个对象可能同时属于多个群组，并对每个群组有一定的隶属度。

在硬聚类方法中，最常见的包括 k 均值聚类、层次聚类及 DBSCAN（Density-Based Spatial Clustering of Applications with Noise）等。这些聚类技术经常被用作预处理步骤，用于筛选良性训练数据中的异常值，识别单个用户的用电行为模式或者客户群体的原型等。利用这些技术生成的结果来训练分类器，可以显著提升窃电检测的准确度。

3）统计推断

识别客户是否存在违规行为的检测方法采纳了多种统计分析工具，从而对客户的用电负载剖面及其他相关信息进行深入分析。最常用的统计推断方法主要有 Bayesian 模型、Markov 模型、布林线、皮尔逊相关系数、相对熵、似然比检验等。在实际应用中，电力窃电检测模型通常会综合应用多种统计推断方法和其他机器学习方法。例如，Bernat Coma-Puig 等人联合使用贝叶斯模型、隐马尔可夫模型（HiddenMarkov Models，HMMs）

和 k 均值聚类，以提高电力窃电检测的准确率。

4）人工神经网络

人工神经网络是受大脑启发的计算系统，旨在复制人类通过示例进行学习的方式。与由数十亿生物神经元组成的大脑相似，一个 ANN 由一系列相互连接的单元或称为人工神经元的节点组成。每个人工神经元包含输入、权重、激活函数和输出。每个输入值乘以相应的权重后，输入值会被累加，然后在激活函数中计算结果，以确定最终的输出。通常，非线性的激活函数使 ANN 能够学习输入和输出之间的复杂关系。最常用的激活函数包括 Sigmoid 函数、双曲正切函数和修正线性单元（ReLU）函数。一般而言，人工神经元被组织成不同的层级，这些层级通常包括一个输入层、至少一个隐藏层以及一个输出层，每一层包含的神经元数量由用户设定。举例来说，Joo-Yeop Song 与 Luis Pereira 等人将 ANN 的输出层分别配置了单个神经元和两个神经元。ANN 的输出层负责生成概率值或直接做出判断，以确定客户是否存在电力盗窃行为。

在现有文献中，用于识别电力盗窃的 ANN 模型主要包括前馈神经网络、循环神经网络和卷积神经网络，前馈神经网络是节点之间不循环连接的人工神经网络。多层感知器（Multi-Layer Perceptron，MLP）是一种广泛使用的前馈神经网络，具有输入层、隐藏层和输出层。CNN 是一种特殊类型的人工神经网络，它在至少一个隐藏层中执行卷积，而不是一般的矩阵乘法。这些层被称为卷积层，它们通常共享相同的核（或过滤器），用于更少的参数来训练并降低计算成本。CNN 的一个主要缺点是它们无法捕获电力负载数据中不同时间点之间的时间相关性和周期模式，从而限制了它们性能提升的潜力。RNN 是一种人工神经网络，其中，节点之间的连接形成沿时间序列的有向图。长短期记忆网络（Long Short Term Memory，LSTM）是 RNN 的一种特殊类别，旨在避免 RNN 的短期记忆问题。

窃电检测算法通常基于用户用电数据来执行用电行为的分析和异常用电的识别，然而，现行的检测方法仍然存在一些局限性。首先，窃电检测存在数据不平衡的问题，其中，窃电用户数量远少于正常用户。除传统的过采样和欠采样方法外，研究人员通过模拟不同窃电模式来生成仿真数据，虽然提高了测试精度，但是这些方法在面对复杂窃电手段时仍然不够有效，导致模型在真实环境下的检测精度不足。其次，虽然基于人工神经网络的方法可以自动化地提取特征，但是现有研究往往缺乏对不同维度和种类特征之间复杂关系的综合分析和利用，大多数方法依赖于单一的特征提取策略，缺乏对实际用电行为多样性的充分考虑，这会影响模型捕捉到的用电行为的全面性和准确性。

6.2　气象大数据在光伏新能源领域的应用

太阳能这种取之不尽的清洁能源，正在全球范围内获得越来越多的青睐。它的发电模式是分散式的，这与传统的化石燃料发电方式形成鲜明对比。太阳能不仅资源充足，而且对环境友好，代表低碳、清洁、可持续的能源利用方向。各国政府为了响应可持续发展的号召，正在积极扩大在太阳能光伏发电领域的投资，以促进其技术进步和产业发展。光伏发电作为利用太阳能的有效手段，已经引起了公众的广泛关注并成为热门话题。推进光伏技术的发展不仅是对可持续发展战略的积极响应，也是其实践的具体体现。提高光伏发电效率预测的精确度和可靠性是目前研究领域的热点。这项技术的提升不仅可以确保电力系统的安全和稳定，也为电力市场的高效运作提供了支持。此外，它还是增强经济收益和推动可持续能源发展的重要手段。总的来说，准确预测光伏发电量为电力网络提供了安全性、稳定性和经济效益的多重保证。因此，深入探究并准确预测光伏发电输出功率具有深远的研究意义。

6.2.1　光伏发电功率预测

太阳能光伏发电系统是通过太阳能电池将太阳辐射的能量转换为电能的发电系统。光伏发电技术的核心概念是光生伏特效应，该效应能够将太阳光直接或间接地转换为电能。如图 6-7 所示，在这个系统中，太阳能电池板是能量转换的核心，它负责捕获太阳光并将其转化为电能。光伏控制器则是系统的智能"大脑"，监控数据、调节运行状态并提供必要的保护。光伏逆变器也扮演着至关重要的角色，作为平衡光伏阵列和转换电能形式的枢纽，它可以确保电能的高效和稳定输出。这些组件的协同工作构成了光伏发电系统的基础架构。为了满足更大规模的发电需求，多个太阳能电池板被集成为模块，以增强整个系统的发电能力。在发电领域，太阳能发电以其独特的安全性和可靠性而脱颖而出，成为全球能源战略中的一个关键要素，对推动能源转型和实现可持续发展目标起到了重要作用。

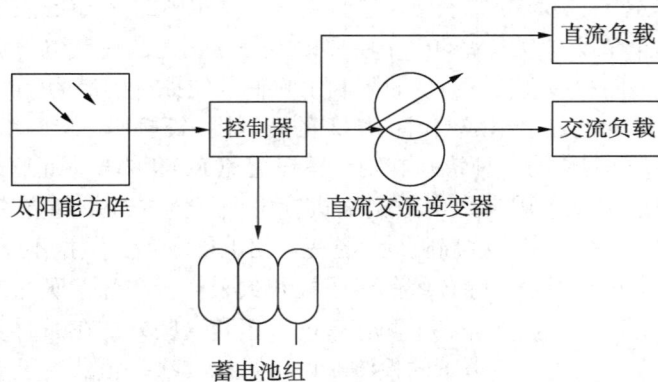

图 6-7　光伏发电组件结构图[①]

众多国内外专家学者已对光伏发电的输出功率预测进行了深入研究，他们在提高模型预测精度和模型运行效率等方面均取得了显著成果。这些预测方法可以归纳为四种：超短期预测、短期预测、中期预测和长期预测。从电网运行的角度来看，较短的预测周期在优化调度和应急预防方面更有优势，而较长的预测周期则更有助于规划装机容量和评估效益。这些预测方法为光伏发电的有效管理和应用提供了重要支持。上述各种预测方法的应用，使得光伏发电的输出功率预测更加准确和高效。超短期和短期预测方法能够帮助电网运营人员及时了解光伏发电的实时情况，从而做出快速响应和调整。而中期和长期预测方法则能够为电网规划和建设提供重要参考，有助于实现光伏发电的可持续发展。通过这些预测方法的综合应用，可以更好地应对光伏发电中的不确定性，提高电网的稳定性和经济性。

鉴于光伏发电功率预测模型的多样性，可以将其大致划分为深度学习预测模型和非深

---

① 李之恒．基于 Informer 模型的中期光伏发电量预测研究[D]．南京：南京信息工程大学，2024．

度学习预测模型两大类。这两类模型均涉及众多子集模型方法，具有广泛的应用范围。深度学习模型主要依赖于输入的特征样本来生成预测结果，通过构建复杂的神经网络结构，它们能够学习数据中的深层次表示和模式，进而生成准确的预测值，在处理高维度特征和复杂关系时表现出色。相比之下，非深度学习模型更注重基于统计和物理原理来建立预测模型，通过输入的特征样本，运用参数估计和统计推理方法来获得预测值，这类模型通常具有明确的数学表达式和物理意义，更易于解释和理解，在时间序列分析、回归分析等多个领域都有广泛的应用。这两类模型各具特色，共同为光伏发电功率预测提供了有力的支持。

1. 非深度学习模型

预测方法常见的有非深度学习方法和深度学习方法，其中，非深度学习方法在此方面的研究较为成熟。物理建模方法的核心在于利用数学工具来描述和预测各种物理现象，在光伏发电领域通常涉及利用光电转换等物理原理来构建模型。常用的物理模型包括数值天气预报（Numerical Weather Prediction，NWP）模型和基于卫星图像的云运动模型。这些方法需要深入理解光伏发电设备的物理特性。虽然物理建模方法不依赖于大量的样本数据，但是其模型通常较为复杂，计算量大且抗干扰能力有限。因此，为了保持模型的准确性，物理建模方法通常需要定期调整和优化模型参数。

统计方法着重于挖掘历史数据中的变化趋势和规律，从而预测未来的输出功率。常用的统计手段包括输出统计模型、回归分析、灰色模型和自回归类型的算法等。这些方法通常基于一个假设：某一时刻之后的预测数据近似于该时刻之前的历史数据，仅依赖历史数据而不涉及其他特征。然而，统计方法对原始数据集的敏感性较高，数据处理的质量对模型结果影响显著。此外，统计方法通常只能提供粗略的预测，难以揭示高阶非线性映射关系。

近年来，随着人工智能技术的飞速发展，其在光伏发电预测领域的应用也日益广泛。一些研究将数值天气预报与功率数据融合，作为神经网络的输入，从而有效提升了预测的准确性。此外，基于支持向量机和多变量优化算法的集成模型也备受关注，它们通过结合多种算法的优势来增强模型的泛化能力。然而，传统机器学习模型在光伏输出功率特征提取方面仍面临挑战，这限制了预测精度的进一步提高。为了解决这一问题，研究者们引入了信号分解模型，如小波分解和变分模态分解（Variational mode decomposition，VMD），将光伏输出功率分解为多个分量，进而提取出不同的特征。这些特征随后被用于训练各种机器学习模型，如人工神经网络和极限学习机（Extreme Learning Machines，ELM），从而实现更精确的预测。虽然这些单一的人工智能模型在一定程度上提高了预测精度，但是它们仍存在局限性，如参数设置的随机性和易陷入局部最优解的问题。

2. 深度学习模型

随着深度学习技术的飞速进展，光伏发电预测领域迎来了革命性的变革。深度学习模型借助其复杂的神经网络架构，能够自动挖掘并学习数据中隐藏的深层次特征，实现对光伏发电功率的高精度预测。与传统模型相比，深度学习模型展现出了更优越的预测精确度、系统稳定性和泛化性能。

首先，光伏输出功率具有固有的随机性，并且受到多种复杂且多变因素的综合影响。其次，非深度学习模型往往依赖于手动设计的特征和简单的统计方法，难以充分捕捉数据的内在规律和复杂性。为了向系统调度人员提供更全面、更利于决策的信息，并有效规避潜在风险，研究人员开始将关注点扩展到深度学习光伏输出功率预测的模型上。与非深度学习模型不同，深度学习模型以其对人类思维过程的精妙模拟，展现出执行高度复杂计算任务的卓越能力。这些模型不仅推动了人工智能领域的发展，更在当前光伏功率预测应用场景中成为备受瞩目的流行技术。

随着深度学习技术的不断进步，图卷积网络（Graph Convolutional Network，GCN）在解决光伏功率预测中的时空挑战方面日益受到关注。这种网络模型通过其独特的图卷积结构有效捕获了空间特征，同时还集成了门控卷积神经单元来捕捉时间特征，GCN 的模型结构如图 6-8 所示。图卷积操作可以定义为节点特征与其邻居节点特征的聚合。具体来说，对于节点 v，其卷积后的特征可以通过以下公式计算：

$$H^{l+1} = \sigma\left(\tilde{D}^{-\frac{1}{2}}\tilde{A}\tilde{D}^{-\frac{1}{2}}H^l c\right) \tag{6-2}$$

其中，H^l 是第 l 层的节点特征矩阵，H^0 是输入特征矩阵。$\tilde{A} = A + I$ 是邻接矩阵加上自环，A 是原始的邻接矩阵，I 是单位矩阵。$\tilde{D}$ 是 $\tilde{A}$ 的度矩阵，即 $\tilde{D}ii = \sum j\tilde{A}_{ij}$。$W^l$ 是第 l 层的权重矩阵，σ 是激活函数。这个公式可以理解为：首先，通过 $\tilde{A}$ 聚合节点 v 及其邻居的特征；然后，通过度矩阵 $\tilde{D}$ 进行归一化；最后，应用一个线性变换 W^l 和非线性激活函数 σ。具体操作如图 6-8 所示。这种方法的应用解决了由于云运动等因素导致的功率输出波动以及光伏站间物理连接的时间相关性不足的问题。在 GCN 的基础上，研究者们进一步研究出了最佳的图结构方法，以更好地考虑短期太阳能功率预测的周围时空相关性。这种方法采用复杂的网络理论，并提出了一种新的评价标准来衡量图结构的连通性，从而显著提升了GCN 模型的预测性能。通过这种方法，研究者们成功解决了在建模过程中常常遇到的信息冗余问题，即避免了无差别地使用所有站点数据，从而更加注重利用来自相邻站点的有价值空间的信息。虽然这些方法在光伏功率预测的时空挑战方面取得了显著进展，但是在面对突发极端天气事件时，它们仍面临一定的挑战。在严重风暴或快速天气波动等意外天气现象对光伏发电产生严重影响的情况下，这些方法的预测准确性可能会受到影响。主要原因是这些模型主要依赖于历史数据进行训练，而在面对极端天气条件时，历史数据可能无法提供足够的参考信息。因此，未来的研究需要进一步探索如何结合实时天气信息和其他相关因素来提升模型在极端天气条件下的预测能力。

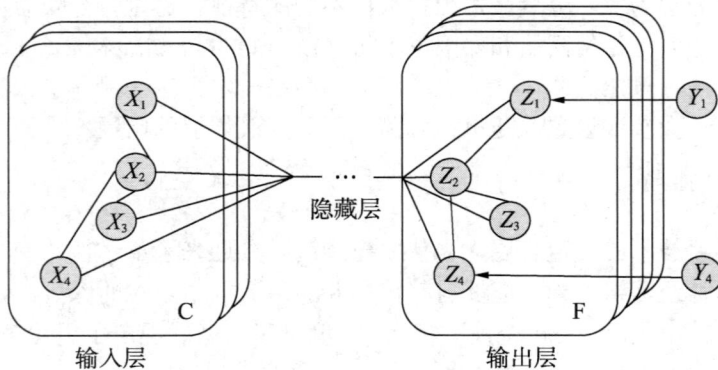

图 6-8　图卷积网络结构

光伏发电功率预测的精确性极度依赖于大量的数据支持，其中，真实且可靠的发电数据对于使用深度学习方法进行预测的准确性起着决定性作用。实测数据的全面性使其成为反映发电站在多变的实际环境中运行状况的理想选择，因此，在模型训练和验证阶段可以采用这些真实有效的数据资源。例如，为了构建一个高效的光伏发电功率预测数据集，可以从澳大利亚太阳能研发中心的丰富历史发电数据中进行细致的筛选和整理工作，该地是一个在澳大利亚中部艾丽斯斯普林斯干旱条件下运行的光伏技术示范设施，其数据集包含多个电站的数据，跨越了超过 15 年的运行时间，是一个科学性强、可靠的光伏发电数据集。对于采用的数据集，按照时间序列排列，每 5 分钟记录一次，总计涵盖 966 771 组数据，每组数据均包含 12 个特征维度，12 个特征包括有功输送能量接收（Active Energy Delivered Received）、当前平均相位（Current Phase Average Mean）、风速（Wind Speed）、天气温度（Weather Temperature Celsius）、天气湿度（Weather Relative Humidity）、全球水平辐射（Global Horizontal Radiation）、水平总辐射（Diffuse Horizontal Radiation）、风向（Wind Direction）、日降水量（Weather Daily Rainfall）、倾角辐射（Radiation Global Tilted）、散射辐射（Radiation Diffuse Titled）以及时间（Timestamp），目标值为发电功率（Active Power）。针对数据中的缺失值问题，常采用中位数填充、和填充以及平均值填充等多种策略，具体选用哪种方法取决于特征的具体性质和分布情况。经过填充处理后，进一步利用下采样技术将原始的 5 分钟间隔数据整合为 1 小时间隔的数据集，以便为后续的中期光伏发电预测提供便利。最终处理后的数据集包含 81 363 组记录，每组记录依然保持 12 个特征。随后，将此数据集根据研究需求将其划分为训练集和验证集，为模型训练阶段提供坚实的数据基础，极大地增强了光伏发电功率预测的准确性和可信度，为未来的能源管理和优化提供了有力的数据支撑。

光伏发电的输出受到多种因素的影响，如天气条件、季节变化等，导致其产出具有不稳定性。由于这些特性，将大规模光伏发电并入电网可能会对电网的稳定性和电能质量造成影响，给电网运行和管理带来挑战。为了解决这些问题，进行精确的光伏发电预测至关重要。准确的预测可以优化电力系统的运行，合理安排各种发电资源，有效减少对化石燃料的依赖，提高能源利用效率，降低成本。因此，光伏发电预测的研究对于学术界和实际应用都具有极高的价值，它有助于保障电力系统稳定地运行并促进能源行业的可持续发展。通过不断完善光伏发电预测技术，能够更好地支持电力系统高效、稳定地运行。

6.2.2 太阳能资源评估及其利用效率评估

地球表面的能量供应主要依赖于太阳，每年到达地表的太阳辐射能约为 4×10^{15} 兆瓦，这相当于 3.6×10^5 亿吨标准煤当量 TCE（ton of standard coal equivalent），是全球年总能耗的 2 000 倍左右。中国幅员广阔，拥有丰富的太阳能资源。根据中国国家能源局的数据显示，2019 年中国的总用电量达到 72 255 亿千瓦时，比 2018 年增长了 4.5%。同时，可再生能源的发电量达到 2.04 万亿千瓦时，占总发电量的 27.9%，其中，光伏发电量为 2 243 亿千瓦时，占比为 3.1%。中国在全球太阳能发电量中处于领先地位。

欧盟委员会联合研究中心的预测指出，到 2040 年，全球能源消耗的 20% 以上将来自太阳能光伏发电。预计最晚到 2050 年，中国的可再生能源发电将占据总用电量的 85%。然而，由于中国地域辽阔，地形复杂，太阳能资源的分布并不均匀，通常，西北部地区的太阳能资源丰富，而东南部地区相对较少，内陆地区的太阳能资源高于沿海地区，高原地区高于平原地区，干燥地区高于湿润地区。

因此，对太阳能资源及其利用效率进行评估，是太阳能资源开发和利用的重要依据，有助于科学、合理地开发和有效利用太阳能资源，优化太阳能发电的布局，从而提高能源使用效率，促进可持续能源的发展。

根据中国气象局风能太阳能评估中心划分标准，我国太阳能资源地区分为以下 4 类。

一类区域（极丰富区）：年辐射总量为 6680～8400MJ/m²，主要分布区域包括青藏高原区、甘肃北部、宁夏北部和新疆东南部等。尤其是西藏西部最丰富，最高达 2333kWh/m²（日辐射量为 6.4kWh/m²），居世界第二位，仅次于撒哈拉大沙漠。

二类区域（较丰富区）：全年辐射量在 5850～6680MJ/m²，主要包括河北西北部、山西北部、内蒙古南部、宁夏南部、甘肃中部、青海东部、西藏东南部和新疆南部等地。

三类区域（一般区）：全年辐射量在 5000～5850MJ/m²，主要是山东、河南、河北东南部、山西南部、新疆北部、吉林、辽宁、云南、陕西北部、甘肃东南部、广东南部、福建南部、苏北、皖北、台湾西南部等地区。

四类区域（较贫乏区）：全年辐射量在 3344～5016MJ/m²，主要包括湖南、湖北、广西、江西、浙江、福建北部、广东北部、陕南、苏北、皖南以及黑龙江、四川、贵州、台湾东北部等地区。

1. 太阳能资源评估

太阳能资源评估是衡量一个地区太阳能发电潜力的关键步骤，而太阳辐射数据是评估太阳能资源最直接和精确的依据。然而，由于测量设备的安装和维护费用较高，我国仅有少数气象观测站配备了太阳辐射探测设备。尤其是在西北的戈壁等偏远地区，虽然这些地方的日照时数长、太阳能资源丰富，但是由于观测站点非常少，导致太阳辐射观测数据极其不足，难以通过观测数据全面、准确地评估这些地区的太阳能资源情况，从而增加了光伏电站选址的不确定性和风险。

在缺少高质量的直接太阳辐射观测数据的情况下，利用其他气象数据和方法来评估太阳能资源成为主要的评估方法。具体的评估方法包括以下几种：

❑ 经验模型法：该方法通过建立常规气象要素（如温度、湿度、云量等）与太阳辐射之间的统计关系模型，利用其他气象站的数据来推算出某地区的太阳辐射量。这种方法可以在没有直接观测数据的情况下，通过已有的气象数据来估算太阳辐射情况。但是。该方法模型的准确性依赖于输入数据的质量和模型的建立假设，可能会忽略一些重要的物理过程。

❑ 物理模型法：随着全球气象卫星监测系统的完善，人们开始利用实时的卫星数据结合辐射传输理论进行太阳能资源评估。这种方法基于卫星观测数据和物理原理，推导地面太阳辐射情况，为更大范围的太阳能资源评估提供数据支持，不受地面站点分布的限制。

❑ 数值天气预报模式：这是当前预报未来天气状况的主要工具之一。数值模式不仅能够预测天气变化，还可以计算并输出太阳辐照度产品，这些数据可以用来评估太阳能资源。这种模式利用数值计算和模型模拟，使用多种气象因素，全面评估太阳能资源的变化情况，能够提供较高精度的太阳辐射预测，适合短期到中期的精细化评估。

❑ 人工智能模型：近年来，人工智能技术的发展为太阳能资源评估提供了新的思路。通过深度学习和神经网络等技术，能够处理和分析海量数据，自动提取和学习数据特征，使模型能够准确拟合太阳辐射数据。该方法可以通过不断的训练和参数优化，适应新数据和新的气象变化情况，实现对太阳辐射量的高精度预测。

气象大数据在太阳能资源评估中扮演着至关重要的角色。利用气象大数据，研究人员可以详细地分析和理解光照、温度、风速、湿度等环境因素的历史和实时模式。这些数据帮助研究人员确定最佳的太阳能系统布局，如光伏板的安装角度和方向，以最大化的捕获太阳辐射。此外，通过对不同地区光照和天气条件进行深入分析，可以在更适宜的地区部署太阳能项目，从而整体提高能源效率，为太阳能电站的选址、太阳能应用系统的评估、太阳能发电量预报模型的建立、建筑采光设计及电网集成与优化奠定了基础。

2. 太阳能利用效率评估

太阳能利用是一种重要的可再生能源形式，主要包括光伏发电、太阳能热发电、光热利用、光化学利用、光生物利用、热电直接利用、光电利用和光热光电等多种不同形式，能够有效地将太阳能转化为电能、热能或其他形式的能量。而光伏发电是太阳能最主要的利用形式，通过利用半导体材料（如硅）的光伏效应，将光能直接转化为电能。光伏系统由光伏电池、逆变器、控制器和储能设备等组成，主要用于分布式和集中式发电。由于光伏发电具有较高的转换效率和较低的成本，所以光伏发电已成为全球范围内增长最快的新能源形式。

光伏电站的效率是衡量其性能的关键指标，其效率评估主要关注光电转换效率、光伏组件标称功率偏差、辐射入射率和初始光致衰减效应以及温度系数等方面。光伏组件的光电转换效率越高、标称功率正偏差越大、辐射入射率越高、光致衰减效应越小、温度系数越低，则光伏电站的发电效率越高。

自然环境因素会影响光伏组件的工作性能，进而影响光伏组件的转换效率。对光伏组件的环境适应性进行评估是确保光伏系统在不同自然条件下高效稳定运行的关键环节。光伏组件的输出功率通常会随着温度的升高而下降，因此，在高温环境下，选择温度系数低的组件，可以在炎热气候条件下维持较高的发电效率。其次，光伏系统的抗风、抗雪能力也是环境适应性评估的重要内容。在强大风地区，光伏组件和支架系统的结构强度必须要经过严格的测试和优化设计，以防止强风对光伏系统造成损坏。同样，在多降雪地区，需要评估组件在积雪覆盖下的光电转换效率，以及系统结构是否能够承受积雪的重量。此外，组件的抗污性能会极大程度影响光伏发电的长期效率。环境中的灰尘、污染物容易在光伏组件表面形成积尘，减少光线的入射量，从而降低发电效率。

通过对气象大数据中的光辐射量、光的频谱、光照强度等光学因子进行分析，可以掌握特定地区的光照强度和日照时长等信息，有助于选择更适合当地条件的光伏组件，从而提高整体的发电效率。此外，通过分析辐照度气温、降水量、风速、相对湿度、积尘等气象因子对光伏发电效率的影响，相关人员可以更加准确地理解环境因素对太阳能系统性能的影响，以帮助确定光伏发电站的选址，显著提升光伏发电的效率和可靠性。此外，通过监测环境污染和积尘情况，可以优化环境清洁和维护计划，减少由于环境污染和积尘造成的效率损失。

6.3　气象大数据在风力新能源领域的应用

根据"国家自主贡献"（NDCs），我国计划到 2030 年，非化石能源在一次能源消费中的占比将达到 25%左右。其中，风力发电作为一种技术成熟且成本在逐渐降低的清洁能源，被认为是极具商业潜力的能源形式，有望为延缓大气升温做出贡献。目前，全球风力发电装机容量约三分之一都集中在欧洲、中国和美国等高纬度地区。预计到 2050 年，风电将满足全球 10%～31%的电力需求。

我国有着极其丰富的风能资源，估计陆上风能的储量高达 1400 吉瓦（GW），海上风能储量则为 600GW。根据对风能发电潜力的综合评估，预计到 2030 年，风力发电将满足我国能源需求的 11.9%～14%，成为国内最有前景的可再生能源之一。我国的风电资源在地理分布上具有明显的区域特征，尤其是"三北"即华北、东北和西北地区，这些地区不仅陆上风能储量丰富，也是我国风力发电机装机容量的主要集中地区，对全国风力发电装机容量和发电量的贡献率分别达到了 74%和 71%。此外，中国的海上风能资源主要分布在江苏、福建、浙江等沿海省份。近年来，中国海上风电发展迅速，2017 年中国海上风力发电新增装机共 319 台，容量达到 116×104 千瓦，同比增长 97%，累计装机达到 279×104 千瓦，取得了突破性的进展。在风电行业，气象大数据的应用至关重要，它贯穿于风电项目的整个生命周期。从风电项目规划和设计到风电场的建设，再到风电生产及电力调度等，气象大数据不仅为风电项目的各个阶段提供了科学依据，还为风电行业的可持续发展提供了强有力的数据支持。

6.3.1　风能资源评估

随着全球对清洁能源的需求日益增长，加上政府政策的有力推动和行业内的协同创新，我国的风电产业已经进入了技术创新和快速发展的新阶段。目前，我国已经具备了自主研发大型兆瓦级风力发电机组的能力，并且构建了完整的风电装备制造产业链，这标志着我国风电产业的成熟度和国际竞争力有了很大的提升。风电场的选址是一个复杂而关键的过程，它关系着风电场的发电量及其发展，在很大程度上决定整个风电场的经济效益。风电场的选址依赖于对目标地区风能资源的深入了解和准确评估。风能资源评估指使用各种技术手段，包括地面监测、遥感探测技术和先进的数值模拟方法，对特定区域的风速、风向以及其他气象要素进行系统性的长期观测和分析。这一过程能够揭示该地区风能资源的规模、可利用性以及它们在不同时间和空间上的分布特性，为风电站的规划、设计和运营提供坚实的科学依据。

风能作为一种清洁、可再生的能源，其开发和利用对能源转型具有重要意义。然而，风速的不稳定性直接影响到风力发电的效率和可靠性。风速的变化不仅受到大气环流的直接影响，还与气候变化紧密相关。一些极端气候事件如强风暴和持续雨雪，会对风力涡轮机的机械结构和运行安全构成威胁，同时也增加了风电场运营的不确定性。近年来，欧洲在评估气候变化对未来风力发电潜力影响方面进行了大量的研究，发现某些地区的风速呈现下降趋势。同样，在我国，半个世纪以来的风速下降趋势尤为明显，年际变异性亦随之增强。气候变化带来的风速波动使风电场长期稳定运营的不确定性增加。中国风电产业在风能资源评估方面普遍采用的是基于线性回归的代表年法，该方法假设在风电场的整个生命周期（一般为 20 年）内，风速始终保持相对稳定，对数据质量的要求不高。这种评估方法忽略了气候变化对风速长期趋势的影响，对于风能资源的评估并不精确，进而影响到风电场的微观选址，使许多风电场在建成投产后的实际发电量并未达到预期。因此，准确的风能资源评估对确保风电场经济效益，增强投资者的信心至关重要。

风能资源评估方法主要有数理统计方法、数值模拟方法、人工智能和多源测风资料融合分析等方法。

1．数理统计方法

风能与风速的三次方成正比，因此，风速是评估风能潜力的核心参数。数理统计方法通过分析测风塔和气象站收集的长期风速数据，构建数学模型来估算风功率密度等关键风场参数。这种方法侧重于计算平均风速、风速频率分布等统计指标，以评估特定区域的风能潜力和风力发电的可行性。但是这种方法依赖于长期稳定的观测数据，数据质量直接影响评估结果。此外，数理统计方法对于风速变化趋势的预测能力有限，也没有充分考虑地形和气候因素对风速分布的影响，无法准确反映未来的风能资源变化。

2．数值模拟方法

气象站的风力测量虽然为风能资源评估提供了基础数据，但是它存在站点分布不均匀、数据不完整以及仪器异常导致数据错误等问题，这些限制了其应用范围。因此，具有高空间分辨率的气候模型被提出用于解决这些问题。该模型能够获取整个模拟区域的风能参数以及其详细分布，对于复杂地形和海上风能资源的全面评估有显著优势。数值模拟方法是基于对边界层大气动力和热力运动物理过程的深入理解，提供比传统观测方法更精确的风速空间分布。这种方法特别适合用于复杂地形，能够预测地形对风场的影响，为风电场的布局和风机的安置提供科学依据。全球气候模式（Global Climate Model，GCM）适用于大规模的风能资源评估，而区域气候模式（Regional Climate Model，RCM）则为局部地区提供了更精细的模拟结果。此外，多模式比较和集合研究的方法有助于降低单一模型的不确定性，提高评估的准确性。

3．人工智能

在风力发电领域，人工智能技术特别是机器学习和深度学习，通过深度挖掘大量的历史气象数据，构建出能够捕捉风速模式的复杂模型，从而实现对未来风速和风能产量的精确预测。AI 技术在处理风速数据时有极高的效率，这为风电场的实时运营和维护提供了强有力的决策支持。AI 技术的一个显著优势在于其对非线性和复杂数据关系的处理能力。通过机器学习和深度学习模型，风电场能够基于实时更新的气象数据，动态预测风力发电量，以调整发电策略，优化能源产出，同时减少因风速波动带来的电力系统不稳定的风险。

4．多源测风资料融合分析

多源测风资料融合分析方法通过整合地面观测站、雷达、卫星等多种数据源，利用先进的数据融合技术，为风能资源的评估提供了更为全面和精确的视角。风力资源数据的质量是保证风能资源评估可靠性的基础。这种方法有效地弥补了单一数据源的不足，尤其是在我国气象站点稀缺的地区，如中国西部，能够提供更可靠的风能资源评估。通过将地面站提供的高精度局部风速数据与覆盖广泛地区的卫星数据相结合，为风电场的选址、规划和优化提供了科学的依据。

6.3.2　风能资源预测

在风能资源评估的基础上建立风电场后，进行风能资源的预测对于确保风电场的长期稳定运行至关重要。风速是在不断变化的，这就要求必须对某地的风能资源进行长期观测来捕捉其模式，从而减少不确定性。然而，在实际的风电场规划项目中，收集数年甚至数十年的真实观测数据不仅操作难度大，而且时间成本非常高。鉴于此，风能资源预测成为一个不可或缺的环节。预测的基本思路是在备选的风电场选址处设立测风塔，进行 1～2 年的数据收集。分析测风塔和相关气象站的观测数据之间的相关性，建立风速的相关预测模型，利用气象站的长期历史观测数据，推算出未来一段时间内风速、风向等气象条件的预测结果。

风速是风能的直接表现形式，风速预测模型的建立是确定风力大小的前提，准确有效的风速预测也是风电系统稳定发展的重要指标。为了提高风速预测的准确性，研究者们开发了多种预测方法，主要分为 3 类：物理方法、传统统计方法和人工智能。

物理方法是以数值天气预报为基础，通过数学模型结合实际的气象数据，如气压、温度、湿度等来预测风速。虽然物理方法在长期趋势预测方面表现良好，但是它在短期预测方面存在局限，并且对计算资源和数据量的需求较高。统计方法也称为随机时间序列模型，包括自回归（Autoregressive，AR）、移动平均（Moving Avarage，MA）、差分整合移动平均自回归（Autoregressive Integrated Moving Average model，ARIMA）等模型。这些模型易于实现，但由于其固有的线性特性，难以捕捉风速数据的非线性特征。

随着计算技术的发展，AI 算法如支持向量机和神经网络，已被广泛应用于风速预测。人工智能方法擅长处理具有非线性特征的数据，能够构建输入与输出之间复杂的非线性关系，提供较高的预测精度。然而，传统的机器学习方法在特征提取和模型拟合方面存在一定的局限性，这会影响其预测准确性。相比之下，深度学习方法因其自动进行特征提取和对复杂的非线性关系的建模能力逐渐成为研究者的首选。地球大气层以 4D 系统的形式运行，这意味着为了精确预测风速，需要从多个地点甚至全球视角综合考虑气象数据。在这样的背景下，Jinhua He 等人提出了一种创新的 4D 高分辨率风速矢量预报（Wind Speed Vector Forecasting，WSVF）模型——Windformer，如图 6-9 所示，该模型结合卷积神经网络的特征提取能力和基于注意力机制的 Transformer 的信息融合能力。在 Windformer 模型中，输入和输出层主要由 3D CNN 构成。输入层负责提取特征和压缩信息，而输出层则致力于恢复风速矢量字段。该模型的核心组件是其编码器和解码器，它们建立在时间移位窗口多头自我注意机制之上，有效地整合了时空信息。通过准确预测风速和风向，Windformer 模型能够帮助风力发电场优化发电效率，提前调度发电资源，从而减少风速波动带来的能量输出不稳定问题。对于电网运营商而言，准确预测风电产量对于电力系统的负荷平衡和能源分配至关重要。Windformer 模型的运用可以提升其整合风能到电网的能力，增强电网的可靠性和效率。

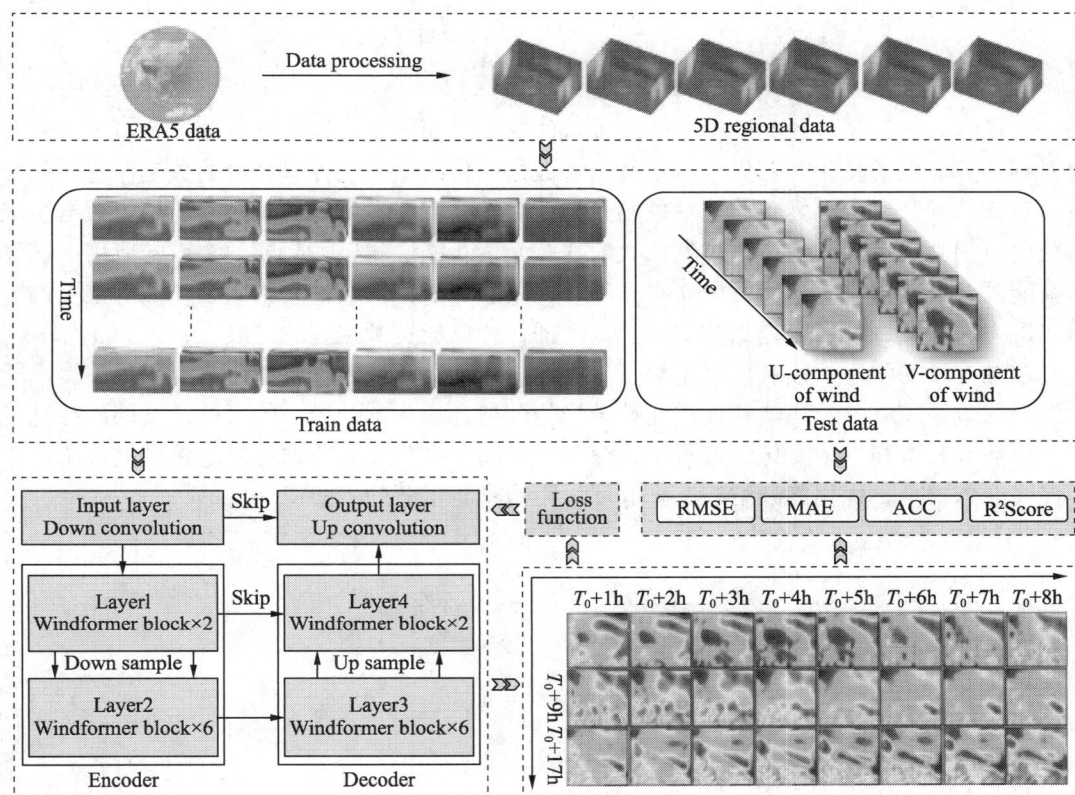

图 6-9　Windformer 模型结构[①]

　　风能作为清洁能源的重要组成部分，其开发和利用受到了国家的高度重视。中国电力科学院建立了国内首个面向电力生产运行的电力气象预报与发布中心。该中心与国际气象机构建立了长期的合作关系，针对风电场所在区域的地形和气候特征，开发了高精度的数据产品。当前，风电工程师研发了覆盖 0～72 小时的中长期风功率预测系统和 0～4 小时的超短期风功率预测系统，具有 15 分钟的时间分辨率。这些系统的建立，使风电并网初步实现了可预报、可调控的功能，为电力系统的实时调度提供了科学依据。2021年，中国气象局成立了风能太阳能中心，专注于风能和太阳能资源的普查评估及预报预警服务。在监测评估方面，该中心具备长序列的风能太阳能资源普查数据，能够进行县级行政区域的资源开发潜力评价，为全国风能太阳能资源的详细勘查和综合评价提供支持，助力能源的绿色低碳转型。我国的风电产业在资源评估、预测技术和服务保障方面取得了显著进步，不仅提高了风电产业的经济效益，而且为实现国家能源结构优化和低碳发展目标做出了贡献。

---

① He J，Hu Z，Wang S，et al. Windformer：A novel 4D high-resolution system for multi-step wind speed vector forecasting based on temporal shifted window multi-head self-attention[J]. Energy，2024：133206.

6.4　小　　结

　　本章深入介绍了气象大数据在能源领域的多个方面应用，以及气象数据给电力行业带来了哪些革命性的变化。首先分析了气象大数据在传统电力能源领域中的关键作用，包括电力负荷特征分析、电力负荷与气象要素的关联性分析、电力负荷预测以及用电数据生成与窃电检测。随后，详细讨论了气象大数据在光伏新能源和风力新能源领域的应用。在光伏新能源领域，探讨了光伏发电功率预测、太阳能资源评估及其利用效率评估的重要性。而在风力新能源领域，则重点关注风能资源评估和风能资源预测的进展。

　　通过本章的学习，读者可以了解气象大数据在能源领域的重要性。它不仅能够提高能源生产的效率和质量，还能够促进能源结构的转型升级，推动经济的可持续发展。特别是在全球能源转型和气候变化的背景下，深入研究和发掘气象大数据在能源领域的应用，对于保障能源安全、优化能源结构、降低环境影响具有重要的战略意义。

6.5　习　　题

一、选择题

1. 下面不属于太阳能利用的形式为（　　）。

A. 光伏发电　　　　　　　　　　B. 光化学利用

C. 热电直接利用　　　　　　　　D. 风能发电

2. 影响光伏组件工作性能的自然环境因素包括（　　）。

A. 光照强度　　　　　　　　　　B. 温度

C. 相对湿度　　　　　　　　　　D. 光辐射量

二、简答题

1. 电力负荷与哪几种气象要素有关系？分别说明。

2. 常用于电力系统负荷预测的深度学习方法有哪些？举例说明。

3. 光伏发电预测的主要方法是什么？

4. 说一下气象大数据在风能资源评估中的作用。

第 7 章　气象大数据在交通领域的应用

交通受气象影响非常显著，在气象大数据的概念提出之前，气象部门与交通部门就已经进行了广泛的合作和交流。但在合作中，气象部门与交通部门的业务职责以及合作方式都存在模糊地带，导致气象数据并不能发挥最大功效。

随着信息化技术的发展以及相关政策的完善，气象大数据和交通领域的合作越来越紧密，公路气象监测网络也在此基础上发展起来，为气象和交通两个领域提供了有力的支持。2021 年 11 月 16 日，中国气象局联合公安部、交通运输部、国家铁路局和国家邮政局共同印发《"十四五"交通气象保障规划》，明确到 2025 年，聚焦公路、铁路、内河水运、海上交通、多式联运五大重点方向，基本形成多部门协同规划、协同部署、协同实施、协同保障的综合交通气象服务格局。《"十四五"交通气象保障规划》要求，各部门要认真贯彻习近平总书记关于气象工作和交通运输工作的重要指示精神，以保障服务现代化综合交通运输体系建设为主线，建立健全面向需求、点面结合、特色突出、深度融合的现代交通气象保障服务体系，有力地支撑交通强国的建设。

本章将从天气对公路交通的影响出发，分析气象大数据在交通领域发挥的作用，并介绍一些气象大数据在交通领域应用的技术和案例。

7.1　公路交通与气象大数据的关系

公路交通与气象紧密相关，因为交通是一种户外行为，交通出行的安全和交通设施的安全都受到气象的影响。因此，公路交通对气象大数据应用有着迫切的需求。

7.1.1　我国主要地理特征和气候概况

中国位于亚洲东部、太平洋西岸，幅员辽阔，陆地总面积约 960 万平方公里，极大的经纬度跨度造就了我国丰富多样的地理特征和气候特征。地势上，西高东低，山地、高原和丘陵占到了陆地面积的一大半，盆地和平原约占陆地面积的三分之一。山脉多呈东西和东北→西南走向，这也极大影响了东南季风对气候的作用。西部有世界上最高大的青藏高原，其平均海拔在 4 000 米以上，素有"世界屋脊"之称。其中，珠穆朗玛峰海拔为 8848.86 米，为世界第一高峰，其能够在一定程度上阻挡印度洋的水汽，从而导致西南地区较干旱。我国大陆地形如图 7-1 所示。总体来说，我国地形多种多样，山区面积广大，这也造就了我国多样的气候。

我国东半部具有大范围的季风气候，这与其沿海特性有关。东半部冬季盛行大陆季风，寒冷干燥；夏季盛行海洋季风，湿热多雨。青藏高原由于其高海拔形成了独特的高寒气候。

西北地区则深处内陆，海洋季风影响不大，具有西风带内陆干旱气候。中国的山脉大体呈现东西走向，对南北冷暖气流的交换起阻隔作用，因此常成为气候区域的分界线，如秦岭即为中国暖温带和亚热带气候的界线。北起大兴安岭，西南至云贵高原的第二级台阶阻挡了夏季风入侵，总体上成为中国东部湿润气候和西部干燥气候的分界线。山地还会影响局地天气，改变降水的局部分布，形成地区小气候。例如，通常迎风坡多雨、湿润，背风坡少雨、干燥；在山地，气温随海拔上升而降低，形成气温垂直地带性特点及山地气候等。

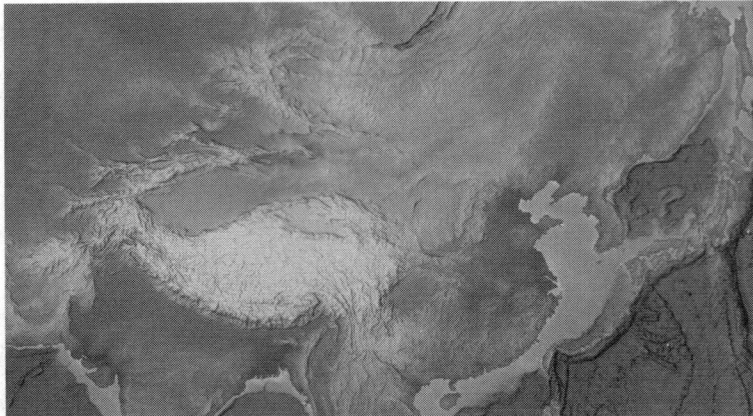

图 7-1　我国大陆地形

7.1.2　公路交通领域对气象服务的需求

气象与交通息息相关。交通是一种全时段户外运行的活动，它受到天气的影响也非常多。目前，气象赋能交通主要体现在实时道路气象信息感知及降水预报等领域。

我国多样的地形和气候对公路交通有着巨大的影响。例如：在青藏高原，高寒的气候对道路的铺设、维护以及通行造成了很大的影响；在福建等省份，山地给道路的铺设和车辆的行驶造成了极大的影响。

此外，极端天气事件如台风、暴雨、洪水、雪灾、干旱等对交通基础设施和运营安全构成了严重威胁。例如，台风可能会导致道路、桥梁损毁，从而影响人员和货物的运输。我国不同地区的气候季节性变化明显，冬季北方地区可能出现道路结冰现象，影响交通安全和效率；而夏季南方地区则可能遭受洪水侵袭，导致交通中断。随着全球气候变化，我国部分地区的气候极端化趋势加剧，极端天气事件的频率和强度增加，这对交通基础设施的设计、建设和维护提出了更高要求。

为了应对气候变化的影响，我国的交通基础设施需要增强适应性，如提高道路排水能力，加强桥梁抗风设计以及提升铁路和公路的抗冻性能等。同时，我国的气象系统也要发挥出智慧气象的重要作用，及时预测、预警气象灾害，为人们的出行提供保障。

国内外在气象交通服务方面的发展概况如下。

1. 国外气象交通服务概况

一些发达国家和地区如美国、加拿大、日本、北欧等较早地建立了较为完善的公路气象监测及预报系统,这些系统能够为公众、交通部门和灾害管理部门提供准确的道路气象监测信息和及时有效的天气预警信息。国际性交通气象组织如国际交通气象委员会研发的道路天气信息系统能够监测道路天气状况并提供道路天气状况预报,如冰冻雨雪危险程度等信息。德国基于道路交通气象服务系统,能够为全国各条主要公路发布短期预警和中期天气预报。

2. 中国气象交通服务概况

中国气象局和交通运输部每天都会联合发布全国主要公路气象预报,主要目标是引导公众安全出行,并针对国家重大活动、节假日、重大气象灾害、突发事件等开展公路交通气象保障服务。根据中国政府网发布的信息显示,我国正在推进交通气象服务云平台的建设,以应对极端气象状况的监测、预警、预报和出行服务。中国气象局联合公安部、交通运输部、国家铁路局和国家邮政局共同印发的《"十四五"交通气象保障规划》提出要构建交通气象精密监测系统,开展交通气象灾害风险普查,打造高质量交通气象服务体系,提升交通气象服务支撑能力,推动交通气象科技创新,并强化"一带一路"综合交通运输气象保障。然而我国公路交通气象观测站仍存在分布不均的问题,中西部地区交通气象观测站的密度和覆盖程度远低于东部地区。为此,在考虑公路沿线地形条件和气象条件的均一性、相似性等基础上,气象部门利用全国干线公路周边的高密度地面气象观测数据,基于公路网信息,应用 GIS 技术对国家气象站、区域自动气象站进行筛选,与公路气象观测站共同组成了全国主要公路交通气象观测站网,在一定程度上弥补了我国公路气象观测站网的不足。

综上所述,国外在气象交通服务方面的发展较为成熟,已经建立了较为完善的监测和预报系统。我国虽然起步较晚,但是近年来在气象交通服务方面取得了显著进展,正在加快建设交通气象服务云平台并制定了《"十四五"交通气象保障规划》,以提升现代综合交通运输气象保障服务能力,支撑交通强国建设。

7.1.3 用户对公路交通气象服务的需求

不同类型的用户对气象保障信息的需求也不同。对于普通居民,需要实时的公路交通气象信息,如大雾、道路结冰等恶劣天气条件的实时路况信息,以便及时调整出行决策。对于交通管理部门,需要准确的天气预报服务,包括降水、降雪、气温、大风等气象要素,以便预测和应对可能会发生的天气并采取相应的预案。对于生产企业,需要了解长期的天气情况,以合理调配生产订单。对于国际贸易和物流运输企业,需要跨境的气象保障服务,以应对国际航线和陆运过程中的天气变化情况。

7.2 气象对公路交通的影响

气象对公路交通有巨大的影响,本节将具体分析气象与公路交通事故之间的关系,包括天气与公路交通事故之间的关系分析、天气对公路交通的影响分析、对公路交通具有高度影响的气象因素分析。

7.2.1　天气与公路交通事故之间的关系分析

天气对出行有巨大的影响，当天气状况恶劣时，出行风险也会大大提高。如图 7-2 所示，能见度对交通具有极其重大的影响，研究表明，如果能见度低于 500 米，则驾驶员很容易产生判断失误，从而增加交通事故发生的概率。根据百度地图《2019 年度中国城市交通报告》可知，当能见度较低时，早晚高峰的事故发生率高于其他时段，因此，及早对能见度进行预报，发布能见度预警，提醒人们出行安全具有极其重大的意义。然而目前对于能见度，大多采用实时监测的方式，这限制了人们对交通出行的提前规划。但能见度预测则是信息化交通的重要一环，对交通流量、出行规划具有极其重要的指导意义。

将交通事故发生时的视觉能见度按照1～5级进行分类处理，1级为不危险，5级为非常危险，能见度越高越不危险，反之越危险。通过对分类后的视觉能见度与早晚高峰进行直方图绘制发现，当能见度较低时，早晚高峰的事故发生率高于其他时段，进而对其进行卡方检验，P值小于0.05，表明两者之间具有显著的相关关系。

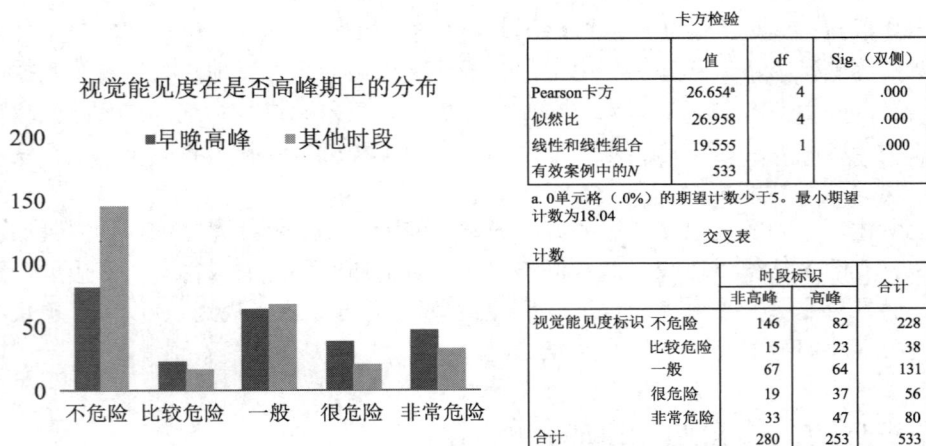

卡方检验

	值	df	Sig.（双侧）
Pearson卡方	26.654ª	4	.000
似然比	26.958	4	.000
线性和线性组合	19.555	1	.000
有效案例中的N	533		

a. 0单元格（.0%）的期望计数少于5。最小期望计数为18.04。

交叉表

计数

		时段标识		合计
		非高峰	高峰	
视觉能见度标识	不危险	146	82	228
	比较危险	15	23	38
	一般	67	64	131
	很危险	19	37	56
	非常危险	33	47	80
合计		280	253	533

图 7-2　能见度与交通事故的关系

气象条件会对高速公路行车安全带来影响，尤其是在恶劣的天气条件下。李文娟等人以京昆高速（山西段）为研究对象，分析交通事故时空分布特征，探究事故发生数量与气象条件的关系，如图 7-3 所示，结果表明：

- 除晴朗天气条件外，多云和降雨对应的交通事故数量最多，降雪和起雾对应的交通事故数量相对较少。
- 春、秋季是京昆高速（山西段）交通事故发生的高峰时段，夏季次之。
- 京昆高速（山西段）交通事故的发生以太原市和临汾市最多，晋中市、阳泉市和运城市发生的交通事故数量次之，吕梁市发生的交通事故数量最少。
- 春季空气湿度较大或者在大风天气条件下容易发生交通事故，夏季和秋季在降水天气条件下容易发生交通事故，冬季降雪（雨）、大风及能见度低时交通事故最容易发生。

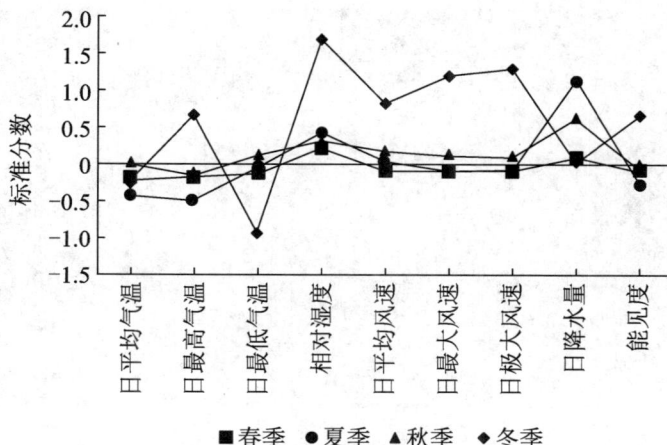

图 7-3　基于 k 均值聚类分析的各簇特征变量的标准分数①

由此可见，天气和交通事故之间具有显著的关系，不利的天气条件是导致交通事故发生的重要因素。因此需要通过气象监测、预警系统和有效的交通管控措施提高公路交通安全，以保障民生。

7.2.2　天气对公路交通的影响

我国的高速公路交通网络是经济发展的重要支柱，近年来高速公路建设如火如荼，为促进经济增长和方便民众出行发挥着关键作用。然而，高速公路运行过程中常常受到各种因素的干扰，导致交通阻塞和不可预测的损失。特别是恶劣天气给道路通行带来的混乱和安全隐患更是不容忽视。数据显示，不良天气造成的交通阻断占比高达 40%，其中又以雾霾天气为主，占比高达 61%。

下面将具体介绍不同天气因素对公路交通的影响。

1. 降雨

降雨会对交通产生显著影响。首先，降雨会降低路面摩擦系数，造成车辆打滑，当温度过低路面结冰时，其影响更恶劣。同时，在某些路段，降雨还会造成山体滑坡、泥石流等灾害，破坏道路，导致交通拥堵，引发交通事故。

2024 年 1 月 30 日到 2 月 7 日期间，湖北省遭遇连续冻雨和间断性的大雨、暴雪、冰粒、雨夹雪等天气。其中，武汉从 1 月 30 日开始连续降水 8 天，总降水量达 95.8 毫米，接近同时段月降水量的两倍，超过了 2008 年 1 月的全月降水量；2 月 2 日下午到 2 月 7 日上午，武汉连续冰冻 110 小时左右。冻雨造成的公路结冰（如图 7-4 所示）让大批返乡人员滞留在了湖北境内的高速公路上，给民众安全造成了很大的影响。

---

① 李文娟，裴克莉，张豪，等. 京昆高速（山西段）交通事故特征及其与气象条件的关系[J]. 甘肃科学学报，2024，36（1）：17-23.

图 7-4　湖北冻雨致使路面结冰

2．温度

高温和低温都会对交通产生影响。首先，极大的温度变化会对路面造成破坏；其次，低温会对汽车性能造成影响，温度过低时车辆将无法启动；高温也可能造成爆胎等事故，危害交通安全。2020 年 8 月，江苏省某地区在"秋老虎"肆虐的高温时节进行沥青摊铺工作，工人们在高温下作业需要全副武装以应对高温和沥青路面的炙烤。为了保障工人的健康安全，项目部备足了防暑降温用品，并合理安排工人的户外施工时间。

3．大风

正向的大风会造成行车阻力，在某些情况下还会干扰视野；而侧向的大风则会造成汽车漂移甚至侧翻，严重影响交通安全；大风还会造成交通设施的损毁并诱发交通事故。2019 年 5 月 19 日，北京遭遇强风天气，导致发生了多起交通事故。其中，东直门外斜街西侧的墙体倒塌，砸中 3 名路人，造成 2 人当场死亡，1 人经抢救无效死亡。如图 7-5 所示为大风对道路造成的破坏。

图 7-5　大风对道路造成的破坏

4．能见度

能见度对交通的影响主要体现在低能见度会干扰驾驶员的驾驶，由于无法看清路面状况，驾驶员可能无法及时减速或刹车，从而造成交通事故。2023 年 10 月 23 日，美国路易斯安那州因大雾影响，发生了至少涉及 158 辆汽车的严重车祸，造成至少 7 人死亡，25 人受伤。当地警方表示，事发路段的南行和北行车道均发生事故，部分车辆起火。美国气象部门曾于事发前约 15 分钟表示，庞沙图拉和拉普拉斯之间的 55 号州际公路严重受到由浓雾和烟雾形成的"超级雾"的影响。图 7-6 展示了低能见度的交通场景。

图 7-6　低能见度的交通场景

5．雷电

雷电可能会导致通信设备损毁，进而影响交通，同时雷电还会对道路行驶人员造成伤害甚至死亡。2024 年 5 月 6 日，广州地铁一号线西塱车辆段内一处接触网被雷电击中并产生瞬时火光，导致供电设备自动启动保护性措施而出现短时跳闸，技术人员及时介入处理后恢复正常，使得该事件未影响正常运营。

7.2.3　对公路交通具有高度影响的气象因素分析

公路交通事故的发生概率受到多种因素的影响，如道路湿滑度、能见度、驾驶员的状态、温度、大风因素等。

1．能见度

根据交通运输局的相关数据可知，大雾是影响道路正常运营的主要天气因素，其占比高达 61.59%。在雾天情况下，能见度会大幅度下降，驾驶员视野受限，在高速公路上行驶速度较快的车辆进行紧急制动时极易造成追尾等交通事故。据统计资料显示，在雾天下发生交通事故的概率比平时高出十几倍，由大雾引发的交通事故数量及导致的交通事故死亡人数远远超过其他天气。当出现大雾天气时，水平能见度比较差，会对交通和道路运输造成直接影响。当水平能见度大于 10 公里时，大气透明度较好；当水平能见度小于 1 公里时，大气透明度比较差。当水平能见度小于 50 米的时候，高速公路通常会采取封闭措施，以减少交通事故的发生。当能见度较低的时候，车辆行驶速度放慢，会造成城市交通拥堵。能见度对交通的具体影响如表 7-1 所示。

表 7-1　能见度对交通的影响

能　见　度	影　响
大于 10 km	无
500 m～1 km	大气透明度较差，车速降低，造成拥堵
200 m～500 m	能见度很差，限速行驶
50 m～200 m	对交通造成严重影响，低速行驶
小于 50 m	无法行驶，采取封闭措施

2. 降水

降雨、降雪会导致路面湿滑或结冰，增加车辆失控的风险，尤其是在转弯或紧急制动时，湿滑的路面可能会导致车辆发生漂移，进而引发交通事故。降雨事件会降低路段的通行能力，其范围在 4%～30%。弗吉尼亚大学的 Brian L. Smith 等人研究了不同降雨强度对快速路通行能力和运行车速的影响，发现小雨可降低 4%～10%的通行能力，而大雨可降低 25%～30%的通行能力。研究表明，在降雨条件下快速路的通行能力平均会减少 8.3%。降雪事件也会降低路段的通行能力，其范围在 4%～27.5%。恶劣的天气同样会对驾驶员的心理造成负面影响，从而导致驾驶员反应变慢、决策失误，这可能会增加交通事故发生的概率。降水对交通的具体影响如表 7-2 所示。

表 7-2　降水对交通的影响

降　水	路 面 状 况	影　响
小雨	潮湿或少量积水	路面摩擦系数稍有下降，通行能力降低4%～10%
中雨	少量积水	车辆打滑，通行能力降低
大雨	部分积水	车辆打滑，刹车效果明显下降，通行能力降低25%～30%
暴雨	大范围积水、洪涝	车辆难以行驶、交通中断
短时强降水	部分积水	需要减速慢行
小雪	潮湿	路面摩擦系数稍有下降
中雪	部分积雪	车辆打滑、刹车效果明显下降
大雪	积雪	限速或无法行驶
暴雪	深积雪	无法行驶
冰雹	路面冰粒	损坏车辆
冻雨	路面结冰	摩擦系数大幅下降、车辆打滑无法行驶

3. 高低温

当温度过高或过低时，自行车、电动车和摩托车骑行者可能会加快速度以减少高温暴露晒的时间，进而导致发生交通事故的概率加大，同时，高温会对车辆轮胎产生较大影响，提高爆胎概率，而低温则会使燃料凝固，导致发动机难以启动。气温对交通的具体影响如表 7-3 所示。

表 7-3　气温对交通的影响

气　温	影　响
高于32℃	路面温度可达40℃以上，摩擦系数增大
高于35℃	水箱易开锅、易爆胎
低于0℃	需采用抗凝固措施、路面易结冰、路面摩擦系数减小
低于−5℃	水箱易冻、路面易结冰
低于−20℃	发动机发动困难
低于−35℃	车辆机械性能变差

4．大风

大风同样会影响公路交通，且影响程度与风速和风向密切相关，7 级以上大风会对公路交通产生明显影响，10 级以上大风则会对公路交通产生严重影响。大风对交通的具体影响如表 7-4 所示。

表 7-4　大风对交通的影响

风　力	影　响
6～7级	能见度降低，对高速行驶的车辆有明显影响
8～9级	侧向风会造成车辆部分偏移
大于10级	对车辆行驶有严重影响

综上所述，天气对交通事故发生的概率有影响，不利的天气条件不仅增加了交通事故的发生频率，而且可能使事故更加严重。例如，极端天气下发生的交通事故往往涉及更多的车辆，造成的伤害也更严重。

7.3　公路交通气象大数据应用

公路交通气象大数据的应用需要多种前沿技术，包括数据收集、数据处理、天气预报、数据存储与发布等。本节将重点介绍最新的公路交通气象大数据应用技术。

7.3.1　应用步骤

公路交通气象大数据的应用步骤总体介绍下。

（1）数据采集与整合：在公路沿线设置气象监测站点，实时监测气象状况，包括能见度、气温、湿度、风向、风速等气象要素。

（2）数据融合技术：利用数据融合技术，结合气象监测信息和交通数据进行多源数据的综合分析，提高预报的准确性和实时性。

（3）专业预报技术：研发专业的气象预报技术，如路面温度逐小时预报模型、路面干湿状况反演模型等,提供更精细化的路面状况预报。

(4)空间分析与道路反演:开展空间分析和道路反演算法研究,通过 GIS 技术进行公路气象服务产品的空间展示,实现精细化的交通气象服务。

(5)气象数据服务系统:构建全天候运行的交通气象服务体系,包括监测、预警、服务等环节,形成完整的业务链条。

公路交通气象大数据的应用步骤如图 7-7 所示。

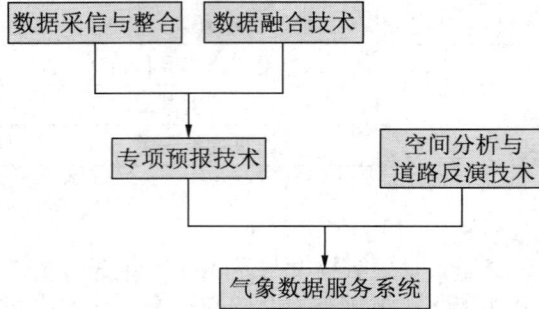

图 7-7　公路交通气象大数据的应用步骤

7.3.2　监测系统

公路交通气象监测系统是数据采集与整合的基础,也是提供及时、准确的交通高影响天气监测信息的保障。国家高速公路气象检测站网的布局原则如表 7-5 所示。

表 7-5　国家高速公路气象监测站网的布局原则

一般布局原则		布设间距
平原或微丘地区		30~50 km
山岭或重丘等地形较为复杂的地区		20~40 km
西部地广人稀,以沙尘暴和大风为主要交通高影响天气的(半)干旱、沙漠地区		50 km 以上
路网相对密集地区		统筹考虑
加密布设原则		布设间距
能见度观测	季节性浓雾多发地区	15~20 km
	浓雾多发的山区和水网地区	≤10 km

道路交通自动气象监测系统由分布在高速公路沿线的一体化气象站、激光遥感式路面状况传感器、能见度仪、天气现象仪联网组成,通常其测量的要素有能见度、风向、风速、气温、湿度、雨量、路面状况(包括表面温度、干燥程度、潮、湿、雪、冰、冰层厚度、积雪厚度、湿滑程度等)。一体化超声波气象站集温、湿、风、压于一体,采用超声波测风技术,对常规气象环境参数进行实时监测,它具有精度高、稳定性好、免维护等优点。激光遥感式路面状况传感器采用多光谱测量及激光测距技术,传感器不用植入道路即可准确地检测出道路表面结冰、积雪、水膜的厚度及湿滑程度、路面温度等要素,监测仪集成了微型处理器来识别道路路面状态。水对不同波长的吸收是不同的。如果在道路或跑道上有

积水，道路光谱属性就会改变，进而测量到路面的不同状态，如潮、湿、冰、雪、霜等。激光测量原理可以保证对水、冰、雪的精确测量。水和冰是分别独立检测的，激光可以大范围地测量积雪的厚度。这些强大的功能使其能够在道路出现异常状况前就精确预警，从而可以提前发现可能会引发交通事故的所有可能的因素，以便及时采取预警和补救措施。能见度仪用来检测道路交通气象环境能见度。天气现象仪可以识别各种雨雪的状态，超越了传统的雨量检测仪器，满足对雨雪的精密观测，其采用高精度激光技术，实现了对降雨、降雪及冰雹的高精度探测，是目前国际上高端的天气现象探测设备，其技术达到了国际先进水平，具有性能稳定，检测精度高，无人值守等特点，可满足专业气象观测的业务要求。可测量的降水类型如下：毛毛雨、阵雨、雨、雨夹雪、雪、雪粒、冻雨、冰雹等所有的天气现象指标。各组成部分的详情如表 7-6 至表 7-8 所示。

表 7-6　某款能见度仪

名　　称	参　　数
供电方式	DC12V
测量范围	A：5m～10 km，B：5 m～30 km，C：5 m～80 km
准确度	±2%（≤1000 m）；±10%（>1000 m）；
分辨率	1 m
输出间隔	60 s
输出方式	RS485/RS232（或定制）
光源波长	940 nm
外形尺寸	720 mm×370 mm×185 mm

表 7-7　某款天气现象仪

名　　称	参　　数
光学传感器	激光二极管，波长780 nm，0.5 mW输出
测量量程	粒子直径为0.2～5 mm（液态降水）、0.2～25 mm（固态降水）；粒子速度为0.2～20 m/s
测雨强度	0.001～1200 mm/h
供电	10～28 VDC
输出方式	RS485
降水类型识别	冻雨、雨、冰雹、雪的识别准确率大于人工观测准确率97%
测雨强度	0.001～1200 mm/h
雨量精度	±5%（液态降水）/±20%（固态降水）
外形尺寸	750×175×250 mm
防护等级	IP65

表 7-8　某款激光遥感式路面状况传感器

名　　称	参　　数
外形尺寸	430×340×120 mm
重量	<5kg
工作温湿度	-40℃～+70℃，<100%相对湿度，非冷凝
工作电压	DC12 V

续表

名　　称	参　　数
功耗	＜3 W，加热时30 W
防护等级	IP65
测量区域	10 m处直径为20 cm
路面状况	干、潮、湿、雪或霜、冰、冰水混合
水层厚度	0～2.00 mm
积雪厚度	0～1500 mm
冰层厚度	0～2.00 mm
路面温度	－40℃～＋70℃
摩擦系数	0～1.00（危险～干燥）
安装要求	距离2～15 m，角度为5°～60°（与地面垂直方向）
输出方式	RS485或RS232或GPRS
向阳方位	应避免从路面到接收器的直接日光反射。允许间接反射

7.3.3　公路交通气象预报技术

公路交通气象预报技术是确保道路交通安全和提升交通效率的关键技术之一。目前，我国在气象台强降雨、低能见度、雷电、大风等灾害天气短临落区预报的基础上，结合公路交通气象灾害监测预警指标体系和交通气象观测站、区域自动站资料，建立了低能见度、冰冻、强降水、大风、积雪、强降雨、雷电、路面高温等灾害分灾种、分级别的短时临近预报预警模型，实现了逐小时滚动临近预报和分钟级预警。图 7-8 展示了中国气象局与交通运输部联合发布的公路气象预报。下面介绍几种公路交通气象预报技术，包括能见度预报技术、冰冻预报技术、基于热谱地图的连续路温反演技术、降水预报技术和积雪预报技术。

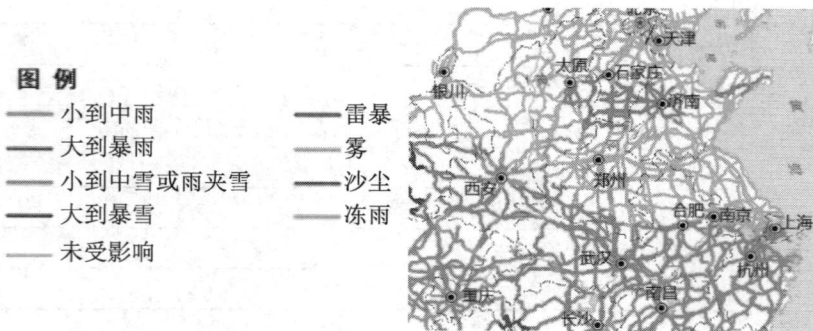

图 7-8　中国气象局与交通运输部联合发布的公路气象预报

1．能见度预报

能见度预报以雾、霾、降水及沙尘等天气过程预报为基础，通过研究某种天气过程所造成的视程障碍情况，结合焚烧秸秆等人为因素影响，最终给出预报结论。能见度预报主要分为短期预报和临近预报。前者首先通过观测数据、历史资料找到规律，构建数值预报模式，当有可能出现影响能见度的天气过程时，就通过既有数值预报模式进行运算，预报员再对运算结果进行主观订正，最终得出能见度预报结论。后者则主要建立在实时观测的基础上，预报员对观测到的能见度受影响情况进行分析，判断出发展趋势，及时发布预警。王雪娇等对天津地区雾霾低能见度短临预报预警方法进行研究，主要方法如下：

1）浓雾来临前"象鼻形"的先期振荡

低能见度的浓雾（<200 米）稳定形成前常常会有一个"象鼻形"的先期振荡，具有突发性和持续时间短的特征，是低能见度浓雾稳定形成的前奏。当能见度降到 200～400 米时，会突然出现一个短暂回升期，能见度会回升到 600～800 米，但随后在 30 分钟至 2 小时内能见度又会下降到 200 米以下。

2）基于观测的能见度短临递推预报方法

根据数值模式对影响能见度的决定因素（PM2.5 质量浓度和相对湿度）变化趋势的预报，基于实况观测递推得出临近时刻内（1～2 小时）能见度预报。具体方法为基于观测站点 a 时刻的能见度和相对湿度的实况观测，根据天津地区能见度与 PM2.5 质量浓度和相对湿度之间的经验公式，推算得出 a 时刻的 PM2.5 质量浓度。再根据数值模式预报结果给出下一预报时刻 b 时刻 PM2.5 质量浓度变化量和相对湿度变化量，计算得到 b 时刻 PM2.5 质量浓度和相对湿度的递推预报结果，然后根据经验公式计算得到 b 时刻大气消光系数，从而得出下一时刻能见度临近预报结果。

3）基于气溶胶三维变分同化技术的能见度短临预报方法

气溶胶三维变分同化是基于三维变分同化方法原理，利用气溶胶浓度的模式背景场和实况观测，通过求解泛函极小值对应的最优解，得到经过同化改进的气溶胶初始场并用于模式运算，提高模式预报效果。其目标泛函如下：

$$J(x) = \frac{1}{2}(x - x^b)^T B^{-1}(x - x^b) + \frac{1}{2}(Hx - y)^T R^{-1}(Hx - y) \tag{7-1}$$

在式（7-1）中：x 为分析场；x^b 为背景场；B 为与背景场 x^b 对应的误差协方差，称为背景误差协方差；y 为观测场；R 为与观测场 y 对应的误差协方差，称为观测误差协方差；H 为将状态变量从分析场映射到观测场的观测算子。气溶胶资料同化方法基于 WRF/Chem（Weather Research and Forecasting）的 MOSAIC（Model for Simulating Aerosol Interactions and Chemistry）气溶胶方案，目标泛函式中背景场 x^b 为 WRF/Chem 模式输出的 5 种气溶胶组分浓度的预报场或者背景场，观测场 y 为实际观测的气溶胶（PM2.5 质量浓度）。观测算子 H 将模式输出的格点类型的不同粒径段的气溶胶组分质量浓度进行求和并插值到观测站点。求解 $J(x)$ 的最小值所对应的最优解 x，该最优解即为经过同化后的最优分析场，其将作为改进后的化学初始场，用于数值模式的下一次运算。

目前也有运用深度学习通过气象要素对能见度进行预测的研究，闫宏艳采用了一种全新的方法来进行能见度检测，即将待检测图像与对应无雾图像联合作为输入，通过判别它们之间的特征差异来实现。为了进一步提升检测准确性，闫宏艳在原有数据集的基础上构建了一个参考图像子集，并提出了一种基于孪生网络的有参考图像能见度检测算法。这个算法设计了一条孪生特征提取分支，其中包含两个结构相同、权值共享的卷积网络并嵌入了注意力模块，以便从输入图像对中提取出代表性的能见度特征。同时，闫宏艳还设计了一条等级检测主干分支，通过比较提取特征之间的差异性来对待检测图像进行能见度等级分类。此外，还有一条相似性检测辅助分支，通过衡量输入图像对的相似性并反向调整特征提取分支来增强网络对不同类别之间的区分学习能力。这个算法基于多任务思想对网络参数进行指导学习，在高速公路数据集上进行了评估。实验结果显示，这种算法不仅增强了对相近类别的判别能力，还缓解了拍摄视角不同所带来的影响，具有出色的检测性能。闫宏艳的研究成果为能见度检测领域带来了新的思路和方法，为相关技术的发展做出了重要贡献。如图 7-9 所示为由场景深度通路和透射率矩阵通路估计的高速公路图像的场景深度特征图和透射率矩阵特征图。

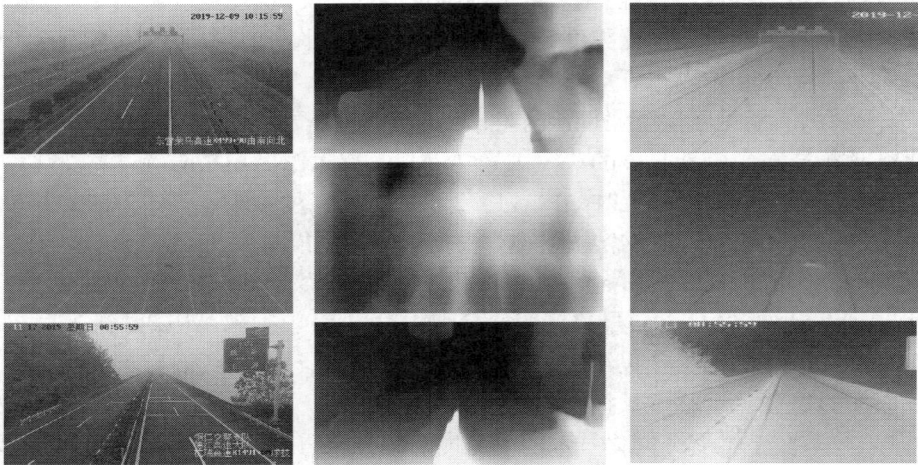

图 7-9　高速公路图像的场景深度特征图和透射率矩阵特征图①

2．冰冻预报

当道路表面温度低于 0℃且出现降水时，地面会发生结冰现象。当有冻雨时，更容易出现道路结冰现象。当出现道路结冰时，车轮与路面摩擦作用会大大减弱，导致车辆打滑或刹车失灵，从而引起交通事故，阻塞交通运行。特别是道路结冰引起的高速公路封闭，会严重影响公路交通运输。道路结冰预警信号分为三级，分别以黄色、橙色、红色表示，道路结冰黄色预警信号是指当路表温度低于 0℃，出现降水时，12 小时内可能会出现对交通有影响的道路结冰。道路结冰橙色预警信号是指当路表温度低于 0℃，出现降水时，6 小时内可能会出现对交通有较大影响的道路结冰。道路结冰红色预警信号是指当路表温度低于 0℃，出现降水时，2 小时内可能出现或者已经出现对交通有很大影响的道路结冰。目前道路冰冻预报主要是在数值预报的温度、降水结果的基础上对道路结冰的可能性进行估计。

3．基于热谱地图的连续路温反演技术

基于热谱地图的连续路温反演技术通过自主集成车载路况巡检系统，经采集汇总，通过时空订正手段，实现连续路温实况反演；结合交通气象专用路面状况数值模式，还可以实现精细化的低温冰情监测预警。基于热谱地图的连续路温反馈技术成果可为道路养护作业、冬季融雪除冰以及建站选址等工作提供科学依据。目前，其关键技术已在山东、河南、

---

① 闫宏艳. 基于深度卷积网络的高速公路雾天能见度检测[D]. 南京：南京信息工程大学，2022.

贵州等多地高速公路上推广应用。

4．降水预报

夏天的锋面雨等短时强对流天气，由于其不确定因素较大，即便是超级计算机也时常无法精准预知。但是，做到在强对流天气发生一两个小时前实现应急预警，当前的技术还是把握颇大的。目前，短临强降水预报主要是基于多尺度改进光流法的临近外推预报技术，通过过去雷达回波图来预测未来的雷达回波图，从而实现降水预报。雷达回波外推方法可定义为如下公式：

$$\theta^* = \arg\max_\theta P(Y \mid X; \theta) \tag{7-2}$$

其中，$X=\{X_0, X_1, \cdots, X_{N-1}\}$ 表示输入雷达图序列，$Y=\{Y_0, Y_1, \cdots, Y_{K-1}\}$，表示期望输出的雷达图序列，$Y=\{Y_0, Y_1, \cdots, Y_{K-1}\}$ 表示期望输出的雷达图序列，N 表示输入雷达图序列长度，K 表示预测雷达图序列长度，$X_t \in \mathbb{R}^{C \times H \times W}, Y_t \in \mathbb{R}^{C \times H \times W}$，$\theta$ 表示训练的网络，θ^* 表示期望训练得到的网络。因此，整个任务可以描述为训练一个网络，使其输出期望值 Y 的可能性最大。一个基于雷达回波外推的短临降水预报实例如图 7-10 所示。下面给出利用 LSTM 网络进行雷达回波外推的 Python 代码。

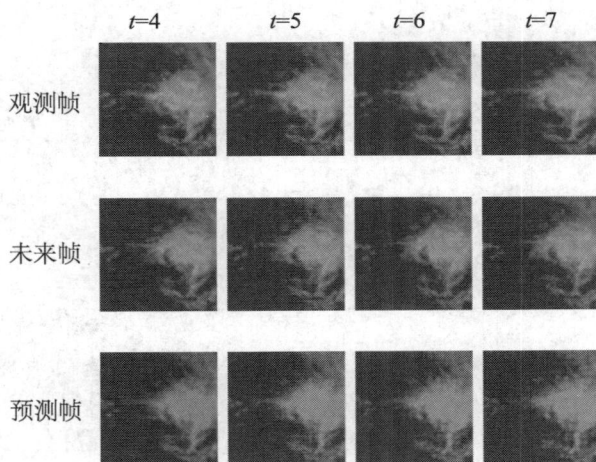

图 7-10　短临降水预报实例

```python
## 训练数据路径
data_dir = '/home/mw/input/radar9156/Train.csv'
example = pd.read_csv(data_dir, header=None)
path = example.values.tolist()
## 参数设置
device = 'cuda:0'
height = 128
width = 128
bs = 10
lr = 0.001
num_epochs = 500
train_ratio = 0.9
path = np.array(path)
nums = 943
## 在所有数据中，选取 90% 用于训练，10% 用于验证
```

```
tnums = int(nums*train_ratio)
values = np.array(range(nums))
## 训练集和验证集分割
random.shuffle(values)
path = path[values]
train_path = path[:tnums]
valid_path = path[tnums:]
## 雷达回波图像数据集路径
data_path = '/home/mw/input/radar9156/radar'
train_sets = RadarSets(train_path, data_path, (height, width), mode='train')
valid_sets = RadarSets(valid_path, data_path, (height, width), mode='valid')
train_loader = DataLoader(train_sets, batch_size=bs, num_workers=8,
pin_memory=True, shuffle=True, drop_last=True)
valid_loader = DataLoader(valid_sets, batch_size=bs, num_workers=8,
pin_memory=True, shuffle=False, drop_last=True)
## 搭建 3 层 ConvLSTM 模型
model = ConvLSTM(input_dim=1,
                hidden_dim=[64, 64, 1],
                kernel_size=(3, 3),
                num_layers=3,
                batch_first=True,
                bias=True,
                return_all_layers=True)
## 模型加载到 device
model = model.to(device)
model
MAX_EPOCH = 10
loss_func = lambda pred, obs: (F.l1_loss(pred, obs, reduction='mean') +
F.mse_loss(pred, obs, reduction='mean'))
optimizer = torch.optim.Adam(model.parameters(), lr=lr)
for epoch in range(MAX_EPOCH):
    total_loss = 0
    model.train()
    for i, (inputs, targets) in enumerate(train_loader):
        torch.multiprocessing.freeze_support()
        optimizer.zero_grad()
        inputs, targets = inputs.cuda(0), targets.cuda(0)
        torch.cuda.empty_cache()
        layer_output_list, last_state_list = model(inputs)
        last_layer_output = layer_output_list[-1]
        #last_layer_last_h, last_layer_last_c = last_state_list[-1]
        loss = loss_func(last_layer_output, targets)
        loss.backward()
        optimizer.step()
        total_loss += loss.item()
    ave_loss = total_loss/len(train_loader)
    ## 打印训练信息
    print("Training:Epoch[{:0>3}/{:0>3}] Iteration[{:0>3}/{:0>3}] Loss:
{:.4f}".format(
        epoch+1, MAX_EPOCH, i+1, len(train_loader), total_loss/
len(train_loader)))
## 保存 ConvLSTM 模型
torch.save(model.state_dict(), 'convlstm_model.pth')
print('saved model sucessfully')
## 调用 ConvLSTM 模型
model = model.to(device)
model.load_state_dict(torch.load('convlstm_model.pth',map_location='cpu'))
model.eval()
for inputs, targets in tqdm(valid_loader):
    torch.multiprocessing.freeze_support()
```

```
    optimizer.zero_grad()
    inputs, targets = inputs.cuda(0), targets.cuda(0)
    torch.cuda.empty_cache()
    layer_output_list, last_state_list = model(inputs)
    last_layer_output = layer_output_list[-1]
    #last_layer_last_h, last_layer_last_c = last_state_list[-1]
    loss = loss_func(last_layer_output, targets)
    loss.backward()
    optimizer.step()
## 创建 2 行 10 列的画布（第一行表示真实结果，第二行表示预测结果）
fig, axes = plt.subplots(2, 10, figsize=(20, 4))
## 绘制真实结果
for idx, ax in enumerate(axes[0]):
    image = np.clip(targets.squeeze()[3,idx].cpu().detach().numpy(), 0, 1)
* 255
    img = np.array(Image.fromarray(image).resize((640, 640), Image.ANTIALIAS))
    ax.imshow(img, vmin=0, vmax=255, cmap='jet')
    ax.set_title(f"Frame {idx + 11}")
    ax.axis("off")
## 绘制预测结果
for idx, ax in enumerate(axes[1]):
    image = np.clip(last_layer_output.squeeze()[3,idx].cpu().detach().
numpy(), 0, 1) * 255
    img = np.array(Image.fromarray(image).resize((640, 640), Image.ANTIALIAS))
    ax.imshow(img, vmin=0, vmax=255, cmap='jet')
    ax.set_title(f"Frame {idx + 11}")
    ax.axis("off")
plt.show()
```

5. 积雪预报

1）降雪量与积雪深度的关系

中央气象台制作发布的定量降水预报产品包括降雪量和积雪深度预报。预报技术的提升包括使用自动气象站进行加密观测，加强对降水相态变化机理的研究，以及利用先进的气象监测设备进行局地大气层结构与变化的监测和物理分析。积雪深度则是指从雪层表面到地面的垂直距离，通常以厘米为单位。积雪深度受多种因素影响，包括雪的湿度、温度，以及降雪的密度和风力等。一般来说，1 毫米的降雪量在不同地区可以形成不同深度的积雪。在北方地区，由于气温较低，雪较干燥，1 毫米的降雪量可以形成 8～10 毫米的积雪。而在南方地区，由于气温相对较高，雪较湿润，1 毫米的降雪量可能只能形成 6～8 毫米的积雪。这个比例会随着具体的气象条件而变化。

2）积雪监测

道路积雪监测对于交通安全和交通管理至关重要。目前，道路积雪监测的方法主要包括以下几种。

- 基于图像识别的方法：通过分析道路监控摄像头采集的图像，利用数字图像处理技术自动识别道路积雪情况。例如，一种基于场景分类的高速公路积雪图像识别与订正方法，通过 kNN 算法进行场景识别，然后使用卷积神经网络进行积雪覆盖等级的识别，并结合气温数据对识别结果进行订正。
- 基于遥感技术的方法：利用卫星遥感数据进行积雪覆盖监测，这种方法可以覆盖广泛的区域，尤其是难以到达的地区。例如，使用多光谱遥感数据结合深度学习算法进行积雪覆盖监测。

□ 基于延时摄影测量的方法：通过延时摄影测量技术，可以对积雪过程进行 4D（三维空间加时间）监测，这种方法可以准确获取坡面尺度的积雪空间分布数据和积雪深度数据。

□ 基于深度学习的方法：深度学习技术特别是卷积神经网络（CNN）和循环神经网络（RNN）在道路积雪与结冰检测中既高效又准确。这些方法可以融合多模态数据进行特征提取和时序建模，以实现精准的道路结冰检测。

□ 基于传统气象数据的方法：传统的道路积雪监测依赖于气象数据分析、地面温度监测以及视觉传感器与图像处理等方法。这些方法在实时性和准确性上可能存在局限性，但仍然是积雪监测的重要手段。

6. 路面高温预报

路面温度是影响道路交通安全的重要因素之一。路面温度过高或过低，均易引发交通事故。路面高温可能会引起高速行驶的车辆爆胎，受到重型车辆碾压的路面路基发生形变，诱发交通事故的发生。另外，在高温天气条件下行驶，电路或油路老化的车辆还易发生自燃。冯蕾等人提出了一种基于 INCA 和 METRo 的江苏省路面高温精细化预报方法。该方法通过 INCA 模型得到气温、湿度等预报，并将其作为 METRo 模型的输入。METRo 可以实现任意有路面温度观测站点的路面温度及路面状态预报。

1）INCA 系统

INCA 系统以数值预报场为初始场，使用多源的实时观测资料，包括气象卫星、天气雷达、地面自动气象站等资料，再结合精细化的下垫面地形地表信息，对初始场进行订正后形成 INCA 精细化分析场和外推预报。为了提高预报的准确率，系统会根据一定的权重融合外推预报和数值预报以确定最终的预报结果。INCA 系统最突出的技术特点是实现了对山区地形的精细化描述，充分考虑了地形对要素场的影响，从而具有在复杂地形条件下进行精细化分析的能力。在 1 km×1 km 的水平分辨率下，站点所处地形与 INCA 系统对应网格内的地形非常匹配，因此，系统能够直接利用观测资料对 INCA 网格上的初始猜测场进行偏差校正，并根据距离反比权重来确定其他格点上的偏差，从而形成精细化的 INCA 分析场。另外，降水分析场同时融合了台站降水观测和雷达估测降水，1 km×1 km 的水平分辨率也不会造成雷达捕捉到的精细化降水信息的丢失。在预报模块中，气温、湿度预报在 12 小时内均由基于 INCA 分析场的外推预报和数值预报按一定权重融合得到。其中，气温外推预报是由观测气温加数值模式预报的气温变化值得到的，权重系数是按照负指数渐进方法随时间进行调整。风速预报仅考虑数值预报的当地误差，在 12 小时内由分析场与数值预报场按规定的权重比例相加得到。降水预报在 2 小时预报时效内完全采用外推预报，在 2～6 小时内根据权重函数从外推预报逐渐过渡到数值预报，6 小时以后完全采用数值预报计算。由于降尺度效应及偏差订正作用，使用 INCA 分析预报系统能够提高数值模式在 12 小时预报时效内的预报效果，并且这种改进效果不针对某个特定的模式。同时，该系统可以随观测资料的时间分辨率不断滚动更新预报结果。由于该短时临近预报系统具有时空分辨率高、更新快速、预报准确率高、对计算机性能要求不高等特点，已经在多个国家和地区投入运行，广泛应用于交通、水文等专业气象服务领域。

2）METRo 模型

METRo 模型是加拿大气象局研制的路面温度及路面状态预报模型。该模型包括 3 个主要模块：道路表面的能量平衡模块，与道路材料有关的热传导模块，以及道路积水、积雪、积冰等状态的计算模块。在道路表面的能量平衡模块中，地表能量的收支由进入地表的净太阳短波辐射，地面接受的净长波辐射，感热、潜热输送，由降水相态变化产生或吸收的热量，以及人为热释放（包括汽车轮胎与路面摩擦产生的热能及汽车尾气排放等几部分组成等几部分组成）。辐射通量可以直接来自数值模式的预报输出，也可以根据云量的参数化得到。另外，METRo 模型包含一个观测资料与预报资料相耦合的局地偏差订正系统。该系统通过引入能量平衡的订正系数可以减小路面温度预报值与观测值之间的偏差。相比于其他路面温度及路面状态预报模型，METRo 模型运行灵活，安装方便，只需要提供最少的道路信息如站点位置、道路材料及厚度，就可以实现对任意有路面温度观测站点的路面温度及路面状态预报，目前应用于北美和欧洲许多国家的交通气象预报研究和业务中。

7.3.4　江苏省公路交通气象服务系统简介

江苏省气象部门围绕实际需求，坚持科技创新，对图像识别、机器学习、大数据融合等先进技术在恶劣天气交通预警处置的适用性进行持续攻关，开发出了新一代智慧交通气象服务技术（智慧交通气象 2.0）。针对浓雾、雨雪、冰冻等恶劣天气，江苏省气象服务中心与公安部门深度合作，建立了监测、预警、管控、发布、处置、反馈、评估的全业务流程，实现制度化、规范化、自动化和智能化的交通预警处置。江苏省公路交通气象服务系统具有精细化预报服务、数据共享与联动、移动观测服务、恶劣天气交通预警信息采集与发布、气象预报产品的创新等优势。

1．精细化预报

江苏省公路交通气象服务系统提供精确到公里级别的能见度、路面状况、结冰潜势、水膜厚度、道路横风、路面高温等方面的预报，实现"一路一策"的交通管控措施。

2．数据共享与联动

江苏省公路交通气象服务系统建立了气象与公安交管、交通运输部门的信息共享和联动机制，通过多部门的协同作战，保障路网安全畅通。

3．移动观测

江苏省公路交通气象服务系统创新采用移动观测设备，实现交互式监测预警，通过云服务技术处理车辆位置采集的天气信息并分发预警信息。

4．恶劣天气交通预警信息采集与发布

江苏省公路交通气象服务系统使预报预警信息和路面天气信息实现实时的双向反馈，提高预警处置的精准度。

5．气象预报产品的创新

江苏省公路交通气象服务系统推出高速公路精细化预报产品，采用尺度数值预报模式、GRAPES 全球数值预报模式等方法，建立"1 公里"精细化网格预报系统。精细化预

报数字产品的应用解决了原来气象预报颗粒度过大的问题。该产品为"一路三方"提供精细到路段、桩号的多要素气象信息，并且能够根据不同路段的天气状况，细化交通管控方案，实现"一路一策"调度资源精准调配，为"一路三方"提供了实时查看气象数据的条件。

7.4　小　　结

本章重点介绍了气象大数据在交通领域的应用，包括公路交通对气象大数据应用的需求、公路交通的气象影响分析、公路交通气象监测系统、公路交通气象预报技术。气象影响着各行各业，随着气象信息化的发展，其与各行各业的联系日益紧密。就交通领域来说，将气象与交通紧密结合是大势所趋，具有深远的意义。

7.5　习　　题

一、选择题

1．据统计，不良天气影响在高速公路与干线公路的阻断成因中占据三分之一，占比接近 40%，而不良天气中大部分是受到雾霾天气的影响，占比达到（　　　）。
A．50%　　　　　　　B．61%　　　　　　　　C．32%　　　　　　　D．73%
2．浓雾来临前会有"（　　　）"的先期振荡。
A．马蹄形　　　　　　B．牛角形　　　　　　C．象鼻形　　　　　　D．熊掌行

二、简答题

1．简要回答我国气候分布以及对交通的影响。
2．列举部分影响交通的天气以及对交通的具体影响。
3．列举部分公路交通天气预报涉及的技术。
4．动手搭建一个卷积神经网络，用于简单识别能见度的好坏。具体的训练数据可以从网上寻找，自己动手打标签。

第8章　气象大数据在航空领域的应用

2022 年，民航局印发了《关于民航大数据建设发展的指导意见》，其发展计划司相关负责人表示，"无论是从落实国家战略还是推动民航强国建设大局看，加快民航大数据建设都迫在眉睫"，这充分说明了气象大数据对于航空领域的重要性。2021 年印发的《国家综合立体交通网规划纲要》和 2024 年国务院《政府工作报告》均明确提出要发展低空经济。低空经济是与气象关联程度最高、关系最密切的领域之一，气象既是低空经济的重要应用场景，也是促进低空经济发展的重要力量。本章将从民用航空和民机试飞两个方面介绍气象大数据在航空领域中的应用。

8.1　民用航空发展概述

随着我国民用航空领域的飞速发展，航空产业不仅成为推动经济增长的重要引擎，也在改善民生方面发挥了积极作用。越来越多的城市通过航空网络与全国乃至世界紧密相连，缩短了人们的出行时间和距离，使得商务出行、旅游和货运变得更加便捷、高效。2023 年，全民航行业完成运输总周转量 1188.34 亿吨公里，比上年增长 98.3%（见图 8-1）；完成旅客运输量 61957.64 万人次，比上年增长 146.1%（见图 8-2）；完成货邮运输量 735.38 万吨，比上年增长 21.0%（见图 8-3）。

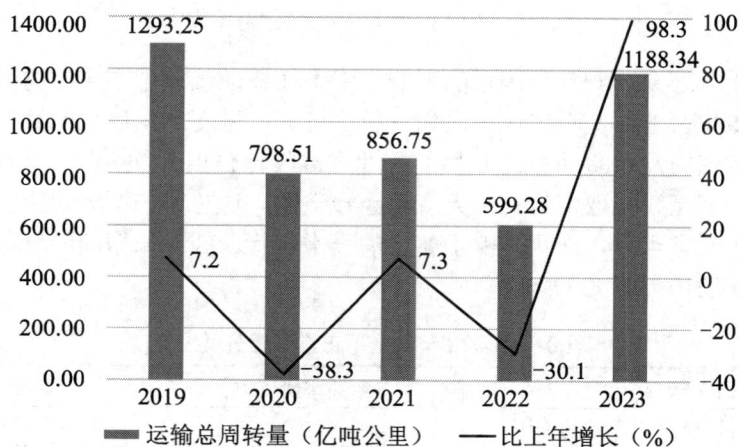

图 8-1　2019 — 2023 年民航运输总周转量

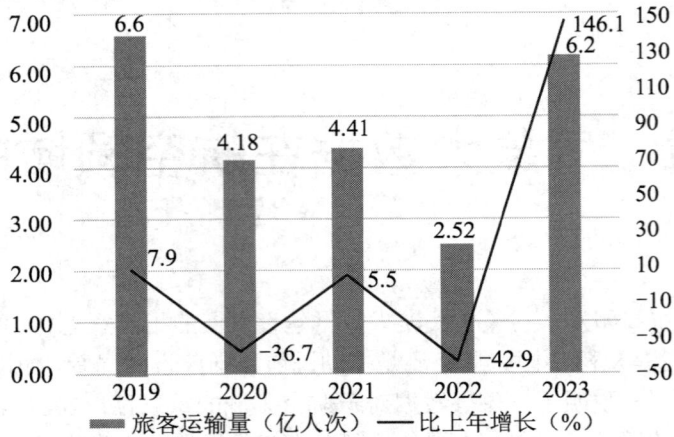

图 8-2　2019—2023 年民航旅客运输量

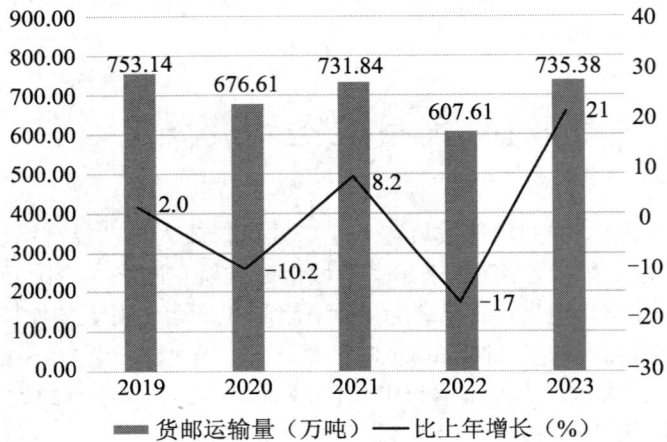

图 8-3　2019—2023 年民航货邮运输量

　　航空领域十分容易受到气象因素的影响，许多在普通气象中不重要的天气现象也会对民航运营产生重大影响，甚至造成大面积的航班延误，进而产生巨大的直接或间接经济损失。中国民用航空局发布的《2023 年民航行业发展统计公报》（见表 8-1）显示，超过半数的航班不正常（即延误或取消）是由天气原因导致的。这些天气原因包括雷暴、大雾、冰雪、强风等多种气象现象，严重影响了航班的正常运行。因此，精准的气象预报和有效的应对措施在民航业中显得尤为重要。

表 8-1　2023 年航班不正常原因分类统计

指　　标	占全部比例（%）	比上年增减（%）
全部的航空公司航班不正常的原因	100.00	0.00
天气原因	60.42	-6.73
航空公司原因	14.68	3.63
空管原因（含流量原因）	0.05	-0.01
其他	24.86	3.11

指　　标	占全部比例（%）	比上年增减（%）
主要的航空公司航班不正常的原因	100.00	0.00
天气原因	59.97	−7.24
航空公司原因	15.62	4.57
空管原因（含流量原因）	0.05	0.00
其他	24.36	2.66

资料来源：中国民用航空局《2023年民航行业发展统计公报》。

8.2　气象大数据在民用航空领域的应用

民用航空是全球经济发展的重要推动力，为国际贸易、旅游业、文化交流提供高效的交通方式。此外，还能在应急救援、物流运输等方面发挥关键作用，提升了社会的整体效率与安全性。

气象大数据对于民用航空十分重要，它通过提供精准的天气预报、气象风险分析和实时监测，来帮助航空公司优提升飞行安全性与运营效率，保障乘客和机组人员的安全。本节将从航空公司、空中交通管制部门和机场三个方面来分析气象大数据是如何提供支持的。

8.2.1　航空公司

航空公司是现代交通网络的重要组成部分，为全球旅客和货物提供运输服务。本节将从运营组织等方面来介绍气象大数据对航空公司的重要性。

1. 运营组织

航空公司是航空气象服务的核心用户，其在日常运营中对准确的气象信息有着迫切的需求。航空气象部门向航空公司提供全面的气象信息，为确保飞机飞行安全和提高航空公司的运营效率提供支持。签派部门主要负责航班的前期规划和实时调整，通过参考气象数据来制订飞行计划、调整航线、决定飞机的起飞及降落时间。气象信息使签派人员能够评估风速、气压、能见度和天气变化对航班的影响，从而优化飞机的飞行路径和飞行策略。在飞行前，签派部门根据最新的气象数据制订详细的飞行计划，确保航线选择最符合当前的天气条件，以最大限度地减少天气变化带来的潜在风险。若在飞行过程中遇到突发的气象变化，签派部门还会实时调整飞行计划，其中包括更改航线、调整飞行高度或者选择备降机场等措施，以确保飞行安全。飞行机组成员在离场前也会依赖航空气象部门提供的气象服务，以便对飞行计划做出适当的准备。例如，飞行机组成员需要根据气象信息检查风速变化、降水情况以及空中气流的情况，这些因素都会影响飞行安全。准确的气象数据不仅能帮助机组成员制定适当的飞行操作策略，还能在遇到恶劣天气时迅速做出应对措施。

在航班飞行中，合理规划携带的油量至关重要，这一规划需要基于对未来天气的准确预测。一次完整的飞行包括滑行、起飞、巡航和着陆等多个阶段，尤其是对于国际长航线来说，航程常常超过 10 个小时。因此，飞行和运行人员必须在飞行全程中关注不同时间点和空间维度的天气状况。航程油量的计算是飞行计划中的核心环节，签派员需要根据航班载重和飞机性能分析航程中不同高度层的风速和温度，以确定基础的巡航油量。同时，还需要综合考虑起飞机场、目的地机场、备降机场、ETOPS（Extended-range Twin-engine Operational Performance Standards）备降场以及航路上的各种天气要素和运行条件。通过科学的计算和评估，确定整个飞行所需的油量，以确保航班安全和顺利进行。

2．新开航线及航线规划

在开通新航线之前，航空公司必须对相关机场、区域以及航路的气象情况进行全面、详尽的调查。这一过程涉及大量的多维度气象数据的积累、统计和分析，旨在全面了解新航线的气候特征，从而为航线的顺利运营奠定坚实基础。

首先，航空公司需要收集和分析相关新机场及其周边区域的气象数据，包括历史气象记录、季节性气候变化、常见天气现象和极端天气事件等。通过对这些数据的分析，航空公司可以识别出影响航班安全和运营的潜在气象风险，如强风、雷暴、大雾、冰冻雨等。其次，对航路上的气象条件进行评估同样重要。航路气象数据包括不同高度层的风速、温度、气压变化等，这些数据对于规划飞行路线和确定巡航高度具有关键作用。航空公司还需要考虑航路上的气象系统和天气模式，如低压区、气旋和高压脊等，这些可能会对航班的安全和燃油消耗产生影响。

3．长期航班计划调整

由于特定机场或航路的气候特征通常相对稳定，民航航班的排班时刻也保持一定的稳定性。因此，当这些区域遇到危险天气且与航班运行时刻接近时，航班可能会持续受到同一种天气的影响，导致必须采取返航或备降等非正常措施。例如，若机场或航路在特定季节经常遭遇强风、暴雨或大雾等极端气象，那么这些天气可能与航班的实际飞行时刻发生冲突，导致航班计划需要频繁调整。当恶劣天气与航班时刻发生重叠时，出于安全考虑，航班可能必须返航或改降备选机场。这种情形不仅扰乱了航班的正常运行，同时也给航空公司和旅客带来了额外的经济负担。此外，连续发生的气象干扰还可能导致航班延误或取消，进一步增加运营的复杂性和不确定性。因此，准确预测并实时监测机场和航路的气象变化，对于确保航班的安全和提升运营效率至关重要。

4．民航气象数据的深度挖掘

在传统模式下，民航管理部门通常负责提供气象数据，而航空公司则主要利用这些数据进行航班运营。现代民航飞机配备了先进的气象雷达和计算机系统，飞行员可以通过这些设备实时获取航线的气象信息并据此调整飞行路径，以确保飞行安全并规避恶劣天气。例如，飞机上的设备会全面记录实时飞行状态，这些数据通过积累和分析，可以提升气象保障水平。

涡度耗散率（Eddy Dissipation Rate，EDR）作为衡量大气湍流强度的重要指标，已被国际民用航空组织用于评估飞机颠簸的强度。飞行管理计算机中的颠簸计算程序能够实时编制和传输颠簸数据，这些数据的加密处理增强了对整个空域颠簸情况的监控能力。通过积累和对比颠簸数据，有助于改进航路天气预报模式，提高颠簸预报和预警能力。然而，目前民航运行中的气象信息主要是实时显示给飞行员，尚未充分利用于地面运营。若能实时将这些数据传输至地面并整合入气象大数据库，那么会极大提升精细化预报的准确性。此外，将这些信息共享给空管部门和后续航班，不仅能够显著提高飞行的安全性，还能提升运输管理效率，从而充分发挥海量航空气象数据的潜在价值。

8.2.2　空中交通管制部门

空中交通管制部门包括塔台管制、进近管制、区域管制和流量管制，它们负责从地面到高空、从机场到航路的不同空域，并在航空器飞行过程中扮演着指挥和监控的重要角色。塔台管制用于管理机场及其周边的空中交通，包括飞机的滑行、起飞和着陆过程。为了确保飞机在地面操作的安全性，塔台管制需要详细的机场周边的天气信息，包括风速、能见度、云层高度和降水情况。进近管制负责指挥即将降落的飞行，通常涉及距离机场几十公里的范围。进近管制需要及时获取进近区域的气象数据，如风速风向、气压变化和天气系统动态，以有效安排飞机的进场顺序，避免出现拥堵并确保安全。区域管制则覆盖较大的空域，负责管理长途飞行中的飞机。区域管制部门需要掌握该区域的气象信息，包括大气层的风速、温度变化以及影响飞行的气象系统。流量管制部门专注于管理航空交通流量，确保空域不超负荷，其需要全局性的气象信息，以预见和缓解可能导致航班延误或飞行时间需要调整的天气状况，确保空中交通的顺畅和安全。

8.2.3　机场

机场的运作和安全受到各种天气因素的影响，尤其是雷暴、大风、冰雹和降雪等恶劣天气，它们对机场的正常运行构成了重大威胁。雷暴会引发强烈的气流和闪电，这不仅可能导致航班延误或取消，而且会影响地面设备和基础设施的正常运作。大风可能影响飞机的起降，增加操作难度，并对地面操作人员的安全构成威胁。冰雹不仅会对飞机的外部结构造成潜在损害，还会影响滑行道和跑道的安全，增加飞机滑行和着陆的风险。降雪则可能导致跑道积雪，影响飞机的起降性能，需要进行清雪作业来保持机场的正常运作。

在机场选址和建设的初期阶段，对机场周边环境的气候背景进行详细调查是至关重要的，这包括对风速和风向的长期变化特征、温度的季节性波动、湿度水平的变化、气压的平均值及其波动范围、能见度的常见水平，以及云层分布和类型等天气要素进行全面了解。了解这些气候背景特征对于确定机场选址的适宜性至关重要，并能指导机场设计与建设中的关键决策。例如，风速和风向的变化对跑道布局的最佳方向具有决定性影响，这对于确保飞机起飞和降落过程中的安全性至关重要。温度和湿度的变化对机场设施的耐用性和性能也有影响，而气压和能见度的高低则直接关系飞行操作的安全。例如，昆明长水机场在选址过程中未充分考虑气象因素，新机场场址的能见度较差，在投入运行后多次遭遇大雾事件，导致航班延误和旅客滞留，对机场的后期运行效率造成了不利影响。

8.2.4　低空经济

低空经济是指在海拔较低的空中（通常指 0～1000 米的高度范围内）进行的各类经

济活动。这一概念涉及的领域广泛，包括但不限于航空运输、通用航空、无人机应用、低空旅游、低空物流、农业植保、环境监测和应急救援等。低空经济是与气象关联程度最高、关系最密切的领域之一，气象既是低空经济的重要应用场景，也是促进低空经济发展的重要力量。国家和各地关于低空经济发展的政策文件、规划方案等都明确提出了相关气象任务，包括将气象保障列入低空监管服务平台、支持低空飞行器在气象探测场景中应用、增补低空航空气象监测设施、加强低空气象服务等。气象要紧紧融入低空经济这一经济发展新引擎、产业发展新赛道，加强低空气象能力的建设，以高质量气象服务赋能低空经济高质量发展。然而，低空经济的快速发展离不开气象大数据的支持，主要原因如下：

❑ 安全飞行保障：低空飞行的安全性依赖于对天气条件的精确预测和实时监控。气象大数据能够提供包括风速、风向、气压、湿度、温度、云层高度和能见度等在内的详细气象信息，帮助飞行器规划航线，避开恶劣天气条件，确保飞行安全。

❑ 优化飞行路线与时间：通过分析气象数据，可以预测不同时间段和路径的天气状况，从而优化飞行计划，减少因天气变化导致的延误和成本增加。

❑ 提升服务效率：在低空物流、农业植保、环境监测等领域，气象数据可以帮助优化作业时间，避免在不利天气条件下进行作业，提高工作效率和作业质量。

❑ 支持决策的制定：气象大数据能够为低空经济活动的参与者提供决策支持，比如在低空旅游中，可以根据天气预测来规划最佳的观赏时间和路线；在农业植保中，可以根据气象条件预测病虫害发生的时间和地点，制定更有效的防治策略。

❑ 灾害预防与应急响应：气象大数据对于预测和应对低空经济活动中可能出现的气象灾害（如雷暴、台风、冰雹等）至关重要，有助于提前做好预防措施，减少灾害对经济活动的影响。

❑ 技术创新与应用：随着气象大数据的积累和分析技术的进步，可以开发出更多针对低空经济需求的创新服务和产品，如智能飞行控制系统、低空导航系统、气象灾害预警系统等。

2024 年以来，中国气象局积极谋划推动低空经济气象的服务工作，召开航空气象技术产品开发应用研讨会，梳理航空气象技术产品现有清单和研发清单，重点关注通航和低空气象服务。此外，各地气象部门围绕地方低空经济发展布局，积极探索开展气象服务。深圳积极构建气象赋能低空经济"三张网"，即低空飞行"气象监测网"、低空经济"气象数字网"、低空"气象赋能网"；四川省围绕自贡市无人机及通航产业集群发展，深化无人机气象应用场景建设，中国气象局气象探测中心和自贡市政府共建国家级无人机气象观测基地，四川省局和自贡市政府共同推进无人机气象应用。湖南省建成通用航空气象服务平台，可针对任意通用机场和起飞、降落、航线飞行任务提供降雨、风、温、压、湿、能见度、云量等气象条件监测和临近预报，提供低空飞行气象风险等级预警和积冰、颠簸指数预报等服务。江西省与多部门合作共建"通用航空气象服务台"，建设有平台、有专班、有技术、有产品、有业务流程等"五有"通航气象服务业务体系，并参与了国家通航气象服务相关行业标准制定。内蒙古筹建了通航智慧气象集中预报中心，为通用机场提供气象观测、气象预报、气象设备检定、校准与维护、机场防雷检测、气候可行性论证等专业气象服务，加快构建覆盖机场规划、建设和运行的服务链。

因此，气象大数据对于促进低空经济的健康发展具有不可或缺的作用，它不仅是低空经济活动的基础，也是推动其创新和优化的关键因素。

8.3 气象大数据在民机试飞中的应用

试飞是飞机制造过程中的关键步骤，它涉及在多种气象条件下对飞机性能的全面测试。近年来，随着国产飞机技术的显著进步，国内民机试飞环节对气象服务提出了更高的要求。

8.3.1 民机试飞中的气象保障

试飞是飞行试验的简称，是在真实大气条件下进行科学研究和产品测试的重要过程。在飞机交付前，制造商需要对其进行飞行测试，以收集飞行数据，确保飞机在交付前达到最稳定的状态，保证飞行结果的科学性与准确性。由于试飞具有高度的风险和挑战性，常被比喻为"驾驶一辆性能未知的汽车在悬崖边高速行驶""刀尖上的舞蹈"。

试飞通常在临界预期环境或特定飞行条件下进行，以验证是否符合适航规章要求。其中，部分临界环境与极端气象条件紧密相关，如高温、高湿、高寒、自然结冰、大侧风等。因此，试飞中的气象保障工作可以分为特殊天气保障和常规气象保障。

❑ 特殊天气保障：特殊天气保障是指为完成特定临界气象条件下的试飞科目而进行的气象支持工作。这种保障的核心在于针对特定的极端天气条件，如高温、高湿、高寒、自然结冰、大侧风等，可以提供精准的气象监测和预报服务。特殊天气保障的关键问题包括：确定在何时何地开展特殊天气试飞科目、如何预测这些特殊天气的重现周期，以及如何准确监测和预报这些天气现象。通过这种保障，试飞团队可以在极端条件下完成必要的测试，确保飞机的性能符合适航标准并保障飞行安全。

❑ 常规天气保障：指在没有特殊气象要求的试飞任务中，气象服务团队为试飞提供基础的气象支持。这种保障的目标是帮助试飞团队规避不利或危险的天气条件，确保试飞任务顺利开展。常规天气保障类似于民航运行中的气象服务，但要求更高的时效性和准确性，特别是针对能见度、云层、强对流等对飞行安全影响较大的天气现象。通过常规天气保障，气象服务人员能够为试飞任务提供精确的气象信息，以确保试飞能够正常进行。

近年来，随着中国航空工业特别是国产民用飞机的迅速发展，气象保障服务变得愈加重要。自 20 世纪 80 年代以来，运 12、新舟 60、ARJ21、C919 等机型的成功试飞推动了我国航空法规、试飞组织管理程序和民机试飞咨询通知体系的逐步完善，同时建立了分工明确的气象服务中心，技术和方法上也有了显著提升。在这一过程中，气象保障服务取得了关键性突破，尤其是在特殊天气捕捉、飞行安全保障和飞行效率提升方面。特别是国产支线客机 ARJ21，它是中国首款完全按照民航局 CCAR-25 部适航标准审定的民用客机，为后续民机试飞积累了宝贵经验。如图 8-4 所示为 ARJ21 首次商业运营飞行。

图 8-4   ARJ21 首次商业运营飞行

8.3.2   民机试飞对场景的要求

随着我国大飞机事业的快速发展,试飞场景也逐渐形成。与一般航空气象保障服务主要面向空管、航空公司或通航等较大用户群体不同,试飞气象服务作为航空气象服务的一个特定分支,主要服务于飞机制造商。无论是在国内还是国际上,试飞气象服务都属于相对冷门且个性化、定制化的需求领域,其特点既有差异也有共通之处。试飞气象服务的主要客户是飞机制造商,这些客户的需求非常专业。在飞机交付使用前,制造商需要在各种真实的大气条件下进行飞行测试,以确保飞机在实际使用中的稳定性和安全性。这些测试不仅要求飞机能够在预定的飞行条件下顺利进行,还要求在各种气象条件下可以保持飞行性能。相比之下,常规的航空气象服务主要关注的是民航飞行的常规需求,如航线气象保障和飞行安全支持,而试飞气象服务更注重特定的、个性化的气象需求。

在试飞过程中,天气预报的准确性和实时性至关重要,尤其是对于那些时空尺度小、发展迅速且预报难度大的强对流天气。这些天气现象常常伴有强雷暴和下击暴流,对飞行安全构成直接威胁。例如,强雷暴可以导致飞机在飞行中出现剧烈颠簸,而下击暴流则可能导致飞机突然失去高度控制,这些现象都要求气象服务提供极为准确和及时的预警信息,以确保飞行测试的安全进行。然而,试飞气象服务在气象条件的要求上远比常规民航运营更苛刻。在试飞过程中,除了需要避免危险天气外,还需要特别关注并捕捉特殊天气。例如,自然结冰试验要求飞机能够在特定的结冰条件下安全飞行,这就要求气象服务能够准确预测和监测这些特殊气象条件的出现。与民航运营中的天气预报相比,试飞气象服务对关键性天气要素的预报精准度要求更高,对虚警的容忍度也较低。这是因为在试飞过程中,任何一个小的天气变化都可能对试飞结果产生重大影响,因此需要对天气变化进行更加细致和准确的预报。

具体而言,试飞对气象条件的要求不仅在数据准确性上,更在运行标准上有所提高。试飞本身属于高风险飞行,试验机在成熟度不够的情况下,不能允许多种风险叠加,因此需要一个更为宽松和安全的气象环境。例如,气象雷达的安装与否直接影响雷暴天气的探测能力,仪表着陆系统的验证则影响低云和低能见度条件下的着陆能力,而照明系统的完善程度则影响飞机在穿云飞行中的表现。这些因素都需要在试飞过程中进行详细的验证和测试,以确保飞机能够在各种气象条件下安全运行。此外,试飞的飞行包线是一个逐步扩展的过程,意味着在雨天、夜间、大侧风等条件下的飞行限制需要通过试飞逐步解除。这种逐步扩展的过程对气象服务提出了更高的实时性和准确性要求。例如，C919 在首飞时对浦东机场的云层和能见度提出了严格的要求，显示出试飞过程中对气象条件的高敏感度和精准需求。如图 8-5 所示为国产大飞机 C919 在浦东机场首飞场景。

图 8-5　国产大飞机 C919 在浦东机场首飞

8.3.3　民机试飞对气象服务的要求

民机试飞对气象服务的要求极高，因为准确的气象数据对试飞安全和性能评估至关重要。在试飞过程中，实时的气象信息可以帮助工程师和飞行员制定最佳飞行策略，避免不利天气条件带来的风险，以确保飞行测试的科学性和可靠性。本节将从试飞条件等方面来介绍民机试飞对气象服务的需求。

1. 试飞条件规定苛刻

以自然结冰试验为例，根据《中国民用航空规章》第 25 部运输类飞机适航标准（CCAR-25-R4）的规定，飞机必须能够在规定的连续最大（层云）和间断最大（积云）结冰状态下安全飞行。大气结冰的最大连续强度取决于三个关键变量：云层液态水含量、云层水滴平均有效直径以及周围空气温度。如图 8-6 所示，针对连续最大（层云）大气结冰状态，要求在一定高度和水平范围内，当周围的空气温度为-10℃时，探测到的有效水滴直径和液态水含量需满足结冰限制包线。水滴直径越小，液态水含量的要求越高，当水滴直径为 40μm 时，液态水含量至少应达到 0.16g/m³；而当水滴直径为 15μm 时，液态水含量至少应为 0.60g/m³。

《中国民用航空规章》第 25 部附录 C 中对自然结冰试验的气象条件规定，与《美国联邦航空条例》FAR 25 部附录 C 的规定保持一致。附录 C 中关于大气结冰条件的描述以及各物理量之间的关系图首次发布于 1949 年并一直沿用至今。这些规定主要基于 1945 年至 1950 年冬季期间，在美国空域 6 公里（20 000 英尺）高空、飞行距离约 5 560 公里（3 000 海里）的范围内对过冷云层的探测研究。需要特别指出的是，条例的附录 C 中规定的液态水含量（Liquid Water Content，LWC）指"可能的最大值"，即在给定的水平距离、大气温度及云中液滴尺度条件下，在所有探测数据中，99%的 LWC 平均值低于此值，代表这是结冰最严重的状态。从另一个角度来看，条例的附录 C 中对自然结冰试验气象条件的规定，也是在一定样本的飞行气象探测试验中提炼出来的，体现了气象大数据在工程中的应用。

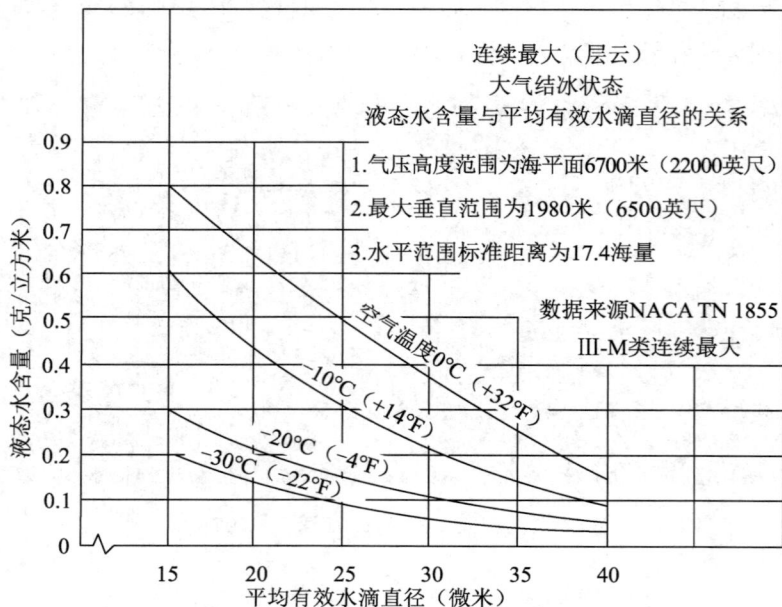

图 8-6　在连续最大结冰条件下，云层液态水含量、云层水滴平均有效直径和
周围空气温度 3 个变量的相互关系

2. 民航试飞中的气象服务因素

民机试飞是一个复杂的系统工程，涵盖设计、制造和测试等多个方面。虽然工程因素如飞机的结构设计、系统性能和安全标准等通常占据主导地位，但是气象因素在试飞过程中也发挥着不可忽视的作用。在试飞过程中，气象因素如风速、温度、湿度、云层和降水等，都会对飞机的性能和试验结果产生显著影响。

3. 高精度的气象预测支持

在进行具体的试飞试验时，气象条件的精确预测至关重要。试飞是飞机性能评估的关键阶段，而任何气象条件的变化，如风速的波动、温度的剧烈变化、湿度的异常波动、降水量的增加或云层分布的变化，都可能会对试验结果产生重大影响。这就要求气象服务提供详细且准确的短期和即时气象预报。具体而言，气象服务需要提供关于风速的变化趋势、温度的即时读数、湿度的波动情况、降水量的精确数据，以及云层的分布和高度等信息。这种高精度的气象预测不仅能帮助试飞团队选择最适宜的天气窗口进行试飞，还能在试飞过程中实时监测天气变化，做出必要的调整，从而最大限度地减少因气象条件不佳而导致试飞失败或造成安全风险。

4. 高命中率的预报服务

试飞气象涉及气象学和航空工程两个专业领域，其重要性贯穿试验准备、试飞执行以及航后分析的各个环节。在试验准备阶段，准确的气象预报能够帮助确定合适的试飞时间窗口，并制订详细的试飞计划；在试飞执行过程中，实时的气象监测可以帮助试飞团队能够及时调整操作，适应变化的天气条件；在航后分析中，精确的气象数据对于评估试飞结果和改进设计方案至关重要。如果对试飞气象条件的预报不准确、不及时或无效，可能会导致试飞任务无法按计划进行，从而影响数据的收集和试验结果的有效性。这不仅会延误试飞进度，还可能会增加额外的成本，影响整体的经济效益。

8.3.4　气象大数据服务在自然结冰试飞中的应用

自然结冰试飞是确保飞机适航的重要环节，尤其是在我国国内航空工业蓬勃发展的背景下，这一测试更具重要意义。近年来，气象大数据技术的广泛应用使自然结冰试飞的准确性和效率得到了极大的提升。本节将结合我国自然结冰试飞的实际情况，介绍气象大数据在这一领域的应用。

1. 气象大数据技术对我国自然结冰试飞的支持

我国航空工业近年来发展迅速，特别是以 C919 为代表的大型客机的成功研制，标志着我国航空制造业进入新的阶段。为了保证这些飞机的安全性，自然结冰试飞成为必不可少的环节，在这一过程中，气象大数据技术为试飞任务的成功提供了重要支持。不同于传统依赖于气象台站观测和飞行员经验的方法，气象大数据通过整合多源数据，提供了更加全面、实时的气象信息，有效降低了结冰试飞的不确定性。例如，在 C919 大型客机的适航认证过程中，我国飞行测试团队广泛利用气象大数据技术，通过分析全国范围内的气象观测数据、卫星遥感数据和气象雷达数据，测试团队提前锁定了可能出现结冰条件的空域和时间窗口，避免了不必要的飞行时间的浪费。此外，基于气象大数据构建的模型能够精确预测不同海拔高度的气象条件，帮助测试团队在飞行过程中灵活调整飞行高度，最大限度地模拟真实的自然结冰环境。

研究表明，在-14℃～0℃的温度范围内，当飞机在飞行过程中遇到大量过冷水滴时，积冰的可能性最大，其中强积冰现象往往出现在-9℃～-5℃区间。基于这些容易积冰的温度和湿度条件，国际民航组织提出了一个飞机积冰指数的计算方法，用来评估积冰的风险程度。该指数被定义为 IC：

$$IC = 2(RH - 50)\left[\frac{T(T+14)}{-49}\right] \tag{8-1}$$

其中，RH 代表相对湿度（%），而 T 代表温度（℃）。公式（8-1）右边的第一部分通过相对湿度来线性估计水滴的数量和大小，当 RH 接近 100%时，其值将接近 100；第二部分则利用温度的平方来模拟水滴增长的速度，当温度为-7℃时，增长率达到峰值 1，而在-14℃和 0℃时，增长率降至最低，为 0。如果 RH 低于 50%或 T 超出-14℃～0℃的范围，则认为水滴增长率为 0，意味着没有积冰现象。

因此，积冰指数 IC 输出范围为 0～100，数值越高，表示积冰的可能性越大。当 RH 达到100%且 T 为-7℃时，积冰指数将达到最高值 100。积冰强度的判定标准为：当 0≤IC<50 时，表示有轻微积冰；当 50≤IC<80 时，表示有中等积冰；而当 IC≥80 时，表示有严重积冰。

2. 气象大数据在我国自然结冰试飞中的实际应用

飞机结冰是指机身表面某些部位聚积冰层的现象，主要是由混合相云中过冷云滴或降水中的过冷雨滴碰到机体后冻结形成的，是航空危险性天气之一。飞机结冰会破坏飞机的空气动力学性能，降低升力，增大阻力，影响飞机的稳定性和机动性，甚至造成坠机等事故。

在我国的自然结冰试飞过程中，气象大数据的应用贯穿了试飞任务的各个阶段。以ARJ21 支线飞机为例，其作为我国自主研制的第一款涡扇支线飞机，其适航认证中的自然结冰试飞任务极具挑战性。通过气象大数据技术的支持，飞行测试团队成功克服了试飞过程中面临的复杂气象条件，使试飞顺利地完成。

在试飞前的准备阶段，ARJ21 的飞行测试团队利用气象大数据对目标区域的历史气象数据进行了全面分析，筛选出了结冰条件出现频率较高的空域，并结合天气预报锁定了试飞的最佳时间窗口。与此同时，团队还通过大数据分析，制订了多套飞行路径和高度方案，以应对可能出现的不同气象状况。在试飞过程中，气象大数据的实时监控能力得到了充分展现。通过机载传感器与地面大数据平台联动，测试团队能够随时掌握飞机所处空域的气象条件，并根据实际情况调整飞行高度和路径。例如，当飞机进入预定的结冰区域时，系统能够根据最新的气象数据调整飞行参数，确保飞机在最适合的结冰条件下进行测试。同时，机载传感器实时监测机翼、发动机等部件的结冰情况，并将数据传回地面进行分析，为后续试飞提供数据支持。在试飞结束后，气象大数据依然发挥着重要作用。通过对试飞过程中收集到的气象数据进行分析，飞行测试团队能够深入了解 ARJ21 在不同结冰条件下的性能表现。结合既有的气象大数据模型，研究人员可以评估 ARJ21 是否符合适航标准，并为后续的飞行改进提供参考依据。此外，对气象大数据的分析还可以帮助团队识别潜在的安全隐患，进一步提高后续试飞的安全性。

8.3.5　气象大数据分析在侧风试验中的应用

大侧风试验是试飞过程中对气象条件要求非常高的一个重要科目。这项试验旨在评估飞机在强侧风条件下的操控性能和稳定性，确保飞机在实际飞行中能够安全应对侧风的挑战。试验需要在风速达到一定水平的侧风环境中进行，以模拟飞机可能遇到的极端天气情况。

2024 年 4 月，由我国自主研制的大型灭火/水上救援水陆两栖飞机 AG600M "鲲龙"在二连浩特赛马素国际机场成功进行了大侧风试验。这次试验验证了"鲲龙"在大侧风条件下的起降性能，为该机型的适航认证提供了重要的数据支持。由于侧风条件瞬息万变，传统的气象预报无法满足精确试飞的需求，试飞团队借助气象大数据分析技术，全面提升了试飞的安全性和效率。

在试验筹备阶段，试飞团队依托气象大数据平台，整合了二连浩特赛马素国际机场及周边地区的历史风场数据，识别出了大侧风频发的时段和风场特点。通过对多年来的气象观测数据进行统计分析，团队能够提前规划出最佳的试飞时间窗口。这种精准的数据支持不仅减少了试飞的不确定性，还可以保证试飞任务的顺利推进。在实际试飞过程中，气象大数据平台实时监测二连浩特赛马素国际机场的风场变化，为试飞员提供了准确的侧风数据。当风速和风向发生剧烈波动时，试飞团队能够迅速调整飞行参数，确保 AG600M 在复杂侧风条件下能够安全操作。通过气象大数据的动态调整能力，AG600M 的侧风试飞在保障飞行安全的前提下，顺利完成了各项测试任务，验证了飞机 AG600M 在大侧风条件下的优越性能。这一试验展示了我国在航空器适航认证中对气象大数据技术的创新应用。如图 8-7 所示为 AG600M 成功转场二连浩特赛马素国际机场开展大侧风实验的场景。

图 8-7　AG600M 成功转场二连浩特赛马素国际机场开展大侧风实验

8.4　小　　结

虽然试飞气象服务保障在试飞领域中只是一个相对较小的分支，但是它在整个试飞活动中的重要性不可忽视。气象服务保障不仅涉及对天气条件的实时监测和预报，还包括在试飞计划、执行和后期分析中的全面支持。准确的气象信息对于试飞安全至关重要，因为它可以帮助试飞团队预见并规避潜在的天气风险，从而确保试飞过程的安全性。同时，气象保障也直接影响试飞效率，精准的天气预报和监测能够优化对试飞时间的安排，减少因不适宜天气而导致试飞中断或延误。通过高质量的气象服务，试飞团队能够更加有效地进行飞行测试和数据收集，从而提高试飞的整体效率和成功率。

8.5　习　　题

一、选择题

1. 下列（　　）不属于导致航班不正常的原因。

A. 人为原因　　　　　B. 航空公司原因　　　　C. 天气原因　　　　　D. 空管原因

2. 下列（　　）不能决定自然结冰的强度。

A. 云滴的平均有效直径　　　　　　　　B. 周围空气的温度
C. 云层中的液态水含量　　　　　　　　D. 周围空气的稀薄程度

二、简答题

1. 空中交通管制部门包括哪些部门？并简述其职责。
2. 机场的运作和安全受到哪些天气因素的影响？并简述其影响。

第 9 章　气象大数据在医疗健康和
保险领域的应用

随着社会经济发展和人们生活水平的提高，人们对健康和安全保障的关注呈上升趋势，促使气象大数据在医疗健康和保险领域得以较深入的应用。国务院发布的《气象高质量发展纲要（2022—2035 年）》中提到实施"气象+"赋能行动，积极发展金融、保险和农产品期货气象服务，这表明气象大数据在这些领域的应用得到了国家的支持和鼓励。本章就气象大数据在医疗健康和保险领域的应用进行介绍。

9.1　气象大数据在医疗健康领域的应用

气象大数据与人体健康紧密相关，从影响人体舒适度的气温和湿度，到与特定疾病发病条件相关的气候因素，气象大数据都提供了宝贵的信息，帮助医疗专业人员更好地预防、诊断和治疗疾病。

9.1.1　人体舒适度指数

人体舒适度指数起源于人们对人体舒适性的重视和研究，它反映了人们在特定环境下的舒适感受。随着社会经济的快速发展和居民生活标准的提高，人们对生活环境的舒适性有了更高的期待，这促使人体舒适度的科学评估成为工程、建筑和环境设计领域的关键议题。人体舒适度指数的计算涉及多个环境参数的综合评估，包括温度、湿度、风速、太阳辐射、气压和空气质量等。此外，在评估过程中还会考虑个体差异，如生理特征和心理状态等。综合考量这些因素，让舒适度指数能够以数字化的形式精确描述人在特定环境中的感受，为环境设计和管理提供坚实的科学基础。人体舒适度指数的计算公式如下：

$$ssd = (1.818t + 18.18)(0.88 + 0.002f) + \frac{t-32}{45-t} - 3.2\sqrt{v} + 3.2 \qquad (9\text{-}1)$$

其中，ssd 为人体舒适度指数，t 为日最高气温，f 为日最小相对湿度，v 为日平均风速。

当 ssd 指数处于 61～70 时，说明当前的气候最舒适，人体最可接受；当 ssd 大于 85 或小于 20 时，表明气候处于很热或很冷的状态，人体感受极不舒适。我国人体舒适度指数等级划分如表 9-1 所示。

表 9-1　我国人体舒适度指数划分

人体舒适度指数	级　别	感　觉
>85	4级	很热，热调节功能障碍，人体感受极不适应
81～85	3级	热，人体感觉很不舒适，容易过度出汗
76～80	2级	暖，人体感觉不舒适，容易出汗
71～75	1级	温暖，人体感觉较舒适，轻度出汗
61～70	0级	舒适，人体最可接受
51～60	-1级	凉爽，人体感觉较舒适
41～50	-2级	凉，人体感觉不舒适
20～40	-3级	冷，人体感觉很不舒适，体温稍有下降
<20	-4级	很冷，人体感觉极不适应，冷得发抖

　　在工程和建筑设计实践中，人体舒适度指数的应用极为广泛。它不仅有助于优化空调系统的设计，以适应不同气候条件下的室内温度和湿度需求，还能显著提升居住和工作环境的舒适度。一个良好的舒适环境对于维护人们的健康、提高人们的工作效率和生活质量具有不可估量的价值。在服装制造业，人体舒适度指数的应用尤为关键。它指导企业根据季节变化和当地的气候特征，设计和生产出符合当地居民需求的服装，从而提高产品的市场适应性和用户满意度。在旅游业，舒适度指数的引入有助于旅游地区根据自身的季节性气候特点，开发适宜的旅游产品和服务，吸引游客在最适宜的季节到访，提升旅游体验。在公共卫生领域，人体舒适度指数对于预防和控制气象条件相关疾病具有显著作用。例如，高温天气可能会导致中暑和热射病，而低温天气则可能增加心血管疾病的风险。通过对舒适度指数的监测，卫生部门能够及时发布健康预警，引导公众采取适当的预防措施，减少疾病的发生。

　　此外，人体舒适度指数在安全生产领域的应用也不容忽视。它有助于研究人们在野外施工、高空作业以及高温、高湿环境下工作时的舒适度，从而减少事故发生率，提高生产安全性。同时，舒适度指数还能用于研究旅游区域与季节的关系，确保游客在旅游过程中的舒适与安全。在医药行业，人体舒适度指数的应用同样具有重要意义。通过分析舒适度指数与气象疾病的关联，可以预测疾病的发生趋势，为医药公司制订药品生产计划以及医院进行药品采购提供依据，从而减少资源浪费，提高经济效益。

　　人体舒适度指数的应用前景广阔，它不仅能够提升人们的生活质量，还能在多个行业中发挥关键作用，推动社会的可持续发展。随着气象大数据技术的不断进步，人体舒适度指数的计算和应用将变得更加精准和高效，为人类带来更加舒适和健康的生活体验。

9.1.2　疾病预防与控制

　　天气条件是影响人们日常生活的诸多因素之一。气温、湿度、气压和季节性气候变化等气象因素，都直接或间接地影响着人类健康。例如，气温和湿度的波动可能会影响人体的免疫系统功能以及病原体的生存和传播能力。在寒冷的天气中，人体对低温的适应性下降，这可能会导致感冒和流感等呼吸道感染的增加。同时，干燥的气候条件可能会使呼吸道黏膜干燥，增加感染的风险。季节性变化和人群聚集也与季节性流感的高发有关。在气候变化较大如干旱和季风区域，可能会引发与天气相关的疾病，如登革热和寨卡病毒。空气污染，特别是高浓度的颗粒物和有害气体也是影响公共健康的重要因素。这些污染物可能会引发或加重呼吸系统疾病，如哮喘和慢性阻塞性肺病。此外，高温天气中的高臭氧浓度对呼吸系统也有潜在的负面影响。极端天气事件如台风、洪水和干旱，不仅对基础设施造成破坏，还可能会破坏卫生设施、水源和食品供应链，增加疾病传播的风险。

为了更好地分析气候与疾病之间的关系，研究人员开发和应用了多种机器学习和深度学习模型。这些模型包括传统的统计方法，如线性回归、岭回归和 Lasso 回归，以及更复杂的算法如支持向量机、随机森林、ARIMA 模型和 Prophet 模型。卷积神经网络（Convolutional Neural Network，CNN）用于处理具有空间结构的气候数据，循环神经网络（Recurrent Neural Network，RNN）和长短期记忆网络（Long Short-Term Memory，LSTM）则适用于分析时间序列数据。深度玻尔兹曼机（Deep Boltzmann Machine，DBM）和深度信念网络（Deep Belief Network，DBN）等深度学习架构也被用于处理大规模数据集，以进行特征学习和数据建模。此外，因果推断模型，如因果森林和双重机器学习，也被用来探索气候因素和疾病之间的因果联系。

下面通过一个具体的示例来展示如何使用线性回归模型，基于气象因素来预测疾病发生率。这个示例使用 Python 语言和 scikit-learn 库来实现。

```python
import numpy as np
from sklearn.linear_model import LinearRegression
from sklearn.model_selection import train_test_split
from sklearn.metrics import mean_squared_error
# 假设 X 是气象因素的数据集，y 是对应的疾病发生率
X = np.array([[温度，湿度，气压]，[温度，湿度，气压]，...])
y = np.array([疾病发生率 1，疾病发生率 2，...])
# 划分训练集和测试集
X_train, X_test, y_train, y_test = train_test_split(X, y, test_size=0.2,
random_state=42)
# 创建线性回归模型
model = LinearRegression()
# 训练模型
model.fit(X_train, y_train)
# 预测测试集
y_pred = model.predict(X_test)
# 计算预测的均方误差
mse = mean_squared_error(y_test, y_pred)
print(f"均方误差为: {mse}")
# 输出模型的系数
print(f"模型系数: {model.coef_}")
```

然而，运用大数据手段分析对天气健康的影响，可能会得出不一样的结论。例如，人们普遍认为阴雨天会加剧慢性疼痛病的发病概率，但实际研究可能会揭示不同的结果。一项基于美国 1100 万老年人的医疗记录和天气数据的研究发现，阴雨天气与慢性疼痛病的主诉频率之间并没有显著的相关性。

目前，健康气象服务产品多以指数或风险等级的形式提供，这些服务虽然适用于公众或特定人群，但是服务的针对性仍有待提高。为了更好地满足社会需求，必须利用大数据技术深入挖掘潜在的用户需求，并将健康气象服务与这些需求紧密结合，开发个性化的服务产品。这不仅能够提升健康气象服务的社会价值，还能发挥其经济潜力。

气象大数据的应用在医疗健康领域有巨大的潜力，它能够帮助人们更准确地预测和应对气候变化对人类健康的影响，同时也为公共卫生政策的制定和疾病预防控制提供科学依据。随着技术的进步和数据资源越来越丰富，在未来有望实现更精准、个性化的健康气象服务。

9.1.3　健康风险评估

健康风险评估是气象大数据在医疗健康领域的一项关键应用，它通过分析和解释气象数据来预测和预防与天气相关的健康问题。这种评估不仅涉及短期气象事件，如暴风雨、寒潮或热浪，还包括长期气候变化对人类健康的影响。

在短期气象事件方面，健康风险评估可以识别极端天气条件下的潜在健康威胁。例如，热浪可能会导致人脱水、中暑甚至死亡，尤其是在老年人、儿童和患有慢性疾病的人。通过提前预测高温事件，可以启动紧急响应计划，包括设立避暑中心、分发水和电解质饮料，以及加强对高危人群的健康监测。同样，寒潮期间，通过气象数据可以预测低温天气引发心脏病发作和呼吸系统疾病恶化的风险，从而提前发出警告并采取相应措施保护脆弱的人群。

长期的气候变化对人们健康的影响同样不容忽视。全球变暖可能会导致过敏季节延长、传染病传播范围扩大以及出现新的疾病。健康风险评估可以揭示这些变化趋势，并为政策制定者提供科学依据，以制定应对策略。例如，随着气候变暖，某些地区的蚊子种群可能会增加，提高了疟疾和登革热等由蚊子传播的疾病的风险。通过风险评估，可以优先考虑在受影响地区加强疾病监测和预防措施的能力。此外，健康风险评估还可以辅助城市规划和建筑设计，以减少气象条件对居民健康的不利影响。例如，城市规划者可以利用气象数据来设计更有效的城市热岛缓解策略如增加绿地和水体，以降低城市温度并改善空气质量。建筑师可以在设计建筑物时考虑通风和隔热需求，从而提高室内环境的舒适度和健康性。

健康风险评估在个性化医疗方面，通过智能设备和相应的移动应用程序可以为个人提供定制化的健康建议。这些应用程序可以实时监测用户所在地区的气象条件，并根据用户的健康状况和活动计划提供相应的健康提示。例如，对于患有哮喘的人来说，该类应用程序可以在空气质量较差的日子提醒他们减少户外活动，并在必要时携带急救药物。

健康风险评估的另一个重要方面是其在公共卫生监测和预警系统中的作用。通过集成气象数据和健康数据，可以开发出先进的预测模型，预测疾病爆发事件。这些模型可以帮助相关部门及时做出响应，采取预防措施，减少疾病传播途径和对健康的损害。

健康风险评估还可以促进跨学科研究，将气象学、流行病学、环境科学和公共卫生等领域的知识结合起来，以更全面地理解气象条件对人类健康的影响。这种综合性的研究方法有助于发现新的健康风险因素，开发创新的干预措施并提高人们对气象相关健康风险的认识。

健康风险评估是气象大数据在医疗健康领域中一个多方面、多层次的应用，它不仅能够提高人们对当前健康风险的认识，还能够为未来可能出现的健康挑战提供预防和应对策略。随着技术进步和数据的积累，健康风险评估将在未来发挥更加重要的作用，为维护和促进公众健康提供强有力的支持。

9.1.4　慢性病管理

慢性病管理是公共卫生领域的一个重要分支,它涉及对人们健康状况的持续关注和治疗,以减缓疾病进展、减少并发症,提高人们的生活质量。气象大数据在慢性病管理中的应用,为这一领域带来了新的机遇和挑战。

气象条件如温度、湿度、气压、空气质量和季节性变化,对许多慢性病患者的症状和健康状况有显著的影响。例如,心血管疾病患者可能在寒冷天气中血压升高或心脏负荷增加,而呼吸系统疾病,如哮喘和慢性阻塞性肺病(Chronic Obstructive Pulmonary Disease,COPD),可能在空气高污染日或花粉季节病情恶化。通过利用气象大数据,医疗保健提供者可以更好地理解这些气象因素如何影响慢性病患者的健康,并据此调整治疗计划。

在慢性病管理中,气象数据的应用可以通过以下几个方面来展开。

1. 个性化治疗计划

在慢性病管理中,个性化治疗计划往往需要考虑多种因素,其中气象条件是一个至关重要的因素。通过对患者健康状况与气象条件之间关系的深入分析,医生能够更精准地理解患者在特定气象条件下可能面临的健康挑战。例如,慢性呼吸道疾病如哮喘或 COPD 的患者的症状可能会在空气污染或花粉飞扬的日子里加剧。因此,医生会建议患者密切关注空气质量指数和花粉计数的预报,在空气质量不佳时减少户外活动,以降低症状发作的风险。此外,医生还可能会建议患者在花粉季节或空气质量预测不佳的日子里提前使用预防性药物,如吸入性皮质类固醇或长效支气管扩张剂,以控制气道的炎症反应并扩张气道,从而减少症状的发作。这种个性化的治疗建议不仅能够帮助患者避免病症急性发作,还能够减少因病情加重而需要医疗干预的可能性。

在寒冷的季节,医生也可能建议慢性呼吸道疾病患者采取相应的保暖措施,因为寒冷空气可能会引起气道收缩,导致呼吸困难。同时,流感和感冒在冬季更常见,这些病毒感染可能会加重慢性呼吸道疾病的症状,因此医生可能会推荐患者接种流感疫苗,以减少感染的风险。

通过分析气象大数据,医生能够为患者提供更加精准和个性化的医疗建议,帮助他们更好地管理自己的健康状况,减少因气象条件变化引起的健康风险。这种以数据为驱动的医疗方法,不仅提高了治疗的有效性,也增强了患者对自身健康管理的信心和能力。随着气象预测技术的不断进步和医疗数据的日益丰富,个性化治疗计划将变得更加精细化,为慢性病患者提供更加全面和周到的医疗服务。

2. 症状监测和预警

症状监测和预警系统是慢性病管理中的一项创新应用,它通过结合气象数据和患者健康状况的深入分析,为患者提供了一种前瞻性的健康管理工具。系统的设计旨在通过实时监测和分析气象条件,如温度、湿度、气压、空气质量指数等来预测这些因素可能对患者健康状况产生的影响。如图 9-1 所示,症状检测比传统的监测方法具有更高的时效性和敏感性。

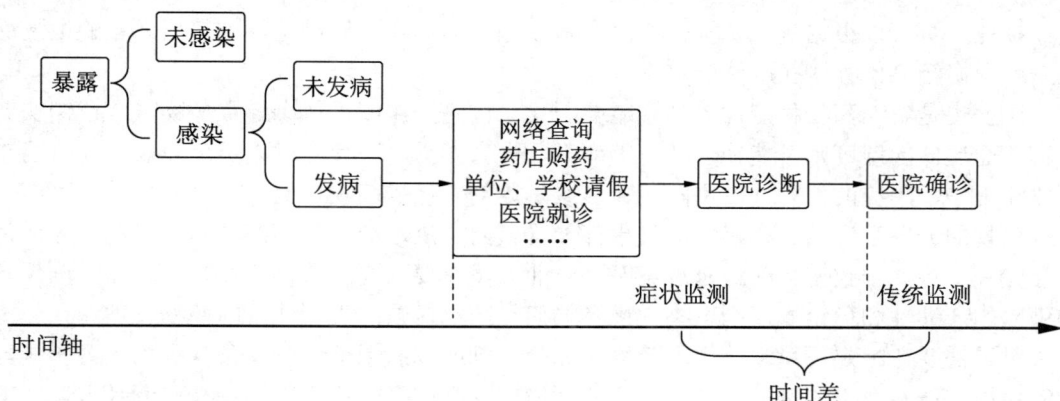

图 9-1　症状监测和传统监测示意

在实际操作中，预警系统可以根据患者的医疗历史、药物使用情况以及个人敏感性等信息，建立个性化的预测模型。例如，对于心脏病患者，系统可能会监测寒冷天气对血压和心脏负荷的影响，并在预测到气温骤降时提前向患者发送预警信息，建议他们注意保暖、避免过度劳累，并按医嘱调整药物剂量。

对于患有哮喘或其他慢性呼吸系统疾病的患者，系统会特别关注空气质量和花粉计数的变化。当检测到空气质量下降或花粉浓度增高时，系统会自动向患者发送警报，提醒他们减少户外活动时间，使用空气净化器或随身携带急救吸入器。

这些预警信息不仅可以通过短信和应用程序发送，还可以通过电子邮件、社交媒体甚至智能手表和健康监测设备等多种渠道传达给患者。这样的多渠道通知系统可以确保信息的及时性和可达性，使患者能够在第一时间收到警报信息并采取相应措施。此外，预警系统还可以与患者的医疗服务提供者进行集成，自动向医生或护理团队发送通知，以便他们能够及时跟进患者的健康状况并在必要时提供远程咨询或调整治疗计划。这种集成化的预警和响应机制，不仅提高了慢性病患者的自我管理能力也加强了医疗服务提供者对患者状况的监控和干预力度。

随着人工智能和机器学习技术的发展，症状监测和预警系统将变得更加智能和精准。系统能够学习患者的反应模式和行为习惯，不断优化预测模型，提高警报的相关性和准确性，使慢性病患者能够更加自信地管理自己的健康状况，减少病症急性发作的风险，提高生活质量的同时也减轻了医疗系统的负担。随着这些技术的应用和普及，慢性病管理将迈入一个更加个性化和智能化的新时代。

3．药物管理

药物管理是慢性病治疗中的一个重要环节，它涉及药物的正确存储、分发和使用，以及监测药物的效果和副作用。气象条件尤其是温度和湿度的波动，对药物的稳定性和有效性有显著的影响。因此，医疗专业人员需要根据气象数据来指导患者如何正确地存储和使用药物。

在极端高温或低温的情况下，一些药物的化学结构可能会发生变化，导致药效降低或失效。例如，一些疫苗和生物制剂对温度非常敏感，需要在特定的温度范围内进行冷藏保存。如果暴露在过高或过低的温度下，这些药物可能会失去活性，影响治疗效果。因此，医疗专业人员可以根据气象预报提醒患者采取适当的药物存储措施，如使用冰箱的恒温冷藏室或保温箱来保存这些敏感药物。

湿度也是影响药物稳定性的一个重要因素。过高的湿度可能会导致药物吸湿、结块或降解，而过低的湿度则可能使一些药物变干、失去效力。医疗专业人员会建议患者将药物存放在干燥、阴凉的地方并使用防潮包装或干燥剂来保护药物。此外，气象条件还可能会影响药物的分发和运输。在极端天气事件如暴风雨、洪水或高温热浪期间，药物供应链可能会受到干扰，导致药物配送延迟。医疗专业人员需要与药房和供应商紧密合作，确保药物供应的连续性和稳定性，同时指导患者如何在药物短缺时进行适当的药物管理。

对于需要在特定环境下使用的药物，如吸入剂或皮肤用药，气象条件也可能会影响药物的使用方法和效果。例如，在高湿度的环境中，某些吸入剂可能不易被患者吸入，或者在寒冷的天气中，皮肤用药的吸收可能会减慢。医疗专业人员可以根据气象数据为患者提供个性化的药物使用建议，以确保药物的最佳疗效。

随着技术的进步，药物管理也越来越智能化。一些智能药盒和应用程序能够实时监测药物存储条件，并在环境条件不适宜时向患者发送警报。此外，它们还可以提醒患者按时服药并记录药物使用情况，以便医疗专业人员进行远程监控并调整治疗方案。

总之，气象数据在药物管理中的应用不仅有助于确保药物的稳定性和有效性，还提高了患者用药的安全性和依从性。通过精确的气象信息和专业的医疗指导，患者可以更好地管理自己的药物治疗计划，从而提高慢性病的治疗效果和生活质量。随着气象预测和药物管理技术的不断发展，未来的药物管理将变得更加精细化和个性化，为慢性病患者提供更加全面和高效的医疗服务。

4. 健康教育和自我管理

健康教育和自我管理是慢性病患者整体治疗计划中不可或缺的组成部分。通过增强患者对气象条件与慢性病关系的了解，使患者能够主动地参与到自己的健康管理计划中，从而提高治疗效果和患者的生活质量。这种教育不仅涉及理论知识的传授，还包括实践技能的培养，使患者能够根据气象变化灵活调整自己的行为和习惯。

健康教育可以帮助患者认识到气象因素如温度、湿度、气压和空气质量对慢性病症状的潜在影响，如在寒冷的天气中，关节炎症状可能会加剧，或者在高湿度环境中，哮喘症状可能更难控制。通过这种教育，患者可以提前采取预防措施，如适当增加衣物保暖或使用加湿器改善室内环境等。此外，健康教育还包括教授患者如何识别和应对症状变化。这可能涉及教授患者如何使用监测工具，如血压计或血糖仪，以及如何根据监测结果调整治疗方案。患者还会学习到在特定气象条件下，他们可能需要更频繁地监测自己的健康状况，以便及时发现自己的症状变化情况并采取相应措施。

自我管理教育还会涵盖如何在不同气象条件下调整日常活动。例如，患者可能会被建议在花粉季节或空气质量不佳时减少户外活动，或者在极端高温或低温天气中调整锻炼计划。此外，自我管理教育内容还包括饮食建议，如在寒冷天气中增加热量摄入以保持体温，或在高温热浪期间增加水分摄入以预防脱水。

为了提高患者的自我管理能力，可以鼓励患者使用健康管理应用程序或可穿戴设备来跟踪他们的活动、饮食和症状。这些工具可以提供实时反馈，帮助患者更好地理解自己的健康状况，并根据气象条件做出相应的调整。此外，健康教育还应该包括心理健康方面的支持，因为气象条件可能会影响患者的情绪和心理状态。例如，在连续的阴雨天或极端高温天气中，患者可能会感到情绪低落或焦虑。教育患者识别这些情绪变化，并提供应对策略，如放松技巧、正念冥想或进行心理咨询，可以帮助他们保持良好的心理状态。

健康教育和自我管理计划应该是持续的，需要定期更新和评估。随着气象条件和患者健康状况的变化，自我管理教育内容和策略需要进行相应调整。通过持续的教育和对患者的支持，可以不断提高患者的自我管理能力，使其更好地控制自己的慢性病，减少气象条件对健康的不利影响。

5. 临床研究和决策支持

临床研究和决策支持是慢性病管理中的关键环节，气象大数据在这一领域的应用为医疗专业人员提供了宝贵的洞察力。通过对大量气象数据和患者健康数据的分析，研究人员能够识别出气象因素与慢性病发展的潜在联系，从而为临床实践提供科学依据。

气象大数据可以揭示慢性病的季节性模式和趋势。例如，一些研究表明，心血管疾病的发病率在冬季较高，这可能与寒冷天气引起的血压升高和血管收缩有关。通过分析不同季节的气象条件与慢性病发病率、住院率和死亡率之间的关系，研究人员可以为医生提供关于疾病预防和治疗的时序性建议。此外，气象数据可以帮助临床研究者探索环境因素对慢性病病程的影响。例如，空气污染与呼吸系统疾病之间的关系一直是研究的热点。通过分析空气污染水平与患者症状恶化之间的关联，研究者可以更好地理解环境暴露对慢性病患者健康的具体影响，并为患者提供更有针对性的防护建议。气象大数据还可以用于评估特定干预措施的效果。例如，研究人员可以分析在实施某些公共卫生措施（如改善空气质量或推广健康生活方式）后，慢性病患者的健康状况是否有所改善。这些数据可以帮助政策制定者和医疗专业人员评估与优化慢性病管理策略。

在临床决策支持方面，气象数据的分析结果可以帮助医生为患者制订个性化的治疗计划。如果数据显示某些气象条件可能会加剧患者的症状，医生可以提前调整治疗方案，如增加药物剂量或推荐患者使用辅助设备。这种基于数据的决策支持有助于提高治疗效果，减少患者的痛苦和医疗成本。

随着人工智能和机器学习技术的发展，气象大数据在临床研究和决策支持中的应用将变得更加精准和高效。这些技术有助于分析和解释复杂的气象与健康数据，预测慢性病的发展，并为临床决策实时提供更加个性化的建议。此外，气象大数据还可以促进跨学科合作，将气象学、流行病学、环境科学和临床医学等领域的知识结合起来，以更全面地理解气象条件对慢性病患者健康的影响。这种综合性的研究方法有助于发现新的健康风险因素，开发创新的干预措施，并提高社会对气象相关健康风险的认识。

6. 公共卫生规划

公共卫生规划是一个涉及多个层面的复杂过程，它需要考虑各种可能会影响人群健康的因素，其中，气象条件是一个重要的考量点。气象数据的分析和应用对于公共卫生决策者来说是一个宝贵的资源，可以帮助他们更有效地规划和分配资源，以应对气象条件对慢性病患者的影响。

通过长期进行气象数据分析，相关人员可以识别出特定季节或气象事件对慢性病患者健康的影响模式。例如，冬季寒冷的天气可能会增加心血管疾病的发作风险，而夏季的高温可能会使脱水和中暑事件增加。了解这些模式可以帮助卫生部门在资源分配时做出更加有针对性的决策，如在冬季增加心脏病科的医疗资源，夏季做好对中暑治疗的准备。此外，气象数据可以用于预测在极端气象事件如热浪、寒潮、洪水或飓风期间，慢性病患者的医疗服务需求，使卫生部门能够提前做好准备，如储备必要的药品和医疗设备、增加急救人员和志愿者的培训，以及在必要时启动紧急响应计划。气象数据还可以帮助相关人员评估和规划基础设施建设，如医院、医疗诊所和紧急避难所的位置及设计。这些设施的设计应考虑当地气候特点，确保在极端气象条件下仍能正常运作，为慢性病患者提供持续的医疗服务。

公共卫生规划还包括对慢性的病预防和健康促进活动的规划。气象数据有助于确定在特定季节或气象条件下，哪些健康教育和预防措施最有效。例如，在花粉季节，可以加强对过敏症患者的预防教育；在流感季节可以加大流感疫苗接种的推广力度。

随着气候变化的加剧，公共卫生规划还需要考虑未来气象条件变化对慢性病患者可能带来的长期影响。通过与气象专家的合作，公共卫生官员可以利用气候模型预测未来几十年的气候变化趋势，并据此制定长期的公共卫生策略。气象数据的整合和应用还可以提高公共卫生监测系统的效果。通过将气象数据与健康数据相结合，可以更准确地监测慢性病的发病率和死亡率，及时发现异常趋势并快速做出响应。

7. 远程医疗和移动健康

远程医疗和移动健康技术正在改变慢性病患者的健康管理方式，使他们能够更加便捷地监测和控制自己的健康状况。这些技术的进步，结合气象数据的应用，为患者提供了更加个性化和精准的健康建议及干预措施。如图 9-2 所示，从 2017 年到 2023 年间，远程医疗服务在整体医疗服务中所占的比例逐年增长，说明远程医疗技术在现代健康管理中日益重要。

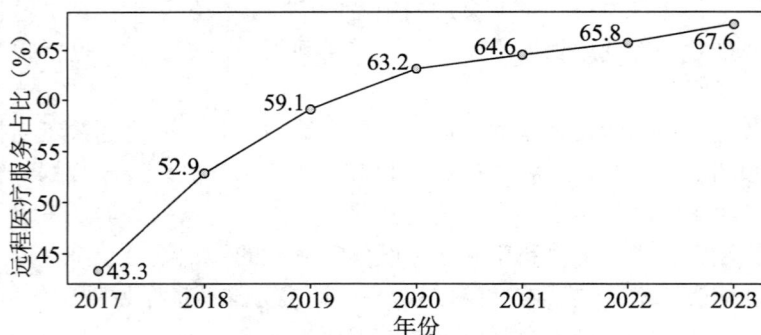

图 9-2 2017—2023 年二级以上公立医疗机构开展远程医疗服务情况

远程医疗技术允许患者通过智能设备如智能手机、平板电脑或专门的健康监测设备实时监测自己的血压、血糖、心率和活动量等参数。这些数据可以通过无线网络传输给医疗专业人员，使他们能够远程监控患者的健康状况，并根据需要调整治疗方案。结合气象数据，远程医疗系统可以进一步优化这些健康建议。例如，通过该系统可以分析气象预报，预测未来几天内温度、湿度或空气质量的变化情况并将这些信息与患者的健康状况相结合。如果预测到将会有高温天气，系统可能会提醒心脏病患者避免在炎热时段进行户外活动，并确保充足的水分摄入。同样，如果预报显示空气质量不佳，系统可能会建议呼吸系统疾病的患者减少户外活动并使用空气净化器。

移动健康应用程序也越来越多地集成气象数据，以提供个性化的健康建议。这些应用程序可以基于用户的地理位置和当地气象条件，推送定制化的健康提示。例如，对于患有哮喘的患者，应用程序可能会在预测到高花粉浓度或空气污染的日子提醒他们携带急救吸入器，并考虑使用预防性药物。此外，远程医疗和移动健康技术还可以提供教育和支持，帮助患者更好地理解气象条件如何影响他们的健康状况。通过在线课程、视频和互动模块，患者可以学习如何在不同气象条件下管理自己的病情，以及如何识别和应对症状的变化。

随着人工智能和机器学习技术的应用，远程医疗和移动健康系统能够更加精准地分析和预测患者的健康状况。这些系统可以学习患者的健康模式和行为习惯，以及他们对不同气象条件的反应，从而提供更加个性化的健康建议和干预措施。

远程医疗和移动健康技术的发展也为医疗专业人员提供了强大的工具，使他们能够更有效地管理慢性病患者群体。通过实时访问患者的健康数据和气象信息，医生和护士可以及时识别潜在的健康问题并进行及时干预，从而减少患者住院或急诊的次数，提高患者的生活质量。

9.2　气象大数据在保险领域的应用

中国是一个地域广阔、气候多样的国家，因此经常发生各种类型的气象灾害。常见的气象灾害包括台风、洪水、干旱、暴雨、大雾、地震和地质灾害、雷暴等，这些气象灾害对我国社会和经济发展都造成了重大影响，因此，政府和相关部门致力于加强气象监测预警、灾害应对和风险管理，以减少灾害带来的损失，保障公众的安全。随着经济的发展，因气象灾害引发的经济损失也在持续上升，保险业面临着很大的挑战。因此保险业也在积极寻找有效途径以减少由气象灾害引起的保险损失。

天气指数保险和巨灾指数保险等创新产品使保险公司能够更精确地评估与天气相关的风险，并为客户提供更合理的保险方案。此外，洪水风险图和巨灾风险平台等工具为保险公司提供了强有力的风险管理和决策支持，同时也为政府和公众提供了宝贵的灾害预防和应对资源。

9.2.1　天气指数保险

天气指数保险（Weather Index Insurance，WII）是一种创新的风险管理工具，它将保险赔付与客观的气象指数挂钩，为受天气波动影响的行业提供了一种有效的风险转移机制。以下是对天气指数保险的详细介绍。

1. 工作原理

天气指数保险的工作原理基于对特定气象参数的监测，这些参数可以是降雨量、温度、风速等。保险合同中会明确指出哪些气象条件会触发赔付以及赔付的金额或比例。这种方法简化了理赔流程，因为赔付的依据是公开可验证的气象数据，而不是个别农户或企业的损失报告。

　　天气指数保险工作原理的核心在于将保险赔付与客观的气象数据挂钩，从而创造出一种透明且易于执行的保险机制。这种保险产品的设计通常围绕一个或多个关键的气象参数，这些参数反映出特定地区或行业所面临的天气风险。例如，对于依赖充足降雨来保证作物生长的农业区域，降雨量可能是一个关键的气象参数；而在经常遭受飓风影响的沿海地区，风速可能是一个更为重要的指标。

2. 应用领域

　　天气指数保险的应用进一步扩展到农业之外的更多行业，其中包括建筑业和交通运输业，这些行业对天气的依赖同样很大。例如，在建筑业中，恶劣的天气条件如暴雨或极端寒冷的天气下可能会导致施工延期，增加项目成本。通过购买基于特定天气参数的保险，建筑公司可以减轻因天气不利导致的经济损失。同样，交通运输业尤其是航空和海运行业也面临着由于风暴、浓雾等天气因素导致的运营中断或延误的风险。天气指数保险能够为这些行业提供一种风险管理工具，帮助它们在面对不可预测的天气变化情况时保持运营的稳定和财产的安全。

　　此外，公共事业和市政服务也开始采用天气指数保险来应对因极端天气事件引发的紧急情况。例如，城市排水系统可能因暴雨超负荷运作，而天气指数保险可以帮助城市管理者减轻因洪水造成的财政压力。同理，电力供应行业也可利用此类保险对抗因极端天气如高温、冰雹或暴风雪导致的设备损坏或供电中断的风险。

　　随着气候变化的影响日益显著，天气指数保险的重要性和应用范围将进一步增加。这种保险机制不仅为企业提供了风险管理的新工具，也促进了保险行业的创新和发展，帮助社会各界更好地适应和应对气候变化带来的挑战。

3. 优势

　　天气指数保险的优势不仅体现在其客观性和自动化上，还在于其高效和透明的赔付机制。由于赔付是基于预先设定的气象阈值，很大程度上简化了理赔流程，减少了传统保险中常见的索赔争议和延误。这种直接与气象数据挂钩的赔付方式使赔付过程更加迅速和公正，保险受益人可以在短时间内获得赔偿，从而快速恢复生产或业务活动。

　　此外，天气指数保险由于不需要对每个索赔案件进行现场调查，因此显著降低了保险公司的查勘成本。这不仅使保险公司能够提供更经济的保险产品，也使保险服务能够覆盖更广泛的区域和人群，如位于偏远地区的小型农户和企业。对于这些传统上难以被保险覆盖的企业，天气指数保险提供了一种新的风险管理工具，帮助他们抵御天气变化带来的经济风险。

　　天气指数保险还促进了保险产品的创新和多样化，满足了不同行业和地区对于风险管理的特定需求。例如，对于农业生产者而言，通过购买基于降雨量或温度的保险，他们可以更有效地规避因极端天气所导致的农作物损失的风险。对于能源行业，如风力发电站，通过购买基于风速的保险，可以保障在风力不足带来的经济损失。

　　天气指数保险通过其客观、自动化和成本效益高的特点，为各行各业提供了一种有效的风险管理工具，特别是在全球气候变化日益严峻的今天，这种保险形式的重要性和应用前景正在不断扩展。

4．挑战

实施天气指数保险面临的挑战不仅包括选择合适的气象指数和阈值，还涉及一系列复杂的技术和市场因素。首先，选择合适的气象指数和阈值需要对当地气候条件和特定行业的风险敏感度有深入的理解，不仅要求保险设计者具备气象学和行业知识，还需要对历史气象数据进行详细分析，以确保所选指数能准确反映出保险所覆盖的风险。

其次，保险的有效实施依赖于可靠和精确的气象监测网络，这些网络必须能够实时提供准确的气象数据。在许多发展中国家，由于资金和技术的限制，建立和维护这样的监测网络非常有挑战性。缺乏准确的数据不仅会影响保险产品的设计和定价，还可能在赔付时引起争议。

此外，保险公司在开发天气指数保险产品时，还需要制定精确的定价模型。这一模型必须能够合理预测风险并据此设定保费，确保保险产品既能覆盖潜在的赔付成本，又具有市场竞争力和对客户的吸引力。这需要保险公司投入大量资源进行市场研究和风险评估，同时也需要考虑到客户的支付能力和意愿。

因此，虽然天气指数保险为风险管理提供了一种创新工具，但是在实施过程中需要克服多种技术和市场挑战，才能确保其广泛应用和长期可持续性。

5．技术发展

随着遥感技术和气候模型的不断进步，天气指数保险的准确性和可及性得到了显著提升。遥感技术特别是卫星遥感，已经成为获取气象数据的关键手段。现代卫星装备有先进的传感器，能够捕捉到地球表面的精细气象信息，如温度、湿度、风速、降雨量等。这些数据的高分辨率和高频率更新，为天气指数保险提供了更为精确的参考依据。例如，通过分析卫星图像，可以监测到特定地区的干旱情况，从而为保险公司提供是否需要支付干旱保险赔付的依据。

气候模型的效果提升同样对天气指数保险的发展起到了推动作用。这些模型通过模拟地球气候系统来预测未来的天气变化趋势。随着计算能力的增强和模型算法的优化，气候模型的预测准确性得到了显著提高。保险公司可以利用这些模型预测的数据，对极端天气事件的风险进行评估并据此设计出更加合理的保险产品。

此外，随着大数据和人工智能技术的发展，天气指数保险的数据处理和分析能力也得到了极大的提升。通过机器学习算法，可以从海量的气象数据中识别出与特定风险相关的模式，从而为保险产品的设计和定价提供支持。同时，这些技术还可以帮助保险公司更快速地处理保险索赔，提高服务效率。

6．案例研究

天气指数保险作为一种创新的风险管理工具，已经在多个国家和地区展现出了有效性。这些案例研究不仅证明了天气指数保险的实际应用价值，也展示了其在不同文化和经济背景下的适应性和灵活性。

例如，印度政府推出的"天气基保险计划"（Weather-Based Index Insurance Scheme，WBIS）是一个具有里程碑意义的项目。该计划通过监测特定地区的降雨量，为农民提供保险保障。当降雨量低于预定的阈值时即触发保险赔付，帮助农民缓解因干旱导致的作物损失。这种基于天气指数的保险机制简化了索赔流程，使得农民能够迅速获得资金支持，以应对农业生产中的不确定性。WBIS 的成功实施，不仅提高了农民对极端天气事件的抵御能力，也促进了农业保险市场的健康发展。

在非洲，天气指数保险的应用同样取得了显著成效。由于非洲大陆的气候多样性和农业生产系统对气象灾害的高度敏感性，农民面临着极大的天气风险。为了解决这一问题，一些保险公司推出了基于移动电话的指数保险产品。这些产品利用移动通信技术的普及，使农民能够通过手机轻松购买保险和提交索赔。这种服务模式不仅扩大了保险的服务的覆盖范围，也降低了交易成本，使更多的农民能够享受到保险保障。此外，移动电话的便捷性还有助于提高农民对天气变化的认识，使他们能够及时采取应对措施，减少自然灾害带来的损失。

这些研究案例表明，天气指数保险在提高农业风险管理效率方面有巨大的潜力。通过与当地政府、金融机构和农业组织的合作，天气指数保险可以被进一步推广和优化，以满足不同地区和不同群体的需求。例如，保险公司可以与气象部门合作，获取更精确的气象数据，以提高保险产品的准确性。同时，通过与农业推广机构合作，可以提高农民对天气指数保险的认识和接受度。

天气指数保险作为一种有效的风险管理工具，已经在多个国家和地区得到了成功的应用。通过不断的技术创新和模式创新，天气指数保险有望在未来为更多的农民和社区提供更全面的风险保障，帮助他们更好地应对气候变化带来的挑战。

9.2.2　巨灾指数保险

巨灾指数保险（Catastrophe　Index Insurance）用于保护政府、保险公司、重大基础设施和其他组织免受大规模灾难性事件（如地震、飓风、洪灾等）引起的财务损失。与传统的财产保险不同，巨灾指数保险是基于特定灾难指数的触发来确定赔偿的，而不是依据实际损失的估算。下面对巨灾指数保险进行详细介绍。

1. 工作原理

巨灾指数保险的工作原理基于对自然灾害的量化评估，这种评估通过特定的灾难性指数来实现。这些指数通常是由第三方机构如气象部门或地质调查局根据科学数据和模型计算得出的。当一个地区发生自然灾害时，相关的指数会根据灾害的严重程度而变化。例如，在地震发生后，地震烈度指数会根据地震的强度和影响范围进行更新；在飓风过境时，风速指数会根据飓风的风力等级进行记录。

图 9-3 所示为台风巨灾指数保险方案的设计流程，主要包括确定台风巨灾框、计算台风巨灾指数、确定台风巨灾赔付结构三个步骤。

保险公司在设计巨灾指数保险产品时，会根据历史数据和风险评估模型来设定一个或多个触发阈值。这些阈值代表保险合同中约定的赔偿条件，只有当实际观测到的指数超过这些阈值时，保险公司才会启动赔偿程序。这种触发机制的设计旨在确保赔偿的公正性和合理性，同时也避免因灾害损失评估而产生的争议和延误。一旦灾难性事件发生，并且相关的指数超过了保险合同中设定的阈值，保险公司将根据合同条款向被保险人支付预定的赔偿金额。这个过程通常不需要进行现场损失评估，因为赔偿金额是基于预先设定的指数而非实际损失来确定的。这种快速响应机制对于灾后重建和恢复至关重要，尤其是对于需要迅速行动以减少次生灾害影响的情况。台风巨灾指数保险理赔流程如图 9-4 所示。

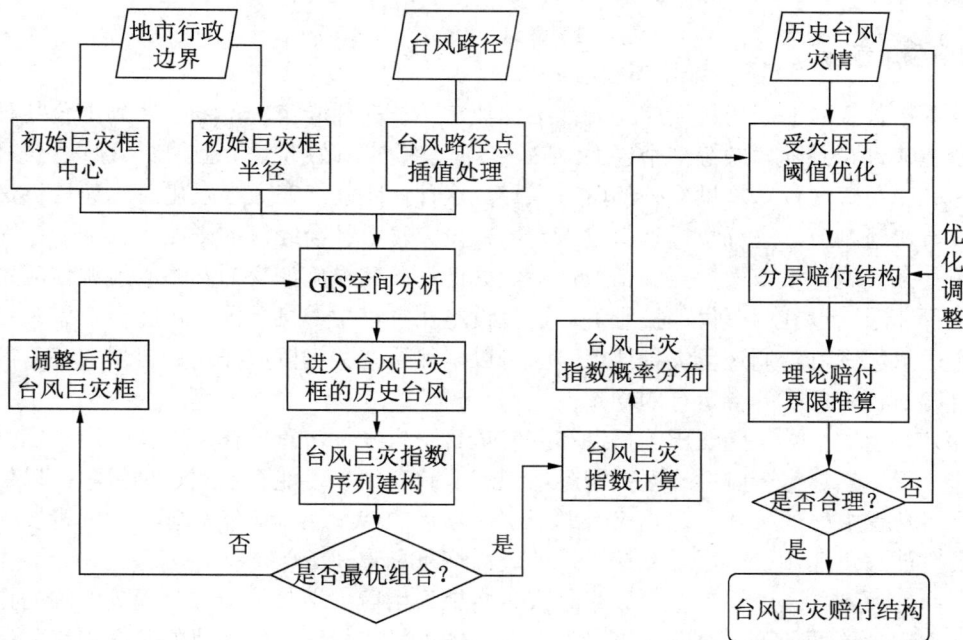

图 9-3 台风巨灾指数保险方案设计流程[①]

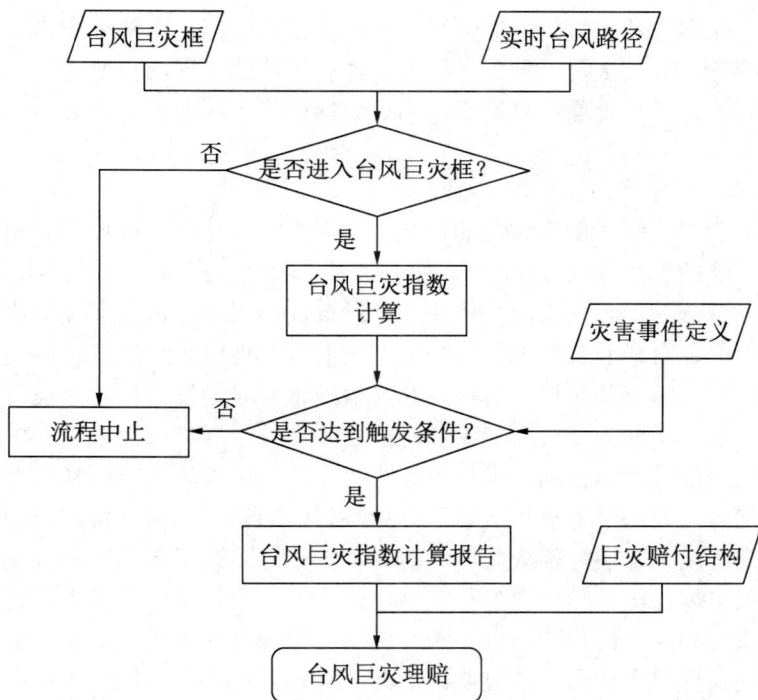

图 9-4 台风巨灾指数保险理赔流程[①]

① 郑璟，陈卓煌，李文媛，等. 广东省台风巨灾指数保险的研究与应用[J]. 热带地理，2024，44（06）：1139-1148.

2．应用领域

巨灾指数保险的应用领域广泛，它不仅覆盖传统的保险市场，还扩展到了公共管理、基础设施建设和国际援助等多个层面。在公共管理领域，政府机构通过购买巨灾指数保险，可以为其应急管理预算提供额外的财务保障。这种保险能够在灾害发生时迅速提供资金，帮助政府快速响应，进行救援和重建工作，减少灾害对社会经济的影响。

在基础设施建设方面，巨灾指数保险为关键的公共设施如交通网络、能源供应系统、水利工程和通信设施等提供保护服务。这些设施在灾害中一旦受损，可能会对整个社区的运行造成重大影响。通过巨灾指数保险，可以确保这些关键资产在遭受自然灾害后得到及时修复和维护，保障社会运行的稳定性。

此外，巨灾指数保险在国际援助和开发项目中也发挥着重要作用。在发展中国家尤其是那些易受自然灾害影响的地区，国际组织和非政府组织可能会购买这种保险，以保护其援助项目免受灾害的破坏。这不仅有助于保障项目的持续性，还能够确保在灾害发生后，援助资金能够迅速到位，用于支持当地的灾后恢复和重建工作。

在商业领域，企业和工业设施也越来越多地采用巨灾指数保险来管理其面临的自然灾害风险。通过这种保险，企业可以确保在遭受灾害时，能够获得必要的资金来恢复运营，减少灾害对供应链、生产和财务状况的影响。这对于维护企业的市场竞争力和长期可持续发展至关重要。

随着气候变化和自然灾害的日益频繁，巨灾指数保险的应用领域还将继续扩展。它不仅是一种风险管理工具，更是一种促进社会韧性和可持续发展的重要手段。通过巨灾指数保险，可以更好地分散和管理灾害风险，为社会提供更全面的保障服务。

3．优势

巨灾指数保险的优势在于其独特的设计和运作机制，这些优势使其成为管理和缓解大规模自然灾害风险的理想工具。首先，这种保险形式的核心优势之一是其快速的赔偿响应。在灾难发生后，传统的保险赔偿流程往往需要经过现场损失评估、文件审核和赔偿计算等多个步骤，这不仅耗时，而且可能因为损失评估的复杂性而导致赔偿延迟。相比之下，巨灾指数保险的赔偿是基于预先设定的指数和阈值的，一旦触发，赔偿流程可以立即启动，无须等待损失评估，从而为受灾方提供及时的财务支持。其次，巨灾指数保险通过指数化的方法实现了风险的分散。在面对大规模灾难时，传统的保险可能面临巨大的赔偿压力，甚至可能导致保险公司的财务危机。而巨灾指数保险通过将风险与特定的指数挂钩，使得赔偿责任在一定程度上与实际损失脱钩，从而降低了保险公司面临的系统性风险。这种风险分散机制不仅可以保护保险公司的稳定性，也为保险市场提供了更大的韧性。此外，巨灾指数保险为政府和企业提供了一种可预测的财务保障。在灾害风险管理中，不确定性是一个主要的挑战。巨灾指数保险通过明确的赔偿触发条件，为被保险人提供了一个清晰的财务预期，使他们能够更好地规划和管理潜在的灾害风险。这种可预测性不仅有助于政府和企业在灾害发生前做出更有效的准备，也有助于他们在灾害发生后迅速恢复和重建。

巨灾指数保险还具有透明度高的特点。由于赔偿是基于公开可验证的指数，因此整个赔偿流程更加透明，减少了可能的争议和纠纷。这种透明度不仅增强了被保险人对保险产品的信任，也为保险公司提供了更好的风险管理工具。巨灾指数保险的灵活性也是一个显著优势。它可以根据不同地区、不同行业甚至不同资产的特定风险特点进行定制，以满足不同客户的需求。这种灵活性使得巨灾指数保险能够更好地适应各种复杂的风险环境，为更广泛的市场提供服务。

巨灾指数保险通过其快速响应、风险分散、财务可预测性、透明度和灵活性等优势，为政府、企业和基础设施提供了一种有效的灾害风险管理工具。随着全球气候变化和灾害风险的增加，巨灾指数保险的重要性和应用范围预计将进一步扩大。

4. 挑战

巨灾指数保险在提供快速赔付和风险分散的同时也面临着一系列挑战，需要通过技术创新和数据完善来克服。首先，确定适当的灾害指数和阈值是实施巨灾指数保险的关键步骤，但这个过程充满了复杂性。需要深入分析历史灾害数据，结合地质、气象和环境等因素，以确保指数能够准确反映灾害的潜在影响。此外，阈值的设定必须既敏感又具体，以确保在灾害发生时能够及时触发赔偿，同时又不至于因为过于敏感而导致频繁的不必要赔付。

数据的可靠性和监测是另一个重要挑战。巨灾指数保险依赖于高质量的数据来监测和评估灾害风险。这意味着需要建立和维护一个可靠的数据收集和监测系统，以确保指数的准确性和及时性。在某些地区，特别是在发展中国家，可能缺乏必要的基础设施和资源来支持这样的系统。此外，数据的获取和处理还需要考虑隐私和安全问题，确保在收集和使用数据时遵守相关的法律法规。

定价和风险评估也是巨灾指数保险的一个核心挑战。由于涉及的灾害类型多样，并且每个地区的地质、气象和环境条件都有所不同，因此需要对每个保险产品进行定制化的风险评估和定价。这不仅需要精确的数据分析，还需要对灾害发生的概率和潜在损失有深入的理解。在实践中，这可能涉及复杂的数学模型和模拟技术，以及对市场动态和保险需求的敏感洞察。

尽管存在这些挑战，巨灾指数保险的潜力和重要性不容忽视。随着技术进步，特别是遥感技术、大数据分析和人工智能等领域的发展，在未来，巨灾指数保险将变得更加精确和高效。这些技术的应用将有助于提高数据的质量和可获取性，优化风险评估模型，从而使得巨灾指数保险能够更好地服务于政府、保险公司和重大基础设施，成为灾害风险管理领域的重要工具。随着全球对灾害风险管理意识的提高，巨灾指数保险有望在全球范围内得到更广泛的应用和认可。

9.2.3　农业气象指数保险

气象大数据在农业气象指数保险中的应用是一个创新的领域，它利用详细的气象数据来设计和实施保险产品，从而帮助农民对抗与天气相关的风险。下面详细介绍气象大数据在农业气象指数保险中的应用。

1. 保险产品设计

气象大数据使保险公司能够设计出更符合实际需要的保险产品。通过分析历史和实时气象数据，保险公司可以确定哪些气象因素（如降雨量、温度、风速等）与作物损失最相关，并据此设计保险条款。例如，某个地区的主要风险是干旱，那么保险产品可以设定在降雨量低于某一阈值时触发赔付机制。

2．风险评估与定价

在农业气象指数保险中，风险评估与定价是核心环节，而气象大数据在这一过程中扮演着至关重要的角色。通过对历史气象数据的深入分析，保险公司能够识别出特定地区在特定时间段内遭受极端天气事件的概率。这些数据包括但不限于降雨量、温度、风速等影响农作物生长和产量的关键因素。利用这些信息，保险公司可以进行精确的风险评估。例如，某个地区历史上每十年就会经历一次严重的干旱，那么该地区的干旱风险评估将相应提高。基于这种风险评估，保险公司可以设定相应的保费。保费通常基于风险大小而定，风险越大，相应的保费也越高，以确保保险产品的财务可持续性。

此外，气象大数据还允许保险公司采用动态定价策略。随着气候变化和气象模式的变化，某些地区的风险可能会增加或减少。保险公司可以利用最新的气象数据来调整保费，确保保费可以反映当前的风险状况。这种动态定价的方式不仅有助于保险公司管理风险，也可以使保险产品更加公平和透明。

通过这种基于数据的风险评估和定价机制，农业气象指数保险能够为农民提供更为精确和公正的保险服务，帮助他们更有效地应对由极端天气事件带来的风险。这不仅增强了农业的经济稳定性，也促进了整个农业保险市场的健康发展。随着技术的进步和数据的积累，农业气象指数保险有望在未来发挥更大的作用，为农业生产提供更全面的风险保障。

3．赔付触发机制

赔付触发机制是基于预设的气象指数来确定是否进行赔付，从而简化了赔付流程，减少了传统保险中因损失评估带来的复杂性和主观性。在设计这一机制时，保险公司首先需要确定哪些气象指数与农作物损失最相关，这些指数可能包括累计降雨量、连续干旱天数、极端温度事件等。一旦这些指数被确定，接下来就是设定触发赔付的具体阈值。如果某地区的降雨量在连续30天内低于20毫米，就可能触发赔付机制，因为这样的降雨量通常意味着严重的干旱条件，可能导致作物大幅减产。

这种基于客观数据的赔付机制具有透明和高效的特点。保险公司可以利用自动化系统来监测气象数据，一旦数据显示某个地区的气象指数达到了赔付阈值，系统便可以自动启动赔付流程。这种自动化处理不仅加快了赔付速度，减少了农民的等待时间，而且显著降低了保险公司在赔付过程中的行政成本和操作复杂性。此外，这种赔付机制还有助于增强保险的公平性，因为赔付完全基于预先设定的、客观的气象数据，排除了传统保险中可能存在的人为评估偏差，确保所有农民在相同条件下都能得到公正的赔偿。

农业气象指数保险中的赔付触发机制通过简化赔付流程、提高处理效率和确保赔付的公正性，极大地提升了保险产品的吸引力和实用性，为农业生产者提供了一种有效的风险管理工具，促进整个农业保险市场的健康发展。随着技术的进步和数据的积累，农业气象指数保险有望在未来发挥更大的作用，为农业生产提供更全面的风险保障。

4．客户服务与市场扩展

气象大数据在农业保险中的应用，不仅在风险评估和赔付触发机制方面发挥着关键作用，而且在提升客户服务质量和市场扩展能力方面也起到了至关重要的作用。通过深入分析历史和实时的气象数据，保险公司能够更准确地理解客户的需求，并据此设计出更加贴合需求的保险产品。

首先，气象大数据使得保险公司能够提供定制化的服务。例如，通过分析特定地区的气象数据，保险公司可以为该地区的农民提供专门设计的保险产品。这种定制化的服务不仅满足了农民的具体需求，也提高了保险产品的市场接受度和渗透率。例如，针对旱季时间较长的地区可以提供干旱保险服务对于经常遭受暴雨影响的地区可以提供洪水保险服务。这样的个性化服务有助于保险公司更好地为农业生产的多样性和地域性特点服务。其次，气象大数据的应用有助于保险公司进行有效的市场扩展。通过分析不同地区的气象数据和农业特性，保险公司可以识别出潜在的新市场，并针对这些市场开发适当的保险产品。例如，数据显示某个地区近年来因气候变化导致极端天气事件增多，保险公司可以主动向该地区的农民推广相关的保险产品，帮助他们应对增加的风险。此外，气象大数据还能提高客户服务的效率。保险公司可以实时监控气象数据，及时向农民发送天气预警，帮助他们采取预防措施，从而减少潜在的损失。这种主动为客户服务的方式不仅增强了农民对保险公司的信任和满意度，也减少了可能的赔付金额，实现了双赢。

在提升客户服务质量方面，气象大数据的应用使保险公司能够更加精准地进行风险评估和定价，从而提供更加公正和合理的保险服务。例如，通过分析历史气象数据，保险公司可以识别出特定地区在特定时间段内遭受极端天气事件的概率，从而为农民提供更为精确的风险评估和保险定价。

在市场扩展方面，气象大数据的应用有助于保险公司开拓新的业务领域和客户群体。保险公司可以利用气象数据来识别那些因气候变化而面临更高风险的地区，并针对这些地区开发新的保险产品，从而扩大市场份额。

气象大数据的应用在提高农业保险的客户服务质量和市场扩展能力方面发挥了重要作用。通过提供更加精准和个性化的服务，保险公司能够更好地满足农民的需求，同时扩大业务范围，增强市场竞争力。随着技术的不断进步和数据的日益丰富，气象大数据在农业保险领域的应用将更加广泛和深入，为农业生产提供更加全面的风险管理工具。

9.2.4　洪水风险图

洪水风险图是一种用于评估并显示特定地区水灾风险的地图，通过整合洪水暴露、易损性和容量三个要素的数据，对水灾潜在影响程度和空间分布进行可视化呈现。

1. 洪水暴露

洪水暴露是洪水风险图中的一个关键组成部分，它涉及对特定地区可能遭受洪水侵袭的频率和强度的评估。这一评估过程通常依赖于多种数据源和分析方法，以确保对洪水风险有一个全面和准确的理解。

在评估洪水暴露时，首先会考虑历史洪水事件的数据，这些数据提供了过去在特定地区发生洪水的频率、规模和影响范围的信息。通过分析这些历史事件，可以识别出洪水高发区域和潜在的洪水路径。此外，降雨模型也是评估洪水暴露的重要工具，它们可以预测在不同降雨条件下可能发生的洪水事件。这些模型通常结合了气象数据、地形特征和水文条件，以模拟降雨如何转化为地表径流并可能导致洪水发生。

地形和土地利用是影响洪水暴露的另外两个重要因素。地形的坡度、方向和海拔高度都会影响水流的路径和速度，从而影响洪水的分布。例如，低洼地区和河流下游区域更容易受到洪水的影响。土地利用模式如城市化、农业活动和植被覆盖的变化也会改变地表的水文特性，影响洪水的产生和传播。城市化地区由于硬质地表的增加，可能会减少雨水的渗透，增加地表径流，从而增加洪水的风险。

此外，气候变化对洪水暴露的影响也不容忽视。全球变暖可能会加大发生极端天气事件的频率，包括强降雨事件和洪水事件。因此，未来的洪水暴露评估需要考虑气候变化的潜在影响，以确保风险评估的前瞻性和适应性。

在洪水风险图中，洪水暴露的评估结果通常以地图图层的形式呈现，使用不同颜色或符号来表示不同级别的洪水风险。这些图层可以与其他地理信息系统（Geographic Information System，GIS）数据相结合，以提供更详细的空间分析和可视化结果。通过这种方式，相关人员可以直观地识别出洪水高风险区域，并据此制订相应的风险管理和缓解措施。

洪水暴露是洪水风险图中一个多维度的概念，它不仅包括对历史洪水事件的分析，还涉及降雨模型、地形、土地利用和气候变化等多个方面的综合考量。通过对这些因素的深入分析，可以为洪水风险的评估和管理提供坚实的科学基础。

2. 易损性

易损性是洪水风险图中的一个多维度概念，它要求对物理、社会和经济因素进行综合考量。通过对这些因素的深入分析和评估，可以为洪水风险管理提供更加全面和细致的视角，从而帮助社区更好地准备和应对洪水事件。随着数据收集和分析技术的进步，易损性评估将变得更加精确和实用，为减少洪水灾害的影响提供更有力的支持。

在评估易损性时，首先考虑建筑物和基础设施的物理特性，包括建筑的结构强度、材料、设计以及它们所处的位置。例如，位于洪水平原上的建筑物可能更容易受到洪水的侵袭，而那些使用防水材料和设计有防洪措施的建筑物则可能更加抗洪。基础设施如桥梁、道路、供水系统和电力网也是评估易损性的关键因素，因为它们的损坏可能会严重影响社区的运作和居民的安全。

除了物理结构，易损性还涉及社会和经济因素。人口密度、年龄分布、贫困水平和教育程度都是影响社区易损性的重要因素。例如，老年人和儿童可能在洪水紧急疏散时更加脆弱，而低收入家庭可能缺乏足够的资源来应对洪水造成的损失。此外，经济活动的空间分布特征如商业区、工业区和农业区也是评估易损性需要考虑的因素，因为它们在洪水中的损失可能会对整个地区的经济产生重大影响。易损性的评估还包括社区的准备程度和应对能力。这涉及防洪措施的有效性，如堤坝、防洪墙和排水系统，以及早期预警系统和应急响应计划的建立。社区成员对洪水风险的认知和准备也对易损性有显著影响。教育和培训项目可以提高公众的防洪意识和自救能力，从而降低易损性。

在洪水风险图中，易损性通常会通过一系列指标和模型来量化，并以地图图层的形式呈现。这些图层可以显示不同区域的易损性等级，帮助决策者识别那些最需要防洪投资和社会支持的地区。通过这种方式，易损性评估不仅有助于理解当前的风险状况，还可以指导未来的规划和投资决策，以减少洪水对社区的影响。

3. 容量

容量在洪水风险图中指一个地区在面对洪水灾害时的应对能力，包括其预防、准备、响应和恢复能力。这一概念涉及多个方面，包括物理基础设施、社会系统、经济资源和治理结构，它们共同构成了地区抵御洪水灾害的"韧性"。

物理基础设施的容量体现在防洪工程如堤坝、防洪墙、水库和排水系统等的有效性上。对这些工程的建设和维护是降低洪水带来危害的关键。例如，设计良好的堤坝和防洪墙可以阻挡洪水，保护人民和财产安全；而有效的排水系统则可以迅速排除积水，减少洪水的停留时间。社会系统的容量则涉及社区的组织和协调能力，包括应急响应团队、志愿者网络和居民的参与度。一个具备高度社会容量的社区能够迅速动员起来进行救援和互助，以减少洪水灾害的损失。此外，社区的教育和培训项目也很重要，它们能够提高居民的防灾意识和自救能力。经济资源的容量指地区在灾害发生后恢复和重建的财政能力。这包括政府的灾害救助资金、保险赔付、社区的储蓄和投资以及外部援助等。经济资源的充足与否直接影响到灾后恢复的速度和质量。治理结构的容量则涉及政策、法规和管理体系的完善程度。良好的治理结构能够确保防洪措施得到有效实施，风险评估和预警系统得到及时更新，灾后重建工作得到合理规划。

在洪水风险图中，容量的评估结果通常会以地图图层的形式呈现，与洪水暴露和易损性图层相结合，提供全面的水灾风险评估。这些图层可以帮助决策者识别那些在防洪措施、社会系统、经济资源和治理结构方面需要加强的区域，从而有针对性地进行投资和改进。此外，容量的评估也是一个动态的过程，需要随着时间的推移和新数据的积累而不断更新。例如，随着城市化进程的加快，新的建筑和基础设施需要纳入评估范围，而随着气候变化的影响，原有的防洪措施可能需要重新评估。

通过对物理基础设施、社会系统、经济资源和治理结构等方面的综合评估，可以为洪水风险管理提供有力的支持，帮助地区提高防灾减灾能力，减少洪水灾害的影响。随着对洪水灾害认识的深入和技术的发展，容量评估将变得更加科学和精确，为水灾风险管理提供更有力的工具。

4．综合风险评估

综合风险评估通过将洪水暴露、易损性和容量这 3 个关键要素的数据进行整合，提供一个全面的视角来帮助理解和评估特定地区的水灾风险。这种评估不仅考虑了洪水发生的可能性，还考虑了洪水发生时可能受到的影响以及地区应对洪水的能力，从而为决策者提供了一个更为精确的风险画像。

在进行综合风险评估时，首先需要将各个要素的数据进行标准化处理，以便它们可以在相同的尺度上进行比较和整合。例如，洪水暴露可以根据历史洪水事件的频率和强度来量化，易损性可以根据建筑物的脆弱性和人口的社会经济特征来评估，而容量则可以根据地区的防洪措施和经济资源来衡量。这些数据可以通过地理信息系统进行空间分析和建模，以生成综合的风险评估图。

综合风险评估的结果通常以地图的形式呈现，其中，不同的颜色或符号代表不同程度的风险。例如，高风险区域可能用红色表示，中等风险区域用黄色表示，低风险区域用绿色表示。这种视觉化的方法使得决策者和公众能够直观地识别出哪些区域面临更高的洪水风险，从而采取相应的应对措施。

此外，综合风险评估还可以帮助决策者在多个层面上进行规划和资源分配。在区域规划中，可以识别出需要加强防洪措施的区域，或者在土地利用规划中避免在高风险区域进行建设活动。在应急管理方案中，可以确定哪些区域需要优先使用救援资源和执行疏散计划。在基础设施投资决策中，可以优先考虑在易损性高和容量低的区域进行防洪工程和预警系统的建设。综合风险评估还有助于提高公众对洪水风险的认识。通过公开发布洪水风险图，可以教育公众了解他们所在地区的洪水风险并鼓励他们采取适当的个人防护措施，如购买洪水保险、准备应急物资或参与社区防洪计划。

随着气候变化和城市化的影响，洪水风险可能会随时间而变化。因此，综合风险评估是一个动态的过程，需要定期更新以反映新的风险数据和变化的环境条件。通过持续监测和分析，洪水风险图可以保持其准确性和相关性，为决策者提供及时的风险信息。

9.3　小　　结

本章节深入介绍了气象大数据在医疗健康和保险领域的多方面应用。通过对这些领域的分析，可以看到气象数据的实际应用价值及其对社会经济活动的深远影响。

在医疗健康领域，气象大数据的应用并不局限于传统的天气预报，更扩展到了疾病预防和健康管理方面。通过分析气象因素如温度、湿度和气压等与健康状况的关系，研究人员能够更好地理解某些疾病的发生模式，并为公众提供基于气象条件的健康建议。此外，人体舒适度指数的开发和应用，为改善人们的居住和工作环境提供了科学依据，从而提高人们的生活质量和工作效率。

在保险领域，气象大数据的应用效果同样显著。天气指数保险作为一种创新的风险管理工具，通过将赔付与客观的气象指数挂钩，简化了理赔流程，提高了保险服务的效率和透明度。此外，通过洪水风险图和巨灾风险平台等工具，保险公司能够更准确地评估和管理与气象相关的风险，为政府和公众提供宝贵的灾害预防和应对资源。

气象大数据的深入应用不仅促进了医疗健康和保险行业的发展，也为公众提供了更多的保障和便利。随着技术的进步和数据分析能力的提升，预计未来气象大数据将在更多领域展现出更大的潜力和价值。

9.4　习　　题

一、选择题

1. 气象大数据在医疗健康领域的应用主要包括（　　）。

A. 人体舒适度指数的应用　　　　　　B. 疾病发病条件的分析

C. 气象疾病的研究　　　　　　　　　D. 所有选项

2. 天气指数保险的赔偿金额是基于（　　）来确定的。

A. 实际损失　　　B. 特定的气象指标　　　C. 政府补贴　　　D. 保险公司的财务状况

二、简答题

1. 描述人体舒适度指数在医疗健康领域的应用。

2. 解释天气指数保险的工作原理及其优势。

第 4 篇
气象大数据未来展望

第 10 章　气象大数据的未来发展

在大数据时代的推动下，气象学领域迎来了前所未有的变革和发展。气象大数据作为一种新型数据资源，深刻影响着天气预报、气候研究、灾害预警、农业管理、交通运输等多个行业和领域的决策和服务能力。通过先进的数据采集技术和计算方法，气象数据的种类、数量和质量都在迅速增加，这不仅推动了传统气象科学的进步，也促使气象数据在更多应用场景中发挥重要作用。2024 年，中国气象局印发《气象数据要素市场化配置机制建设工作方案（2024—2025 年）》，旨在安全有序地推进气象数据市场化配置，激活其价值潜力，于 2025 年底建立基础制度，构建数据授权运营和流通监管平台，完善关键流程，为气象数据市场化奠定基础。未来，气象大数据将会走向市场化，气象大数据的应用场景将会得到充分的拓展，这足以说明气象大数据未来发展的潜力。

10.1　气象大数据的发展趋势

气象大数据记录了地球大气的物理状态。气象数据的应用早于大数据理念的提出，早期的气象数据主要用于查询、预报产品制作和数据分析，并服务于数值分析、气象灾害风险评估等，涉及海洋、农业、交通等多个行业，可见气象大数据的应用已深入多个领域。随着大数据技术的发展，气象数据的分析和挖掘变得更加深入和高效，创造了更多的价值。气象大数据的应用特点包括：数据量大且来源多样化、数据的实时性强、涵盖多维度和多时空特征、处理和计算要求高、具备数据驱动的决策支持、能够通过可视化工具展示复杂数据、通过开放数据实现数据共享和跨行业合作，这些特点反映了气象大数据在现代气象学中的核心地位。

因此，如何科学合理地收集、保存并最大化利用这些数据，已成为气象大数据领域面临的首要任务。由于气象大数据的收集与存储不仅需要专业人才和技术支持，而且成本极高，因此如何有效地管理这些数据变得尤为关键。有效的气象大数据管理不仅依赖于高性能的计算资源和存储解决方案，还需要先进的数据治理方法和精确的数据处理技术。

10.1.1　气象部门高度重视

气象部门不仅是气象大数据的拥有者和提供者，同时也是这些数据的主要用户，这使其在数据管理和应用方面肩负更大的责任。这些部门具有独特的优势，如掌握丰富的专业知识、拥有先进的设备和技术能力，因此在应用大数据时应当充分发挥这些优势。

气象部门一般通过集约化管理来优化资源配置和业务流程，以促进业务现代化与产业结构的发展。这不仅有助于提高对政府决策和公共服务的支持能力，还能有效应对气候变化等全球性挑战。气象大数据的发展，因其在经济和社会领域的重要性，必然成为气象部门的工作重点。

10.1.2　政策支持

在数字化转型的大背景下，气象大数据已成为推动经济和社会发展的关键资源。中国气象局积极推动气象大数据的开放共享与开发利用，通过一系列政策文件和行动计划，不断促进气象大数据的发展和应用。

在地方层面有许多促进气象大数据应用的典型案例。例如，2023 年深圳市政府印发了《深圳市加快推进气象高质量发展的若干措施》，提出到 2025 年，基本形成以"全灾种监测、全时域响应、全行业研判、全周期服务、全方位赋能"为特征的数智气象服务体系，以服务"五个中心"建设。2024 年，北京市中关村科学城管理委会发布了《中关村科学城人工智能全景赋能行动计划（2024—2026 年）》，将"基于人工智能大模型技术实现精细化降水预报，辅助气象决策服务，提升气象预报准确性和及时性"列为重点任务之一。

综上所述，气象大数据的发展趋势表明，国家层面的政策支持和地方层面的创新实践正在共同推动气象大数据的发展，以便使其更好地服务于经济社会的高质量发展。这些政策和行动计划的实施，不仅提高了气象服务的质量和效率，也为气象大数据的商业化和市场化提供了良好的环境和条件。随着技术的不断进步和应用的不断深入，气象大数据将在更多领域发挥重要作用，为经济社会发展贡献更大的力量。

10.1.3　协调发展

协同作用涉及多个不同资源或实体的整合，以实现共同的目标。这种整合体现了在整体发展中各部分的协调与合作，通过这种相互作用，可以产生推动力，促进各方面的共同进步。在气象大数据的背景下，传统的单一数据源已无法满足全面信息的需求。为了构建一个全面的大数据体系，需要打破部门间的信息壁垒，整合来自不同来源和形式的数据。此外，为了实现气象业务、科研、服务和管理之间的高效协作，以及气象系统与经济社会系统之间的有效对接，必须消除信息孤岛，优化业务流程，通过数据开放共享，改变传统的信息处理方式，推动数据的创新应用，实现数据的实时更新和共享，建立和完善元数据体系，并进行跨学科的数据整合分析，以提供更全面、更精确的气象服务。学术研究普遍认为，这些措施对于推动气象大数据发展至关重要，对于提升科学决策和社会服务水平具有重要意义。

为了建立一个有效的数据共享体系，需要遵循的步骤是：首先，制订跨部门协同的顶层设计方案；其次，利用大数据分析技术进行信息共享需求分析；第三，通过大数据技术降低协同成本，打破部门利益局限；第四，建立基于大数据的气象资源数据库，提高数据的利用率和共享率；最后，利用大数据技术优化跨部门工作流程，实现业务流程一体化。通过这些步骤，可以构建一个更加高效、协同的数据共享体系。

10.1.4　多方位数据来源

在气象数据的获取方面，传统的气象站、卫星和雷达等观测设备虽然提供了大量数据，但它们的局限性在于数据的单一来源和有限覆盖范围，无法全面反映多样化的气象现象。随着科技的进步，尤其是信息化和数字化技术的发展，气象数据的获取方式发生了根本性的变化。如今，多方位的数据来源成为气象数据发展的新趋势，促进了气象服务的精确度和广泛性。

多方位数据来源的实现依赖于智能终端和物联网技术的广泛应用。通过在城市和农村地区广泛部署各种传感器和智能设备，如温度计、湿度计、风速仪和物联网摄像头等，可以实时获取大量关于气象状况的即时数据。这些传感器设备能够提供高密度、高频率的观测数据，弥补了传统气象站在空间覆盖上的不足。此外，移动终端如智能手机和平板电脑上的气象应用也能够上传用户所在地的实时气象信息，进一步丰富了数据的多样性和时效性。

同时，气象数据的多方位获取也可以通过社交媒体和互联网用户生成内容（User Generated Content，UGC）进行扩展。随着社交媒体平台的普及，用户在平台上分享的天气图片、视频和文字描述成为气象数据的新来源。通过自然语言处理和图像识别等技术，可以自动从这些用户生成的内容中提取出有价值的气象信息，实时反映局地的天气变化情况。这种方式不仅增加了数据的时空分辨率，还使气象数据能更好地反映人们的真实感受和体验。

此外，多方位数据来源还包括与其他相关部门的数据共享与合作，如图 10-1 所示为数据共享体系流程。例如，环保部门的空气质量监测数据、交通部门的路况信息、农业部门的土壤湿度数据等，都是与气象密切相关的重要数据源。通过跨部门的数据整合，可以形成一个更加全面的环境监测系统，提升气象预报的精准度。例如，结合水利部门的水文数据和气象数据，可以更准确地进行洪涝灾害的预报；整合农业部门的农田信息和气象数据，可以优化农作物种植决策和病虫害防治。

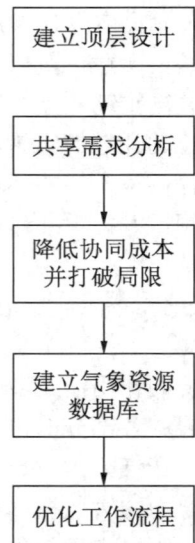

图 10-1　数据共享体系流程

10.1.5　创新驱动发展

创新是推动气象大数据发展的关键因素。创新的本质在于突破旧的思维定式和常规戒律，通过新发现、新方法、新技术，推动气象与经济社会的融合，发现新知识，创造新价值，形成新业态，同时有针对性地寻找并拓展新的数据资源，合理运用大数据技术，推进创新的不断实现。

随着云计算、物联网、数据挖掘、人工智能、移动互联网等技术的迅猛发展，气象数据的处理和分析能力得到了显著提升。云计算提供了强大的计算资源和数据存储能力，能够支持对海量气象数据的实时处理；物联网技术则拓展了数据采集的空间和维度，使得气象观测更具全面性和及时性；数据挖掘和人工智能技术能够从海量的气象数据中挖掘出隐藏的规律和模式，自动生成预报模型并进行优化。通过这些先进技术的集成应用，气象数据的处理速度和精度得到了极大的提升，预报的准确性和极端天气事件的预警能力也显著增强。创新技术在气象大数据中的应用也进一步说明了气象大数据的社会价值和应用潜力。

10.1.6　跨界发展

大数据之所以备受关注，根本原因在于其具有巨大的潜在价值，大数据分析与挖掘技术作为探测数据价值的关键手段，在大数据研究中具有重要的地位且在相关分析的研究中受到更广泛的关注和重视。通过深度挖掘数据价值和强化相关性研究，可以比以前更容易、更快捷、更清楚地分析事务。因此，对气象数据来说，寻找与气象相关性强的事物来应用、深度挖掘气象数据的潜在价值是气象数据应用的关键点，也是创新的切入点。

气象大数据的发展显示出跨学科合作的重要性。近年来，越来越多的研究将气象学与计算机科学、数据科学、地理信息系统、环境科学等领域结合起来。通过这种跨学科的合作，可以开发更为强大的气象应用，并将气象数据的应用范围扩展到医学、外卖、农业等更多领域。例如，在医疗领域，气象大数据为医学气象学的发展提供了丰富的数据基础，通过分析气象条件与健康数据，如高血压、呼吸道感染等病情变化之间的关系，可以预测疾病的发病趋势，进而向用户提供个性化的气象与健康建议，提升预警和防护效果。在外卖行业，恶劣天气不仅影响配送效率和食物质量，还会威胁配送员的人身安全。通过气象大数据技术，可以为外卖行业提供精细化的气象服务，及时预警极端天气条件，保障配送人员和食物的安全，减少损失。在农业领域，气象灾害对农业生产的影响显著，气象大数据与农业大数据的结合可以为农业生产提供专业化的服务，包括重大自然灾害的监测和预警，提高农业灾害防御能力，促进农业现代化发展。因此，气象大数据在各个领域的应用显著增强了其行业服务能力，推动了社会化发展。这种多领域的合作，不仅提升了气象数据的利用效率，还推动了相关领域的创新发展。

大数据以及遥感技术的发展使得困扰专业气象服务的资料问题逐步得以解决，为跨界发展提供了可能。

10.1.7　商业化发展

随着气象大数据逐渐被广泛应用于商业领域，其商业化发展呈现出显著的增长趋势。气象数据不仅可以为农业、服务业等传统行业提供有力的支持，还可以为各类新兴产业提供定制化的气象服务，帮助这些行业更好地应对天气变化带来的挑战，从而保障财产安全和运营效率。因此，气象数据本身具备相当大的商业价值，并引发了越来越多的市场参与者的关注。

目前，专业气象服务提供商通过有偿的气象数据服务，为不同行业提供精确的数据分析和预报服务。例如，在农业领域，气象数据的需求极为庞大，农民需要精细化的天气预报信息来指导播种、灌溉、施肥和收割等农业活动。在服务业，旅游公司、航空公司、物流公司等都需要气象数据来优化运营，提升客户体验。随着这些行业的不断发展，气象数据的商业化应用需求不断增加，迫切需要建立新的法律和政策框架，以确保气象服务提供者和使用者之间的利益平衡，保障双方的合法权益。

商业化发展的一个关键挑战是，如何在盈利目标和数据开放之间取得平衡。不同的行业对气象数据的内容和精度要求各不相同，如何满足这些差异化的需求，同时保护数据隐私和安全，是未来需要解决的核心问题之一。2022 年，全球数据总量已达到 8.5ZB（泽字节），并且这一数字仍在迅速增长。数据量的飞速上涨反映了气象数据在各行业中的重要性和价值。为了进一步推动气象大数据的发展，构建庞大且高效的气象数据库至关重要。这不仅有助于提升气象预报的精确性，还能够支持各行业在应对气候变化和极端天气事件中的决策和行动，从而促进气象大数据在更广泛领域的应用和发展。

10.1.8　定制气象服务

气象大数据的商业化进程自然催生了定制化气象服务，这类服务不仅具有广阔的市场空间，还能够为各行各业提供个性化的解决方案，满足不同行业对气象信息的特定需求。事实上，气象数据已经成为许多行业不可忽视的关键因素。"靠天吃饭"的行业不仅仅局限于农业。其他行业同样需要依赖准确的气象预报信息来优化其运营和管理。例如，游乐场可以通过定制化的气象服务提前了解天气变化情况，从而合理预测客流量，优化活动安排，调整演出计划，进行有效的排班和设备维护。气象信息可以帮助游乐场提升运营效率，降低因恶劣天气带来的损失。

外卖行业同样受益于定制化的气象服务，通过天气数据的分析和预测，外卖平台可以合理规划配送员的配送路线，有效缩短其配送时间，提高配送效率，并根据天气变化情况动态调整物流运力，从而降低因天气因素导致的运营成本和风险。此外，其他行业如航空、物流、零售业等，也可以根据气象数据进行风险管理和资源优化。找准各行业与气象大数据的结合点，开发有针对性的定制气象服务，能够创造巨大的经济价值和社会效益。

实际上，以前就已经有基于气象数据的定制服务的实践案例。例如，2006 年，一家国外的气象信息服务公司通过整合气象数据、天气模拟、植物结构分析和土壤数据，为农民提供定制化的农作物保险服务，大大提高了农民应对气象风险的能力。另外，世界领先的物流公司敦豪快递利用气象数据进行全球运输规划和风险管理，为其运输网络提供可靠的气象保障服务。SEARS 零售公司通过对全国范围内天气信息的实时监控，来确保各地门店的库存管理和供应链的稳定。这些案例充分展示了气象大数据在不同领域的应用潜力和巨大的商业价值。

10.1.9　人工智能与气象大数据的有机结合

数值预报技术自其诞生至今已走过了百年的历程，它在近半个世纪里极大地推动了大气科学领域的快速发展，并已成为现代天气预报的主导模型。在某些特定情况下，人工智能在预报的准确性上超越了传统的数值预报，这不禁引发了气象学界的深思：这一历经时间考验的经典预报方法，是否将被新兴的人工智能技术所超越甚至完全取代？中国气象局上海台风研究所副所长黄伟提出，在未来可预见的时间里，将人工智能气象预报与传统数值预报相结合，可能是使预报技术突破的最有效的途径。数值预报与人工智能之间存在天然的协同效应，数值预报能够通过物理和数学理论提供具有解释性的预测结果，而人工智能则能够利用其丰富的知识库和经验来提高预报的计算速度与精度，两者的互补可能是未来气象预报发展的关键。

作为当前科技领域的领军者，人工智能被视为一种有可能彻底改变大气科学领域的新兴力量。然而，人工智能在可解释性和可信度方面仍然存在不足。所谓的"黑盒"式人工智能模型能够直接从海量数据中提取信息，不需要遵循物理定律，这导致气象学家难以理解其做出预报的逻辑基础。相比之下，传统的数值预报方法基于坚实的气象动力学理论，通过数学表达式和偏微分方程的积分求解，再结合流体力学的编程技术，能够提供高度可信和可解释的预报结果，这对于提高人工智能方法的透明度和可靠性而言是一个不可或缺的补充。因此，将数值预报的深度和人工智能的广度结合起来，是推动气象预报技术向前发展的关键策略。

10.2　气象大数据应用展望

社会的进步、科技的进展以及用户需求的不断变化，给未来的气象应用服务带来了新的挑战与机遇。尤其是"大数据"概念的提出，可以说突破了现有专业气象服务的局限性，增强了气象与各行各业深度融合的可能性，甚至包括那些以往被认为与气象毫无关联的行业。尽管许多人不认同大数据时代"相关关系比因果关系更重要"的观点，但是这并不妨碍将大数据技术作为一种新工具，尝试拓展气象服务的边界。

10.2.1　气象与行业融合

随着气象科学的发展和数据处理技术的进步，气象预报已经不再局限于天气预报这一单一领域。如今，气象科学与多个行业深度融合，推动着各个领域的创新与变革。这种"气象+行业"的模式通过利用气象数据和预报预测技术，以气象观探测装备（包括空基、天基和地基装备）为上游，以气象工程技术为中游，以气象信息服务行业为下游，帮助多个行业优化决策，降低风险，提升效率，流程图如图 10-2 所示。气象与其他领域的结合带来了前所未有的机会，各个领域正在积极拥抱气象科学，为应对气候变化及其带来的不确定性提供了新的解决方案。下面将从农业、交通、能源、航空、国防、文旅、医疗和保险 8 个角度探讨"气象+行业"在不同领域的未来应用与发展。

1．气象+农业

随着气象科技的发展，气象大数据在农业中的应用越来越广泛，特别是在农业 4.0 时代，气象数据不仅能帮助农民优化生产决策，还将在农业风险管理、病虫害防控和农田灌溉等领域发挥重要作用。2023 年 12 月 12 日，中国气象局发布了《全国智慧农业气象服务能力提升行动指南（2024—2027 年）》，明确到 2027 年将初步构建多场景的农业气象业务技术体系。这充分体现了国家政府机构对"气象+农业"发展的高度重视。下面从几个方面探讨气象大数据在农业中的未来结合点。

1）精准农业

精准农业是指利用现代信息技术，实现农业生产的精细化管理。气象大数据在精准农业中的应用，可以通过分析气候模式、土壤湿度、作物生长周期等数据，为农业生产提供精确的种植建议、灌溉计划和施肥方案。未来，气象大数据将与物联网、人工智能等技术更深度地融合，实现更加智能化的精准农业服务。例如，通过部署在农田的传感器和气象站，实时收集气候和土壤数据，结合大数据分析和机器学习模型，自动调整灌溉系统和施肥量，实现作物生长的最优管理。

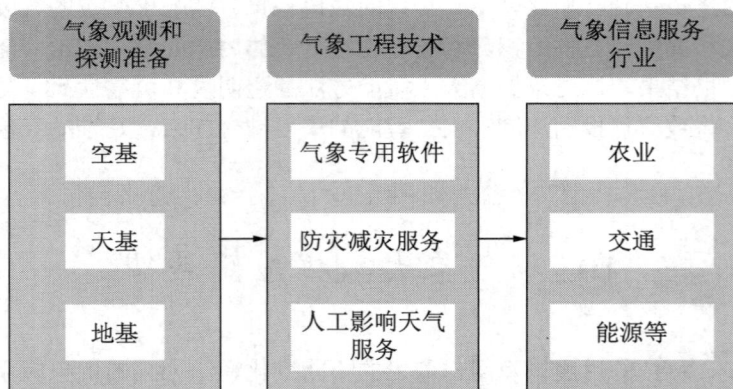

图 10-2　"气象+行业"模式流程图①

2）农业气象灾害预测与风险评估

农业气象灾害预测与风险评估是指利用气象数据来预测可能对农业生产造成损害的极端天气事件，并评估这些事件对农业生产的影响。未来，气象大数据将结合更先进的数值预报模型和机器学习算法，提高灾害预测的准确性和时效性。此外，通过构建多维度的农业气象灾害风险评估模型，可以为农业保险、政策制定和应急管理提供科学依据。中国气象局正在推进智慧农业气象服务能力建设，计划在四年内初步构建多场景业务技术体系，包括农业气象观测、农业气象灾害风险预警等。

3）作物病虫害预测

作物病虫害预测是指利用气象数据和生物模型预测作物病虫害的发生趋势。气象条件如温度、湿度、降水量等对病虫害的发生和传播有重要影响。未来，气象大数据将结合遥感技术、图像识别和机器学习等技术，实现对农作物病虫害的早期识别和实时监测。通过分析历史气象数据和病虫害发生数据，建立预测模型，提前预警可能发生的病虫害。

4）农业保险

农业保险是一种风险管理工具，旨在保护农业生产者免受自然灾害和市场波动的影响。气象大数据在农业保险中的应用可以帮助保险公司更准确地评估风险，设计保险产品并确定保费。未来，气象大数据将与保险科技（Insurance Technology，InsurTech）结合，通过实时数据分析和预测模型，提供个性化的保险解决方案。例如，基于气象指数的保险产品可以根据实际天气情况自动调整保费和赔付情况。

5）农产品质量与安全

农产品质量与安全是指确保农产品在生产、加工、运输和销售过程中符合一定的质量标准和安全要求。气象大数据可以通过分析气候条件对农作物生长的影响来评估农产品的质量和安全性。未来，气象大数据将与区块链、物联网等技术相结合，实现农产品

---

① https://www.huaon.com/channel/trend/1014193.html。

从田间到餐桌的全过程追溯。通过实时监测气候条件和农作物生长状况，确保农产品质量的稳定性。

6）农业供应链优化

农业供应链优化是指通过优化农业生产、加工、运输和销售等环节，提高效率，降低成本，保证农产品的稳定供应。气象大数据可以帮助预测作物的产量和收获时间，优化库存管理和物流计划。未来，气象大数据将与人工智能、物联网等技术结合，实现农业供应链的智能化和自动化。通过实时监控气候条件和市场需求来动态调整供应链策略，提高农业供应链的响应速度和灵活性。

7）智能农业决策支持系统

智能农业决策支持系统是指利用信息技术和数据分析工具，为农业生产提供科学决策支持。气象大数据可以提供实时的气候信息和预测，帮助农业生产者做出更佳的决策。未来，智能农业决策支持系统将更加依赖气象大数据，通过深度学习和人工智能技术，其可以提供更加精准和个性化的决策建议。例如，根据农场的地理位置、农作物的种类和生长阶段提供定制化的种植、灌溉和收获建议。

2. 气象+交通

随着智能交通系统的发展，气象大数据在交通领域的应用日益重要，特别是在未来智慧城市、自动驾驶和交通管理中，气象信息的精确预测和实时分析对于提升交通安全性和效率至关重要。气象大数据能够帮助交通管理部门预测恶劣天气对交通的影响、优化路线规划、提升应急管理能力，还能为自动驾驶提供重要的数据支持。下面将从几个方面探讨气象大数据在交通领域中的未来结合点。

1）交通管理

在未来的智能交通系统中，实时的气象预警系统将成为交通管理的重要组成部分。通过高精度的气象数据，交通管理部门可以在极端天气条件下进行提前预警，如暴雨、积雪、冰冻、大雾等，及时采取应对措施，保障交通安全。未来，高精度气象预测会与智能交通系统高度融合，融合后的系统通过全国范围内的气象大数据平台实时获取道路气象情况，结合交通数据（如道路拥堵状况、车流量等）预测交通趋势。我国多个大城市已开始布局这一系统，特别是在极端天气频发的地区，这类系统可以帮助交通管理部门提前关闭道路、规划分流路线，从而减少因天气恶化导致的交通事故。例如，北京市已启动了一项基于气象大数据的交通预警系统，结合实时的气象观测和预测，可以提前对高速公路、城市主干道进行管控。该系统在暴雪、暴雨天气中发挥了重要作用，有效减少了交通事故的发生。

2）自动驾驶

自动驾驶技术的迅速发展使车辆对道路信息的获取和处理要求越来越高，但恶劣天气（如大雨、浓雾、积雪等）对自动驾驶传感器的干扰较大，气象大数据可以帮助自动驾驶车辆实时调整驾驶策略，确保行车安全。未来的自动驾驶系统将不仅依赖摄像头和雷达等传感器，气象数据将成为系统的重要补充。当天气状况不利于传感器工作时，气象大数据能够提供准确的天气信息，如路面湿滑程度、能见度变化等，从而帮助车辆驾驶人员调整车辆速度、变换路线或暂停行驶。

3）实时天气导航

对于公交车、出租车以及私家车驾驶人员来说，实时的天气导航可以帮助他们选择更安全和畅通的出行路线。通过气象大数据与导航系统的结合，他们不仅可以获知交通拥堵情况，还能获知未来几小时内天气变化对路况的影响情况，帮助其合理安排出行时间和路线。未来的导航系统将不仅仅依赖于地图数据，还会充分利用气象大数据。例如，当导航系统预测前方路段有大雾、冰雪或积水时，它会自动为驾驶人员推荐避让恶劣天气的替代路线，或提醒驾驶人员降低车速，这种融合将显著提高车辆行驶的安全性，特别是在高速公路、山区道路等危险区域。

4）道路维护

气象大数据还能在交通基础设施维护中发挥重要作用，特别是对道路积雪、结冰等情况的实时监控和预警，能够帮助道路维护人员提前做好应对准备，确保道路的畅通和安全。未来，气象大数据将与道路监测系统紧密结合，通过传感器和气象数据的融合，实时监控道路的积雪、结冰情况，自动触发除雪车和撒盐车的作业，特别是在寒冷的冬季，高速公路和城市快速路上往往因为积雪和结冰导致交通瘫痪，气象大数据可以提前预测道路危险情况并迅速响应维护需求。

5）应急交通管理

恶劣天气往往伴随交通事故和突发事件的增加，交通管理部门需要迅速调度资源进行应急响应。气象大数据可以帮助部门提前做好应急预案，合理调度救援车辆，保障交通的快速恢复。未来，气象大数据将与智能交通调度系统深度融合。当发生极端天气时，系统可以基于气象大数据分析道路条件，合理安排应急救援车辆的路线，提前避开封闭路段和危险区域，最大化救援效率。同时，系统可以实时向公众发布天气预警信息，引导车辆避开危险路段，减少因恶劣天气引发的二次事故。

6）共享出行与网约车平台

在恶劣天气条件下，网约车的需求往往会激增，平台可以通过气象大数据提前预测需求变化，合理调度车辆，调整价格策略，确保用户能够及时乘坐车辆。未来的共享出行和网约车平台将与气象大数据系统无缝对接。当天气预报显示即将有暴雨或大雪时，平台可以提前增加车辆供给，调整定价策略，以应对因天气变化而激增的出行需求。此外，平台还能向用户提供个性化的出行建议，避免恶劣天气中的长时间等待。

3．气象+能源

随着全球能源需求的增长和对可再生能源的依赖增加，气象数据已成为优化能源生产、传输和使用的关键因素。尤其是在风能、太阳能等可再生能源领域，气象大数据能够帮助能源管理部门预测发电能力、优化电网调度、降低能源消耗。如今，"气象+能源"已成为新质生产力的一部分，2024 年 8 月 31 日，中国气象局与中国华能集团有限公司在北京签署战略合作框架协议，促进了"气象+能源"的深度融合。下面从几个方面探讨气象大数据在能源中的未来结合点。

1）可再生能源发电

气象大数据对可再生能源的发电优化至关重要，尤其是风能和太阳能，它们的发电能力直接受到天气状况的影响。高精度的气象预报和数据分析可以帮助能源管理部门预测未来的风速、太阳辐射强度等关键因素，从而优化发电效率，平衡能源供应与需求。未来，通过整合气象大数据与发电预测模型，能源公司能够提前预测未来的发电能力。例如，在风力发电中，精确的风速预测可以帮助管理者调整风机的运行模式，提高风能利用效率。

同样，在太阳能发电中，气象大数据能够预测云层的覆盖程度、太阳辐射的强度等，帮助太阳能发电站优化发电效率。

2）智能电网

智能电网是未来能源管理的核心，气象大数据在电网调度、能源储存与分配中的作用至关重要。通过实时进行气象数据分析，电网管理者可以预测能源需求波动，提前调整能源分配策略，确保供电的稳定性和可靠性。未来，气象大数据与智能电网将深度融合，可以提高电力负荷预测的准确性。例如，气温升高往往伴随着空调使用量的增加，电网的负荷将迅速上升。通过气象数据的预测，电网调度中心可以提前安排电力的调度与分配，避免供电紧张和电网崩溃。此外，在风能和太阳能等波动较大的能源供应情况下，气象数据有助于平衡能源生产和需求，保障电网的稳定运行。

3）能源储存系统

由于可再生能源的波动性较大（如风电和光伏发电在天气变化时存在发电不稳定性），通过气象大数据预测未来的天气情况，能源管理系统可以提前调配储能设备，确保能源供需平衡。未来，储能系统（如电池、抽水蓄能等）可以根据气象预测数据，在发电过剩时进行储能，而在发电不足时释放储能。气象大数据可以帮助储能系统优化充放电计划，提高能源利用效率，降低能源浪费。例如，在太阳能发电较为集中的中午，气象预测可以提前安排储能，而在日落后，当光伏发电减少时，储能系统可以补充供电。

4）极端天气下的能源安全保障

极端天气事件，如台风、暴雨和暴雪等，往往会对能源基础设施造成严重影响。通过气象大数据分析，能源公司可以提前部署防灾措施，减少极端天气对能源基础设施的破坏，并确保在灾害期间能源供应的稳定性。未来的气象大数据能够帮助能源公司制订更加科学的极端天气应急预案。在台风来临前，通过气象预测，能源公司可以提前采取防风加固、应急能源储备等措施，确保发电设备和输电线路的安全。例如，在暴风雪预警情况下，电网公司可以提前准备应急抢修队伍和物资，缩短因暴雪导致的电力中断的时间。

5）风电场与光伏电站选址

风电和光伏项目的选址对于发电效率至关重要。气象大数据通过对长期的气候和天气数据进行分析，能够帮助能源公司选择最优的风电和光伏项目实施地址，提高项目的经济效益和发电稳定性。气象大数据可以基于多年风速、日照、温度等数据，帮助能源公司在规划新建风电场和光伏电站时选择最优地址。在风电场选址中，气象数据能够精确预测某一区域的长期风力情况，确保风力发电机在最佳风速范围内运行；在光伏电站选址中，气象数据可以提供最优的太阳能辐射分布情况，帮助确定高效率的发电区域。

6）未来家庭能源管理

智能家居系统可以利用气象数据优化家庭的能源使用策略，提高能源效率，降低能耗。未来，通过接入气象大数据，智能家居中的空调、采暖、照明等系统能够根据外部天气条件自动调整运行模式。例如，在夏季高温来临前，系统可以提前启动空调制冷模式；在冬季寒流到来时系统会提前开启采暖系统，确保室内温度的稳定。同时，这类系统还能够根据日照强度提高家庭中的光伏电池储能效率，优化家庭用电。

4．气象+航空

气象大数据在航空领域具有广泛的应用前景，尤其是在飞行安全、航线优化、燃油效率提升等方面，气象大数据已成为航空业不可或缺的工具。航空领域的复杂性要求精确的气象预报和实时数据，以确保飞行安全并优化运营效率。以下是气象大数据在航空领域未来结合点的介绍。

1）航线优化与燃油效率提升

航空公司可以通过整合气象大数据来优化航线规划，从而降低燃油消耗、缩短飞行时间并提高运营效率。不同的气象条件（如风速、气压、气温等）对飞行路径和燃油消耗有直接影响，利用实时的气象数据，航空公司可以选择最优的飞行路径，减少不必要的绕行。使用气象大数据，未来，航空公司能够更好地动态调整飞行路径，避开恶劣天气并利用有利的气流减少燃油消耗。例如，强劲的尾风可以帮助飞机节省燃油，而避免逆风飞行并减少燃油消耗。通过气象数据的实时分析，航空公司可以规划出最节省燃油的航线，特别是跨洋航班中，这种优化尤为关键。

2）飞行安全的气象预警

气象大数据在提升飞行安全方面起着重要作用，特别是在应对极端天气事件时更为关键。例如，雷暴、冰雹、风切变、积冰等天气现象会对飞行安全构成威胁，而气象大数据能够通过实时预测和预警，帮助飞行员和空中交通管理系统及时做出应对，从而确保飞行安全。未来，可以利用气象大数据来分析历史气象模式和实时雷达数据，预测可能的风切变或雷暴出现区域。在飞机进入这些区域前，气象预警系统可以提前提醒飞行员，确保飞机能够及时调整高度或航向，降低危险天气带来的风险。

3）机场运营的天气影响与应对

机场的正常运行受到诸多天气因素的影响，例如大雾、暴雨、雷暴等都会导致航班延误甚至取消。通过气象大数据的精确分析，机场运营管理者可以提前做出决策，最大限度地减少天气带来的影响。未来，气象大数据可以帮助机场运营管理人员提前规划应急预案，并在恶劣天气条件下快速调整。例如，低能见度导致的跑道关闭或航班延误，利用气象数据能够帮助管理人员实时调整起降计划，避免大规模航班积压。此外，通过气象数据的提前预警，机场可以及时安排除冰车、清扫车等设备应对极端天气。

4）无人机和城市空中交通

随着无人机和城市空中交通（Urban Air Mobility，UAM）的快速发展，气象大数据在这些新兴领域中的应用也在快速增长。无人机飞行高度较低，受天气变化影响较大，精确的气象数据对无人机安全飞行至关重要。尤其在城市环境中，局部的天气变化（如风速、气压等）可能会对无人机和空中交通造成重大影响。未来，城市空中交通和无人机系统可以通过实时的气象大数据进行飞行路径调整，规避恶劣天气，减少事故风险。例如，局部风暴、强风和雨雪天气可能会影响无人机的飞行稳定性和导航精度，通过气象数据，系统可以为无人机实时提供优化的飞行路线。

5）航空环保减排

在全球推动环保减排的背景下，航空业面临着减少碳排放的巨大压力。气象大数据能够帮助航空公司通过优化航线、减少绕飞等手段显著降低燃油消耗，进而减少温室气体排放。通过实时气象数据分析，航空公司可以调整飞行高度和路线，减少不必要的绕飞和逆风飞行，从而减少燃油消耗和碳排放。例如，航空公司可以通过气象数据调整飞机的巡航高度，使飞机在空气密度较低的高空中飞行，减少空气阻力，节省燃油。

6）飞行培训和模拟

飞行员的训练不仅涉及基本的飞行操作技能，还要学习如何应对不同的气象条件。通过气象大数据，飞行模拟器可以构建出各种真实的天气场景，使飞行员在培训时能够更好地应对实际飞行中的复杂气象状况（如强风、暴雨、雷暴等），提高飞行员的应急处理能力。

5. 气象+国防

气象大数据在现代国防中具有重要的战略和战术意义，随着军事技术的发展，气象信息的准确性和时效性成为影响战场胜负的关键因素之一。从战略规划、战术行动到军事装备的使用，气象数据不仅影响军事行动的执行，还对国家防御系统的运行产生深远影响。以下是气象大数据在国防领域的未来结合点介绍。

1）军事行动中的气象预报与决策支持

在现代战争中，精准的气象预报可以为指挥官提供重要的决策支持，帮助他们更好地规划军事行动，选择最佳行动时间与路线。未来，气象大数据将会与军事作战指挥系统深度融合，为决策提供精准的气象支持。例如，在空中打击行动中，实时的气象数据可以帮助指挥官决定最佳的攻击时间，避免因恶劣天气而导致任务失败。

2）军事装备性能与天气条件的适应性优化

气象条件对各种军事装备（如战斗机、坦克、舰艇、导弹系统等）的性能有直接影响，气象大数据可以帮助军方在不同天气条件下优化装备。未来，气象大数据将用于改进装备的气象适应性。例如，坦克在泥泞环境中容易受阻，导弹在强风条件下的打击精度可能会降低，而通过气象数据分析，装备的设计和使用策略可以针对不同气象条件进行优化。

3）军事通信与电子战

气象条件对军事通信和电子战的影响不容忽视，特别是在无线电波传输和雷达信号的反射中，气象因素起到了关键作用。未来，气象大数据将与军事通信系统和电子战系统深度融合。通过对气象数据的实时分析，通信设备和雷达系统可以根据不同的天气条件进行自动调整，确保信息传输的稳定性和战场感知的准确性。

4）无人机、无人作战平台

无人机和无人作战平台在现代军事中扮演着越来越重要的角色，但它们的运行高度较低，容易受到气象条件的影响。通过气象大数据，军方可以在无人机任务规划中考虑风速、气压、湿度等因素，确保无人机的飞行安全并优化其作战效率。未来，无人机系统将会结合气象大数据智能地进行路径规划和任务安排。例如，气象大数据可以帮助无人机在恶劣天气下调整飞行高度，避开强风和暴雨区域，提高任务的成功率和安全性。

5）导弹防御

导弹防御系统依赖于精确的天气预报和实时气象数据。风速、温度和湿度等因素会影响导弹的飞行轨迹和命中精度。通过整合气象大数据，导弹防御系统能够更好地预测来袭导弹的轨迹，并提高拦截导弹的命中率。未来的导弹防御系统将会深度依赖气象大数据，以优化拦截导弹的飞行轨迹，确保其在复杂气象条件下依然能够准确命中目标。此外，气象数据还可以帮助国防系统更好地预测敌方导弹的飞行路径。

6）后勤保障与战场资源调度

军队后勤保障和战场资源调度也受到天气的极大影响，通过气象大数据，军方能够更加合理地安排资源调配，减少天气对战场后勤的负面影响。未来，气象大数据将用于优化军事后勤运输和物资供应，特别是在恶劣天气频繁发生的地区。例如，在极地或沙漠地区，军方可以根据气象数据调整物资的储备和分配方式，确保前线部队能够及时得到补给。

7）网络安全防御

气象条件也会对军事网络的安全性产生影响，通过气象大数据，军方可以在天气恶化时采取预防措施，确保网络防御系统能够稳定运行。未来，气象大数据将成为军事网络防御的一部分，帮助军方提前预知气象对网络设施的影响并采取相应的防护措施。例如，在即将到来的飓风或暴风雪中，网络防御系统可以提前启动应急预案，确保数据的安全性。

6.　气象+文旅

气象条件直接影响旅游体验和文旅活动的规划，通过精准的气象数据分析，文旅行业能够更好地应对天气变化情况，提升游客的体验，优化运营模式。目前，气象大数据已经成为文旅行业创新和优化的重要工具，未来将会发挥更为关键的作用，以下是气象大数据在文旅行业的未来结合点介绍。

1）智慧旅游中的气象服务

智慧旅游是旅游业未来发展的重要趋势，而气象大数据则是智慧旅游的重要组成部分。游客的出行决策、景区的运营管理都会受到天气的影响。通过气象大数据，旅游行业可以提供实时的天气信息，帮助游客提前规划行程，避免因突发天气状况导致的行程中断或安全隐患。未来，景区和旅游平台通过整合气象大数据将会为游客提供智能化的旅游规划建议。根据实时天气情况，平台可以推荐最佳旅游路线、景点参观时间以及替代方案，避免天气原因影响人们的出行体验。

2）景区管理的运营优化

景区的日常运营高度依赖天气条件，例如，恶劣天气会导致景区关闭或游客数量减少，天气良好时可能会出现游客过载现象。通过气象大数据，景区管理者可以更好地预测天气对游客流量的影响，并采取有效的措施优化景区的运营，确保游客安全。未来，景区将会全面整合气象大数据，实时分析游客流量与天气变化之间的关系。通过对气象数据的深入挖掘，景区可以更科学地安排工作人员的工作以及交通和基础设施的使用，提升运营效率。例如，当遭遇暴雨或高温天气时，景区可以根据气象数据调整开放时间或增加应急物资。

3）文旅活动的智能安排与安全保障

大型文化活动、节庆庆典、户外演出等文旅活动对天气条件要求较高，突如其来的天气变化可能会使活动取消或推迟，从而造成经济损失以及游客的不满。通过气象大数据，主办方可以根据气象条件合理安排活动时间，确保活动顺利进行并保障游客和参与者的安全。未来，气象大数据将深入应用于文旅活动的策划与执行中。例如，主办方可以提前获取高精度的天气预报，合理调整活动时间或设计出不同的应急预案，以应对可能出现的恶劣天气。

4）游客安全与气象应急响应

气象变化会对户外文旅活动的安全构成直接威胁，尤其是在山地旅游、海滨度假等天气敏感的旅游项目中，气象数据的及时性至关重要。通过气象大数据，景区和相关部门能够实时监控天气状况，提前发布预警，保障游客的安全。未来，气象大数据将与旅游应急响应系统全面结合。例如，在出现极端天气时，气象系统可以自动向景区和游客发送预警，启动应急预案，组织游客疏散，并安排后续的补救措施。

5）定制化旅游体验

未来的旅游市场越来越重视个性化服务，气象大数据将在定制化旅游体验中发挥更大的作用。通过分析游客的喜好和天气情况，旅游服务提供商可以为不同的游客群体设计出个性化的旅游方案。未来，旅游公司可以利用气象大数据与游客个人偏好相结合，定制个性化的旅游路线和活动。例如，晴天适合户外游览，雨天则推荐室内活动，通过气象数据的动态更新，旅行计划可以根据实际天气随时调整。

7. 气象+医疗

气象条件与某些疾病的发病率和传播有直接关系，结合气象大数据进行健康管理和医疗服务优化将成为未来的重要发展趋势。气象大数据可以预测流行病的爆发、改善疾病监控系统、优化公共卫生资源调度并提升健康保险精算和风险评估的精确度。以下是气象大数据在医疗领域的一些未来结合点的介绍。

1）疾病预测

气象条件影响呼吸道疾病、心血管疾病和其他与环境相关的疾病的发作。例如，寒冷天气容易导致流感或肺炎爆发，而空气湿度和温度对哮喘等疾病的发作有显著影响。未来，气象大数据与健康数据的结合，将帮助医疗机构提前预测在某些天气条件下高风险疾病的发作频率并进行提前预防和干预治疗。此外，医疗保险公司可以基于预测的数据，调整保费或提供更具针对性的健康管理服务。

2）健康保险风控

恶劣天气事件会增加医疗保险的理赔概率和赔付金，例如极端天气导致的灾害性疾病或事故可能会引发大规模的保险理赔需求。未来，健康保险公司可以通过对气象和健康数据的分析，推出按天气、地区定制的保险方案，或在特定时段提供附加健康管理服务，减少理赔风险。风险模型可以结合气象数据，在极端天气预警时自动触发保险合同，减少手动处理时间。

3）健康监控与预防

气象数据结合健康监测设备，可以帮助医疗机构实时监控患者的健康状况，尤其是对慢性病如高血压、哮喘和心血管疾病患者，能够通过气象数据的分析采取个性化的健康预防措施。例如，空气质量指数和温度变化可以提示医生采取相应的预防措施。同时医院和诊所可以根据天气变化的趋势提前安排诊疗计划，优化患者就诊流程。

4）流行病监测系统

流行病的传播与天气变化密切相关，气象大数据的分析将帮助公共卫生部门更好地监测流行病的扩散情况，预测疫情的高发区域，提前进行防疫准备和资源调配。例如，在湿热季节，登革热、疟疾等由蚊虫传播的疾病会大幅增加。通过对气象数据的分析，能够及早发现疫情扩散的潜在风险区域，从而提前部署疫苗和医疗物资，控制疫情的扩散。同时医疗保险公司可以利用这些数据调整理赔方案，针对高发地区推出特殊保险产品或健康服务。

5）医疗应急响应

在极端天气条件下，医疗机构的应急响应能力直接影响灾害应对的效率。通过气象大数据，医疗机构能够提前预测极端天气的发生，准备应急预案，包括人力、物资和药品的调配。此外，医保系统可以基于气象数据提前预测受灾人数，提前准备理赔流程，保障灾后受灾群众的医疗服务需求和保险赔付需求。

8．气象+保险

气象因素对许多保险业务的影响显著，包括财产保险、健康保险和汽车保险等。通过整合气象数据，保险公司不仅能够优化风险管理，还能提供更为精准的定价和服务，从而提升客户满意度与市场竞争力。以下是气象大数据在保险行业的未来结合点。

1）风险评估与定价模型

气象因素与保险风险息息相关。例如，极端天气事件如飓风、洪水和干旱会导致财产损失和保险理赔的激增。未来，通过气象大数据，保险公司可以对特定区域的风险进行深入分析，进而优化定价模型，设计更精准的保险产品和保费，还可以为低风险地区提供更具吸引力的保险方案，以吸引客户。

2）理赔流程的自动化与优化

在自然灾害发生后，理赔申请数量通常激增，传统的人工审核流程可能无法满足需求。气象大数据能够实时监控天气状况，并结合理赔数据分析，提高理赔流程的自动化程度，缩短理赔时间。未来，保险公司可以利用气象数据自动识别受灾区域和客户的保单情况，快速审核理赔请求，确保客户在灾后能够及时获得赔付，还可以优化理赔流程，提前准备所需的资源，提升服务效率。

3）保险产品创新

保险公司需要不断创新保险产品，以适应新的市场需求。例如，针对气候变化引发的新型风险，保险公司可以开发基于气象数据的专属保险产品。未来，保险公司可以推出针对特定天气事件的短期保险产品，如极端天气、暴风雪或洪水的专属保险，以满足客户的多样化需求，还可以结合气象数据，为农业、旅游等行业提供定制化保险服务，帮助这些行业应对气候风险。

4）客户服务与风险管理

气象大数据的整合不仅可以优化保险产品和流程，还能提升客户服务质量。未来，保险公司可以利用气象数据主动向客户提供风险预警和健康管理建议，帮助他们在恶劣天气到来之前采取措施，如提升财产安全或进行健康检查，从而提升客户体验和满意度，还可以通过移动应用向客户推送相关的气象信息和保险服务，使客户能够随时了解自身的保险权益。

5）可持续发展与社会责任

随着气候变化问题日益严重，保险公司在风险管理中需要考虑可持续性。气象大数据可以帮助保险公司在环境、社会和治理方面做出更明智的决策，推动保险产品的可持续发展。未来，保险公司可以通过气象数据分析，评估自身投资组合是否存在气候风险，从而制订相应的措施，应对气候变化带来的损失，还可以推出绿色保险产品，鼓励客户采取环保措施，如使用新能源车、投资可再生能源项目等。

10.2.2　气象服务产品

随着信息技术的快速发展，特别是大数据和云计算技术在气象领域的应用，世界各国气象部门积极探索新的发展模式，提出了一系列创新理念，以提升气象服务的质量和效率。这些理念的核心在于通过科技创新，将气象领域知识和技术与其他领域的知识和技术进行整合，围绕气象提供更丰富的服务，为用户提供更加多样化的气象服务产品。

气象服务产品的发展可划分为 4 个阶段。

1．基础产品阶段

基础产品（No-Made Product）阶段属于气象服务的起步阶段，其中，基础预报信息和实况资料直接用于对外服务，严格来说，当时还没有真正意义上的气象服务产品。

2．预制产品服务阶段

简单地说，在预制产品（ready-made product）服务阶段提供的服务通常遵循以下流程：在分析气象对各个行业的影响并了解用户需求的基础上开发专业的服务产品和技术，然后制作并发布有针对性的专业服务产品，接着收集用户反馈并重新评估用户需求，从而不断改进产品，提高产品的用户适应性。在这个阶段，产品的研发和制作主要由气象部门（或气象公司）负责，产品根据不同的用户群体而有所不同。如图 10-3 所示为预制产品服务阶段的流程。

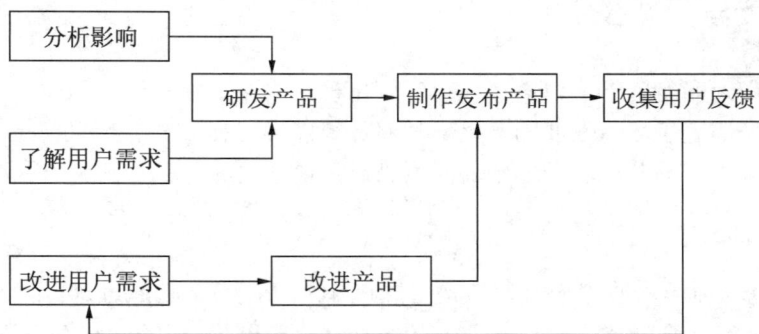

图 10-3　预制产品服务阶段流程

3．定制产品服务阶段

定制产品（custom-made product）服务阶段不同于预制产品服务阶段，该阶段面向大众，需要建立一个可以与用户互动的气象服务平台。这个平台包含气象大数据资源库，允许用户上传气象数据，其包含多种大数据算法和可视化工具模块，并且为用户提供开发定制化产品的服务。其与预制产品阶段的主要区别在于，服务的主体从气象部门（或气象公司）转变为用户。用户不仅可以直接使用预制产品，还可以上传自己的数据，选择特定的气象大数据，运用算法进行分析和改进，制作个性化的气象服务产品并决定产品的呈现形式（如文字、图形、动画等），还可以提出具体需求，推动整个气象行业的发展。

气象部门（或气象公司）的角色更加隐蔽，主要负责在后台提供气象大数据，并根据用户需求进行改进，还需要收集、分析、评估用户定制的产品，从而进入下一个阶段。

4．智能产品服务阶段

在智能产品（AI-made product）服务阶段，可以通过学习用户定制的产品，不断提高预制产品的质量并与其他数据平台相结合，实现自动收集用户数据的功能然后推出人工智能气象产品。这种人工智能产品可以看作一种高阶的预制产品，要求其质量高于用户定制产品，同时具备持续学习和改进的能力。

目前，气象服务正处于从预制产品阶段向定制产品阶段的过渡时期。要实现定制产品甚至更智能的产品服务功能，还有许多问题需要解决，包括气象大数据的存储、云计算的应用、自我学习技术、用户认知的提升、与其他数据平台的融合等。此外，还需要建立数据安全、用户隐私保护、支付方式等配套机制。

10.3　气象大数据技术的发展

随着气象大数据的快速发展，越来越多的新兴技术与其相结合，如深度学习技术和元宇宙技术，为气象数据的分析与应用带来了新的契机，不仅提升了气象数据在各行各业中的实际应用价值，还出现了更多的创新应用。

10.3.1　深度学习新技术

随着深度学习的发展迅速，新技术也不断出现。未来，在气象大数据的发展中，深度学习新技术正扮演着越来越重要的角色。随着计算能力的提升和数据采集技术的进步，深度学习模型在气象数据分析和预测中的应用将越来越广泛。

1. Mamba简介

Mamba 是一种新型的序列模型架构（如图 10-4 所示），它通过选择性状态空间模型（Selective State Space Model，S6）来改进传统的状态空间模型（State Space Model，S4）。状态空间模型是一种用于处理时间序列数据的模型，其通过状态方程和观测方程描述系统动态演变和观测值之间的关系。然而，传统状态空间模型存在局限性，如固定的状态更新方式、无法有效处理稀疏信息或长时间依赖问题，以及较高的计算成本。选择性状态空间模型通过引入选择性注意力机制、门控机制和稀疏正则化，改进了状态空间模型的局限性。选择性状态空间模型能够根据状态重要性来动态选择关键状态进行更新，从而忽略不重要的信息，提高计算效率和预测精度，这一点在处理离散和信息密集型数据时尤为重要，也是 Mamba 的核心创新点。与传统的 Transformer 模型相比，Mamba 在处理长序列数据时效率更高，其推理速度比传统的 Transformer 快 5 倍，并且在序列长度上实现了线性缩放。

Mamba 的技术原理包括线性时间复杂度、选择性状态空间和硬件感知算法。这些特点使得 Mamba 在多种序列数据处理如自然语言、视频、时间序列、语音和人体运动数据方面都有出色的表现。此外，Mamba 在多模态数据和非序列数据的处理上也很有潜力，这使得它在自然语言处理、计算机视觉、语音分析、药物发现、推荐系统以及机器人研发和自主系统等领域有广泛的应用前景，相比 Transformer，其优势主要体现在更高的吞吐量、更好的长序列处理能力以及更低的计算复杂度方面。这些优势使得 Mamba 在人工智能领域成为一个值得关注的新星。随着技术的不断发展，Mamba 有望在气象领域得到广泛应用和推广，为气象发展注入新的活力。

Mamba 2 是原作者团队发布的一个功能更强大的版本，在训练效率上有了大幅提升。

Mamba 2 的发布进一步巩固了 Mamba 在人工智能架构领域的地位，展示了其在处理大规模数据集时的能力。

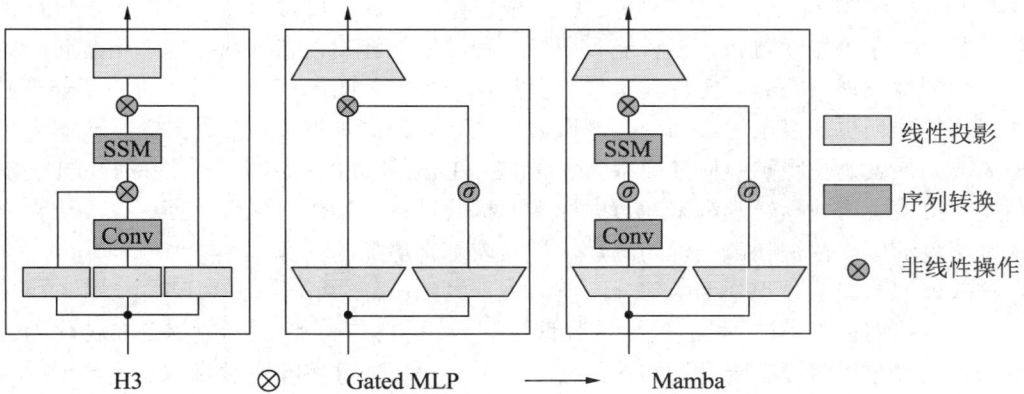

图 10-4　Mamba 模块结构[①]

　　总而言之，Mamba 模型代表一种新的人工智能架构，它通过引入选择性状态空间的概念和多种技术手段，实现了计算量和性能的完美平衡，在未来 AI 领域中将发挥更加重要的作用。

2．KAN简介

　　KAN（Kolmogorov-Arnold Networks）是一种新型的神经网络架构，基于 Kolmogorov-Arnold 表示定理而构建。这种网络的核心特点在于它在网络的边缘（权重）上使用了可学习的激活函数，而不是在节点（神经元）上使用固定的激活函数，这与传统的多层感知器（Multi-Layer Perceptron，MLP）不同。在 KAN 中，每个权重参数被参数化为一个样条函数，特别是 B 样条，这样的设计使得 KAN 在准确性和可解释性方面优于传统的 MLP。

　　Kolmogorov-Arnold 表示定理表明，任何多变量连续函数都可以表示为有限个单变量连续函数和加法的组合。KAN 利用这一理论，通过将复杂函数分解为简单函数的组合，简化了神经网络的近似过程。这种分解有助于设计更高效和更易理解的神经网络架构。

　　KAN 的优势在于它能够用更少的参数在数学和物理问题上取得更高的精度。例如，在求解偏微分方程的任务中，相比 MLP，KAN 的参数效率和准确性更优。此外，KAN 的可解释性也得到了增强，因为它能够直观地可视化网络中的函数关系，这对于物理信息神经网络等领域尤为重要。

　　目前，已有学者将 KAN 架构应用于具体领域中。例如，Cristian Vaca-Rubio 等人将 KAN 应用于卫星网络数据传输量的预测。实验证明，在卫星网络数据传输量预测任务中，KAN 优于传统的 MLP，KAN 可以更少的可学习参数提供更准确的结果。

　　总的来说，KAN 作为一种新型神经网络架构，为深度学习领域带来了新的视角和可能性，尤其是在提高模型的准确性和可解释性方面。

---

① Gu A，Dao T．Mamba：Linear-time sequence modeling with selective state spaces[J]．arXiv preprint arXiv：2312.00752，2023.

3．扩散模型

扩散模型（Diffusion Model）是一种生成模型，它通过模拟自然界中的扩散过程来合成新的数据。在机器学习和人工智能领域，这种模型能够根据训练数据创造出全新的数据样本，如图像、视频或音频等。其工作原理是从一个简单的起点（如标准的高斯分布）开始，逐步发展为更加复杂的数据分布，通过一系列可逆的步骤来生成新的数据样本。扩散模型的典型代表是去噪扩散概率模型（Denoising Diffusion Probabilistic Models，DDPM），它通过模拟将噪声数据转换为干净数据样本的扩散过程来操作。这个过程可以类比为一位艺术家逐步清理一幅被噪声干扰的图片，最终恢复为清晰的图像。

扩散模型的训练过程分为两部分：前向过程（Forward Process）和反向过程（Reverse Process）。在前向过程中，扩散模型在数据中逐步添加噪声，将原始数据分布转化为一个简单的高斯分布。假设有一个真实的数据分布 $p_{\text{data}}(x)$，通过将噪声逐步添加到数据中形成一个新的分布，这个过程是通过一个马尔可夫链实现的，公式如下：

$$q\left(x_t \mid x_{t-1}\right) = \mathbb{N}\left(x_t; \sqrt{1-\beta_t}\, x_{t-1}, \beta_t I\right) \tag{10-1}$$

其中，β_t 是控制噪声添加强度的超参数，x_t 表示在第 t 步的状态，$\mathbb{N}$ 表示正态分布，$q\left(x_t \mid x_{t-1}\right)$ 表示在给定当前状态 x_t 的情况下，预测前一步状态 x_{t-1} 的条件概率分布。当有足够多的步骤时，q 将接近标准高斯分布。

在反向过程中，扩散模型学习如何逐步去除噪声，从噪声中恢复出原始数据。这个反向过程的关键在于估计反向条件概率 $p_\theta\left(x_{t-1} \mid x_t\right)$，扩散模型通常使用深度学习模型来近似这一条件概率，反向过程公式如下：

$$p_\theta\left(x_{t-1} \mid x_t\right) = \mathbb{N}\left(x_{t-1}; \mu_\theta(x_t, t), \sum\nolimits_\theta(x_t, t)\right) \tag{10-2}$$

其中，μ_θ 和 $\sum$ 是由深度学习模型生成的均值和方差。

扩散模型在图像合成领域的表现尤为突出，它能够生成高质量、高分辨率的图像，并且在细节和多样性上超越了传统的生成对抗网络。例如，OpenAI 发布的 DALL-E 3 就是一个利用扩散模型生成图像的例子，它能够根据文本描述生成相应的图像。

扩散模型的应用非常广泛，包括但不限于图像生成、视频生成、图像修复、风格迁移、目标检测等领域。随着研究的深入，扩散模型有望应用于气象领域并展现出巨大的潜力和应用价值。下面是扩散模型的 Python 代码。

```python
# 定义 U-Net 网络架构（常用于扩散模型中进行图像生成）
class UNet(nn.Module):
    def __init__(self):
        super(UNet, self).__init__()
        # 定义网络的卷积层
        self.encoder = nn.Sequential(
            nn.Conv2d(1, 64, kernel_size=3, stride=1, padding=1),
            nn.ReLU(),
            nn.Conv2d(64, 128, kernel_size=3, stride=1, padding=1),
            nn.ReLU(),
            nn.Conv2d(128, 256, kernel_size=3, stride=1, padding=1),
            nn.ReLU()
        )
```

```
        self.decoder = nn.Sequential(
            nn.ConvTranspose2d(256, 128, kernel_size=3, stride=1, padding=1),
            nn.ReLU(),
            nn.ConvTranspose2d(128, 64, kernel_size=3, stride=1, padding=1),
            nn.ReLU(),
            nn.ConvTranspose2d(64, 1, kernel_size=3, stride=1, padding=1)
        )

    def forward(self, x, t):
        # 在这里我们将时间步 t 嵌入网络中，这里仅做简单的加法操作
        t_embed = t.unsqueeze(-1).unsqueeze(-1)
        t_embed = t_embed.expand_as(x)
        x = x + t_embed

        # 编码和解码过程
        x = self.encoder(x)
        x = self.decoder(x)
        return x
# 定义前向扩散过程（添加噪声）
def forward_diffusion(x_0, t, noise_schedule):
    """
    扩散过程：x_t = sqrt(alpha_bar) * x_0 + sqrt(1 - alpha_bar) * noise
    其中 alpha_bar 是前向过程的噪声调度
    """
    alpha_bar = noise_schedule[t]
    noise = torch.randn_like(x_0)
    x_t = torch.sqrt(alpha_bar) * x_0 + torch.sqrt(1 - alpha_bar) * noise
    return x_t, noise
# 定义反向扩散过程（预测去噪信号）
def reverse_diffusion(model, x_t, t, noise_schedule):
    """
    反向过程：通过神经网络模型预测去噪信号
    该函数根据噪声预测，逐步移除噪声
    """
    alpha_bar = noise_schedule[t]
    pred_noise = model(x_t, t)
    x_0_pred = (x_t - torch.sqrt(1 - alpha_bar) * pred_noise) / torch.sqrt
(alpha_bar)
    return x_0_pred
    # 超参数定义 T = 1000
    # 扩散过程的步数
device = torch.device('cuda' if torch.cuda.is_available() else 'cpu')
    # 生成噪声调度表
noise_schedule = torch.linspace(1e-4, 0.02, T).to(device)
    # 加载 U-Net 模型
model = UNet().to(device)
optimizer = optim.Adam(model.parameters(), lr=1e-4)
    # 训练数据示例，这里假设 x_0 是从训练集中取出的一批真实数据
    # 假设 x_0 是一个随机生成的图像批次
x_0 = torch.randn(16, 1, 28, 28).to(device)
    # 训练循环
epochs = 50
for epoch in range(epochs):
for t in tqdm(range(T)):
x_t, noise = forward_diffusion(x_0, t, noise_schedule)  # 前向扩散过程
```

```
# 反向过程，预测去噪信号
optimizer.zero_grad()
pred_noise = model(x_t, t)
# 计算损失：这里使用简单的 L2 损失（MSE）
loss = nn.MSELoss()(pred_noise, noise)
loss.backward()
optimizer.step()
print(f'Epoch {epoch + 1}, Loss: {loss.item()}')
# 生成图像的示例（从纯噪声开始反向去噪），此时 x_t 应该接近去噪后的图像
with torch.no_grad():
# 从随机噪声开始创建张量为(1, 1, 28, 28)的初始含噪声图像 x_t
x_t = torch.randn(1, 1, 28, 28).to(device)
for t in reversed(range(T)):
x_t = reverse_diffusion(model, x_t, t, noise_schedule)
```

4．三维点云分割

三维点云是一组在三维空间中的离散点的集合，如图 10-5 所示，通常由三维空间中的坐标点(x, y, z)组成，并且可能包含颜色、强度等附加信息。三维点云分割是计算机视觉和图形领域中的一个关键技术，它涉及将点云数据划分为不同的区域或对象，以便进行后续的处理和分析。

三维点云分割是将一组三维点云划分到一个语义类或一个具体实例中，其可以分为 3 种任务：语义分割、实例分割和全景分割，如图 10-6 所示。语义分割为点云中的每个点分配一个预定义类别的标签，如汽车、建筑物等；实例分割除了识别点云中的不同类别外，还需要区分同类物体的不同实例，但是不对背景如天空、墙壁等进行分割；全景分割是将语义分割和实例分割相结合，既分割出不同实例，又有对背景的分割。

图 10-5　三维点云[1]

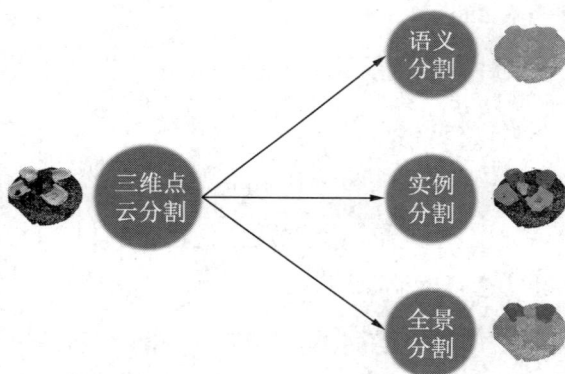

图 10-6　三维点云分割[2]

---

[1] https://blog.csdn.net/weixin_42371376/article/details/118291592。

[2] Kolodiazhnyi M，Vorontsova A，Konushin A，et al．Oneformer3d：One transformer for unified point cloud segmentation[C]//Proceedings of the IEEE/CVF Conference on Computer Vision and Pattern Recognition．2024：20943-20953．

深度学习在三种三维点云分割任务中都有应用。在三维点云语义分割中，其方法利用类似 U-Net 的深度学习模型来处理三维点或体素，体素是三维空间中的最小单位，类似于二维图像中的像素，体素化能够将不均匀的点云转化为均匀的三维网格。基于三维点的方法利用手工聚合机制或 Transformer 模块来直接处理点。基于体素的方法将不规则结构的点云转换为规则的体素网格，并将这些体素通过密集或稀疏的三维卷积网络进行特征提取与分析。三维点云实例分割通常通过三维语义分割和逐点特征聚合来解决。早期的方法可分为自上而下的基于提案的方法或自下而上的基于分组的方法。目前基于 Transformer 模型的方法其在准确性和推理速度方面都是最好的。三维点云全景分割是一个尚未被充分研究的问题，现有的解决方案很少，所有这些都仅在 ScanNet 数据集上进行训练和验证，这些方法将全景分割应用于一组 RGB 图像中，将预测的二维全景掩模提升到三维空间，并通过聚合获得最终的三维全景掩模。

也有使用一个深度学习模型同时解决上述三个三维点云分割任务的例子。三星研究所提出了通用于语义、实例和全景分割任务的 OneFormer3D 模型。与其他模型相比，该模型在三个分割任务上都达到了最好的性能。

三维点云分割已在雷达和卫星中展开应用。例如，Stefan Bachhofner 等人使用广义稀疏卷积神经网络（Generalized Sparse Convolutional Neural Network，GSCNN）对三维卫星点云进行语义分割；Sun Yue 等人提出了 DeepPoint 深度学习模型，Feng Zhaofei 等人使用深度学习模型进行三维雷达点云道路标记分割。这两个例子都充分展现了深度学习在三维卫星点云和三维雷达点云分割任务中的应用。未来会有更多的深度学习方法应用于气象领域的雷达和卫星分割任务。

5. 多源数据融合

多源数据融合（Multi-Source Data Fusion，MSDF）是指将来自不同来源、不同类型的数据进行集成、分析与处理，以获得比单一数据源更加准确、完整的信息。多源数据融合旨在通过结合多个数据源的优势，减小单一数据源的不确定性和数据噪声，从而提高信息处理系统的整体性能。该技术在许多领域具有广泛应用，如气象、遥感、医疗、交通和农业等。

多源数据融合不仅仅是对不同数据源的简单拼接或组合，它通过深度分析和处理，使不同来源的数据在时间、空间、频率等多个维度上进行一致性对齐，并通过特定的融合算法提取出有用的信息。在实际应用中，多源数据融合通常需要解决数据异构性、时空同步性以及数据源可靠性等问题。

在多源数据融合中，深度学习算法通过对不同数据源的特征进行自动提取、对齐、融合和推理，能够极大提高数据的利用效率，不仅能够应对数据维度不一致、特征空间异构等挑战，还能在多源数据融合中对性能有所提升。

在多源数据融合中，深度神经网络可以用于将来自不同数据源的特征进行自动学习和融合。例如，在自动驾驶中，DNN 模型可以融合摄像头、雷达、激光雷达等不同传感器的数据，提取出更具辨识度的环境特征。而卷积神经网络可以用于不同来源图像的特征提取与融合，例如，在遥感领域，将来自不同波段的卫星图像数据进行融合，能够获得更清晰的地表信息；在气象领域，使用卷积神经网络融合卫星影像和雷达数据，能够更好地监测和预测台风、暴雨等极端天气现象。长短期记忆网络能够有效地融合不同来源的时序数据，如对气象站、雷达、卫星的时序数据进行综合处理，以提高气象预测的准确性。自编码器可以将高维的多源数据压缩到一个低维的潜在空间中，从而实现不同数据源的融合。例如，医疗领域中的多模态数据（如 X 光片、CT 扫描、病理报告等）可以通过自编码器进行融合，从而生成统一的对患者健康的描述。生成对抗网络在多源数据融合特别是当某些数据源不完整或缺失时可用于生成补全数据。例如，在遥感数据融合中，生成对抗网络可以将低分辨率图像生成高分辨率图像，从而提升图像的清晰度。

6. 多模态学习

多模态学习（Multimodal Learning）是深度学习中的一种重要方法，旨在通过整合来自不同类型数据（模态）的信息提升模型的理解和推理能力。其中，模态是指不同的信号或数据形式，如视觉、听觉、文本、触觉和其他类型的传感器数据。多模态学习的核心思想是通过多个模态之间的相互补充和信息交互来获取更全面的表达和理解，弥补单一模态模型的局限性。例如，在自动驾驶系统中，摄像头提供视觉数据，雷达和激光雷达提供深度感知数据，车载传感器收集环境数据，整合这些不同模态的信息可以增强对周围环境的全面理解，从而提高系统的安全性和可靠性。通过同时学习和处理不同模态的数据，多模态学习能够捕捉到各模态中的内在相关性和差异性，从而生成更准确的预测、分类或推理结果。

多模态学习的应用范围非常广泛，在需要结合多种信息源的复杂任务中表现非常出色。自然语言处理、计算机视觉、语音识别和人机交互是多模态学习的典型应用场景。例如，视觉问答系统（Visual Question Answering，VQA）是一种典型的多模态学习任务，模型需要结合图片内容（视觉模态）和自然语言问题（语言模态）来生成合理的答案。另一个常见的应用是情感分析，该任务通常结合文本、语音和面部表情（视觉模态）来判断一个人的情感状态。在这些场景中，单一模态的数据往往不足以准确表达全部信息，通过融合多个模态的数据，可以大大提高模型的感知能力和表现精度。

随着多模态学习技术的不断发展，越来越多的研究者投入该领域并提出了许多创新性的技术和方法，推动了相关应用的进步。随着 Transformer 模型在自然语言处理和计算机视觉领域中的成功应用，基于 Transformer 的多模态模型开始崭露头角，能够更好地处理复杂的多模态任务。还有一些研究集中在跨模态迁移学习（Cross-modal Transfer Learning）方面，其目标是利用一种模态的数据来学习和提升其他模态的表现。未来，多模态学习有望在虚拟现实、增强现实以及气象等多个领域产生更大的影响，通过多模态协同方式，让机器具备更接近人类的感知和理解能力，从而进一步推动人工智能的进步。

7. 生成式AI

生成式 AI 也称作 GenAI，它能够创建原创内容（如文本、图像、视频、音频或软件代码）以响应用户的提示或请求。

生成式 AI 依赖于复杂的机器学习模型，称作深度学习模型，即模拟人脑学习和决策过程的算法。这些算法的原理是从大量数据中识别模式和关系并对其进行编码，从而理解用户请求，生成新内容。

人工智能一直是热门的技术话题，2022 年 ChatGPT 的出现使生成式 AI 成为全球头条新闻，并掀起了前所未有的人工智能创新和采用浪潮。生成式 AI 为个人和组织提供了高效率的优势，同时也带来了挑战和风险，企业应深入研究如何能改善其内部工作流程并丰富产品和服务。根据管理咨询公司 McKinsey 的研究显示，三分之一的组织至少已经在一项业务职能中定期使用生成式 AI。行业分析机构 Gartner 预计，截至 2026 年，超过 80% 的组织将部署生成式 AI 应用程序，或使用生成式 AI 应用程序编程接口（Application Programming Interface，API）。大部分情况下，生成式 AI 分三个阶段运行：训练、微调及生成、评估和进一步调整。

（1）训练：生成式 AI 始于一个基础模型-深度学习模型，是多种不同类型生成式 AI 应用程序的基础。当下最常见的基础模型是为文本生成应用程序而创建的大型语言模型（Large-scale Language Model，LLM），但也有用于图像生成、视频生成及声音和音乐生成的基础模型，还有可以支持多种内容生成的多模态基础模型。为了创建基础模型，从业者在大量原始、非结构化、未标记的数据上训练深度学习算法，例如，从互联网或其他一些庞大的数据源中挑选出的 TB 级数据。在训练过程中，算法可执行和评估数百万次"填空"练习，尝试预测序列中的下一个元素（如句子中的下一个词汇、图像中的下一个元素、代码行中的下一个命令）并不断调整自身，以最小化预测与实际数据（或"正确"结果）之间的差异。这种训练结果是一个由参数构成的神经网络，即数据中实体、模式和关系的编码表示，可以根据输入或提示自主生成内容。这是一种计算密集型、耗时且昂贵的训练流程，需要数千个集群图形处理单元（Graphics Processing Unit，GPU）和数周的处理时间，将花费数百万美元。开源基础模型项目如 Meta 的 Llama-2，支持生成式 AI 开发人员避免这一步骤及其成本。

（2）微调：指将特定于内容生成应用程序的标记数据（如应用程序可能收到的问题或提示）及其对应格式的正确答案输入模型中。例如，如果开发团队创建客服聊天机器人，则会将数百或数千个包含已标记客户服务问题和正确答案的文档提供给模型。微调是一项劳动密集型工作，开发人员通常会将任务外包给拥有大量数据标记人员的公司。

（3）生成、评估和进一步调整：开发人员和用户会不断评估其生成式 AI 应用程序的输出结果并进一步调整模型（甚至每周一次），以提高其准确性或相关性。相比之下，基础模型本身的更新频率要低得多，可能每年或每 18 个月更新一次。提高生成式 AI 应用程序性能的另一种方式是检索增强生成（Retrieval Augmented Generation，RAG）。RAG 是用于扩展基础模型的框架，以便使用训练数据之外的相关来源作为原始模型中的参数。RAG 可以确保生成式 AI 应用程序始终能够访问最新信息。另外，通过 RAG 获取的额外资源对于用户而言是公开透明的，而原始基础模型中的知识则并不透明。

真正的生成式 AI 模型能够根据需求自主创建内容的深度学习模型，是在过去十几年中发展起来的。在此期间，具有里程碑意义的模型架构还有变分自动编码器（Variational AutoEncoder，VAE）、GAN 和扩散模型以及转换器。VAE 促进了图像识别、自然语言处理和异常检测方面的突破；GAN 和扩散模型可提高应用程序的准确性，并支持部分用于照片级真实图像生成的首批人工智能解决方案；Transformer 是当今最重要的基础模型和生成式 AI 解决方案背后的深度学习模型架构。

总体来说，生成式 AI 的潜力巨大，到 2026 年，将有超过 1 亿人使用生成式 AI 来辅助完成工作。随着技术的不断进步，未来将会出现更多创新的应用场景。

10.3.2　元宇宙技术

在 21 世纪汹涌澎湃的科技浪潮中,"元宇宙"概念凭借其颠覆性构想与前瞻性潜力,构建起虚拟与现实深度交融的全新生态。元宇宙并非虚拟现实(Virtual Reality,VR)与增强现实(Augmented Reality,AR)技术的迭代延伸,而是依托区块链、人工智能、物联网等多技术融合驱动的数字化革新范式,其应用范畴贯穿社交生态、经济体系、教育场景、文娱产业等多个领域。在这一广阔的领域中,数字孪生地球技术和气象元宇宙技术尤为引人注目,它们分别代表元宇宙技术在模拟现实世界和预测未来环境变化方面的前沿应用。

1. 数字孪生地球技术

数字孪生地球技术是一种集成了空间科技、信息技术、地球科学等多个学科领域的综合技术体系。它通过数字化手段,将地球的海量、多分辨率、三维、动态数据按照地理坐标集成起来,形成一个虚拟的地球模型。这个模型不仅包括地球的自然地理信息,还涵盖人类社会经济活动的各种数据,如人口、经济、环境等。

在气象领域,数字孪生地球技术的应用尤为突出。它能够为农业、资源管理、环境保护、灾害预警和响应、城市规划、交通管理等行业提供强大的信息支持和决策辅助。例如,GEOVIS(Geospatial Visualization)气象数字孪生地球应用平台通过数据挖掘、网格化数据组织、多源资料融合分析、模式预报与诊断分析等技术,为气象服务提供了资源集约、配置合理、运行高效、方便易用的云平台,如图 10-7 所示。该平台实现了海量气象数据、海洋数据和环境数据的产品生产、分析显示和数据一体化服务,为国防、政府、科研、企事业单位和社会大众提供了全面的气象服务。

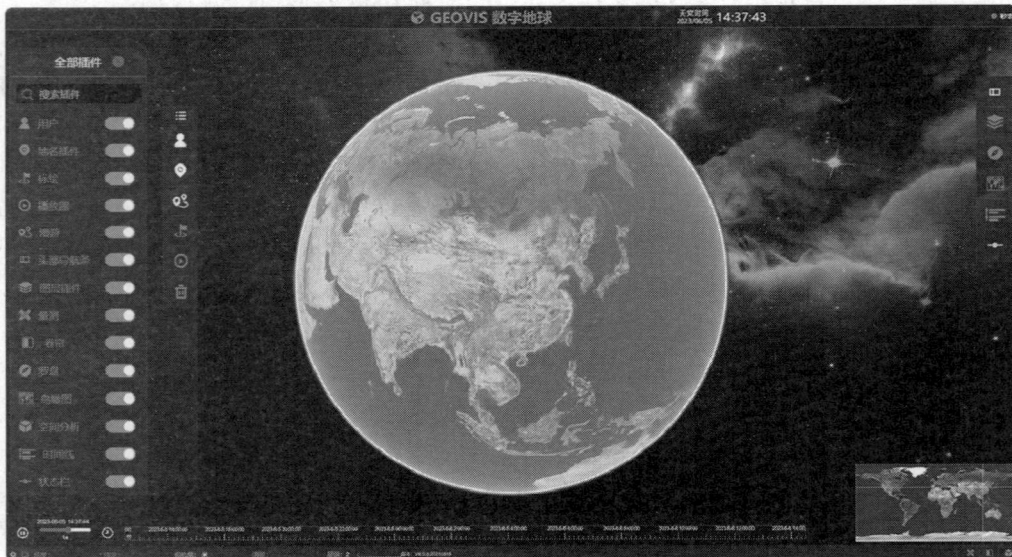

图 10-7　GEOVIS 可视化平台①

---

① https://open.geovisearth.com/product/iExplorer。

此外，数字孪生地球技术在气象领域的应用还包括对地观测技术、海量存储技术、科学计算、宽带技术、互操作技术、元数据管理与存储技术以及格网技术等关键技术的应用。这些技术的发展和应用，为气象预报的准确性和服务的精细化提供了强有力的支持。

2. 气象元宇宙技术

元宇宙本身没有标准的定义。自 2021 年开始进入大众视野才为人们所熟知。广义地讲，元宇宙是人类运用数字技术构建的由现实世界映射或超越现实世界，可与现实世界交互的虚拟世界，具备新型社会体系的数字生活空间。具体而言，借助 VR 眼镜，人们可以身临其境地体验的虚拟空间就是一种元宇宙。目前，元宇宙一词只是一个广义的概念，它本身并不是什么新技术，换言之，元宇宙是众多科技发展至今的产物，它融合了当今的一大批先进技术。准确地说元宇宙不是一个新的概念，它更像是一个经典概念的"重生"，是在扩展现实（Extended Reality，XR）、区块链、云计算、数字孪生、人工智能等新技术混合后的概念具化。自从 2021 年（元宇宙元年）开始，许多专家、研究组织以及相关公司从不同的研究视角给出了元宇宙的定义。目前关于元宇宙的定义颇为繁多，维基百科对元宇宙的定义是这样的：元宇宙是一个集体虚拟共享空间，由虚拟增强的物理现实和物理持久性虚拟空间融合而成，包括所有虚拟世界、增强现实和互联网的总和。如图 10-8 展示了构成元宇宙的七大要素。

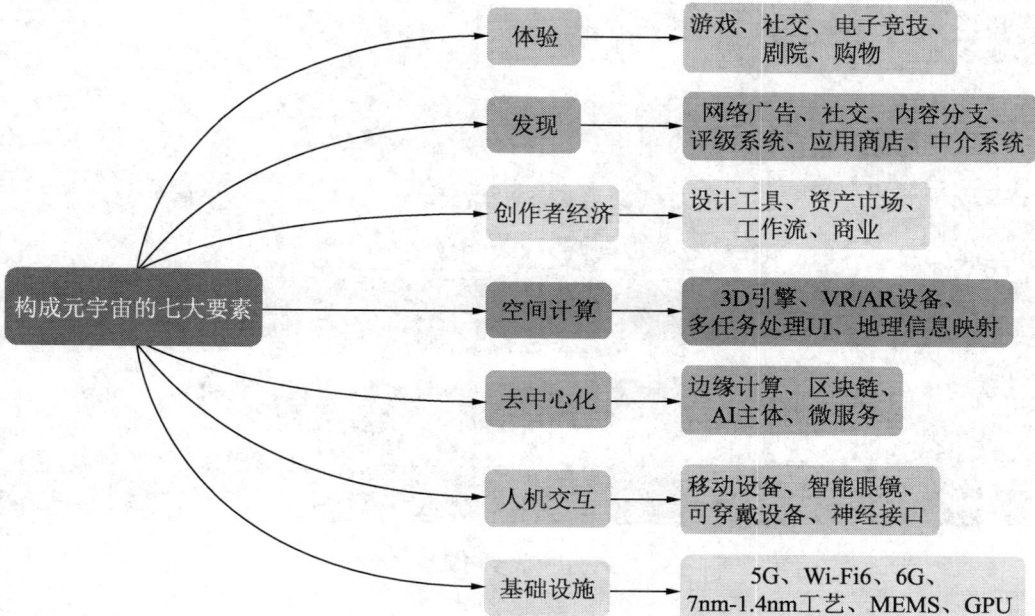

图 10-8　构成元宇宙的七大要素

气象元宇宙技术是一种结合气象科学、虚拟现实、增强现实、数字孪生、人工智能等技术的综合性应用。它通过元宇宙数字技术构建一个虚拟的气象环境，模拟地球上的各种气象条件和现象如风速、风向、温度、湿度、气压等，以及它们随时间和空间的变化情况，是元宇宙在气象中的应用。这个虚拟环境不仅能够提供实时的气象数据和预报，还能够模拟极端天气事件，如飓风、洪水、干旱等。

在气象元宇宙中，用户可以进行多种互动，比如在虚拟环境中观察天气系统的形成和发展，或者通过模拟实验来研究不同气象条件对农业、城市规划、能源管理等的影响。这种技术的应用不仅限于科学研究和教育，还能够为公众提供更加直观和互动的气象信息服务，比如通过 AR 技术在用户的实际环境中叠加天气预报，或者通过 VR 技术让用户体验不同的气候条件。

例如湖南省气象信息中心建立的"气象数据元宇宙"，它通过三维仿真等形式在大屏上综合展示各类设备、网络以及系统宏观和细节的运行状况，极大地提升了工作效率。中国首个气象主题互动虚拟空间——南宁数字气象科普馆，通过虚幻引擎 UE5（Unreal Engine 5）平台进行全空间数字化建模，并运用三维虚拟数字云技术、边缘计算和 VR 技术等，融入视频、音频、动画和图文等数字化内容，让抽象的气象科学知识实现全三维模拟仿真的具象呈现，如图 10-9 所示。

随着技术的不断进步，气象元宇宙技术将更加成熟和完善，它将为人们提供一个全新的视角来观察和理解我们所生活的地球，同时也为解决与气象相关的问题提供强大的工具和平台。通过这种创新的方式，气象元宇宙技术有望在多个领域发挥重要作用，推动气象科学和相关行业的数字化转型。

图 10-9　南宁数字气象科普馆①

10.3.3　人工智能气象物理一致性和可解释性

在气象学的快速发展中，人工智能的引入给天气预报和气候预测服务带来了革命性的变革。然而，传统的人工智能模型常常面临物理一致性不足和可解释性不够的问题。为了提升人工智能在气象领域的有效性，研究者们正在积极探索如何将物理学原理与现代数据

---

① https://www.d-arts.cn/project/project_info/key/MTIwNDkzNzE2OTWD35tmr4aocw.html。

驱动技术结合，使模型不仅能进行准确的气候预测，还能在科学上有合理的解释。

1．物理约束模型

气象模型的物理一致性是确保模型预测与实际物理过程相符的重要因素。传统的深度学习模型往往缺乏足够的物理约束，而最新研究开始将物理知识嵌入深度学习框架中。通过引入物理规律（如流体动力学方程），研究者们在提高模型预测精度的同时增强了模型的物理一致性。例如，有研究采用物理守恒定律约束生成对流模型，使得模型输出的气象要素在物理上更具合理性。

物理约束模型的核心思想是将传统气象学中的物理法则与现代深度学习方法结合，以增强模型的科学基础。传统的深度学习模型通常是"黑箱"，它们的决策过程不易被理解，这可能导致预测结果与实际物理现象不一致。在 2023 年提出的一种将物理知识图谱嵌入神经网络的方法中，通过将气象变量（如温度、湿度、风速等）与相关的物理方程关联，使模型在学习过程中不仅需要考虑数据的统计特性，还应遵循已知的物理规律。

这种融合的优势能够显著提高模型在气象预测中的一致性。例如，当使用模型预测某地区的降水量时，通过物理约束条件，考虑该地区的水循环过程，生成与实际更符合的降水预测。这种方法不仅提升了模型预测的准确性，还为气象学家提供了更清晰的科学依据，使他们在决策时更放心。

2．可解释性

在气象学尤其是涉及极端天气事件时，模型的可解释性至关重要。为了让气象专家和决策者理解人工智能模型的决策过程，研究者们采用了多种可解释性技术包括 Layer-wise Relevance Propagation（LRP）和 Integrated Gradients，它们被广泛应用于气象模型中，以提供更清晰的决策依据。LRP 是一种反向传播算法，它通过将输出层的预测相关性分数传播回输入层来解释模型的预测。这种方法的核心思想是，模型的输出可以分解为输入特征的加权和，每个输入特征的相关性分数代表它对模型预测的贡献程度。Integrated Gradients 是一种基于梯度的模型解释性方法，它通过计算输入特征沿着从基线到实际输入的路径的积分梯度来确定每个特征对模型预测的贡献。这些工具的工作原理是通过分析模型的内部结构来确定每个输入特征对最终输出结果的贡献程度。

例如，让一个模型预测是否将有强烈的雷暴到来，LRP 可以帮助分析哪些气象变量（如温度变化、湿度水平、风速等）对这个预测起了关键作用。通过这种方式，气象专家可以更好地理解模型的预测结果并在必要时进行调整。此外，根据最新的研究显示，这些可解释性工具能够帮助识别模型中的偏差，确保在极端天气预测中更准确性。

3．多模型集成

多模型集成是一种将多种预测模型组合在一起，以获得更可靠的结果的方法。这种方法在气象预测中逐渐受到重视，在一些研究中表现出了显著的效果。集成可以将人工智能模型与传统的物理模型相结合，使二者的优点互补。例如，人工智能模型在捕捉复杂的非线性关系方面表现出色，而传统模型在遵循物理法则方面更具优势。

在实际应用中，研究人员可能会将深度学习模型的预测结果与数值天气预报模型的输出结合起来，从而形成一个综合的预测。通过这种集成方法，模型不仅能够提高预测的准确性，还能确保物理一致性。例如，集成模型可以在预测飓风路径时考虑物理因素（如海温、气压变化等），同时利用人工智能模型处理复杂的历史数据模式。这种方法在多个气象事件的预测中取得了更好的效果。

4．未来研究方向

未来的研究将继续关注提高人工智能模型的物理一致性和可解释性，尤其是在极端天气事件的预测和气候变化研究中。研究人员将探索更多的物理知识嵌入方法，以提高模型的科学性。同时，利用生成模型（如 GAN）来模拟气象现象的研究也逐步兴起，特别是在模拟复杂的气候模式和气候变化情况时这种方法显示出了较大的优势。

此外，建立标准化的可解释性评估方法和物理一致性评估框架也是未来研究的重点。这将使研究者能够更有效地比较不同模型的有效性，并推动整个领域向前发展。随着技术的进步和数据的积累，人工智能在气象学中的应用将更加精准和可靠，为气象预测和灾害应对提供强有力的支持。

通过以上几方面的深入分析，我们可以看到人工智能在气象物理一致性和可解释性研究方面的发展潜力。

10.4　气象大数据发展面临的主要问题及其解决建议

尽管当今气象大数据的发展如火如荼，但是也不可避免地面临多种问题和挑战，解决这些问题亟需提出针对性建议。以下是当前气象大数据面临的主要问题及对应的解决建议。

10.4.1　主要问题

当前，气象大数据主要面临以下 8 个问题。

❑ 数据开放共享不足：在气象数据的流通与应用中，共享的局限性成为其价值实现的主要制约，主要原因是政策法规不完善、对数据安全和隐私的担忧，以及缺乏有效激励机制的影响。尽管存在国家级和省级的气象数据共享平台，但是在实际操作中由于缺乏统一的数据共享标准和流程，导致共享效率不高。此外，部分机构出于对数据安全的考虑，不愿意公开其拥有的数据资源。

❑ 标准规范建设滞后：气象大数据的有效应用依赖于统一的标准和规范。然而，目前在数据采集、传输、存储和管理等方面缺乏统一的标准，这导致数据整合存在困难，影响了气象大数据的应用效率。例如，不同数据源之间的数据整合难题限制了气象大数据应用的发展。

❑ 创新应用领域不广：虽然气象大数据在某些领域已经取得了应用成果，但是其创新应用领域还不够广泛。主要是因为对气象大数据应用潜力认识不足，以及缺乏有效的创新机制和模式。例如，气象大数据在农业、能源、交通、城市规划等领域的应用潜力尚未充分挖掘。

❑ 技术体系不完善：气象大数据的发展依赖于强大的技术支撑，但当前技术体系在数

据深度挖掘、新型数据表示方法和高通量计算等关键领域存在不足。现有技术在应
对气象大数据的复杂性、多样性和实时性方面仍有不足，无法满足不断增长的应用
需求。例如，气象数据的多源异构性、时间序列的高维度性以及极端天气事件的不
可预测性，要求更加先进的算法和模型，以提高预报的精确度和可靠性。此外，现
有的数据表示方法往往难以捕捉气象数据的复杂关系，限制了数据分析和预测的效
果，而高通量计算技术的不足也导致在处理大规模数据时效率低下。

- 人工智能可解释性不充分：从人工智能的可解释性角度来看，气象大数据发展面临
的一个主要问题是模型的"黑箱"特性。当前的人工智能气象大模型如盘古大模型、
伏羲大模型等，虽然在预报精度和计算速度上取得了极大的进展，但是它们大多依
赖于海量数据驱动，缺乏长期验证和应用。这些模型的结果高度依赖于再分析数据
而非基于真实物理过程，并且未涉及关键的资料同化过程，导致在估计极端天气时
可能偏弱，同时模型内部的决策机制往往是未知的，这意味着气象学家无法得知其
做出预报的动力依据，从而限制了模型的可信度和可解释性。

- 人才培养和资金支持不足：气象大数据的发展需要大量的专业人才和资金支持。目
前，气象大数据领域的人才培养和资金投入仍然不足，这限制了气象大数据的发展
速度。例如，缺少既熟悉信息数据治理又能组织气象业务实施的气象大数据应用管
理者和分析专家。

- 数据安全与隐私保护问题：随着气象数据的广泛应用，数据安全和隐私保护成为
重要议题。目前，气象数据安全管理体系尚不完善，数据泄露和滥用的风险仍然
存在。例如，个人隐私数据在气象数据中的保护措施不够，可能导致个人隐私数
据泄露。

- 国际合作与数据治理不足：在全球气候治理的背景下，气象数据的国际合作与治理
显得尤为重要。目前，气象数据的国际合作和数据治理机制尚不完善，这限制了全
球气象数据资源的开发和利用。

10.4.2　解决建议

下面对 10.4.1 节提出的 8 个问题给出对应的解决建议。

- 完善数据共享政策和激励机制：建立更加完善的数据共享政策，制订严格的数据
安全和隐私保护措施，同时建立激励机制，鼓励数据的开放和共享。这包括但不
限于提供财政补贴、税收优惠、荣誉奖励等激励措施，以促进数据共享的积极性。
同时，通过建立数据共享的信用体系，鼓励数据提供者和使用者建立长期稳定的
合作关系。

- 加快标准规范建设：加快制定和推广气象数据相关标准，包括数据格式、交换协议、
质量控制等方面，以提高数据的互操作性和可用性。这需要政府、科研机构和企业
共同参与，形成一套全面、统一的气象数据标准体系。同时，通过定期举办标准培
训和研讨会，可以提高相关人员对标准的认识和应用能力。

- 扩大创新应用领域：加强跨学科和跨行业的合作，探索气象大数据在不同领域的
应用潜力，同时建立创新平台和机制，鼓励和支持气象大数据的创新应用。这包
括建立气象大数据应用实验室、创新中心等，为研究人员和企业提供实验和开发

的环境。同时，通过举办气象大数据应用竞赛和研讨会等活动，可以激发创新思维和应用实践。

❑ 加大技术研发投入：推进核心技术的攻关，特别是在人工智能、机器学习和大数据分析等领域，以实现对气象数据的更深层次挖掘，这需要政府、科研机构和企业共同投入，形成产、学、研、用一体化的研发体系。同时，通过建立气象大数据技术研发基金，来支持关键技术研发和成果转化；加强现有技术的整合与优化，建立一个更具弹性和适应性的技术体系，从而提升气象大数据技术体系的整体效能。

❑ 增强人工智能的可解释性：首先，可以通过构建物理-数据融合驱动的人工智能模型来提高系统的可解释性，即使用偏微分方程刻画动力过程，对于物理不明确的过程采用人工智能建模来提高对极端事件的预报技巧。其次，可以充分发挥人工智能模型高效率的优势，加速关键过程的积分模拟，促进大规模集合预报、目标观测以及多源资料同化发展。此外，还可以融合多圈层物理要素，加强在次季节到季节尺度的人工智能建模，以缓解当前的国际难题。

❑ 加强人才培养和资金支持：加强气象大数据相关人才的培养和引进，同时加大资金投入，支持气象大数据的技术研发、基础设施建设和应用推广。这包括在高校和研究机构中设立气象大数据相关的专业和课程来培养专业人才。同时，通过建立气象大数据人才库，为行业提供人才支持。此外，通过政府和社会资本的投入，为气象大数据的发展提供充足的资金保障。

❑ 建立健全的数据安全管理体系：加强数据安全技术的研发和应用，同时加强法律法规建设，提高数据安全和隐私保护的水平。这需要政府、企业和研究机构共同努力，形成一套完善的数据安全管理体系。同时，通过建立数据安全评估和认证机制来提高数据安全水平。此外，应加强数据安全教育和培训，提高公众和从业人员的数据安全意识。

❑ 加强国际合作与数据治理：积极参与国际气象组织和活动，推动全球气象数据资源的共享和利用，这需要政府、科研机构和企业共同参与，形成国际合作的长效机制。同时，通过建立国际气象数据共享平台，促进数据的国际流通和利用。此外，通过参与国际气象数据治理规则的制定，提高我国在全球气象数据治理中的话语权和影响力。

10.5　小　　结

本章探讨了气象大数据的未来发展，强调其在天气预报、气候研究和灾害预警等领域的重要性。气象大数据不仅记录了地球大气的物理状态，还广泛应用于农业、交通和资源管理等多个行业。发展趋势包括气象部门的高度重视、政策支持、跨部门协同、多方位数据来源、创新技术驱动、跨界发展以及商业化和定制服务的兴起。

虽然气象大数据存在数据共享不足、标准建设滞后、创新应用领域有限等问题，但是通过完善政策、加快标准建设、扩大创新应用、加大技术研发投入和加强国际合作等措施，这些问题有望得到解决。展望未来，气象大数据将与农业、交通、能源等领域深度融合，推动"气象+行业"模式的发展，提升各行业的决策能力和服务质量，助力经济社会的高质量发展。

10.6　习　　题

一、选择题

1. 下面（　　）选项不属于气象大数据的主要问题。

A. 缺乏国家层面的发展政策和机制　　B. 数据安全与隐私保护问题

C. 人才培养和资金支持不足　　　　　　D. 标准规范建设滞后

2. 下面（　　）选项不属于预制产品服务阶段的环节。

A. 上传用户气象数据　　　　　　　　　B. 了解用户需求

C. 改进用户需求　　　　　　　　　　　D. 制作发布产品

二、简答题

1. 简述气象大数据的发展趋势。

2. 简述气象可与哪些领域进行结合，并分别阐述其未来的结合点。

参 考 文 献

[1] 孟小峰，慈祥．大数据管理：概念、技术与挑战[J]．计算机研究与发展，2013，50（1）：146-169.

[2] 方巍，郑玉，徐江．大数据：概念、技术及应用研究综述[J]．南京信息工程大学学报，2014，6（5），405-419.

[3] Zhou H，Xu P，Yuan X，et al．Edge bundling in information visualization[J]．Tsinghua Science and Technology，2013，18（2）：145-156.

[4] Yang J，Hubball D，Ward M O，et al．Value and relation display: Interactive visual exploration of large data sets with hundreds of dimensions[J]．IEEE Transactions on Visualization and Computer Graphics，2007，13（03）：494-507.

[5] 刘穗，常俊．大数据可视化的概念和应用[J]．信息记录材料，2021，22（09）：42-44.

[6] 陈振林．加快推进气象科技能力现代化和社会服务现代化[N]．中国气象报，2024-03-28（001）.

[7] 范宏飞．自动气象站资料质量控制系统设计[J].吉林大学学报（信息科学版），2021，39（04）：470-478.

[8] 杨溯，李庆祥．中国降水量序列均一性分析方法及数据集更新完善[J]．气候变化研究进展，2014，10（4）：276-281.

[9] 王建凯，陈汝龙，侯威，等．中国地面气象观测业务的发展历程与展望[J]．气象科技进展，2022，12（5）：10-18.

[10] 高义梅．大数据在气象服务中的应用价值研究[J]．价值工程，2022，41（15）：153-155.

[11] Sadeeq M M，Abdulkareem N M，Zeebaree S R M，et al．IoT and Cloud computing issues，challenges and opportunities：A review[J]．Qubahan Academic Journal，2021，1（2）：1-7.

[12] Mistry H K，Mavani C，Goswami A，et al．The impact of cloud computing and AI on industry dynamics and competition[J]．Educational Administration：Theory and Practice，2024，30（7）：797-804.

[13] Sandhu A K．Big data with cloud computing：Discussions and challenges[J]．Big Data Mining and Analytics，2021，5（1）：32-40.

[14] 赵子龙，姚文姣，冉桂平，等．浅谈人工智能在气象领域的应用[J]．数字化用户，2023，29（21）：64-66.

[15] 张敬林，薛珂，杨智鹏，等．人工智能与物联网在大气科学领域中的应用[J]．地球物理学进展，2022，37（1）：94-109.

[16] 马志峰，张浩，刘劼．基于深度学习的短临降水预报综述[J]．计算机工程与科学，2023，45（10）：1731-1753.

[17] 池钦，赵兴旺，陈健．几种典型机器学习算法在短临降雨预报分析研究[J]．全球定位系统，2022，47（4）：122-128.

[18] Wang Y，Wu H，Zhang J，et al．PredRNN：A recurrent neural network for spatiotemporal predictive learning[J]．IEEE Transactions on Pattern Analysis and Machine Intelligence，2022，45（2）：2208-2225.

[19] Zhang W，Liu H，Li P，et al. A Multi-task two-stream spatiotemporal convolutional neural network for convective storm nowcasting[C]//2020 IEEE International Conference on Big Data（Big Data）. IEEE，2020：3953-3960.

[20] Wang Y，Zhang J，Zhu H，et al. Memory in memory：A predictive neural network for learning higher-order non-stationarity from spatiotemporal dynamics[C]//Proceedings of the IEEE/CVF Conference on Computer Vision and Pattern Recognition. 2019：9154-9162.

[21] Fang W，Pang L，Yi W，et al. AttEF：Convolutional LSTM encoder-forecaster with attention module for precipitation nowcasting[J]. Intelligent Automation & Soft Computing，2021，30（2）：453-466.

[22] 方巍，沈亮，邹立尧，等. 基于 GCA-ConvLSTM 预测网格的短临降水雷达回波外推方法[J]. 暴雨灾害，2023，42（4）：427-436.

[23] Fang W，Pang L，Sheng V S，et al. STUNNER：Radar echo extrapolation model based on spatiotemporal fusion neural network[J]. IEEE Transactions on Geoscience and Remote Sensing，2023，61：1-14.

[24] 方巍，齐媚涵. 基于深度学习的高时空分辨率降水临近预报方法[J]. 地球科学与环境学报，2023，45（3）：706-718.

[25] Chollet F. Xception：Deep learning with depthwise separable convolutions[C]//IEEE.2017 IEEE Conference on Computer Vision and Pattern Recognition（CVPR）. Honolulu：IEEE，2017：1800-1807.

[26] Woo S，Park J，Lee J Y，et al. CBAM：Convolutional block attention module [C]//Computer Vision-ECCV 2018. Munich：Spriner，2018：3-19.

[27] Trnbing K，Stanczyk T，Mehrkanoon S. SmaAt-UNet：Precipitation nowcasting using a small attention-unet architecture[J]. Pattern Recognition Letters，2021，145：178-186.

[28] YANG Y M，Mehrkanoon S. AA-TransUNet：Attention augmented TransUNet for nowcasting tasks[C]//2022 IEEE International Joint Conference on Neural Networks （IJCNN）. Padua：IEEE，2022：1-8.

[29] 刘丽伟. 北疆地区雷暴（冰雹）潜势预报研究[D]. 兰州：兰州大学，2015.

[30] 杨仲江，蔡波，刘呖. 利用双隐层 BP 网络进行雷暴潜势预报试验：以太原为例[J]. 气象，2013，39（3）：377-382.

[31] 杨洁，曹正，杜宇，等. 基于随机森林算法的广州白云机场终端区雷暴潜势预报[J]. 热带气象学报，2022，38（3）：387-396.

[32] 姚叶青，王传辉，慕建利，等. 基于机器学习技术的黄山风景区及周围雷电临近预报方法[J]. 气象科技，2023，51（5）：747-754.

[33] Essa Y，Hunt H G P，Gijben M，et al. Deep learning prediction of thunderstorm severity using remote sensing weather data[J]. IEEE Journal of Selected Topics in Applied Earth Observations and Remote Sensing，2022，15：4004-4013.

[34] Kamangir H，Collins W，Tissot P，et al. A deep-learning model to predict thunderstorms within 400 km^2 South Texas domains[J]. Meteorological Applications，2020，27（2）：1905-1921.

[35] 吕庆平，罗坚，朱坤，等. 基于 SVM 的气候持续法在热带气旋路径预报中的应用试验[J]. 海洋预报，2009，26（1）：76-83.

[36] 周笑天，张丰，杜震洪，等. 基于神经网络集合预报的台风路径预报优化[J]. 浙江大学学报（理学版），2020，47（2）：196-202，217.

[37] Kim S，Kim H，Lee J，et al．Deep-hurricane-tracker：Tracking and forecasting extreme climate events[C]//2019 IEEE Winter Conference on Applications of Computer Vision （WACV）．IEEE，2019：1761-1769．

[38] Giffard-Roisin S，Yang M，Charpiat G，et al．Tropical cyclone track forecasting using fused deep learning from aligned reanalysis data[J]．Frontiers in Big Data，2020，3：1．

[39] Rüttgers M，Lee S，Jeon S，et al．Prediction of a typhoon track using a generative adversarial network and satellite images[J]．Scientific Reports，2019，9（1）：6057．

[40] Creswell A，White T，Dumoulin V，et al．Generative adversarial networks：An overview[J]．IEEE Signal Processing Magazine，2018，35（1）：53-65．

[41] Pradhan R，Aygun R S，Maskey M，et al．Tropical cyclone intensity estimation using a deep convolutional neural network[J]．IEEE Transactions on Image Processing，2017，27（2）：692-702．

[42] Chen B，Chen B F，Lin H T．Rotation-blended CNNs on a new open dataset for tropical cyclone image-to-intensity regression[C]//Zn Proceedings of the 24th ACM SIGKDD International Conference on Knowledge Discovery & Data Mining，2018：90-99．

[43] Yuan S，Wang C，Mu B，et al．Typhoon intensity forecasting based on LSTM using the rolling forecast method[J]．Algorithms，2021，14（3）：83．

[44] Tong B，Wang X，Fu J Y，et al．Short-term prediction of the intensity and track of tropical cyclone via ConvLSTM model[J]．Journal of Wind Engineering and Industrial Aerodynamics，2022，226：105026．

[45] Wang X，Wang W，Yan B．Tropical cyclone intensity change prediction based on surrounding environmental conditions with deep learning[J]．Water，2020，12（10）：2685．

[46] Xu Y J，Yang H T，Cheng M F，et al．Cyclone intensity estimate with context-aware cyclegan[C]//ICIP 2019，2019：3417-3421．

[47] Zhu J Y，Park T，Isola P，et al．Unpaired image-to-image translation using cycle-consistent adversarial networks[C]//Proceedings of the IEEE International Conference on Computer Vision．2017：2223-2232．

[48] Mehr A D，Kahya E，Özger M．A gene–wavelet model for long lead time drought forecasting[J]．Journal of Hydrology，2014，517：691-699．

[49] Deo R C，Şahin M．Application of the artificial neural network model for prediction of monthly standardized precipitation and evapotranspiration index using hydrometeorological parameters and climate indices in eastern Australia[J]．Atmospheric Research，2015，161：65-81．

[50] Ham Y G，Kim J H，Luo J J．Deep learning for multi-year ENSO forecasts[J]．Nature，2019，573（7775）：568-572．

[51] Ye M，Nie J，Liu A，et al．Multi-year ENSO forecasts using parallel convolutional neural networks with heterogeneous architecture[J]．Frontiers in Marine Science，2021，8：717184．

[52] Hu J，Weng B，Huang T，et al．Deep residual convolutional neural network combining dropout and transfer learning for ENSO forecasting[J]．Geophysical Research Letters，2021，48（24）：93531-93539．

[53] Fang W，Sha Y，Zhang X．Spatiotemporal model with attention mechanism for ENSO predictions[C]//International Conference on Artificial Neural Networks．Cham：Springer Nature

Switzerland，2023：356-373.

[54] YE F，HU J，HUANG T Q，et al. Transformer for El Nifio-Southern oscillation prediction[J]. IEEE Geoscience and Remote Sensing Letters，2021，19：1-5.

[55] Singh P，Borah B. Indian summer monsoon rainfall prediction using artificial neural network[J]. Stochastic Environmental Research and Risk Assessment，2013，27：1585-1599.

[56] Dash Y，Mishra S K，Panigrahi B K. Predictability assessment of northeast monsoon rainfall in India using sea surface temperature anomaly through statistical and machine learning techniques[J]. Environmetrics，2019，30（4）：2533.

[57] Saha M，Santara A，Mitra P，et al. Prediction of the Indian summer monsoon using a stacked autoencoder and ensemble regression model[J]. International Journal of Forecasting，2021，37（1）：58-71.

[58] Tang Y，Duan A. Using deep learning to predict the East Asian summer monsoon[J]. Environmental Research Letters，2021，16（12）：124006.

[59] Khan N，Sachindra D A，Shahid S，et al. Prediction of droughts over Pakistan using machine learning algorithms[J]. Advances in Water Resources，2020，139：103562.

[60] Dhyani Y，Pandya R J. Deep learning oriented satellite remote sensing for drought and prediction in agriculture[C]//2021 IEEE 18th India Council International Conference （INDICON）. IEEE，2021：1-5.

[61] Dikshit A，Pradhan B，Alamri A M. Long lead time drought forecasting using lagged climate variables and a stacked long short-term memory model[J]. Science of The Total Environment，2021，755：142638.

[62] Cintra R，de Campos Velho H，Cocke S. Tracking the model：Data assimilation by artificial neural network[C]//2016 International Joint Conference on Neural Networks （IJCNN）. IEEE，2016：403-410.

[63] Lee Y J，Hall D，Stewart J，et al. Machine learning for targeted assimilation of satellite data[C]//Machine Learning and Knowledge Discovery in Databases：European Conference，ECML PKDD 2018，Dublin，Ireland，September 10-14，2018，Proceedings，Part III 18. Springer International Publishing，2019：53-68.

[64] Arcucci R，Zhu J，Hu S，et al. Deep data assimilation：integrating deep learning with data assimilation[J]. Applied Sciences，2021，11（3）：1114.

[65] Peyron M，Fillion A，Gürol S，et al. Latent space data assimilation by using deep learning[J]. Quarterly Journal of the Royal Meteorological Society，2021，147（740）：3759-3777.

[66] LI X，LI Z. Evaluation of bias correction techniques for generating high-resolution daily temperature projections from CMIP6 models[J]. Climate Dynamics，2023，61（7-8）：1-18.

[67] Enayati M，Bozorg-Haddad O，Bazrafshan J，et al. Bias correction capabilities of quantile mapping methods for rainfall and temperature variables[J]. Journal of Water and Climate Change，2021，12（2）：401-419.

[68] TONG Y，GAO X，HAN Z，et al. Bias correction of temperature and precipitation over China for RCM simulations using the QM and QDM methods[J]. Climate Dynamics，2021，57（5-6）：1425-1443.

[69] HAN M，WU Q S，LIU H J，et al．Correction method by introducing cloud cover forecast factor in model temperature forecast[J]．Frontiers in Earth Science，2023，11：1099344.

[70] Cho D，Yoo C，Im J，et al. Comparative assessment of various machine learning-based bias correction methods for numerical weather prediction model forecasts of extreme air temperatures in urban areas[J]．Earth and Space Science，2020，7（4）：740-757.

[71] Watt-Meyer O，Brenowitz N D，Clark S K，et al．Correcting weather and climate models by machine learning nudged historical simulations[J]. Geophysical Research Letters，2021，48（15）：92555-92564.

[72] 李德伦，肖志祥，谢宁新，等．机器学习中混合特征选择对模式预报广西春夏气温的订正研究[J]．成都信息工程大学学报，2023，38（5）：602-609.

[73] YOU X X，LIANG Z M，WANG Y Q，et al．A study on loss function against data imbalance in deep learning correction of precipitation forecasts[J]. Atmospheric Research，2023，281：106500-106510.

[74] ZHU Y H，ZHI X F，ZHU S P，et al．Forecast calibrations of surface air temperature over Xinjiang based on U-Net neural network[J]．Frontiers in Environmental Science，2022，10（1）：1011321-1011339.

[75] Philipp Hess，Niklas Boers．Deep learning for improving numerical weather prediction of heavy rainfall[J]．Journal of Advances in Modeling Earth Systems，2022，14（3）：2765-2775.

[76] HAN L，CHEN M X，CHEN K K，et al．A deep learning method for bias correction of ECMWF 24–240 h forecasts[J]．Advances in Atmospheric Sciences，2021，38（9）：1444-1459.

[77] 张延彪，陈明轩，韩雷，等．数值天气预报多要素深度学习融合订正方法[J]．气象学报，2022，80（1）：153-167.

[78] 袁众．基于多气象要素融合的温度预报与偏差订正研究[D]．南京：南京信息工程大学，2024.

[79] 茅志仁．基于深度学习图像超分辨的气象数据空间降尺度研究[D]．武汉：武汉大学，2019.

[80] Dong C，Loy C C，He K，et al. Image super-resolution using deep convolutional networks[J]. IEEE Transactions on Pattern Analysis and Machine Intelligence，2016，38（2）：295-307.

[81] Dong C，Loy C C，Tang X．Accelerating the super-resolution convolutional neural network[C]//European Conference on Computer Vision．Springer，Cham，2016：391-407.

[82] Shi W，Caballero J，Huszár F，et al．Real-time single image and video super-resolution using an efficient sub-pixel convolutional neural network[C]//Proceedings of the IEEE Conference on Computer Vision and Pattern Recognition．2016：1874-1883.

[83] Ledig C，Theis L，Huszár F，et al．Photo-realistic single image super-resolution using a generative adversarial network[C]//Proceedings of the IEEE Conference on Computer Vision and Pattern Recognition．2017：4681-4690.

[84] Lim B，Son S，Kim H，et al．Enhanced deep residual networks for single image superresolution[C]//Proceedings of the IEEE Conference on Computer Vision and Pattern Recognition Workshops．2017：136-144.

[85] Kurihana T，Moyer E J，Foster I T. AICCA: AI-driven cloud classification atlas[J]. Remote Sensing，2022，14（22）：5690.

[86] Xia M，Lu W，Yang J，et al．A hybrid method based on extreme learning machine and k-nearest neighbor for cloud classification of ground-based visible cloud image[J]．Neurocomputing，2015，160：238-249.

[87] Zhang J，Liu P，Zhang F，et al. CloudNet：Ground-based cloud classification with deep convolutional neural network[J]．Geophysical Research Letters，2018，45（16）：8665-8672.

[88] Guzel M，Kalkan M，Bostanci E，et al．Cloud type classification using deep learning with cloud images[J]．PeerJ Computer Science，2024，10：1779-1806.

[89] Kumler-Bonfanti C，Stewart J，Hall D，et al. Tropical and extratropical cyclone detection using deep learning[J]．Journal of Applied Meteorology and Climatology，2020，59（12）：1971-1985.

[90] 王晓洁．基于深度学习结合卫星资料的热带气旋定强和结构特征识别[D]．金华：浙江师范大学，2021.

[91] Zhao B，Li X，Lu X，et al．A CNN–RNN architecture for multi-label weather recognition[J]．NEUROCOMPUTING，2018，322（17）：47-57.

[92] Lagorio A，Grosso E，Tistarelli M．Automatic detection of adverse weather conditions in traffic scenes[C]//2008 IEEE Fifth International Conference on Advanced Video and Signal Based Surveillance．IEEE，2008：273-279.

[93] Chen Z，Yang F，Lindner A，et al. Howis the weather：Automatic inference from images[C]//2012 19th IEEE International Conference on Image Processing．IEEE，2012：1853-1856.

[94] 李骞，范茵，张璟，等.基于室外图像的天气现象识别方法[J].计算机应用,2011,1（6）：1624-1627.

[95] Lu C，D Lin，Jia J，et al. Two-Class Weather Classification[J]. IEEE Transactions on Pattern Analysis and Machine Intelligence，2017，39（12）：2510-2524.

[96] 宣大伟．基于深度学习的天气现象识别算法研究[D]．南京：南京信息工程大学，2021.

[97] 梁景民，来志云．人工智能应用于气象业务的现状与发展探析[J].电脑校园,2020(11)：7117-7118.

[98] 郭亚楠，曹小群，周梦鸽，等．大数据时代：数值天气预报的机遇与挑战[J]．网络安全与数据治理，2024，43（01）：28-32.

[99] 朱添福，曹海．大数据背景下的气象数据安全防护策略探究[J]．网络安全技术与应用，2023，（3）：104-105.

[100] 李轩，吴门新，侯英雨，等．农业气象大数据共享平台设计与实现[J]．中国农业气象，2022，43（08）：657-669.

[101] 罗挈挈，唐云辉，武强，等．气象大数据应用场景与气象服务技术预见研究：面向重庆农业领域[J].农业现代化研究，2024，45（01）：150-164.

[102] 支亚京，陈怡璇，郭茜，等．气象服务产品集约大数据平台的 Web 开发研究[J]．福建电脑，2022，38（02）：81-83.

[103] 林瑞耿，黄文晶，洪煌鑫.气象信息网络安全风险及应对策略[J].海峡科学,2024,（1）：144-146.

[104] 冯超，兰唱，周冬雪．基于大数据分析的气象信息网络数据监控系统设计与实现[J]．长江信息通信，2023，36（12）：125-127.

[105] 周莹，王承伟，徐阳，等．基于大数据环境下的气象灾害预警信息分析[J]．黑龙江气象，2022，39（04）：28-31.

[106] 刘静，王丽娟，成丹，等．武汉市电力负荷特征及其与气象因子的关系[J]．暴雨灾害，2023，42（02）：232-240.

[107] 杨佳泽，王灿，王增平．新型电力系统背景下的智能负荷预测算法研究综述[J/OL]．华北电力大学学报（自然科学版）：1-14[2024-09-05].

[108] 李之恒．基于 Informer 模型的中期光伏发电量预测研究[D]．南京：南京信息工程大学，2024.

[109] 江文．基于深度学习的用电数据生成与窃电检测研究[D]．南京：南京信息工程大学，2024．

[110] 姚玉璧，郑绍忠，杨扬，等．中国太阳能资源评估及其利用效率研究进展与展望[J]．太阳能学报，2022，43（10）：524-535．

[111] 王登海，安玥馨，廖晨博，等．基于 CNN-LSTM 混合神经网络的光伏发电量预测方法研究[J]．西安石油大学学报（自然科学版），2024，39（01）：129-134．

[112] 阙志萍，田白，岳旭，等．南昌市电力负荷特征及预测模型[J]．气象与减灾研究，2023，46（3）：233-241．

[113] 赵闻涛．基于机器学习的短期光伏发电量预测方法[D]．南京：南京邮电大学，2023．

[114] 鹿浩，焦姣．风电场的选址与风能资源评估及其后评价[J]．太阳能，2023（12）：27-35．

[115] 朱尤成，王金荣，徐坚．基于深度学习的中长期风电发电量预测方法[J]．广东电力，2021，34（6）：72-78．

[116] 王科，黄晶．国内外太阳能资源评估方法研究现状和展望[J]．气候变化研究进展，2023，19（2）：160-172．

[117] 黄小佳．基于机器学习的风能资源评估与风速预测的模型构建及研究[D]．大连：东北财经大学，2021．

[118] He J，Hu Z，Wang S，et al．Windformer：A novel 4D high-resolution system for multi-step wind speed vector forecasting based on temporal shifted window multi-head self-attention[J]．Energy，2024，310：133206．

[119] 李文娟，裴克莉，张豪，等．京昆高速（山西段）交通事故特征及其与气象条件的关系[J]．甘肃科学学报，2024，36（1）：17-23．

[120] 央美，田华，达瓦泽仁，等．那曲市公路交通事故不良天气高影响路段及其气象因素分析[J]．气象与环境学报，2023，39（2）：100-106．

[121] 孙洪运，杨金顺，李林波，等．恶劣天气事件对道路交通系统影响的研究综述[J]．交通信息与安全，2012，30（6）：26-32．

[122] 王雪娇，杨旭，孙玫玲，等．天津地区雾霾低能见度短临预报预警方法研究[J]．环境科学学报，2023，43（4）：93-101．

[123] 冯蕾，王晓峰，何晓凤，等．基于 INCA 和 METRo 的江苏省路面高温精细化预报[J]．应用气象学报，2017，28（1）：109-118．

[124] Shi X，Zhou R，Hao W，et al．Convolutional LSTM network：A machine learning approach for precipitation nowcasting[C]．Neural Information Processing Systems，2015．

[125] 唐继辉．高速公路雾天能见度检测的深度网络模型研究[D]．南京：南京信息工程大学，2023．

[126] 闫宏艳．基于深度卷积网络的高速公路雾天能见度检测[D]．南京：南京信息工程大学，2022．

[127] 刘俊峰，陈仁升，等．基于延时数字摄影测量的积雪过程 4D 监测技术研究[J]．冰川冻土，2022，44（03）：1100-1108．

[128] 徐继业，朱洁华，王海彬．气象大数据[M]．上海：上海科学技术出版社，2018．

[129] 黄瑞芳，周园春，鞠永茂，等．气象与大数据[M]．北京：科学出版社，2017．

[130] 温建伟，张立．内蒙古气象大数据综合应用平台建设与实现[M]．北京：气象出版社，2021．

[131] 孙俊颖，李政晋．风起云涌风雨兼程：试飞气象的追逐之旅[J]．大飞机，2021，5（04）：26-28．

[132] 李佰平，吴君婧，蒋瑜，等．民机试飞气象服务的挑战与实践[J]．气象科技进展，2017，7（6）：119-125．

[133] 王秀春，顾莹，李程. 航空气象[M]. 北京：清华大学出版社，2014.

[134] 丁媛媛. 运输类飞机结冰适航审定方法及 SLD 关键技术研究[D]. 南京：南京航空航天大学，2018.

[135] 卞双双，何宏，安豪，等. 飞机积冰预报算法对比及其集成预报模型研究[J]. 气象，2019，45（10）：1352-1362.

[136] 场洁，王兵，刘峰. 一次冷程的云微物理特征分析以及飞机积冰预报检验[J]. 气象科技，2020，48（1）：81-87.

[137] 李波，周琰杰，苏海燕，等. 大数据背景下全科医学信息课程改革的必要性及策略[J]. 黑龙江医学，2024，48（6）：704-707.

[138] 王骏，李宜洁，李昶，等. 气象大数据在保险领域的应用探析[J]. 保险理论与实践，2017，（10）：49-56.

[139] 牛娜. 基于大数据背景下气象保险及天气衍生品的定价与风险管理研究[D]. 延边：延边大学，2019.

[140] 陈建云，李岩. 基于网络大数据的气象信息安全风险分析及预警规则的研究[J]. 数码世界，2020，（7）：79.

[141] 徐继业，朱洁华，王海彬. 气象大数据[M]. 上海：上海科学技术出版社，2018.

[142] 黄瑞芳，周园春，鞠永茂，等. 气象与大数据[M]. 北京：科学出版社，2017.

[143] 刘喆玥. 我国气象大数据的发展趋势研究[J]. 电脑知识与技术，2019，15（21）：252-254.

[144] 唐果星. 浅析气象大数据在行业中的发展趋势[J]. 电脑知识与技术，2019，15（10）：262-263.

[145] 罗孳孳，唐云辉，武强，等. 气象大数据应用场景与气象服务技术预见研究：面向重庆农业领域[J]. 农业现代化研究，2024，45（1）：150-164.

[146] 苏敏. 大数据时代气象数据分析应用方向探析[J]. 黑龙江环境通报，2022，35（1）：144-145.

[147] Kolodiazhnyi M，Vorontsova A，Konushin A，et al. Oneformer3D：One transformer for unified point cloud segmentation[C]//Proceedings of the IEEE/CVF Conference on Computer Vision and Pattern Recognition. 2024：20943-20953.

[148] Bachhofner S，Loghin A M，Otepka J，et al. Generalized sparse convolutional neural networks for semantic segmentation of point clouds derived from tri-stereo satellite imagery[J]. Remote Sensing，2020，12（8）：1289.

[149] Feng Z，Zhang S，Kunert M，et al. Point cloud segmentation with a high-resolution automotive radar[C]//AmE 2019-Automotive meets Electronics；10th GMM-Symposium. VDE，2019：1-5.

[150] 方巍，伏宇翔. 元宇宙：概念、技术及应用研究综述[J]. 南京信息工程大学学报，2024，16（1）：30-45.